高等学校计算机专业规划教材

离散数学

崔艳荣 黄艳娟 主编
陈勇 胡杰 周张兰 冯伟 副主编

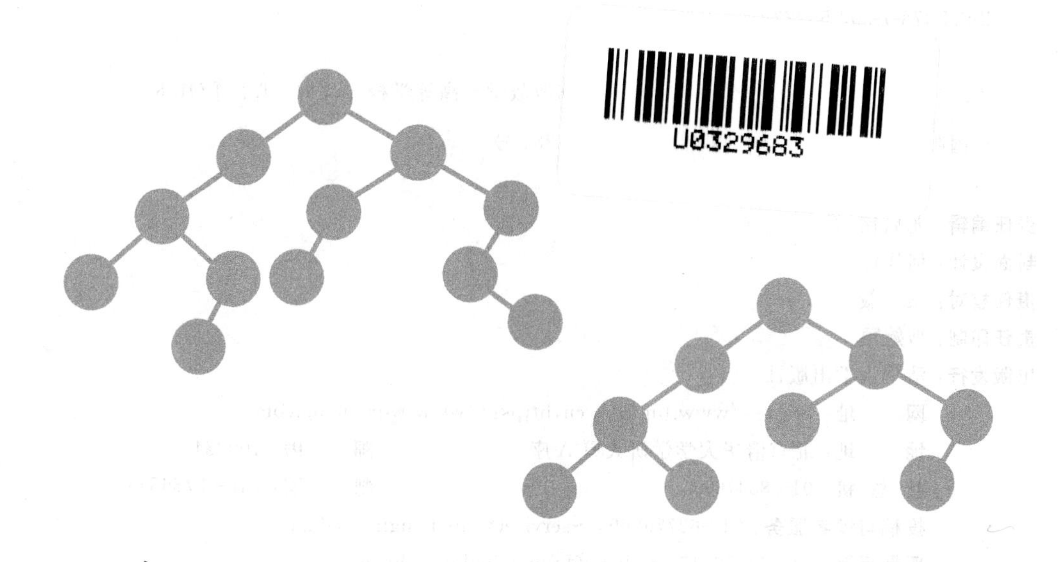

清华大学出版社
北京

内 容 简 介

本书将离散数学分为数理逻辑、集合论、代数系统和图论四个部分，系统地介绍了命题逻辑、谓词逻辑、集合、关系、函数、代数结构、格与布尔代数、图、特殊图中有关的定义、定理及证明方法，并给出了离散数学中不同知识点在计算机科学中的应用。本书配有课后习题参考答案及电子教案。

全书结构严谨，逻辑清晰，示例丰富，可以作为高等学校计算机大类各专业“离散数学”必修课教材，也可以作为其他相关专业“离散数学”课程教材，同时，还可以供从事计算机科学工作的科技人员阅读与参考。

图书在版编目(CIP)数据

离散数学/崔艳荣，黄艳娟主编. —北京：清华大学出版社，2019 (2024.8重印)
(高等学校计算机专业规划教材)
ISBN 978-7-302-53273-6

Ⅰ. ①离… Ⅱ. ①崔… ②黄… Ⅲ. ①离散数学－高等学校－教材 Ⅳ. ①O158

中国版本图书馆 CIP 数据核字(2019)第 138281 号

责任编辑：龙启铭
封面设计：何凤霞
责任校对：梁 毅
责任印制：曹婉颖
出版发行：清华大学出版社

网 址：https://www.tup.com.cn，https://www.wqxuetang.com
地 址：北京清华大学学研大厦 A 座 **邮 编**：100084
社 总 机：010-83470000 **邮 购**：010-62786544
投稿与读者服务：010-62776969，c-service@tup.tsinghua.edu.cn
质量反馈：010-62772015，zhiliang@tup.tsinghua.edu.cn
课件下载：https://www.tup.com.cn，010-83470236

印 装 者：三河市龙大印装有限公司
经 销：全国新华书店
开 本：185mm×260mm **印 张**：20.5 **字 数**：484 千字
版 次：2019 年 10 月第 1 版 **印 次**：2024 年 8 月第5次印刷
定 价：49.00 元

产品编号：059377-01

前言

离散数学研究各种离散量的结构、性质及其关系，是现代数学的一个重要分支。其研究对象一般是有限个或可数个元素，这与计算机科学离散性的特点相符合，因此，离散数学也称为计算机数学，是计算机科学中基础理论的核心课程，与计算机科学中的数据结构、操作系统、编译原理、算法分析、数据库原理、人工智能、大数据、信息安全、计算机网络等课程联系紧密。通过学习离散数学可以为后续课程的学习打下坚实的数学基础；另外，离散数学逻辑严谨，推理缜密，通过离散数学的学习可以培养学生的抽象思维能力和缜密概括能力。

离散数学是随计算机科学的发展而逐步建立的，由多门数学分支组成，每个分支从不同的角度研究离散量之间的关系，都是一个独立的研究领域，但又相互关联，因此国内外的教材对每个分支各有侧重，形成了各种不同的教材特色。本书从为计算机科学服务的角度出发，将离散数学分为四篇：第一篇数理逻辑、第二篇集合论、第三篇代数系统、第四篇图论。第一篇数理逻辑分为命题逻辑和谓词逻辑两章，第二篇集合论分为集合、关系、函数三章，第三篇代数系统分为代数结构、格与布尔代数两章，第四篇分为图和特殊图两章。各篇章中所涉及的概念、定理清晰易懂，用词严谨，推演详尽，例题与定义定理相结合，题量丰富，并给出了离散数学知识点在计算机科学中的应用实例，每章均有对主要知识点的总结、主要习题类型及解题方法的讲解，课后习题难度渐进，覆盖面广。

本书作者长期从事离散数学教学工作，有丰富的理论知识和实践经验。本书由崔艳荣和黄艳娟任主编，陈勇、胡杰、周张兰、冯伟任副主编。其中第一篇由崔艳荣和陈勇编写，第二篇由胡杰编写，第三篇由黄艳娟和冯伟编写，第四篇由周张兰编写。全书由崔艳荣统稿。编写过程中，参考和引用了国内外的离散数学书籍和资料，在此向这些书籍和资料作者表示感谢！

由于作者水平有限，书中难免会存在不妥之处，敬请读者批评指正。

编　者

2019 年 8 月

第一篇 数理逻辑

第1章 命题逻辑 /3

第二篇　集　合　论

第3章　集合　/71

第4章　关系　/100

第一篇　数理逻辑

逻辑就是思维的规律，是客观事物在人的主观意识中的反映，逻辑学是研究人的思维形式和思维规律的科学，它分为辩证逻辑学和形式逻辑学两种。以辩证法认识论的世界观为基础的逻辑学就是辩证逻辑学；从思维的形式结构方面研究思维规律的科学就是形式逻辑学。

从广义上讲，数理逻辑属于形式逻辑，是研究演绎推理的一门学科，又称为符号逻辑、理论逻辑，它既是数学的一个分支，也是逻辑学的一个分支，是用数学方法研究逻辑或形式逻辑的学科。其研究对象是对证明和计算这两个直观概念进行符号化以后的形式系统。

数理逻辑是数学基础的一个不可缺少的组成部分。虽然名称中有逻辑两字，但并不属于单纯逻辑学范畴，它主要是对思维的形式结构和规律进行研究的类似于语法的一门工具性学科。思维的形式结构包括了概念、判断和推理之间的结构和联系，根据概念进行判断；由判断进行推理，从而得出新的结论。数理逻辑是用数学方法来研究推理的规律，其主要内容包含逻辑演算、集合论、证明论、模型论、递归函数论五大部分。本篇仅介绍计算机科学领域中所需的数理逻辑知识：即命题逻辑和谓词逻辑，讨论它的基本概念。

第1章 命题逻辑

人类可以通过各种不同的方式表达自己的思维，自然语言是常用的方式。自然语言虽然可以表达精确的概论，但有时也会用来叙述模棱两可的思想，这时就容易产生二义性，因此就需要引入一种目标语言，这种目标语言和一些公式符号就形成了数理逻辑的形式符号体系。这里的目标语句就是表达判断的一些语言的集合，而判断就是对事物有肯定或否定回答的一种思维形式。

命题逻辑也称为命题演算，或语句逻辑，它以命题为基本单位构成前提和结论之间的推导关系，命题逻辑是知识形式化表达和推理的基础，如何利用形式化的命题推导出新的命题在人工智能领域中有广泛的应用。

1.1 命题及其表示

1.1.1 命题

定义 1.1 命题 就是具有确定真值的**陈述句**。所谓真值就是对某个可以判断的陈述句的肯定或否定的回答，也即是一个可以判断的陈述句总是具有一个“值”，称为该陈述句的真值。真值可以是“真”或“假”两种，分别用符号 T 和 F 表示，也可以用 1 和 0 表示。

从命题的定义中可知，一切无法判断的陈述句，即无所谓是非的句子，例如，感叹句、疑问句、祈使句等都不是命题。

命题分为两类，第一类是不能分解为更简单的陈述句，称为原子命题；第二类是由联结词、标点符号和原子命题复合而成的命题，称为复合命题。

例题 1.1 判断下列语句哪些是命题？若是命题，其真值如何？

(1) 离散数学是计算机专业的一门必修课程。

(2) 武汉是湖北的省会吗？

(3) 地球是圆的。

(4) 今天真热啊！

(5) 全体起立！

(6) 中国人民是伟大的。

(7) 如果晚上下雨，我就在家看电视。

(8) $1+1=3$。

(9) 其他星球上有智慧生物。

(10) 我正在说谎。

(11) $x+y=10$。

(12) $101+1=110$。

(13) 如果学好了离散数学,那么学习算法就很轻松。

(14) 3 和 4 都不是偶数。

(15)小明喜欢唱歌。

【解】 根据命题的定义可知,语句(1)、(3)、(6)、(7)、(8)、(9)、(12)、(13)、(14)、(15)均为命题,语句(1)、(3)、(6)、(13)的真值是“真”;语句(8)、(14)的真值是“假”;语句(7)、(9)、(12)、(15)的真值已存在,但要根据实际情况来确定,例如语句(7)要根据晚上是否下雨,及我晚上是否在家看电视来确定其值的真假,语句(9)的真值也是已存在的,只是我们目前暂时不知道它的真值情况,语句(12)的真值要看其上下文语义,在二进制中该命题的真值是“真”,在十进制中该命题的真值是“假”,语句(15)的真值也可以根据小明的实际情况来判断。在这些命题中,语句(7)和(13)是复合命题,其他的是原子命题。

语句(2)是疑问句,语句(4)是感叹句,语句(5)是祈使句,所以都不是命题。语句(10)虽然是陈述句,但它是悖论,无法确定其真假,所以也不是命题。语句(11)虽然也是陈述句,但这里的 x 和 y 均为变量,所以无法判断其真假,也不是命题。

1.1.2 命题的表示

在命题逻辑中,一般可以使用大写字母 $A,B,\cdots,P,Q$,或用带下标的大写字母 A_1 或用数字[6]等符号来表示一个命题,表示命题的符号也称为命题标识符。例如:

A:我是大学生。

[6]:我是大学生。

A_1:我是大学生。

这三个符号都可以表示“我是大学生”这个命题,它们都是“我是大学生”这个命题的标识符。

一个命题标识符若表示确定的命题,就称为命题常量,若只表示任意命题的位置标志,就称为命题变元。命题变元可以表示任意命题,它不能确定真值,故命题变元不是命题,当某个命题变元 P 用一个特定命题取代时,P 才有确定的真值,用特定命题取代某个命题变元 P 的过程称为对命题变元 P 进行指派。若命题变元表示原子命题时,该变元称为原子变元。

1.2 联 结 词

在自然语言中,常用“或”“与”“但是”“如果……那么……”等联结词将简单陈述句联结起来组合成较为复杂的语句。例如“如果今晚有空,那么我就去看电影”,“张三或李四都可以完成这件事”等。对于这些联结词的使用,一般没有很严格的定义,因此有时显得不很确切,容易产生二义性。在数理逻辑中,通过联结词将原子命题联结起来就组合成了复合命题,联结词是复合命题中的重要组成部分,为了便于书写和进行推演,必须对联结词做出明确规定并符号化，下面介绍各个联结词。

1.2.1　否定

定义 1.2 否定　设 P 为一命题，P 的否定命题是一个新的命题，记为 $\neg P$，“$\neg$”为否定联结词，若 P 为 T，则 $\neg P$ 为 F，若 P 为 F，则 $\neg P$ 为 T。命题 P 与其否定命题 $\neg P$ 的关系，如表 1-1 所示。

表 1-1　否定的真值

P	$\neg P$
T	F
F	T

例题 1.2　P：武汉是湖北的省会。

$\neg P$：武汉不是湖北的省会。

否定联结词仅修改了命题的内容，是一元联结词，相当于“非”“不”“否”等词。命题的否定可以看成是非运算符作用在命题上的结果，非运算符从一个已有的命题构造出一个新命题。

1.2.2　合取

定义 1.3 合取　若 P 和 Q 是任意的两个命题，则 P 和 Q 的合取命题是一个复合命题，记作 $P\wedge Q$。“$\wedge$”为合取联结词，当且仅当 P 和 Q 同时为 T 时，$P\wedge Q$ 为 T，在其他情况下，$P\wedge Q$ 的真值都是 F。其真值情况如表 1-2 所示。

表 1-2　合取的真值

P	Q	$P\wedge Q$
T	T	T
T	F	F
F	T	F
F	F	F

例题 1.3　P：今天星期一。

Q：今天下雨。

则上述两个命题的合取命题为 $P\wedge Q$：今天星期一并且今天下雨。

若今天星期一和今天下雨都是真的，则 P 和 Q 合取后的复合命题的真值才是真。只要有一个命题比如 P 或 Q 的真值为假，则 $P\wedge Q$ 的真值为假。

“合取”是个二元联结词，相当于自然语言中的“且”“和”“与”，但又与这些联结词不完全相同。

例题 1.4　P：我们去唱歌。

Q：教室里有 4 个灯管。

上述命题的合取为 $P\wedge Q$：我们去唱歌并且教室里有 4 个灯管。这在自然语言中是没有意义的，因为命题 P 和 Q 没有内在联系，但在数理逻辑中，P 和 Q 这两个命题的合取形成了一个新的命题，这个新命题可以根据 P 和 Q 的真值来确定自己的真值，是有意义的。合取联结词可以联结两个命题，也可以联结若干个命题。

"合取"虽然相当于汉语中的"和"，但汉语中有些"和"不是联结词，例如"小明和小西是同学。"在这个命题中，虽然有"和"，但这个"和"不是联结词，不能用合取去联结，这个命题在命题逻辑中是无法再细分的原子命题。

1.2.3 析取

定义 1.4 析取 若 P 和 Q 是任意的两个命题，则 P 和 Q 的析取命题是一个复合命题，记作 $P\vee Q$。"$\vee$"为析取联结词，当且仅当 P 和 Q 同时为 F 时，$P\vee Q$ 为 F，在其他情况下，$P\vee Q$ 的真值都是 T。其真值情况如表 1-3 所示。

表 1-3 析取的真值

P	Q	$P\vee Q$
T	T	T
T	F	T
F	T	T
F	F	F

例题 1.5 P：今天星期一。

Q：今天下雨。

则上述两个命题的析取命题为 $P\vee Q$：今天星期一或今天下雨。

若今天星期一和今天下雨都是假的，则 P 和 Q 析取后的复合命题的真值才是假。只要有一个命题比如 P 或 Q 的真值为真，则 $P\vee Q$ 的真值为真。

"析取"是个二元联结词，相当于自然语言中的"或"，但又与"或"不完全相同，因为"或"可以是"可兼或"，还可以是"排斥或"，还有些"或"只表示大约的意思，并不是联结词。

例题 1.6 (1) 张三是 100 米或 400 米游泳的冠军。

(2) 李四今晚在教室温书或去电影院看电影。

(3) 他完成了 80 分或 90 分的试题。

在这 3 个命题中都出来了"或"，只有语句(1)中的"或"是"可兼或"，可以用析取联结词。语句(2)中的"或"是"排斥或"，表示的是"要么……要么……"的意思，不能用析取联结词。语句(3)中的"或"表示的是"大约"的意思，语句(3)是个原子命题，不能用析取联结词。

1.2.4 条件

定义 1.5 条件 若 P 和 Q 是任意的两个命题，则 P 和 Q 的条件命题是一个复合命题，记作 $P\to Q$，读作"若 P，则 Q"或"如果 P，那么 Q"。我们称 P 为前件，Q 为后件，"$\to$"

为条件联结词，当且仅当 P 的真值为 T 而 Q 的真值为 F 时，$P \to Q$ 为 F，在其他情况下，$P \to Q$ 的真值都是 T。其真值情况如表 1-4 所示。

表 1-4 条件的真值

P	Q	$P \to Q$
T	T	T
T	F	F
F	T	T
F	F	T

例题 1.7 P：今天天气晴朗。

Q：我们去春游。

则上述两个命题的条件命题为 $P \to Q$：如果今天天气晴朗，那么我们去春游。

例题 1.8 （1）如果你在结业考试得了满分，则你的成绩会被评定为优秀。

（2）如果你学好了离散数学，那么你就更容易理解算法。

（3）如果时间能倒流，则太阳从西边升起。

这 3 个语句都是复合命题，都可以用"条件"联结词联结，其真值取决于前后件的真值。

"条件"是二元联结词，相当于自然语言中的"如果……那么……"或"若……则……"，但又与这些表示因果关系的联结词不完全相同，因为对条件 $P \to Q$ 命题来说，只要 P，Q 是命题，有确定真值，则 $P \to Q$ 就是复合命题，P 和 Q 之间不一定具有自然语言里的因果关系。另外，自然语言中的"如果……那么……"句型，若前提是假的，结论无论真假，整个语句是无法判断其意义的，而在数理逻辑中，将这种情况规定为"善意的推定"，即当条件命题的前件为假时，条件的后件无论真假，条件命题的真值都是真的。

有些书籍中将"若 P 则 Q"称为 P 蕴含 Q，本书中的"蕴含"会另有所指，所以不用蕴含表示条件。

1.2.5 双条件

定义 1.6 双条件 若 P 和 Q 是任意的两个命题，则 P 和 Q 的双条件命题是一个复合命题，记作 $P \leftrightarrow Q$，读作"P 当且仅当 Q"，当 P 和 Q 的真值相同时，$P \leftrightarrow Q$ 的真值为 T，否则，$P \leftrightarrow Q$ 的真值为 F。其真值情况如表 1-5 所示。

表 1-5 双条件的真值

P	Q	$P \leftrightarrow Q$
T	T	T
T	F	F
F	T	F
F	F	T

例题 1.9 P：我们去春游。

Q：今天天气晴朗。

则上述两个命题的双条件命题为 $P \leftrightarrow Q$：我们去春游当且仅当今天天气晴朗。

例题 1.10 (1) 你的成绩可以评定为优秀当且仅当你结业考试得了满分。

(2) 燕子飞回南方当且仅当春天来了。

(3) $1+1=2$ 当且仅当则太阳从东边升起。

这3个语句都是复合命题，都可以用"双条件"联结词联结，其真值取决于两个原子命题的真值。"双条件"是二元联结词，相当于自然语言中的"当且仅当"，表示充要条件，双条件命题也可以不管组成复合命题的两个原子命题之间的因果关系，而只根据联结词确定真值。

1.3 命题公式与翻译

1.3.1 命题公式

任何语句都可以通过原子命题或原子命题和联结词构成的合法符号串表示，若合法符号串中是原子命题，则该符号串就是命题，若合法符号串中是原子命题变元，则该符号串就是命题公式。命题公式可以通过简单的原子命题变元和联结词以递归形式给出，下面是对命题公式的定义。

定义 1.7 命题公式 也叫命题演算的合式公式，可以按以下规则形成：

(1) 单个命题变元本身是一个合式公式；

(2) 若 A 是一个合式公式，则 $\neg A$ 也是一个合式公式；

(3) 若 A、B 是合式公式，则 $(A \wedge B)$、$(A \vee B)$、$(A \rightarrow B)$ 和 $(A \leftrightarrow B)$ 都是合式公式；

(4) 有限次地使用(1)、(2)和(3)生成的公式是合式公式。

以上规则以递归形式给出，其中(1)是基础，(2)和(3)为归纳，(4)为界限。

合式公式可以很简单，比如原子命题变元就是最简单的合式公式，称为原子合式公式，简称原子公式；合式公式也可以比较复杂，当合式公式比较复杂时，常常使用很多圆括号，为了减少圆括号的使用量，可作以下约定：

(1) 规定联结词的优先级由高到低的次序为：$\neg$、$\wedge$、$\vee$、$\rightarrow$、$\leftrightarrow$。

(2) 相同的联结词按从左至右次序计算时，圆括号可省略。

(3) 否定联结词$\neg$可以直接作用于命题变元前面。

(4) 最外层的圆括号可以省略。

例题 1.11 判别下列符号串哪些是合式公式，哪些不是合式公式？

(1) $\neg(A \wedge B) \rightarrow C)$。

(2) $(((A \rightarrow B) \wedge C) \rightarrow (A \leftrightarrow B))$。

(3) $A \vee B \rightarrow$。

(4) $\neg A \rightarrow B$。

(5) $AB \leftrightarrow C \vee B$。

(6) $((A \wedge B) \rightarrow (A \vee B)) \leftrightarrow (A \rightarrow B)$。

【解】 根据合式公式的定义，可知：符号串(2)、(4)、(6)是合式公式；符号串(1)、(3)、(5)不是合式公式。原因如下：符号串(1)中括号不匹配；符号串(3)中条件联结词没有后件；符号串(5)中 A、B 命题变元之间没有联结词。这些都不符合合式公式的定义。

有了联结词的合式公式概念，我们可以把自然语言中的有些语句翻译成数理逻辑中的符号形式，这样可以尽量地消除自然语言带来的歧义，同时也可以分析这些逻辑表达式的真值，为后面的逻辑推理打下基础。

1.3.2　翻译

定义 1.8 翻译　将自然语言用联结词和符号变成合式公式的过程，称为翻译。

关于语句的翻译，下面给出几个例子。

例题 1.12　她既美丽又大方。

【解】 设 P：她美丽；Q：她大方。

则该语句可以翻译如为 $P \wedge Q$。

例题 1.13　张三和李四两人至少有一人要出差。

【解】 设 P：张三出差；Q：李四出差。

则该语句可以翻译为 $P \vee Q$。

例题 1.14　语文、数学和外语成绩大于等于 90 分的学生才能评为三好学生。

【解】 设 A：语文成绩大于等于 90 分；

B：数学成绩大于等于 90 分；

C：外语成绩大于等于 90 分；

D：评为三好学生。

则该语句可以翻译为：$(A \wedge B \wedge C) \leftrightarrow D$。

例题 1.15　武汉到深圳的 Z23 次列车是下午 18:30 或 19:30 开。

【解】 设 P：武汉到深圳的 Z23 次列车是下午 18:30 开；

Q：武汉到深圳的 Z23 次列车是下午 19:30 开。

本例的自然语言中虽然出现了汉语“或”，但它不是“可兼或”，而是“排除或”，所以不能直接用析取联结词 $\vee$ 来联结 P 和 Q。遇到这样的问题，可以通过构造真值表分析其真值来构造正确的合式公式。构造真值表如表 1-6 所示。

表 1-6　真值表

P	Q	原命题	$P \leftrightarrow Q$	$\neg(P \leftrightarrow Q)$
T	T	F	T	F
T	F	T	F	T
F	T	T	F	T
F	F	F	T	F

从表中可以看出，该语句可以翻译成$\neg(P\leftrightarrow Q)$。

例题 1.16 张三虽然成绩不错，但不勤奋。

【解】 设 P：张三成绩不错；Q：张三勤奋。

则该语句可以翻译为：$P\wedge\neg Q$。

从上面的例子中可以将命题的翻译总结为以下几步：

① 将自然语言分解成一个个的原子命题；

② 将原子命题符号化；

③ 分析原子命题之间的逻辑关系，选用合适的联结词将符号化后的原子命题联结起来。

自然语言中的一些联结词，如，“与”“且”“或”“除非……则……”等在不同的语义环境中含义不同，有时会与数理逻辑中的联结词不能直接对应，这就需要在翻译时要具体问题具体分析，找到正确的联结词。为了便于正确表达命题间的互相关系，有时也常常采用列出“真值表”的方法，进一步分析各原子命题，以此找到逻辑联结词，使原来的命题能够正确地用形式符号予以表达。

1.4 真值表与等价式

1.4.1 真值表

命题公式没有确定的真值，不是命题，但若对命题公式中的命题变元都指定一定的真值，则命题公式就变成了一个具有确切真值的命题。

定义 1.9 解释 设 $P_1,P_2,\cdots,P_n$ 是出现在合式公式 A 中的所有原子命题变元，指定 $P_1,P_2,\cdots,P_n$ 一组真值，则这组真值称为合式公式 A 的一种解释，合式公式 A 中若有 n 个原子命题变元，则会有 2^n 种解释。

定义 1.10 真值表 在合式公式中，对原子命题变元进行的各种真值指派的组合，就确定了这个命题公式的各种解释，把这些解释汇列成表，就是合式公式的真值表。

任何一个合式公式都有相应的真值表，现举例说明如下：

例题 1.17 给出合式公式 $G=P\wedge\neg Q$ 的真值表。

【解】 其真值表如表 1-7 所示。

表 1-7 真值表

P	Q	$\neg Q$	$P\wedge\neg Q$
T	T	F	F
T	F	T	T
F	T	F	F
F	F	T	F

例题 1.18　给出$(P\wedge Q)\vee\neg(P\vee Q)$的真值。

【解】　其真值表如表 1-8 所示。

表 1-8　真值表

P	Q	$P\wedge Q$	$\neg(P\vee Q)$	$(P\wedge Q)\vee\neg(P\vee Q)$
T	T	T	F	T
T	F	F	F	F
F	T	F	F	F
F	F	F	T	T

例题 1.19　给出 $P\wedge(Q\wedge\neg P)$的真值表。

【解】　其真值表如表 1-9 所示。

表 1-9　真值表

P	Q	$\neg P$	$Q\wedge\neg P$	$P\wedge(Q\wedge\neg P)$
T	T	F	F	F
T	F	F	F	F
F	T	T	T	F
F	F	T	F	F

例题 1.20　给出$(\neg P\vee Q)\leftrightarrow(P\rightarrow Q)$的真值。

【解】　其真值表如表 1-10 所示。

表 1-10　真值表

P	Q	$\neg P$	$\neg P\vee Q$	$P\rightarrow Q$	$(\neg P\vee Q)\leftrightarrow(P\rightarrow Q)$
T	T	F	T	T	T
T	F	F	F	F	T
F	T	T	T	T	T
F	F	T	T	T	T

例题 1.19 中，无论对 P 和 Q 做何种真值指派，合式公式的真值始终是逻辑假值，这类式子称为永假式；例题 1.20 中，无论对 P 和 Q 做何种真值指派，合式公式的真值始终是逻辑真值，这类式子称为永真式。

合式公式中命题变元的个数决定了合式公式真值的取值数目，2 个命题变元有 4 种真值指派，合式公式分别在这 4 种真值指派下取值，3 个命题变元有 8 种真值指派，合式公式分别在这 8 种真值指派下取值，一般说来，n 个命题变元有 2^n 种真值组合，合式公式分别在这 2^n 种真值指派下取值。

有些合式公式在命题变元的不同指派下，其对应的真值总是与另外一个合式公式的真值相等，如表 1-11 中所示的合式公式$\neg(P\vee Q)$与$\neg P\wedge\neg Q$，在 4 种不同的指派下，这两个式子的真值始终相等。这样的式子称为等价式。

表 1-11 真值表

P	Q	$\neg(P \vee Q)$	$\neg P \wedge \neg Q$
T	T	F	F
T	F	F	F
F	T	F	F
F	F	T	T

1.4.2 等价式

定义 1.11 等价式 给定合式公式 A 和 B，设 $P_1, P_2, \cdots, P_n$ 是出现在 A 和 B 中的原子命题变元，若对 $P_1, P_2, \cdots, P_n$ 的任意一种真值指派，A 和 B 的真值都相同，则称 A 和 B 是等价式。记作 $A \Leftrightarrow B$。

根据表 1-11 可知，$\neg(P \vee Q) \Leftrightarrow \neg P \wedge \neg Q$。根据表 1-12 和表 1-13 可知下列合式公式等价。

$$P \rightarrow Q \Leftrightarrow \neg P \vee Q$$

$$P \leftrightarrow Q \Leftrightarrow (P \rightarrow Q) \wedge (Q \rightarrow P)$$

表 1-12 真值表

P	Q	$P \rightarrow Q$	$\neg P \vee Q$
T	T	T	T
T	F	F	F
F	T	T	T
F	F	T	T

表 1-13 真值表

P	Q	$P \leftrightarrow Q$	$(P \rightarrow Q) \wedge (Q \rightarrow P)$
T	T	T	T
T	F	F	F
F	T	F	F
F	F	T	T

从上面的这些例子里可以看出判断两个式子是否等价，可以使用真值表。表 1-14 列出了 10 个命题定律，这些命题定律都可以用真值表来验证。例如通过表 1-11 可以验证德 · 摩根律中的第一式是正确的。

表 1-14　真值表

序号	命题定律	表 达 式
1	对合律	$\neg\neg P \Leftrightarrow P$
2	幂等律	$P \vee P \Leftrightarrow P, P \wedge P \Leftrightarrow P$
3	结合律	$(P \vee Q) \vee R \Leftrightarrow P \vee (Q \vee R)$ $(P \wedge Q) \wedge R \Leftrightarrow P \wedge (Q \wedge R)$
4	交换律	$P \vee Q \Leftrightarrow Q \vee P, P \wedge Q \Leftrightarrow Q \wedge P$
5	分配律	$P \vee (Q \wedge R) \Leftrightarrow (P \vee Q) \wedge (P \vee R)$ $P \wedge (Q \vee R) \Leftrightarrow (P \wedge Q) \vee (P \wedge R)$
6	吸收律	$P \vee (P \wedge Q) \Leftrightarrow P$ $P \wedge (P \vee Q) \Leftrightarrow P$
7	德·摩根律	$\neg(P \vee Q) \Leftrightarrow \neg P \wedge \neg Q$ $\neg(P \wedge Q) \Leftrightarrow \neg P \vee \neg Q$
8	同一律	$P \vee F \Leftrightarrow P, P \wedge T \Leftrightarrow P$
9	零律	$P \vee T \Leftrightarrow T, P \wedge F \Leftrightarrow F$
10	否定律	$P \vee \neg P \Leftrightarrow T, P \wedge \neg P \Leftrightarrow F$

证明两个命题等价，可以使用真值表，但真值表并不是唯一的方法，有了这些基本的命题定律，结合相关的定理，也可以证明两个命题等价。

定义 1.12 子公式　给定合式公式 A 和 X，X 是 A 的一部分，则称 X 是 A 的子公式。

定理 1.1　X 是 A 的子公式，并有 $X \Leftrightarrow Y$，若用 Y 取代 A 中的 X，得到新的命题公式 B，则 $A \Leftrightarrow B$。这个定理称为替换定理。

【证明】　因为 $X \Leftrightarrow Y$，所以对命题公式 A 和 B 中的命题变元不管作何种真值指派，A 和 B 总是有相同的真值，所以 $A \Leftrightarrow B$。

例题 1.21　证明 $P \to (Q \to R) \Leftrightarrow (P \wedge Q) \to R$。

【证明】 $P \to (Q \to R)$

$\Leftrightarrow \neg P \vee (\neg Q \vee R)$

$\Leftrightarrow (\neg P \vee \neg Q) \vee R$

$\Leftrightarrow \neg(P \wedge Q) \vee R$

$\Leftrightarrow (P \wedge Q) \to R$

例题 1.22　证明 $(P \vee Q) \to R \Leftrightarrow (P \to R) \wedge (Q \to R)$。

【证明】　$(P \vee Q) \to R$

$\Leftrightarrow \neg(P \vee Q) \vee R$

$\Leftrightarrow (\neg P \wedge \neg Q) \vee R$

$\Leftrightarrow (\neg P \vee R) \wedge (\neg Q \vee R)$

$\Leftrightarrow (P \to R) \wedge (Q \to R)$

例题 1.23　证明 $(P \wedge (P \vee Q)) \wedge \neg(P \vee (Q \wedge P)) \Leftrightarrow F$。

【证明】 $(P\wedge(P\vee Q))\wedge\neg(P\vee(Q\wedge P))$

$\Leftrightarrow P\wedge\neg P$

$\Leftrightarrow F$

例题 1.24 证明$(\neg P\wedge(\neg Q\wedge R))\vee((Q\wedge R)\vee(P\wedge R))\Leftrightarrow R$。

【证明】 $(\neg P\wedge(\neg Q\wedge R))\vee((Q\wedge R)\vee(P\wedge R))$

$\Leftrightarrow((\neg P\wedge\neg Q)\wedge R)\vee((Q\vee P)\wedge R))$

$\Leftrightarrow(\neg(P\vee Q)\wedge R)\vee((Q\vee P)\wedge R))$

$\Leftrightarrow(\neg(P\vee Q)\vee(Q\vee P))\wedge R$

$\Leftrightarrow T\wedge R$

$\Leftrightarrow R$

例题 1.25 证明$((P\vee Q)\wedge\neg(\neg P\wedge(\neg Q\vee\neg R)))\vee\neg(P\vee Q)\vee\neg(P\vee R)\Leftrightarrow T$。

【证明】 $((P\vee Q)\wedge\neg(\neg P\wedge(\neg Q\vee\neg R)))\vee\neg(P\vee Q)\vee\neg(P\vee R)$

$\Leftrightarrow((P\vee Q)\wedge(P\vee(Q\wedge R)))\vee\neg(P\vee Q)\vee\neg(P\vee R)$

$\Leftrightarrow((P\vee Q)\wedge(P\vee Q)\wedge(P\vee R)))\vee\neg(P\vee Q)\vee\neg(P\vee R)$

$\Leftrightarrow((P\vee Q)\wedge(P\vee R))\vee\neg((P\vee Q)\wedge(P\vee R))$

$\Leftrightarrow T$

1.5 重言式、蕴含式与对偶式

1.5.1 重言式

从 1.4 节中可以看到，有些命题公式，无论对原子命题变元作何种指派，其对应的真值都是逻辑真(T)或都是逻辑假(F)，这两类特殊的命题在后面的命题演算中用途极大，下面作较为详细的讨论。

定义 1.13 重言式 给定一命题公式，若无论对命题变元作何种指派，其对应的真值永为真(T)，则称该命题公式为重言式，或永真式。

定义 1.14 矛盾式 给定一命题公式，若无论对命题变元作何种指派，其对应的真值永为假(F)，则称该命题公式为矛盾式，或永假式。

定义 1.15 可满足式 给定一命题公式，若对命题变元作各种指派，其对应的真值至少有一个为真(T)，则称该命题公式为可满足式。

矛盾式与重言式一样重要，不过将重言式研究清楚了，矛盾式的特性也出来了，所以本小结只研究重言式。下面是与重言式有关的三个定理。

定理 1.2 任何两个重言式的合取或析取或条件或双条件，仍是一个重言式。

【证明】 设 P 和 Q 为两个重言式，则不论对 P 和 Q 的命题变元作何种真值指派，P 和 Q 的真值总是为 T，故 $P\wedge Q\Leftrightarrow T$，$P\vee Q\Leftrightarrow T$，$P\rightarrow Q\Leftrightarrow T$，$P\leftrightarrow Q\Leftrightarrow T$。

定理 1.3 一个重言式，对同一分量用任何合式公式置换，其结果仍为一重言式。

【证明】 因为重言式的真值与命题变元和分量的指派无关，所以对同一分量用任何合式公式置换后，其结果仍为一重言式。

例题 1.26　已知 $G=((P\to Q)\wedge(R\vee S))\vee\neg((P\to Q)\wedge(R\vee S))$ 为重言式，则用任一分量取代后 $P\to Q$ 得到的新的合式公式仍是重言式。

【证明】　假设用 A 取代 $P\to Q$，则 $G=(A\wedge(R\vee S))\vee\neg(A\wedge(R\vee S))$，令 $B=A\wedge(R\vee S)$，则 $G=B\vee\neg B\Leftrightarrow T$。

定理 1.4　设 P 和 Q 是两个命题公式，$P\Leftrightarrow Q$ 当且仅当 $P\leftrightarrow Q$ 是重言式。

【证明】　若 $P\Leftrightarrow Q$，则 P 和 Q 有相同的真值，故 $P\leftrightarrow Q$ 的真值永真，即 $P\leftrightarrow Q$ 是重言式。若 $P\leftrightarrow Q$ 是重言式，则 $P\leftrightarrow Q$ 的真值永真，所以 P 和 Q 有相同的真值，故 $P\Leftrightarrow Q$。

例题 1.27　证明 $P\to Q$ 与 $\neg P\vee Q$ 是等价式。

【证明】　由 1.4 节表 1-12 可知，$(P\to Q)\leftrightarrow(\neg P\vee Q)$ 是重言式，根据定理 1.4 可知 $P\to Q$ 与 $\neg P\vee Q$ 是等价式。

1.5.2　蕴含式

定义 1.16 蕴含式　P 蕴含 Q 当且仅当 $P\to Q$ 是重言式。P 蕴含 Q 记作 $P\Rightarrow Q$。

定义 1.17 逆换式　若 $P\to Q$ 是原式，则 $Q\to P$ 是其逆换式。

定义 1.18 反换式　若 $P\to Q$ 是原式，则 $\neg P\to\neg Q$ 是其反换式。

定义 1.19 逆反式　若 $P\to Q$ 是原式，则 $\neg Q\to\neg P$ 是其逆反式。

表 1-15 列出了这四个式子之间的关系，从中可见：

$$P\to Q\Leftrightarrow\neg Q\to\neg P$$

$$Q\to P\Leftrightarrow\neg P\to\neg Q$$

表 1-15　定义 1.16～1.19 的真值表

P	Q	$P\to Q$	$Q\to P$	$\neg Q\to\neg P$	$\neg P\to\neg Q$
T	T	T	T	T	T
T	F	F	T	F	T
F	T	T	F	T	F
F	F	T	T	T	T

从蕴含式的定义可知，考查 P 是否蕴含 Q，只需要考查在不同真值指派时，当 P 的真值为真时，Q 的真值是否为真。又因为 $P\to Q\Leftrightarrow\neg Q\to\neg P$，所以，也可以考查在 Q 的真值为假时，P 的真值是否为假。

例题 1.28　证明 $(P\to Q)\wedge(Q\to R)\Rightarrow P\to R$。

【证法一】　构建真值表，根据真值情况分析蕴含是否成立。其真值如表 1-16 所示。从表中可知，当 $(P\to Q)\wedge(Q\to R)$ 为真时，$P\to R$ 也为真，则蕴含关系成立。

【证法二】　假设 $(P\to Q)\wedge(Q\to R)$ 逻辑值为真，则 $(P\to Q)$ 为真，且 $(Q\to R)$ 也为真，若 Q 为真，则 R 必为真，则不论 P 为真或为假，$P\to R$ 的逻辑值总是为真。蕴含关系成立。若 Q 为假，则 P 必为假，此时无论 R 为真或为假，$P\to R$ 必为真。蕴含关系成立。

【证法三】　假设 $P\to R$ 为假，则 P 必为真而 R 为假，若 Q 为真，则 $(P\to Q)$ 为真而 $(Q\to R)$ 为假，则 $(P\to Q)\wedge(Q\to R)$ 为假，蕴含成立；若 Q 为假，则 $(P\to Q)$ 为假而 $(Q\to R)$

为真，同样$(P \to Q) \wedge (Q \to R)$为假，蕴含成立。

表 1-16　例题 1.28 的真值表

P	Q	R	$P \to Q$	$Q \to R$	$(P \to Q) \wedge (Q \to R)$	$P \to R$
T	T	T	T	T	T	T
T	T	F	T	F	F	F
T	F	T	F	T	F	T
T	F	F	F	T	F	F
F	T	T	T	T	T	T
F	T	F	T	F	F	T
F	F	T	T	T	T	T
F	F	F	T	T	T	T

表 1-17 是 9 类基本的蕴含关系，利用真值表很容易验证。

表 1-17　9 类基本蕴含关系

序号	名　称	表 达 式
1	简化法则	I_1：$P \wedge Q \Rightarrow P, P \wedge Q \Rightarrow Q$ I_2：$\neg(P \to Q) \Rightarrow P, \neg(P \to Q) \Rightarrow \neg Q$
2	扩充法则	I_3：$P \Rightarrow P \vee Q, Q \Rightarrow P \vee Q$ I_4：$\neg P \Rightarrow P \to Q, Q \Rightarrow P \to Q$
3	假言推理	I_5：$P \wedge (P \to Q) \Rightarrow Q$
4	拒取式	I_6：$\neg Q \wedge (P \to Q) \Rightarrow \neg P$
5	析取三段论	I_7：$\neg P \wedge (P \vee Q) \Rightarrow Q$ I_8：$P \wedge (\neg P \vee Q) \Rightarrow Q$
6	假言三段论	I_9：$(P \to Q) \wedge (Q \to R) \Rightarrow P \to R$
7	二难推论	I_{10}：$(P \vee Q) \wedge (P \to R) \wedge (Q \to R) \Rightarrow R$ I_{11}：$(P \to Q) \wedge (R \to S) \Rightarrow (P \wedge R) \to (Q \wedge S)$
8	等价三段论	I_{12}：$(P \leftrightarrow Q) \wedge (Q \leftrightarrow R) \Rightarrow P \leftrightarrow R$
9	归结原理	I_{13}：$(P \vee Q) \wedge (\neg P \vee R) \Rightarrow Q \vee R$

在推理演算中经常会根据已知的命题得到一个新的命题，9 类基本蕴含关系，特别是其中的简化法则、三段论和假言推理等为推理演算提供了很好的工具。

正如"$\leftrightarrow$"□"$\to$"之间有关联一样，等价式与蕴含式之间也有关联。下面的定理给出了等价式与蕴含式之间的关系。

定理 1.5　设 A 和 B 为任意的两个命题，$A \Leftrightarrow B$ 当且仅当 $A \Rightarrow B$ 且 $B \Rightarrow A$。

【证明】　若 $A \Leftrightarrow B$，则 $A \leftrightarrow B$ 是重言式，因为 $A \leftrightarrow B \Leftrightarrow (A \to B) \wedge (B \to A)$，所以$(A \to B)$为真且$(B \to A)$也为真，则 $A \Rightarrow B$ 且 $B \Rightarrow A$ 成立。

若 $A \Rightarrow B$ 且 $B \Rightarrow A$ 成立，则 $(A \rightarrow B)$ 为真且 $(B \rightarrow A)$ 也为真，所以 $A \leftrightarrow B$ 也为真，则 $A \Leftrightarrow B$ 成立。

这个定理也反映出了蕴含关系的反对称性。利用该定理可以证明两个命题等价。

根据蕴含式的定义，很容易导出蕴含关系的几个常用性质。

性质1　$A \Rightarrow A$。（自反性）

性质1反映了蕴含关系的自反性，根据蕴含关系的定义很容易证明，留给读者自己证明。

性质2　$A \Rightarrow B$ 且 A 是重言式，则 B 必为重言式。

【证明】　因为 $A \Rightarrow B$，则 $A \rightarrow B$ 为逻辑真值，又因为 A 是重言式，则 A 的值为真，所以 B 的值必为真，则 B 必为重言式。

性质3　$A \Rightarrow B$ 且 $B \Rightarrow C$，则 $A \Rightarrow C$。（传递性）

【证明】　因为 $A \Rightarrow B$ 且 $B \Rightarrow C$，所以 $A \rightarrow B$ 为真且 $B \rightarrow C$ 也为真，则 $(A \rightarrow B) \land (B \rightarrow C)$ 为重言式，根据假言三段论可知 $(A \rightarrow B) \land (B \rightarrow C) \Rightarrow A \rightarrow C$，根据性质2可知 $A \rightarrow C$ 为重言式，则 $A \Rightarrow C$ 成立。

性质4　$A \Rightarrow B$ 且 $A \Rightarrow C$，则 $A \Rightarrow B \land C$。

【证明】　因为 $A \Rightarrow B$ 且 $A \Rightarrow C$，则 $A \rightarrow B$ 为真且 $A \rightarrow C$ 也为真，则 $(A \rightarrow B) \land (A \rightarrow C)$ 为重言式，而 $(A \rightarrow B) \land (A \rightarrow C) \Leftrightarrow (\neg A \lor B) \land (\neg A \lor C) \Leftrightarrow \neg A \lor (B \land C) \Leftrightarrow A \rightarrow (B \land C)$，则 $A \Rightarrow B \land C$ 成立。

性质5　$A \Rightarrow C$ 且 $B \Rightarrow C$，则 $A \lor B \Rightarrow C$。

【证明】　因为 $A \Rightarrow C$ 且 $B \Rightarrow C$，则 $A \rightarrow C$ 为真且 $B \rightarrow C$ 也为真，则 $(A \rightarrow C) \land (B \rightarrow C)$ 为重言式，而 $(A \rightarrow C) \land (B \rightarrow C) \Leftrightarrow (\neg A \lor C) \land (\neg B \lor C) \Leftrightarrow (\neg A \land \neg B) \lor C \Leftrightarrow (A \lor B) \rightarrow C$，则 $A \lor B \Rightarrow C$ 成立。

1.5.3　对偶式

定义1.20 对偶式　若命题公式 A 仅含联结词 $\neg$、$\land$、$\lor$ 及逻辑值 T、F，则将 $\land$ 与 $\lor$ 互换，T 与 F 互换，得到新的命题公式 A^*，则 A^* 与 A 互为对偶式。

例题1.29　写出下列命题公式的对偶式。

(1) $(\neg A \lor C) \land (\neg B \lor C)$

(2) $(\neg T \lor C) \lor \neg B$

【解】　这些命题公式的对偶式为：

(1) $(\neg A \land C) \lor (\neg B \land C)$。

(2) $(\neg F \land C) \land \neg B$。

关于对偶式有如下的两个定理，这两个定理所描述的事实常称为对偶原理。

定理1.6　设 A 和 A^* 是对偶式，$P_1, P_2, \cdots, P_n$ 是出现在 A 和 A^* 中的原子变元，则

$$\neg A(P_1, P_2, \cdots, P_n) \Leftrightarrow A^*(\neg P_1, \neg P_2, \cdots, \neg P_n)$$

$$A(\neg P_1, \neg P_2, \cdots, \neg P_n) \Leftrightarrow \neg A^*(P_1, P_2, \cdots, P_n)$$

【证明】　由德·摩根定律有

$P \land Q \Leftrightarrow \neg(\neg P \lor \neg Q)$，$P \lor Q \Leftrightarrow \neg(\neg P \land \neg Q)$，所以有 $\neg A(P_1, P_2, \cdots, P_n) \Leftrightarrow A^*(\neg P_1,$

$\neg P_2, \cdots, \neg P_n)$成立。

同理有 $A(\neg P_1, \neg P_2, \cdots, \neg P_n) \Leftrightarrow \neg A^*(P_1, P_2, \cdots, P_n)$成立。

定理 1.7 设 A 和 B 是只含有联结词$\neg$、$\wedge$、$\vee$的命题公式，$P_1, P_2, \cdots, P_n$ 是出现在 A 和 B 中的原子变元，若 $A \Leftrightarrow B$，则 $A^* \Leftrightarrow B^*$。

【证明】 因为 $A \Leftrightarrow B$，则 $A(P_1, P_2, \cdots, P_n) \leftrightarrow B(P_1, P_2, \cdots, P_n)$是重言式，根据重言式的性质，则 $A(\neg P_1, \neg P_2, \cdots, \neg P_n) \leftrightarrow B(\neg P_1, \neg P_2, \cdots, \neg P_n)$也为重言式，那么就有 $A(\neg P_1, \neg P_2, \cdots, \neg P_n) \Leftrightarrow B(\neg P_1, \neg P_2, \cdots, \neg P_n)$，由定理 1.6 有$\neg A^*(P_1, P_2, \cdots, P_n) \Leftrightarrow \neg B^*(P_1, P_2, \cdots, P_n)$，则 $A^* \Leftrightarrow B^*$。

推论 设 A 和 B 是只含有联结词$\neg$、$\wedge$、$\vee$的命题公式，$P_1, P_2, \cdots, P_n$ 是出现在 A 和 B 中的原子变元，若 $A \Rightarrow B$，则 $B^* \Rightarrow A^*$。留给读者自己证明。

利用对偶原理，可以从已知的重言式构建出新的重言式，从已知的蕴含式、等价式做出新的蕴含式和等价式。

例题 1.30 $P \Rightarrow P \vee Q$ 与 $P \wedge Q \Rightarrow P$，$P \wedge (Q \vee R) \Leftrightarrow (P \wedge Q) \vee (P \wedge R)$与 $P \vee (Q \wedge R) \Leftrightarrow (P \vee Q) \wedge (P \vee R)$可以通过对偶关系得到。10 个命题定律除了对合律外，其他的都很好地体现对偶性。

1.6 联结词的完备集

前面介绍了 5 个基本的联结词$\neg$、$\wedge$、$\vee$、$\rightarrow$、$\leftrightarrow$，这 5 个基本的联结词与自然语言中的联结词紧密相关，易于理解，但还不能比较广泛地直接表示命题之间的联系，为此，本小节再定义另外的 4 个联结词。

1.6.1 不可兼析取

定义 1.21 不可兼析取 若 P 和 Q 是任意的两个命题，则 P 和 Q 的不可兼析取命题是一个复合命题，记作 $P \bar{\vee} Q$，当 P 和 Q 的真值不相同时，$P \bar{\vee} Q$ 的真值为 T，否则，$P \bar{\vee} Q$ 的真值为 F。其真值情况如表 1-18 所示。

表 1-18 不可兼析取的真值

P	Q	$P \bar{\vee} Q$
T	T	F
T	F	T
F	T	T
F	F	F

设 P、Q、R 为命题公式，根据对不可兼析取的定义可知，不可兼析取有如下性质：

(1) $P \bar{\vee} Q \Leftrightarrow \neg(P \leftrightarrow Q)$。

(2) $P \bar{\vee} Q \Leftrightarrow Q \bar{\vee} P$。

(3) $(P \bar{\vee} Q) \bar{\vee} R \Leftrightarrow P \bar{\vee} (Q \bar{\vee} R)$。

(4) $P \wedge (Q \bar{\vee} R) \Leftrightarrow (P \wedge Q) \bar{\vee} (P \wedge R)$。

(5) $P \bar{\vee} P \Leftrightarrow F, F \bar{\vee} P \Leftrightarrow P, T \bar{\vee} P \Leftrightarrow \neg P$。

1.6.2　条件的否定

定义 1.22 条件的否定　若 P 和 Q 是任意的两个命题，则 P 和 Q 的条件的否定命题是一个复合命题，记作 $P \xrightarrow{c} Q$，当 P 为真而 Q 为假时，$P \xrightarrow{c} Q$ 的真值为真，否则，为假。其真值情况如表 1-19 所示。

表 1-19　条件的否定的真值

P	Q	$P \xrightarrow{c} Q$
T	T	F
T	F	T
F	T	F
F	F	F

根据定义可知 $P \xrightarrow{c} Q \Leftrightarrow \neg(P \rightarrow Q)$。

1.6.3　与非

定义 1.23 与非　若 P 和 Q 是任意的两个命题，则 P 和 Q 的与非命题是一个复合命题，记作 $P \uparrow Q$，当 P 和 Q 的真值均为真时，$P \uparrow Q$ 的真值为假，否则，为真。其真值情况如表 1-20 所示。

表 1-20　与非的真值

P	Q	$P \uparrow Q$
T	T	F
T	F	T
F	T	T
F	F	T

联结词与非有如下性质：

(1) $P \uparrow Q \Leftrightarrow \neg(P \wedge Q)$。

(2) $(P \uparrow Q) \uparrow (P \uparrow Q) \Leftrightarrow \neg(P \uparrow Q) \Leftrightarrow P \wedge Q$。

(3) $(P \uparrow P) \uparrow (Q \uparrow Q) \Leftrightarrow \neg P \uparrow \neg Q \Leftrightarrow \neg(\neg P \wedge \neg Q) \Leftrightarrow P \vee Q$。

1.6.4　或非

定义 1.24 或非　若 P 和 Q 是任意的两个命题，则 P 和 Q 的或非命题是一个复合命题,记作 $P \downarrow Q$,当 P 和 Q 的真值均为假时,$P \downarrow Q$ 的真值为真,否则,为假。其真值情况如表 1-21 所示。

表 1-21 或非的真值

P	Q	$P \downarrow Q$
T	T	F
T	F	F
F	T	F
F	F	T

联结词或非有如下性质:

(1) $P \downarrow Q \Leftrightarrow \neg(P \vee Q)$。

(2) $(P \downarrow Q) \downarrow (P \downarrow Q) \Leftrightarrow \neg(P \downarrow Q) \Leftrightarrow P \vee Q$。

(3) $(P \downarrow P) \downarrow (Q \downarrow Q) \Leftrightarrow \neg P \downarrow \neg Q \Leftrightarrow \neg(\neg P \vee \neg Q) \Leftrightarrow P \wedge Q$。

1.6.5 联结词的完备集

至此一共介绍了 9 个联结词,这 9 个联结词是否足够表达所有的命题公式呢?还需要增加新的联结词吗?按照命题公式的定义,由命题变元和命题联结词可以构造出无数命题公式,将这些命题公式根据其真值分类后可以分析出命题公式与联结词之间的关系。

一元联结词作用于一个命题 P,它只有两种取值,可以得到 4 种不同的真值函项,为此可以定义 4 个不同的一元联结词;二元联结词联结两个命题变元 P、Q,有 4 种不同的真值组合,可以建立 16 种不同的真值函项,为此可以定义 16 种不同的二元联结词,如表 1-22 所示。

表 1-22 16 种二元联结词的真值表

P	Q	f_1	f_2	f_3	f_4	f_5	f_6	f_7	f_8	f_9	f_{10}	f_{11}	f_{12}	f_{13}	f_{14}	f_{15}	f_{16}
T	T	T	F	T	T	F	F	T	F	T	F	T	F	T	F	T	F
T	F	T	F	T	F	F	T	F	T	T	F	F	T	F	T	T	F
F	T	T	F	F	T	T	F	F	T	T	F	T	F	F	T	F	T
F	F	T	F	F	F	T	T	F	T	F	T	T	F	T	F	T	F

其中,f_1、f_2、f_3、f_4、f_5、f_6、f_7、f_8、f_9、f_{10}、f_{11}、f_{12}、f_{13}、f_{14}、f_{15}、f_{16} 表示不同的联结词。从表中可以看出 f_i 所对应的真值结果与联结词之间的关系:

$f_1 = P \vee \neg P$,$f_2 = P \wedge \neg P$,$f_3 = P$,$f_4 = Q$,$f_5 = \neg P$,$f_6 = \neg Q$,$f_7 = P \wedge Q$,$f_8 = P \uparrow Q$,$f_9 = P \vee Q$,$f_{10} = P \downarrow Q$,$f_{11} = P \rightarrow Q$,$f_{12} = P \xrightarrow{c} Q$,$f_{13} = P \leftrightarrow Q$,$f_{14} = P \overline{\vee} Q$,$f_{15} = Q \rightarrow P$,$f_{16} = Q \xrightarrow{c} P$。

由此可见,除了常量 T 和 F 及命题变元本身外,9 个联结词足够表达所有的命题了。

定义 1.25 联结词最小完备集 设 S 是联结词集合,如果对任一命题公式,都有 S 中的联结词表示出来的命题公式与之等价,则 S 是联结词的完备集。若对于任何一个命题公式,都能由仅含这些联结词的命题公式等价代换,则由这些联结词构成的集合称为联结词最小完备集。

前面虽然介绍了 9 个联结词,但这些联结词并非都是必要的,因为包含某些联结词的命题可以由另外一些联结词的公式等价代换,下面分析这些联结词之间的等价关系。

$$P \bar{\vee} Q \Leftrightarrow \neg(P \leftrightarrow Q) \Leftrightarrow \neg((\neg P \vee Q) \wedge (\neg Q \vee P))$$
$$P \leftrightarrow Q \Leftrightarrow (P \rightarrow Q) \wedge (Q \rightarrow P) \Leftrightarrow (\neg P \vee Q) \wedge (\neg Q \vee P)$$
$$P \xrightarrow{c} Q \Leftrightarrow \neg(P \rightarrow Q) \Leftrightarrow \neg(\neg P \vee Q)$$
$$P \rightarrow Q \Leftrightarrow \neg P \vee Q$$
$$P \uparrow Q \Leftrightarrow \neg(P \wedge Q)$$
$$P \downarrow Q \Leftrightarrow \neg(P \vee Q)$$

由此可知,联结词不兼析取、双条件、条件、条件的否定、与非和或非都可以由否定、合取和析取代替。那么合取和析取之间是否有关系呢?根据德·摩根定律可知:

$$P \wedge Q \Leftrightarrow \neg(\neg P \vee \neg Q), P \vee Q \Leftrightarrow \neg(\neg P \wedge \neg Q)$$

所以,合取和析取之间也可以互相代替。而否定是一元联结词,无法与其他二元联结词之间构成等价代替关系,所以任何一个命题公式都可以只用否定和合取或否定和析取来表示,换言之,否定和合取或否定和析取足够是表示无数命题 公式,所以$\{\neg、\wedge\}$或$\{\neg、\vee\}$是联结词最小完备集。根据联结词$\uparrow$和$\downarrow$的定义可知,$\{\uparrow\}$或$\{\downarrow\}$也是联结词最小完备集。

1.7　命题公式的范式

对同一个问题的描述,可以使用不同表现形式的命题公式。含有有限个原子命题的公式,用真值表的方式可以在有限的步骤内确定其真值,通过分析真值表可以判断两个不同表现形式的命题是否等价,也就是说是否描述了同一个问题,但真值表的构造会随原子变元的增加而变得复杂,为了将命题公式规范化,本小结讨论命题公式的范式问题。

1.7.1　合取范式与析取范式

定义 1.26　原子命题变元或原子命题变元的否定称为**文字**。有限个文字的析取称为**析取式**或**子句**,有限个文字的合取称为**合取式**或**短语**,原子命题变元与其否定称为**互补对**。

例如,(1) P、$\neg Q$ 是文字,是析取式,是合取式。

(2) $\neg P \vee \neg Q$ 是析取式。

(3) $\neg P \wedge \neg Q \wedge R$ 是合取式。

定义 1.27 合取范式　有限个析取式的合取称为**合取范式**。即合取范式具有以下形式:

$$A_1 \wedge A_2 \wedge \cdots \wedge A_n, (n \geqslant 1)$$

其中 $A_1, A_2, \cdots, A_n$ 为析取式。

例如$(\neg P \vee \neg Q) \wedge (R \vee P) \wedge S$ 为合取范式。

定义 1.28 析取范式 有限个合取式的析取称为**析取范式**。即析取范式具有以下形式：

$$A_1 \vee A_2 \vee \cdots \vee A_n, (n \geqslant 1)$$

其中 $A_1, A_2, \cdots, A_n$ 为合取式。

例如，$(\neg P \wedge \neg Q) \vee (R \wedge P) \vee S$ 为析取范式。

通过以下步骤，可以求任何一个命题公式的合取范式或析取范式：

(1) 将公式中的联结词归化为 $\wedge$、$\vee$ 和 $\neg$。

(2) 利用德·摩根律将否定联结词直接移到各个命题变元之前。

(3) 利用分配律、结合律和交换律将公式归约为合取范式或析取范式。

例题 1.31 求公式$(P \rightarrow \neg Q) \vee (P \leftrightarrow R)$的合取范式。

【解】 $(P \rightarrow \neg Q) \vee (P \leftrightarrow R)$

$\Leftrightarrow (\neg P \vee \neg Q) \vee ((P \rightarrow R) \wedge (R \rightarrow P))$

$\Leftrightarrow (\neg P \vee \neg Q) \vee ((\neg P \vee R) \wedge (\neg R \vee P))$

$\Leftrightarrow ((\neg P \vee \neg Q) \vee (\neg P \vee R)) \wedge ((\neg P \vee \neg Q) \vee (\neg R \vee P))$

$\Leftrightarrow (\neg P \vee \neg Q \vee R) \wedge (\neg P \vee P \vee \neg Q \vee \neg R)$

$\Leftrightarrow (\neg P \vee \neg Q \vee R)$

例题 1.32 求公式$\neg (P \vee Q) \leftrightarrow (P \wedge Q)$的析取范式。

【解】 $\neg (P \vee Q) \leftrightarrow (P \wedge Q)$

$\Leftrightarrow (\neg (P \vee Q) \rightarrow (P \wedge Q)) \wedge ((P \wedge Q) \rightarrow \neg (P \vee Q))$

$\Leftrightarrow ((P \vee Q) \vee (P \wedge Q)) \wedge (\neg (P \wedge Q) \vee \neg (P \vee Q))$

$\Leftrightarrow ((P \vee Q) \vee (P \wedge Q)) \wedge ((\neg P \vee \neg Q) \vee (\neg P \wedge \neg Q))$

$\Leftrightarrow (P \vee Q \vee P) \wedge (P \vee Q \vee Q) \wedge (\neg P \vee \neg Q \vee \neg P) \wedge (\neg P \vee \neg Q \vee \neg Q)$

$\Leftrightarrow (P \vee Q) \wedge (\neg P \vee \neg Q)$

$\Leftrightarrow (P \wedge \neg P) \vee (P \wedge \neg Q) \vee (Q \wedge \neg P) \vee (Q \wedge \neg Q)$

$\Leftrightarrow (P \wedge \neg Q) \vee (Q \wedge \neg P)$

范式为命题公式提供了一种统一的表达形式，但这种表达形式并不唯一，例如命题公式：

$(P \wedge Q) \vee (P \wedge R)$ （析取范式）

$\Leftrightarrow P \wedge (Q \vee R)$ （合取范式）

$\Leftrightarrow (P \vee P) \wedge (Q \vee R)$ （合取范式）

$\Leftrightarrow P \wedge (Q \vee \neg Q) \wedge (Q \vee R)$ （合取范式）

由此可见，同一命题公式，可以有几种不同的范式，其表达形式的不唯一性给问题的研究带来不便，为了使得每个命题公式只出现唯一的一种范式，下面引入主析取范式和主合取范式。

1.7.2 主析取范式

1. 小项及其性质

定义 1.29 小项 n 个命题变元的合取式,称为**布尔合取**或**小项**,其中每个变元与它的否定不能同时存在,但两者必须出现且仅出现一次。

例如,两个命题变元 P 和 Q,则其小项有 4 个,分别为:$P \wedge Q, P \wedge \neg Q, \neg P \wedge Q, \neg P \wedge \neg Q$。

若是三个命题变元 P, Q, R,则其小项有 8 个,分别为:$P \wedge Q \wedge R, \neg P \wedge Q \wedge R, P \wedge \neg Q \wedge R, P \wedge Q \wedge \neg R, \neg P \wedge \neg Q \wedge R, \neg P \wedge Q \wedge \neg R, P \wedge \neg Q \wedge \neg R, \neg P \wedge \neg Q \wedge \neg R$。

对于有 n 个命题变元的合式公式,其小项则有 2^n 个。

定义 1.30 小项的二进制编码 约定命题变元按字典顺序排列,命题变元与 1 对应,命题变元的否定与 0 对应,则得到小项的二进制编码,记为 m_i,其下标 i 是由二进制转换的十进制数。n 个命题变元形成的 2^n 个小项,分别记为:$m_0, m_1, \cdots, m_{2^n-1}$。

两个命题变元 P 和 Q 的小项真值表与编码如表 1-23 所示。

表 1-23 两个命题变元的小项真值表与编码

m(二进制)		m_{11}	m_{10}	m_{01}	m_{00}
P	Q	$P \wedge Q$	$P \wedge \neg Q$	$\neg P \wedge Q$	$\neg P \wedge \neg Q$
1	1	1	0	0	0
1	0	0	1	0	0
0	1	0	0	1	0
0	0	0	0	0	1
m(十进制)		m_3	m_2	m_1	m_0

若两个命题变元 P 和 Q,则对应的小项与编码之间的关系如下:

$m_{11} = P \wedge Q, m_{10} = P \wedge \neg Q, m_{01} = \neg P \wedge Q, m_{00} = \neg P \wedge \neg Q$。

若三个命题变元 P、Q 和 R,则对应的小项与编码之间的关系如下:

$m_{000} = \neg P \wedge \neg Q \wedge \neg R, m_{100} = P \wedge \neg Q \wedge \neg R, m_{001} = \neg P \wedge \neg Q \wedge R, m_{101} = P \wedge \neg Q \wedge R,$
$m_{010} = \neg P \wedge Q \wedge \neg R, m_{110} = P \wedge Q \wedge \neg R, m_{011} = \neg P \wedge Q \wedge R, m_{111} = P \wedge Q \wedge R$。

由表 1-23 可得到小项具有如下性质:

(1) 各个小项的真值都不相同,没有两个小项是等价的。

(2) 每个小项只有当赋值与其对应的二进制编码相同时,其真值为真,且其真值 1 位于主对角线上,其余的 2^n-1 种真值指派情况下均为 0。

(3) 任意两个小项的合取式是永假式。

(4) 所有小项的析取式为永真式。

2. 主析取范式定义

定义 1.31 主析取范式 对于一个给定的命题公式,如果有一个等价公式,它仅由小项的析取所组成,则该等价式称为原式的主析取范式。

定理 1.8 任何一个非永假命题公式 A 都存在唯一与其等价的主析取范式。

【证明】 非永假命题公式 A 必有一个与之等价的析取范式 A'，若 A' 的某个简单合取式 A_i 中不含有命题变元 P 及其否定 $\neg P$，则 A_i 将展成形如 $A_i \Leftrightarrow A_i \wedge T \Leftrightarrow A_i \wedge (P \vee \neg P) \Leftrightarrow (A_i \wedge P) \vee (A_i \wedge \neg P)$，继续这个过程，直到所有的简单合取式成为小项。然后消去重复的项及矛盾式之后，得到 A 的主析取范式。所以每个非永假命题公式 A 都存在与其等价的主析取范式(存在性)。

假设 B 和 C 是 A 的两个不同的主析取范式，则 $B \Leftrightarrow C$ 且存在某个小项 m_i 只出现在 B 中而不出现在 C 中，于是 i 的二进制在 B 中赋值为真，在 C 中赋值为假，这与 $B \Leftrightarrow C$ 矛盾。所以一个非永假命题公式 A 只有唯一与其等价的主析取范式(唯一性)。

3. 求主析取范式的方法

(1) 真值表法。

定理 1.9 在真值表中，一个公式的真值为 T 的指派所对应的小项的析取，即为此公式的主析取范式。

【证明】 设给定公式为 A，其真值为 T 的指派对应的小项为 $m_1, m_2, \cdots, m_k$，令 $B = m_1 \vee m_2 \vee \cdots \vee m_k$。下面证明 $A \Leftrightarrow B$。

若 A 为真，则其赋值所对应的小项一定是 $m_1, m_2, \cdots, m_k$ 中的某一项，不妨设为 m_i，因为 m_i 为真，而 $m_1, m_2, \cdots, m_{i-1}, m_{i+1}, \cdots, m_k$ 都为假，故 B 也为真。

若 A 为假，则其赋值所对应的小项一定不是 $m_1, m_2, \cdots, m_k$ 中的某一项，此时 $m_1, m_2, \cdots, m_k$ 都为假，故 B 也为假。

所以，$A \Leftrightarrow B$。

例题 1.33 用真值表法求 $\neg Q \wedge (P \vee \neg Q)$ 的主析取范式。

【解】 $\neg Q \wedge (P \vee \neg Q)$ 的真值表如表 1-24 所示。

表 1-24 真值表

P	Q	$\neg Q$	$P \vee \neg Q$	$\neg Q \wedge (P \vee \neg Q)$
T	T	F	T	F
T	F	T	T	T
F	T	F	F	F
F	F	T	T	T

从表中可以看出 $\neg Q \wedge (P \vee \neg Q) \Leftrightarrow (P \wedge \neg Q) \vee (\neg P \wedge \neg Q) \Leftrightarrow m_{10} \vee m_{00}$。

例题 1.34 用真值表法求 $P \to (Q \wedge R)$ 的主析取范式。

【解】 $P \to (Q \wedge R)$ 的真值表如表 1-25 所示。

表 1-25 真值表

P	Q	R	$Q \wedge R$	$P \to (Q \wedge R)$
T	T	T	T	T
T	T	F	F	F

续表

P	Q	R	$Q\wedge R$	$P\rightarrow(Q\wedge R)$
T	F	T	F	F
T	F	F	F	F
F	T	T	T	T
F	T	F	F	T
F	F	T	F	T
F	F	F	F	T

从表中可以看出：

$P\rightarrow(Q\wedge R)\Leftrightarrow m_{111}\vee m_{011}\vee m_{010}\vee m_{001}\vee m_{000}$

$\Leftrightarrow(P\wedge Q\wedge R)\vee(\neg P\wedge Q\wedge R)\vee(\neg P\wedge Q\wedge\neg R)\vee(\neg P\wedge\neg Q\wedge R)\vee(\neg P\wedge\neg Q\wedge\neg R)$

(2) 公式法。

除了用真值表方法外，也可以用等价公式构成主析取范式。由基本等价公式求主析取范式的推演步骤可以归纳为：①将命题公式化归为析取范式；②除去析取范式中所有永假的析取项；③将析取式中重复出现的合取项和相同的变元合并；④对合取项补入没有出现的命题变元，即添加$(P\vee\neg P)$式，再应用分配律展开公式即可。

例题 1.35　用公式法求$(P\wedge Q)\vee(\neg P\wedge R)$的主析取范式。

【解】　$(P\wedge Q)\vee(\neg P\wedge R)$

$\Leftrightarrow((P\wedge Q)\wedge(R\vee\neg R))\vee((\neg P\wedge R)\wedge(Q\vee\neg Q))$

$\Leftrightarrow(P\wedge Q\wedge R)\vee(P\wedge Q\wedge\neg R)\vee(\neg P\wedge Q\wedge R)\vee(\neg P\wedge\neg Q\wedge R)$

$\Leftrightarrow m_{111}\vee m_{110}\vee m_{011}\vee m_{001}$

例题 1.36　用公式法求$((P\vee Q)\rightarrow R)\rightarrow P$的主析取范式。

【解】　$((P\vee Q)\rightarrow R)\rightarrow P$

$\Leftrightarrow\neg(\neg(P\vee Q)\vee R)\vee P$

$\Leftrightarrow((P\vee Q)\wedge\neg R)\vee P$

$\Leftrightarrow(P\wedge\neg R)\vee(Q\wedge\neg R)\vee P$

$\Leftrightarrow((P\wedge\neg R)\wedge(Q\vee\neg Q))\vee((Q\wedge\neg R)\wedge(P\vee\neg P)\vee(P\wedge(Q\vee\neg Q)))$

$\Leftrightarrow(P\wedge Q\wedge\neg R)\vee(P\wedge\neg Q\wedge\neg R)\vee(P\wedge Q\wedge\neg R)\vee(\neg P\wedge Q\wedge\neg R)$
$\vee(P\wedge Q)\vee(P\wedge\neg Q)$

$\Leftrightarrow(P\wedge Q\wedge\neg R)\vee(P\wedge\neg Q\wedge\neg R)\vee(P\wedge Q\wedge\neg R)\vee(\neg P\wedge Q\wedge\neg R)$
$\vee((P\wedge Q)\wedge(R\vee\neg R))\vee((P\wedge\neg Q)\wedge(R\vee\neg R))$

$\Leftrightarrow(P\wedge Q\wedge\neg R)\vee(P\wedge\neg Q\wedge\neg R)\vee(P\wedge Q\wedge\neg R)\vee(\neg P\wedge Q\wedge\neg R)$
$\vee(P\wedge Q\wedge R)\vee(P\wedge Q\wedge\neg R)\vee(P\wedge\neg Q\wedge R)\vee(P\wedge\neg Q\wedge\neg R)$

$\Leftrightarrow(P\wedge Q\wedge\neg R)\vee(P\wedge\neg Q\wedge\neg R)\vee(\neg P\wedge Q\wedge\neg R)\vee(P\wedge Q\wedge R)$
$\vee(P\wedge\neg Q\wedge R)$

$\Leftrightarrow m_{110}\vee m_{100}\vee m_{010}\vee m_{111}\vee m_{101}$

1.7.3 主合取范式

1. 大项及其性质

定义 1.32 大项 n 个命题变元的析取式，称为**布尔析取**或**大项**，其中每个变元与它的否定不能同时存在，但两者必须出现且仅出现一次。

例如，两个命题变元 P 和 Q，则其大项有 4 个，分别为：$P\vee Q, P\vee\neg Q, \neg P\vee Q, \neg P\vee\neg Q$。

若是三个命题变元 P、Q、R，则其大项有 8 个，分别为：$P\vee Q\vee R, \neg P\vee Q\vee R, P\vee\neg Q\vee R, P\vee Q\vee\neg R, \neg P\vee\neg Q\vee R, \neg P\vee Q\vee\neg R, P\vee\neg Q\vee\neg R, \neg P\vee\neg Q\vee\neg R$。

对于有 n 个命题变元的合式公式，其大项则有 2^n 个。

定义 1.33 大项的二进制编码 约定命题变元按字典顺序排列，命题变元与 0 对应，命题变元的否定与 1 对应，则得到大项的二进制编码，记为 M_i，其下标 i 是由二进制转化的十进制数。n 个命题变元形成的 2^n 个大项，分别记为：$M_0, M_1, \cdots, M_{2^n-1}$。

两个命题变元 P 和 Q 的大项真值表与编码如表 1-26 所示。

表 1-26 两个命题变元的大项真值表与编码

M(二进制)		M_{00}	M_{01}	M_{10}	M_{11}
P	Q	$P\vee Q$	$P\vee\neg Q$	$\neg P\vee Q$	$\neg P\vee\neg Q$
1	1	1	1	1	0
1	0	1	1	0	1
0	1	1	0	1	1
0	0	0	1	1	1
M(十进制)		M_0	M_1	M_2	M_3

若两个命题变元 P 和 Q，则对应的大项与编码之间的关系如下：

$M_{11}=\neg P\vee\neg Q, M_{10}=\neg P\vee Q, M_{01}=P\vee\neg Q, M_{00}=P\vee Q$。

若三个命题变元 P、Q 和 R，则对应的大项与编码之间的关系如下：

$M_{111}=\neg P\vee\neg Q\vee\neg R, M_{011}=P\vee\neg Q\vee\neg R, M_{110}=\neg P\vee\neg Q\vee R, M_{010}=P\vee\neg Q\vee R, M_{101}=\neg P\vee Q\vee\neg R, M_{001}=P\vee Q\vee\neg R, M_{100}=\neg P\vee Q\vee R, M_{000}=P\vee Q\vee R$。

由表 1-26 可得到小项具有如下性质：

(1) 各个大项的真值都不相同，没有两个大项是等价的。

(2) 每个大项只有当赋值与其对应的二进制编码相同时，其真值为假，且其真值 0 位于主对角线上，其余的 2^n-1 种真值指派情况下均为 1。

(3) 任意两个大项的析取式是永真式。

(4) 所有大项的合取式为永假式。

2. 主合取范式定义

定义 1.34 主合取范式 对于一个给定的命题公式，如果有一个等价公式，它仅由大项的合取所组成，则该等价式称为原式的主合取范式。

定理 1.10 任何一个非永真命题公式 A 都存在唯一与其等价的主合取范式。

【证明】 非永真命题公式 A 必有一个与之等价的合取范式 A'，若 A' 的某个简单析取式 A_i 中不含有命题变元 P 及其否定 $\neg P$，则 A_i 将展成形如 $A_i \Leftrightarrow A_i \vee F \Leftrightarrow A_i \vee (P \wedge \neg P) \Leftrightarrow (A_i \vee P) \wedge (A_i \vee \neg P)$，继续这个过程，直到所有的简单析取式成为小项。然后消去重复的项及永真式之后，得到 A 的主合取范式。所以每个非永真命题公式 A 都存在与其等价的主合取范式(存在性)。

假设 B 和 C 是 A 的两个不同的主合取范式，则 $B \Leftrightarrow C$ 且存在某个大项 M_i 只出现在 B 中而不出现在 C 中，于是 i 的二进制在 B 中赋值为假，在 C 中赋值为真，这与 $B \Leftrightarrow C$ 矛盾。所以一个非永真命题公式 A 只有唯一与其等价的主合取范式(唯一性)。

3. 求主合取范式的方法

(1) 真值表法。

定理 1.11 在真值表中，一个公式的真值为 F 的指派所对应的大项的合取，即为此公式的主合取范式。

证明过程与定理 1.9 相同。

例题 1.37 用真值表法求 $\neg Q \wedge (P \vee \neg Q)$ 的主合取范式。

【解】 $\neg Q \wedge (P \vee \neg Q)$ 的真值表如表 1-27 所示。

表 1-27 例题 1.37 的真值表

P	Q	$\neg Q$	$P \vee \neg Q$	$\neg Q \wedge (P \vee \neg Q)$
T	T	F	T	F
T	F	T	T	T
F	T	F	F	F
F	F	T	T	T

从表中可以看出 $\neg Q \wedge (P \vee \neg Q) \Leftrightarrow (\neg P \vee \neg Q) \wedge (P \vee \neg Q) \Leftrightarrow M_{11} \wedge M_{01}$。

例题 1.38 用真值表法求 $P \rightarrow (Q \wedge R)$ 的主析取范式。

【解】 $P \rightarrow (Q \wedge R)$ 的真值表如表 1-28 所示。

表 1-28 例题 1.38 的真值表

P	Q	R	$Q \wedge R$	$P \rightarrow (Q \wedge R)$
T	T	T	T	T
T	T	F	F	F
T	F	T	F	F
T	F	F	F	F
F	T	T	T	T
F	T	F	F	T
F	F	T	F	T
F	F	F	F	T

从表中可以看出：

$$P\to(Q\wedge R)\Leftrightarrow M_{110}\wedge M_{101}\wedge M_{100}$$
$$\Leftrightarrow(\neg P\vee\neg Q\vee R)\wedge(\neg P\vee Q\vee\neg R)\wedge(\neg P\vee Q\vee R)$$

(2) 公式法。

除了用真值表方法外，也可以用等价公式构成主合取范式。由基本等价公式求主合取范式的推演步骤可以归纳为：①将命题公式化归为合取范式；②除去合取范式中所有永真的合取项；③将合取式中重复出现的析取项和相同的变元合并；④对析取项补入没有出现的命题变元，即添加$(P\wedge\neg P)$式，再应用分配律展开公式即可。

例题 1.39 用公式法求$(P\wedge Q)\vee(\neg P\wedge R)$的主合取范式。

【解】 $(P\wedge Q)\vee(\neg P\wedge R)$

$\Leftrightarrow(P\vee\neg P)\wedge(P\vee R)\wedge(Q\vee\neg P)\wedge(Q\vee R)$

$\Leftrightarrow(P\vee R)\wedge(Q\vee\neg P)\wedge(Q\vee R)$

$\Leftrightarrow((P\vee R)\vee(Q\wedge\neg Q))\wedge((Q\vee\neg P)\vee(R\wedge\neg R))\wedge((Q\vee R)\vee(P\wedge\neg P))$

$\Leftrightarrow(P\vee R\vee Q)\wedge(P\vee R\vee\neg Q)\wedge(Q\vee\neg P\vee R)\wedge(Q\vee\neg P\vee\neg R)\wedge(Q\vee R\vee P)$
$\wedge(Q\vee R\vee\neg P)$

$\Leftrightarrow(P\vee Q\vee R)\wedge(P\vee\neg Q\vee R)\wedge(\neg P\vee Q\vee\neg R)\wedge(\neg P\vee Q\vee R)$

$\Leftrightarrow M_{000}\wedge M_{010}\wedge M_{001}\wedge M_{100}$

例题 1.40 用公式法求$((P\vee Q)\to R)\to P$的主合取范式。

【解】 $((P\vee Q)\to R)\to P$

$\Leftrightarrow\neg(\neg(P\vee Q)\vee R)\vee P$

$\Leftrightarrow((P\vee Q)\wedge\neg R)\vee P$

$\Leftrightarrow(P\vee Q\vee P)\wedge(\neg R\vee P)$

$\Leftrightarrow(P\vee Q)\wedge(\neg R\vee P)$

$\Leftrightarrow((P\vee Q)\vee(R\wedge\neg R))\wedge((\neg R\vee P)\vee(Q\wedge\neg Q))$

$\Leftrightarrow(P\vee Q\vee R)\wedge(P\vee Q\vee\neg R)\wedge(P\vee\neg R\vee Q)\wedge(P\vee\neg Q\vee\neg R)$

$\Leftrightarrow(P\vee Q\vee R)\wedge(P\vee Q\vee\neg R)\wedge(P\vee\neg Q\vee\neg R)$

$\Leftrightarrow M_{000}\wedge M_{001}\wedge M_{011}$

1.7.4 主析取范式与主合取范式之间的联系

由于主析取范式由小项构成，而主合取范式由大项构成，由小项和大项的定义可知两者之间有下列关系：$\neg m_i=M_i$，$\neg M_i=m_i$，其中 i 是小项或大项的编码，由此可知主析取范式和主合取范式之间有着“互补”的关系。为了使主析取范式和主合取范式表达简洁，本书使用$\sum$表示小项的析取，$\sum i,j,k\Leftrightarrow m_i\vee m_j\vee m_k$；使用$\prod$表示大项的合取，$\prod i,j,k\Leftrightarrow M_i\wedge M_j\wedge M_k$。

可以证明，若含有 n 个原子命题变元的命题公式 A 的主析取范式为$\sum i_1,i_2\cdots,i_k$，则 A 的主合取范式为$\prod 0,1,2,\cdots,i_1-1,i_1+1,\cdots,i_k-1,i_k+1,\cdots,2^n-1$。

例如$((P\vee Q)\to R)\to P\Leftrightarrow m_{110}\vee m_{100}\vee m_{010}\vee m_{111}\vee m_{101}\Leftrightarrow\sum_{2,4,5,6,7}$

$((P \vee Q) \to R) \to P \Leftrightarrow M_{000} \wedge M_{001} \wedge M_{011} \Leftrightarrow \prod_{0,1,3}$

若规定原子命题变元在一个命题公式的主范式中按字典顺序出现，则每个命题公式的主析取范式和主合取范式都是唯一的，这样就可以根据主析取范式和主合取范式判断两个命题是否等价。若两个命题公式的主析取范式或主合取范式是等价的，则这两个命题公式也是等价的。

例题 1.41 判断$(P \to Q) \wedge (P \to R)$与$P \to (Q \wedge R)$是否等价。

【解】 根据主合取范式来判断。

$(P \to Q) \wedge (P \to R)$

$\Leftrightarrow (\neg P \vee Q) \wedge (\neg P \vee R)$

$\Leftrightarrow ((\neg P \vee Q) \vee (R \wedge \neg R)) \wedge ((\neg P \vee R) \vee (Q \wedge \neg Q))$

$\Leftrightarrow (\neg P \vee Q \vee R) \wedge (\neg P \vee Q \vee \neg R)) \wedge (\neg P \vee R \vee Q) \wedge (\neg P \vee R \vee \neg Q)$

$\Leftrightarrow (\neg P \vee Q \vee R) \wedge (\neg P \vee Q \vee \neg R)) \wedge (\neg P \vee \neg Q \vee R)$

$\Leftrightarrow M_{100} \wedge M_{101} \wedge M_{110} \Leftrightarrow \prod_{4,5,6}$

$P \to (Q \wedge R)$

$\Leftrightarrow \neg P \vee (Q \wedge R)$

$\Leftrightarrow (\neg P \vee Q) \wedge (\neg P \vee R)$

$\Leftrightarrow ((\neg P \vee Q) \vee (R \wedge \neg R)) \wedge ((\neg P \vee R) \vee (Q \wedge \neg Q))$

$\Leftrightarrow (\neg P \vee Q \vee R) \wedge (\neg P \vee Q \vee \neg R)) \wedge (\neg P \vee R \vee Q) \wedge (\neg P \vee R \vee \neg Q)$

$\Leftrightarrow (\neg P \vee Q \vee R) \wedge (\neg P \vee Q \vee \neg R)) \wedge (\neg P \vee \neg Q \vee R)$

$\Leftrightarrow M_{100} \wedge M_{101} \wedge M_{110} \Leftrightarrow \prod_{4,5,6}$

因为这两个命题公式的主合取范式等价，所以这两个命题公式也等价。

通过主析取范式和主合取范式也能判断命题公式是否为重言式、矛盾式和可满足式。若一个有n个原子命题变元的命题公式，其主析取范式含有全部2^n个小项，则该命题公式为重言式；若其主合取范式含有全部2^n个大项，则该命题公式为矛盾式；若其主析取范式至少含有一个小项，则该命题公式为可满足式。

1.8 推理理论

在数学中经常要考虑从某些前提得出什么结论，并经常假设这些前提是真的，尽管这些前提不一定为真。使用前提和相应的规则，得到另外的命题，形成结论，这个过程就是推理。推理过程中只关心结论是否有效，而不是关心结论是否真实。有效的结论不一定是真实的结论，因为形成有效结论的前提不一定永真。只是我们在推理过程中将这些前提当成真的。不过，若前提永真，则结论一定既是有效的也是真的。

1.8.1 有效结论与推理规则

定义 1.35 有效结论 设$H_1, H_2, \cdots, H_n, C$是命题公式，当且仅当$H_1 \wedge H_2 \wedge \cdots \wedge H_n \to C$是重言式，即$H_1 \wedge H_2 \wedge \cdots \wedge H_n \Rightarrow C$，则$C$是一系列前提$H_1, H_2, \cdots, H_n$的**有效结

论。

命题逻辑的推理是从前提出发，依据公认的推理规则和推理定律，推导出一个结论的过程，由此引入下面的规则：

P 规则（前提引入规则）：在推理过程中引入前提的规则。

T 规则（结论引入规则）：在推理过程中引入中间结论的规则，中间结论可以利用等价式或蕴含式产生。

CP 规则（附加前提规则）：如果要推导的结论是形如 $R \to S$ 的公式，则把 R 作为附加前提，与给定的前提一起推导出 S 的规则。

推理过程中常用的等价式与蕴含式见表 1-29 和表 1-30。

表 1-29　等价定律

序号	命题定律	表达式
1	对合律	E_1：$\neg\neg P \Leftrightarrow P$
2	幂等律	E_2：$P \vee P \Leftrightarrow P, P \wedge P \Leftrightarrow P$
3	结合律	E_3：$(P \vee Q) \vee R \Leftrightarrow P \vee (Q \vee R)$ $(P \wedge Q) \wedge R \Leftrightarrow P \wedge (Q \wedge R)$
4	交换律	E_4：$P \vee Q \Leftrightarrow Q \vee P, P \wedge Q \Leftrightarrow Q \wedge P$
5	分配律	E_5：$P \vee (Q \wedge R) \Leftrightarrow (P \vee Q) \wedge (P \vee Q)$ $P \wedge (Q \vee R) \Leftrightarrow (P \wedge Q) \vee (P \wedge R)$
6	吸收律	E_6：$P \vee (P \wedge Q) \Leftrightarrow P$ $P \wedge (P \vee Q) \Leftrightarrow P$
7	德·摩根律	E_7：$\neg(P \vee Q) \Leftrightarrow \neg P \wedge \neg Q$ $\neg(P \wedge Q) \Leftrightarrow \neg P \vee \neg Q$
8	同一律	E_8：$P \vee F \Leftrightarrow P, P \wedge T \Leftrightarrow P$
9	零律	E_9：$P \vee T \Leftrightarrow T, P \wedge F \Leftrightarrow F$
10	否定律	E_{10}：$P \vee \neg P \Leftrightarrow T, P \wedge \neg P \Leftrightarrow F$
11	蕴含等价式	E_{11}：$P \to Q \Leftrightarrow \neg P \vee Q$
12	等价等值式	E_{12}：$P \leftrightarrow Q \Leftrightarrow (P \to Q) \wedge (Q \to P)$
13	假言易位式	E_{13}：$P \to Q \Leftrightarrow \neg Q \to \neg P$
14	等价否定等值式	E_{14}：$P \leftrightarrow Q \Leftrightarrow \neg P \leftrightarrow \neg Q$

表 1-30　蕴含式

序号	名　称	表达式
1	简化法则	I_1：$P \wedge Q \Rightarrow P, P \wedge Q \Rightarrow Q$ I_2：$\neg(P \to Q) \Rightarrow P, \neg(P \to Q) \Rightarrow \neg Q$
2	扩充法则	I_3：$P \Rightarrow P \vee Q, Q \Rightarrow P \vee Q$ I_4：$\neg P \Rightarrow P \to Q, Q \Rightarrow P \to Q$

续表

序号	名称	表达式
3	假言推理	I_5：$P\wedge(P\to Q)\Rightarrow Q$
4	拒取式	I_6：$\neg Q\wedge(P\to Q)\Rightarrow\neg P$
5	析取三段论	I_7：$\neg P\wedge(P\vee Q)\Rightarrow Q$ I_8：$P\wedge(\neg P\vee Q)\Rightarrow Q$
6	假言三段论	I_9：$(P\to Q)\wedge(Q\to R)\Rightarrow P\to R$
7	二难推论	I_{10}：$(P\vee Q)\wedge(P\to R)\wedge(Q\to R)\Rightarrow R$ I_{11}：$(P\to Q)\wedge(R\to S)\Rightarrow(P\wedge R)\to(Q\wedge S)$
8	等价三段论	I_{12}：$(P\leftrightarrow Q)\wedge(Q\leftrightarrow R)\Rightarrow P\leftrightarrow R$
9	归结原理	I_{13}：$(P\vee Q)\wedge(\neg P\vee R)\Rightarrow Q\vee R$

1.8.2 判断有效结论的常用方法

判断有效结论方法很多，常用的有真值表技术、直接证明法、间接证明法。

1. 真值表技术

设 $P_1,P_2,\cdots,P_m$ 是出现在前提 $H_1,H_2,\cdots,H_n$ 和结论 C 中的原子命题变元，对 $P_1,P_2,\cdots,P_m$ 进行 2^m 种真值指派，则可得到前提 $H_1,H_2,\cdots,H_n$ 和结论 C 的对应真值，列出该真值表。从真值表中找出 $H_1,H_2,\cdots,H_n$ 为真的行，对于每一个这样的行，若结论 C 的真值也为真，则 C 是前提 $H_1,H_2,\cdots,H_n$ 的有效结论；或者找出结论 C 的真值为假的行，若前提 $H_1,H_2,\cdots,H_n$ 的真值中至少有一个为假，则 C 也是前提 $H_1,H_2,\cdots,H_n$ 的有效结论。

例题 1.42 证明 $P,P\to Q\Rightarrow Q$。

【证明】 构造真值表如表 1-31 所示。

表 1-31 例题 1.42 的真值表

P	Q	$P\to Q$
T	T	T
T	F	F
F	T	T
F	F	T

从表中看到 $P,P\to Q$ 的真值都为 T 的情况只有第一行，而此行中 Q 的真值也为 T，所以 Q 是 $P,P\to Q$ 的有效结论。

例题 1.43 证明 R 是$(P\to R)$，$(Q\to R)$，$(P\vee Q)$三个前提的有效结论。

【证明】 构造真值表如表 1-32 所示。

表 1-32 例题 1.43 的真值表

P	Q	R	$P\to R$	$Q\to R$	$P\vee Q$
T	T	T	T	T	T
T	T	F	F	F	T
T	F	T	T	T	T
T	F	F	F	T	T
F	T	T	T	T	T
F	T	F	T	F	T
F	F	T	T	T	F
F	F	F	T	T	F

从真值表可知，前提$(P\to R)$、$(Q\to R)$、$(P\vee Q)$的真值都是 T 的情况为第一行、第三行和第五行，并且这三行中 R 的真值均为 T。所以 R 是$(P\to R)$、$(Q\to R)$、$(P\vee Q)$三个前提的有效结论。

2. 直接证明

直接证明就是由一组前提，利用一些公认的推理规则，根据已知的等价式或蕴含式，推演出有效结论的过程。在推演过程中会用到 P 规则和 T 规则，使用 T 规则时，若推导中依据的是等价式，规则应标明为 TE，若依据的是蕴含式，则规则应标明为 TI。

例题 1.44 使用推理规则直接证明 R 是$(P\to R)$，$(Q\to R)$，$(P\vee Q)$三个前提的有效结论。

【证明】
(1) $P\vee Q$ P
(2) $\neg Q\to P$ $T(1)E$
(3) $P\to R$ P
(4) $\neg Q\to R$ $T(2),(3)I$
(5) $\neg R\to Q$ $T(4)E$
(6) $Q\to R$ P
(7) $\neg R\to R$ $T(5),(6)I$
(8) $R\vee R$ $T(7)E$
(9) R $T(8)E$

例题 1.45 证明下列蕴含式成立。

$(C\vee D)\wedge((C\vee D)\to\neg E)\wedge(\neg E\to(A\wedge\neg B))\wedge((A\wedge\neg B)\to(R\vee S))\Rightarrow(R\vee S)$

【证明】
(1) $(C\vee D)$ P
(2) $(C\vee D)\to\neg E$ P
(3) $\neg E$ $T(1),(2)I$
(4) $\neg E\to(A\wedge\neg B)$ P
(5) $A\wedge\neg B$ $T(3),(4)I$
(6) $(A\wedge\neg B)\to(R\vee S)$ P

(7) $R \vee S$ $\qquad$ $T(5),(6)I$

3. 间接证明

设 $P_1,P_2,\cdots,P_m$ 是出现在前提 $H_1,H_2,\cdots,H_n$ 中的原子命题变元，对 $P_1,P_2,\cdots,P_m$ 进行 2^m 种真值指派，其中有些指派使得 $H_1 \wedge H_2 \wedge \cdots \wedge H_n$ 的真值为真，则称 $H_1,H_2,\cdots,H_n$ 是相容的。若对 $P_1,P_2,\cdots,P_m$ 进行 2^m 种真值指派，每种指派都使得 $H_1 \wedge H_2 \wedge \cdots \wedge H_n$ 的真值为假，则称 $H_1,H_2,\cdots,H_n$ 是不相容的。我们可以利用不相容的性质对命题公式进行间接证明。

假设要证明 C 是前提 $H_1,H_2,\cdots,H_n$ 的有效结论，即是要证明 $H_1 \wedge H_2 \wedge \cdots \wedge H_n \Rightarrow C$，令 $H_1 \wedge H_2 \wedge \cdots \wedge H_n \Leftrightarrow S$，则要证明 $S \Rightarrow C$，也就是要证明 $S \to C$ 为永真式，即要证明 $\neg S \vee C$ 为永真式，故 $S \wedge \neg C$ 为永假式。因此要证明 $H_1 \wedge H_2 \wedge \cdots \wedge H_n \Rightarrow C$，只要证明 $H_1,H_2,\cdots,H_n$ 与 C 是不相容的。所以在证明过程中，将结论的否定当附件前提，与前提一起推出矛盾式即可。

例题 1.46 用间接证法证明 $(P \to R) \wedge (Q \to R) \wedge (P \vee Q) \Rightarrow R$。

【证明】

(1) $\neg R$	P(附加前提)
(2) $P \to R$	P
(3) $\neg P$	$T(1),(2)I$
(4) $P \vee Q$	P
(5) Q	$T(3),(4)I$
(6) $Q \to R$	P
(7) R	$T(5),(6)I$
(8) $\neg R \wedge R$ (矛盾)	$T(1),(7)I$

例题 1.47 用间接证法证明 $(P \to Q),(\neg Q \vee R) \wedge \neg R,\neg(\neg P \wedge S) \Rightarrow \neg S$。

【证明】

(1) S	P(附加前提)
(2) $\neg(\neg P \wedge S)$	P
(3) $P \vee \neg S$	$T(2)E$
(4) $S \to P$	$T(3)E$
(5) $(\neg Q \vee R) \wedge \neg R$	P
(6) $\neg Q \vee R$	$T(5)I$
(7) $\neg R$	$T(5)I$
(8) $\neg Q$	$T(6),(7)I$
(9) P	$T(1),(3)I$
(10) $P \to Q$	P
(11) Q	$T(9),(10)I$
(12) $\neg Q \wedge Q$(矛盾)	$T(8),(11)I$

4. *CP* 规则

若要证明形如 $H_1 \wedge H_2 \wedge \cdots \wedge H_n \Rightarrow R \to C$，即要证明的有效结论是形如 $R \to C$ 的命题公式，则可以使用另外一种间接证明方法。令 $H_1 \wedge H_2 \wedge \cdots \wedge H_n \Leftrightarrow S$，则要证明 $S \Rightarrow R \to C$，也就是要证明 $S \to (R \to C)$ 为永真式，即要证明 $\neg S \vee (\neg R \vee C)$ 为永真式，故 $\neg(S \wedge R) \vee$

C 为永真式，则 $(S\wedge R)\to C$ 为永真式。因此若 $(S\wedge R)\Rightarrow C$，则 $S\Rightarrow R\to C$ 必成立。由 $(S\wedge R)\Rightarrow C$ 成立得到 $S\Rightarrow R\to C$ 成立称为 CP 规则。

例题 1.48 利用 CP 规则证明 $(P\vee Q)\wedge(P\to R)\wedge(Q\to S)\Rightarrow\neg S\to R$。

【证明】

(1) $\neg S$	P（附加规则）
(2) $Q\to S$	P
(3) $\neg Q$	$T(1),(2)I$
(4) $P\vee Q$	P
(5) P	$T(3),(4)I$
(6) $P\to R$	P
(7) R	$T(5),(6)I$
(8) $\neg S\to R$	CP 规则

例题 1.49 利用 CP 规则证明 $(P\to(Q\to S))\wedge(\neg R\vee P)\wedge Q\Rightarrow R\to S$。

【证明】

(1) R	P（附加前提）
(2) $\neg R\vee P$	P
(3) P	$T(1),(2)I$
(4) $P\to(Q\to S)$	P
(5) $Q\to S$	$T(3),(4)I$
(6) Q	P
(7) S	$T(5),(6)I$
(8) $R\to S$	CP 规则

例题 1.50 符号化下面的语句，并用推理理论证明结论是否有效。

明天下午或是天晴或是下雨；如果明天下午天晴，那么我将去看电影；如果我去看电影，我就不看书。如果我看书，则天在下雨。

【解】 设 P：天晴；Q：天下雨；R：我看电影；S：我看书。则命题可以翻译为：

$$P\overline{\vee}Q,P\to R,R\to\neg S\Rightarrow S\to Q$$

【证明】

(1) S	P（附加前提）
(2) $R\to\neg S$	P
(3) $\neg R$	$T(1),(2)I$
(4) $P\to R$	P
(5) $\neg P$	$T(3),(4)I$
(6) $P\overline{\vee}Q$	P
(7) $\neg P\leftrightarrow Q$	$T(6)E$
(8) $(\neg P\to Q)\wedge(Q\to\neg P)$	$T(7)E$
(9) $\neg P\to Q$	$T(8)I$
(10) Q	$T(5),(9)I$
(11) $S\to Q$	CP 规则

1.9　命题逻辑的应用

命题逻辑研究的是原子命题及原子命题之间的逻辑关系，命题逻辑在日常生活和工程技术中都有应用，在计算机科学的数字逻辑电路设计中应用更加广泛。

一个命题的真值无非就是真或假，也就是说其真值是布尔值，这与许多物理状态，如开和关、有和无、可导和不可导、高压和低压等具有相同的布尔逻辑形态，都是二元状态。命题逻辑中的联结词与数字逻辑电路中对应的门电路有一定的联系，图1.1表示了联结词合取、析取、否定与与门、或门、非门之间的关系。在逻辑电路设计中，通过一些简单的门式电路，可以联结成更复杂的电路。

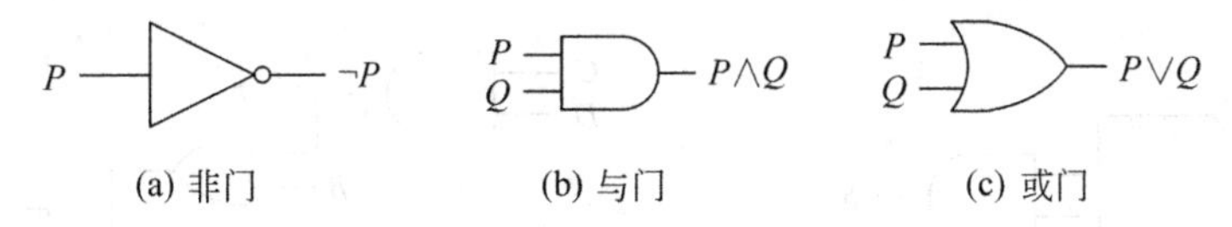

图1.1　联结词与门式电路

例题1.51　现有甲、乙、丙三人对某个决策进行表决，甲具有一票否决权，决策遵循少数服从多数的原则，每个人都必须给出决策结果“是”或“否”，不允许弃权。用命题公式描述该决策并画出对应的逻辑电路图。

【解】 用P、Q、R表示甲、乙、丙三人，S表示决策结果，用1表示赞成，0表示反对。根据题意可得该决策过程的真值表如表1-33所示。

表1-33　真值表

P	Q	R	S
1	1	1	1
1	1	0	1
1	0	1	1
1	0	0	0
0	1	1	0
0	1	0	0
0	0	1	0
0	0	0	0

根据表1-33可以得到决策结果S的合式公式。

$$
\begin{aligned}
S &\Leftrightarrow (P\wedge Q\wedge R)\vee(P\wedge Q\wedge\neg R)\vee(P\wedge\neg Q\wedge R)\\
&\Leftrightarrow ((P\wedge Q)\wedge(R\vee\neg R))\vee(P\wedge\neg Q\wedge R)\\
&\Leftrightarrow (P\wedge Q)\vee(P\wedge\neg Q\wedge R)\\
&\Leftrightarrow P\wedge(Q\vee(\neg Q\wedge R))
\end{aligned}
$$

$$\Leftrightarrow P\wedge((Q\vee\neg Q)\wedge(Q\vee R))$$
$$\Leftrightarrow P\wedge(Q\vee R)$$

由 S 的合式公式可得其对应的逻辑电路图如图 1.2 所示。

例题 1.52 银行的金库有自动报警装置。仅当总经理室的一个人工控制开关合上时，它才能动作。如果这个人工开关合上，那么当金库的门被撬开或者当工作人员尚未切断监视器电源且通向金库的通道上有人时，就要发出警报。试设计这个控制线路。

【解】 设 A：人工开关合上；B：金库的门被撬；C：工作人员尚未切断监视器电源；D：通向金库的通道上有人；E：发出警报。则有其命题逻辑公式如下：

$$E\Leftrightarrow A\wedge(B\vee(C\wedge D))$$

由上式可得其控制线路如图 1.3 所示。

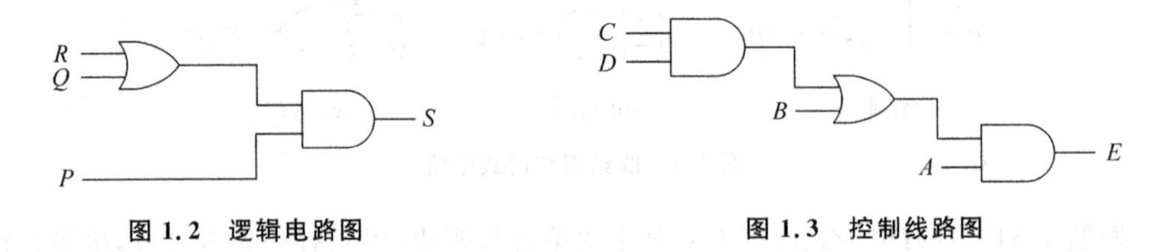

图 1.2　逻辑电路图　　　　图 1.3　控制线路图

例题 1.53 有一逻辑学家误入某部落，被拘于牢狱，酋长意欲放行，他对逻辑学家说："今有两门，一为自由，一为死亡，你可任意开启一门。为协助你脱逃，今派两名战士负责解答你所提的任何问题。唯为虑者，此两战士中一名天性诚实，一名说谎成性，今后生死由你自己选择。"逻辑学家沉思片刻，即向一战士发问，然后开门从容离去。该逻辑学家应如何发问？

【解】 逻辑学家手指一门问身旁一名战士说："这扇门是死亡门，他(指另外一名战士)将回答'是'，对吗？"

分析过程如下：设 P：被问战士是诚实人；Q：被问战士的回答是"是"；R：另一战士的回答是"是"；S：这扇门是死亡门。则其真值表如表 1-34 所示。

表 1-34　例题 1.53 的真值表

P	Q	R	S
T	T	T	F
T	F	F	T
F	T	F	F
F	F	T	T

根据真值表可知：$R\Leftrightarrow P\leftrightarrow Q$，$S\Leftrightarrow\neg Q$，因此，当被问人回答"是"时，此门不是死亡门，逻辑学家可开此门从容离去。当被问人回答"否"时，此门是死亡门，逻辑学家可另开一扇门从容离开。

1.10 本章总结

1. 本章主要知识点

本章主要知识点如下：

(1) 命题的定义、真值、表示、分类；命题常元与命题变元及五种常用联结词的定义及使用。

(2) 命题公式的定义、命题公式的翻译方法、真值表的构造与使用。

(3) 等价式、蕴含式、对偶式的定义；等价式与蕴含式相关的定理、证明和分析方法；等价式与蕴含式之间的联系。

(4) 联结词的完备集及其他四个联结词与常用的五个联结词之间的关系。

(5) 命题公式的范式：合取范式与析取范式的定义及求解方法；主合取范式与主析取范式的定义及求解方法；主合取范式与主析取范式之间的关系。

(6) 推理理论：有效结论的定义；推理规则的介绍及常用的推理方法。

2. 本章主要习题类型及解答方法

本章主要习题类型及解答方法如下：

(1) 基本概念题：主要考查命题公式的概念、命题公式的翻译、对偶式的定义。

基本概念题的解答方法：紧抓概念，根据概念进行解答。对命题公式的翻译来说，除了抓其定义外，还得掌握其解题步骤：①将自然语言分解成原子命题；②将原子命题符号化；③分析原子命题之间的逻辑关系；④选择恰当的联结词将符号化后的原子命题联结起来。

(2) 判断题：对命题的判断；对永真式的判断；对等价式的判断。

判断题的解答方法如下：

① 对命题的判断：根据命题的定义，一个命题首先必须是陈述句，其次必须有确定真值，否则就不是命题。

② 对永真式的判断：可以根据真值表来进行，若对命题公式中的命题变元不管作何种真值指派，命题公式的真值始终为逻辑真，则该命题公式是永真式；也可根据等价置换来判断，通过对命题公式进行等价置换，最后得到该命题公式与逻辑真等价，则该命题公式也是永真式。

③ 对等价式的判断：看两个命题公式是否等价，可以使用真值表技术、等价置换方法、是否互相蕴含、其构成的双条件命题是否为永真式、其主合(析)取范式是否相同等方法。具体如下：

真值表技术：构建两个命题公式的真值表，若对命题公式中的命题变元的任一组真值指派，两个命题公式的真值都相同，则这两个命题公式等价。

等价置换方法：利用10个命题定律和常用的等价式对两个命题公式进行等价置换，若最后的结果一致，则两个命题公式等价。

互相蕴含法：若两个命题公式互相蕴含，则它们等价。

双条件为永真式法：若两个命题构成的双条件是永真式，则它们等价。

主范式法：若两个命题公式的主合(析)取范式相等，则它们等价。

(3) 计算题：命题公式的化简、求解析(合)取范式、求解主析(合)取范式。

计算题的解题方法如下：

① 命题公式的化简：利用10个命题定律及基本的等价式对命题公式进行等价置换从而达到化简的目的，也可以利用真值表对命题公式进行化简。

② 求解析(合)取范式：根据9个联结词之间的关系，将其他联结词化为否定、合取和析取，然后将否定深入到命题变元的前面，再利用交换律、结合律和分配律将命题公式化为析(合)取范式。

③ 求解主析(合)取范式：有真值表技术和等价置换方法。

真值表技术：构建命题公式的真值表，真值表中所有使得命题公式为真的那些小项的析取就是该命题公式的主析取范式，真值表中所有使得命题公式为假的那些大项的合取就是该命题公式的主合取范式。

等价置换方法：先将命题公式化为析(合)取范式，除去析取范式中所有永假的析取项、除去合取范式中所有永真的合取项，利用幂等律合并相同的分量，然后再添加形如$(P\vee\neg P)$(求主析取范式)或$(P\wedge\neg P)$(求主合取范式)式，利用分配律展开公式即得。

(4) 证明题：对等价式的证明、对蕴含式的证明。

等价式的证明：方法见对等价式的判断。

蕴含式的证明：有真值表法、分析法、定义法、推理法。

① 真值表法：构建命题公式的真值表，若真值表中前提全真的那些指派，其对应的结论也是真的，则蕴含关系成立；或看结论为假的指派所对应的那些前提，若有一个为假，则蕴含关系也成立。

② 分析法：假设前提为真，若能得到结论也为真，则蕴含关系成立；或假设结论为假，若能得到前提也为假，则蕴含关系成立。

③ 定义法：若要证明$S\Rightarrow R$，只需要证明$S\rightarrow R$为重言式即可。

④ 推理法：可以应用直接证法、间接证法和CP规则，使用相应的等价式、蕴含式，利用P规则和T规则，将前提一步步地拿来推出结论。

1.11 本章习题

1. 下列语句哪些是命题，哪些不是命题？若是命题，指出其真值；若不是命题，给出理由。

(1) 今天天气真好啊！

(2) 不存在最大的自然数。

(3) 把门关上！

(4) 你喜欢学习离散数学吗？

(5) 火星上有生命。

(6) $x+y<10$。

(7) 如果母鸡是飞鸟，那么煮熟的鸭子就会跑。

(8) 明天我去看樱花。

(9) 1+5>=6。

(10) 克里特人说“所有克里特人都说谎。”

(11) 雪是黑色的当且仅当太阳从西边升起。

(12) 你若盛开,蝴蝶自来。

2. 将下列命题符号化。

(1) 张三身体好,学习不怎么好。

(2) 李四边散步边听音乐。

(3) 王五不努力考试就会不及格。

(4) 他不是我的老师。

(5) 春天来了,百花齐放。

(6) 银行利率一降低,股价就会随之上扬。

(7) 他虽然很努力,但考试还是没及格。

(8) 他明天去北京或去深圳。

(9) 占据空间的有质量的称为物质,而物质是不断变化的。

(10) 若明天天晴,我就去郊游,否则就去体育馆打羽毛球或乒乓球。

3. 若假设 A 表示命题“你的高考成绩超过450分”,B 表示命题“你收到了大学录取通知书”。试用 A、B 和联结词表示如下命题:

(1) 你的高考成绩没有超过450分,你也没收到大学录取通知书。

(2) 你的高考成绩超过了450分,但你没收到大学录取通知书。

(3) 你的高考成绩若超过450分,你将收到大学录取通知书。

(4) 你的高考成绩若没超过450分,就不会收到大学录取通知书。

(5) 你的高考成绩若超过450分足以收到大学录取通知书。

(6) 你收到大学录取通知书,但你的高考成绩没超过450分。

(7) 只要你收到大学录取通知书,你的高考成绩一定超过了450分。

(8) 你的高考成绩超过了450分,你也收到了大学录取通知书。

4. 判断下列命题的真假。

(1) 若1+2=3,则2+2=4。

(2) 1+2=3当且仅当4+3=5。

(3) 没有最大的实数。

(4) 中国人民是勤奋的。

(5) 北京是中国的首都。

(6) 如果我学习了离散数学,则学习计算机科学专业的其他课程是比较容易的。

5. 设 A 表示命题“天下雨”,B 表示命题“我将去打篮球”,C 表示命题“我有时间”。试用自然语言写出下列命题。

(1) $B \leftrightarrow (\neg A \wedge C)$。

(2) $(\neg A \wedge C) \rightarrow B$。

(3) $\neg A \wedge B$。

(4) $A \to \neg B$。

6. 判断下列各式是否是命题公式，为什么？

(1) $(P \to Q) \neg R$。

(2) $(P \to Q) \vee (\wedge R)$。

(3) $(((P \wedge Q) \to (Q \vee R)) \to (S \wedge T))$。

(4) $(P \to Q) \vee R$。

(5) $(P \to Q) \wedge (R \to S) \wedge T$。

(6) $(P \vee QR) \to S$。

7. 构造下列各命题的真值表，并指出下述命题中哪些是永真式，哪些是矛盾式？

(1) $P \to (Q \vee R)$。

(2) $(P \to Q) \leftrightarrow (\neg P \vee Q)$。

(3) $(P \vee Q) \wedge \neg (P \vee Q)$。

(4) $(P \vee Q) \to (Q \vee P)$。

(5) $P \vee (P \wedge Q)$。

(6) $(P \to Q) \wedge (Q \to P)$。

(7) $P \vee (\neg P \wedge Q) \to Q$。

(8) $(P \vee (P \wedge Q)) \leftrightarrow \neg P$。

8. 写出下列各式的真值。其中 P、Q、R、S 的真值见表 1-35。

表 1-35　习题 8 的真值表

P	Q	R	S
T	F	T	F

(1) $P \to (P \vee Q)$。

(2) $(P \leftrightarrow Q) \to (R \leftrightarrow S)$。

(3) $(P \leftrightarrow Q) \wedge (\neg R \vee S)$。

(4) $(P \wedge R) \to (Q \vee S)$。

(5) $((\neg S \leftrightarrow P) \to Q) \wedge R$。

(6) $(((\neg P \to Q) \wedge Q) \leftrightarrow R) \vee (\neg S \wedge P)$。

9. 试用真值表证明下列命题。

(1) 德·摩根律。

(2) 分配律。

(3) $(P \leftrightarrow Q) \Leftrightarrow (P \to Q) \wedge (Q \to P)$。

(4) $(P \wedge (P \to Q)) \to Q \Leftrightarrow T$。

(5) $(P \vee Q) \wedge (\neg P \vee Q) \wedge (P \vee \neg Q) \wedge (\neg P \vee \neg Q) \Leftrightarrow F$。

10. 基本等价各式证明下列各等价式。

(1) $(P \wedge (P \to Q)) \to Q \Leftrightarrow T$。

(2) $(P \to R) \wedge (Q \to R) \Leftrightarrow (P \vee Q) \to R$。

(3) $P \to (Q \to R) \Leftrightarrow Q \to (P \to R)$。

(4) $(P\wedge Q)\vee(P\wedge\neg Q)\Leftrightarrow P$。

(5) $\neg(P\leftrightarrow Q)\Leftrightarrow(\neg P\wedge Q)\vee(P\wedge\neg Q)$。

(6) $((P\wedge Q\wedge R)\rightarrow S)\wedge(R\rightarrow(P\vee Q\vee S))\Leftrightarrow(R\wedge(P\leftrightarrow Q))\rightarrow S$。

(7) $((P\wedge Q)\rightarrow R)\wedge(Q\rightarrow(S\vee R))\Leftrightarrow(Q\wedge(S\rightarrow P))\rightarrow R$。

(8) $P\rightarrow(Q\rightarrow P)\Leftrightarrow\neg P\rightarrow(P\rightarrow\neg Q)$。

11. 化简下列命题公式。

(1) $(P\rightarrow Q)\leftrightarrow(\neg Q\rightarrow\neg P)\wedge R$。

(2) $P\vee(\neg P\vee(Q\wedge\neg Q))$。

(3) $(P\wedge Q\wedge R)\vee(\neg P\wedge Q\wedge R)$。

(4) $P\wedge(P\vee Q)$。

(5) $(P\vee(Q\wedge R))\leftrightarrow((P\vee Q)\wedge(P\vee R))$。

(6) $\neg((\neg P\wedge Q)\vee(\neg P\wedge\neg Q))\vee(P\wedge Q)$。

12. 设 P、Q、R 为任意的三个命题公式,试问下面的结论是否正确?

(1) 若 $P\vee R\Leftrightarrow Q\vee R$,则 $P\Leftrightarrow Q$。

(2) 若 $P\wedge R\Leftrightarrow Q\wedge R$,则 $P\Leftrightarrow Q$。

(3) 若 $\neg P\Leftrightarrow\neg Q$,则 $P\Leftrightarrow Q$。

(4) 若 $P\rightarrow R\Leftrightarrow Q\rightarrow R$,则 $P\Leftrightarrow Q$。

(5) 若 $P\leftrightarrow R\Leftrightarrow Q\leftrightarrow R$,则 $P\Leftrightarrow Q$。

13. 证明下列各式为重言式。

(1) $(P\wedge(P\rightarrow Q))\rightarrow Q$。

(2) $\neg P\rightarrow(P\rightarrow Q)$。

(3) $((P\wedge Q)\rightarrow(R\vee S))\vee\neg((P\wedge Q)\rightarrow(R\vee S))$。

(4) $((P\rightarrow Q)\wedge(Q\rightarrow R))\rightarrow(P\rightarrow R)$。

(5) $\neg P\vee(P\wedge(P\vee Q))$。

14. 逻辑推证以下各式。

(1) $P\rightarrow Q\Rightarrow P\rightarrow(P\wedge Q)$。

(2) $P\Rightarrow\neg P\rightarrow Q$。

(3) $(P\rightarrow(Q\wedge\neg R))\wedge(Q\rightarrow(P\wedge R))\Rightarrow P\rightarrow R$。

(4) $(\neg P\rightarrow(Q\vee R))\wedge(S\vee W)\wedge((S\vee W)\rightarrow\neg P)\Rightarrow Q\vee R$。

(5) $((P\wedge Q)\rightarrow R)\wedge\neg S\wedge(R\rightarrow S)\Rightarrow P\rightarrow\neg Q$。

15. 设 A 表示命题“雪是白的”,B 表示“太阳从西边升起”。若雪是白的则太阳从西边升起表示为 $A\rightarrow B$。试用自然语言写出其逆换式、反换式和逆反式。

16. 写出与下列命题等价的逆反式。

(1) 你若努力,你就会成功。

(2) 你不努力,你就会失败。

(3) 若 2+2=4,则地球是圆的。

(4) 如果我有时间,那么我就去看电影。

17. 请用真值表法、分析法证明下列蕴含式。

(1) $P \wedge Q \Rightarrow P$。

(2) $\neg Q \wedge (P \to Q) \Rightarrow \neg P$。

(3) $(P \to Q) \wedge (Q \to R) \Rightarrow P \to R$。

(4) $P \Rightarrow Q \vee R \vee \neg R$。

(5) $P \wedge Q \wedge \neg P \Rightarrow R$。

18. 写出下列各命题公式的对偶式，其中的 T 和 F 分别表示逻辑真值和假值。

(1) $\neg(P \vee Q) \wedge (R \vee S) \wedge T$。

(2) $P \vee Q \wedge R$。

(3) $F \wedge (P \vee Q) \wedge R$。

(4) $\neg P \vee (Q \wedge (R \vee S))$。

(5) $((\neg P \vee \neg Q) \wedge R) \vee S \wedge T$。

(6) $P \uparrow (Q \wedge \neg(R \downarrow P))$。

19. 证明$\{\neg, \wedge\}$、$\{\neg, \vee\}$是最小联结词完备集。

20. 求 $P \uparrow Q$ 与 $P \downarrow Q$ 的对偶式。

21. 证明$\neg(P \uparrow Q) \Leftrightarrow \neg P \downarrow \neg Q$，$\neg(P \downarrow Q) \Leftrightarrow \neg P \uparrow \neg Q$。

22. 求下列命题公式的析取范式和合取范式。

(1) $\neg P \to \neg(P \to Q)$。

(2) $(P \to (Q \wedge R)) \vee P$。

(3) $P \wedge (Q \to R)$。

(4) $P \to ((Q \wedge R) \to S)$。

(5) $(P \to Q) \to R$。

23. 用真值表技术求下列命题公式的主析取范式和主合取范式。

(1) $(\neg P \vee \neg Q) \to \neg(P \leftrightarrow Q)$。

(2) $P \wedge (Q \vee R)$。

(3) $P \vee (P \vee (Q \vee (\neg Q \vee R)))$。

(4) $(\neg Q \vee P) \wedge \neg(\neg P \to \neg Q)$。

(5) $\neg P \vee \neg(\neg P \vee \neg(Q \to P))$。

24. 用等价置换方法求下列命题公式的主析取范式和主合取范式，并指出哪些是重言式，哪些是矛盾式？

(1) $P \to (\neg R \to \neg Q)$。

(2) $(\neg P \vee \neg Q) \to (\neg P \leftrightarrow Q)$。

(3) $((P \to R) \wedge (Q \to R)) \leftrightarrow ((P \vee Q) \to R)$。

(4) $(\neg P \wedge Q) \wedge (Q \to P)$。

(5) $P \vee (\neg P \to (Q \vee (\neg Q \to R)))$。

25. 用转化范式的方法判断下列各题中的两个命题公式是等价式。

(1) $(P \to Q) \to (P \wedge Q)$和$(\neg P \to Q) \wedge (Q \to P)$。

(2) $(P \to Q) \wedge (P \to R)$和 $P \to (Q \wedge R)$。

(3) $P \wedge Q \wedge (\neg P \vee \neg Q)$ 和$\neg P \wedge \neg Q \wedge (P \vee Q)$。

(4) $P \vee (P \rightarrow (P \wedge Q))$和$\neg P \vee \neg Q \vee (P \wedge Q)$。

(5) $\neg (P \leftrightarrow Q)$和$(P \vee Q) \wedge (\neg P \vee \neg Q)$。

26. A、B、C、D四个人中要派两人出差，按下述三个条件有几种派法？如何派？

(1) 若A去则C和D中要去一人。

(2) B和C不能同时都去。

(3) C去则D要留下。

27. 三个人估计比赛结果，张三说“A第一，B第二”；李四说“C第二，D第四”；王五说“A第二，D第四”。结果三人估计得都不全对，但都对了一个，试确定A、B、C、D的名次。

28. 用真值表技术判断下列结论是否有效。

(1) $\neg (P \wedge \neg Q), (Q \rightarrow R), \neg R \Rightarrow \neg P$。

(2) $P \rightarrow Q, \neg Q \Rightarrow \neg P$。

29. 用推理规则证明下列各式。

(1) $P \vee Q, P \rightarrow R, Q \rightarrow S \Rightarrow S \vee R$。

(2) $P \rightarrow Q, R \rightarrow S, Q \rightarrow W, S \rightarrow X, \neg (W \wedge X) \Rightarrow \neg P \vee \neg R$。

(3) $P \rightarrow (Q \rightarrow R), S \rightarrow Q \Rightarrow P \rightarrow (S \rightarrow R)$。

(4) $\neg (P \rightarrow Q) \rightarrow \neg (R \vee S), (Q \rightarrow P) \vee \neg R, R \Rightarrow P \leftrightarrow Q$。

(5) $S \rightarrow \neg Q, S \vee R, \neg R, \neg P \leftrightarrow Q \Rightarrow P$。

30. 符号化下面的语句，并用推理理论证明结论是否有效？

(1) 明天下雪或天晴；如果明天天晴，则我将去打篮球；若我去打篮球，我就不看书。若我看书，则天在下雪。

(2) 如果马会飞或羊吃草，则母鸡就会是飞鸟；如果母鸡是飞鸟，那么烤熟的鸭子还会跑；烤熟的鸭子不会跑，所以羊不吃草。

(3) 星期一若不下雨且能买到门票，我就去公园看樱花；我没去公园看樱花，所以星期一没下雨。

(4) 如果我今天没有课，那么我去自习室自习或去电影院看电影；若自习室没空位，那么我无法到自习室自习；我今天没课，自习室也没空位，所以我今天去电影院看电影。

(5) 如果张三和李四去看球赛，则王五也去看球赛；丁一不去看球赛或张三去看球赛；李四去看球赛。所以，丁一看球赛时，王五也去。

31. 编程题：

(1) 编程实现命题公式的真值表，并可以验证两个命题公式是否等价。

(2) 编程验证一个表达式是否是命题公式。

(3) 编程实现命题公式的主析取范式和主合取范式。

第2章 谓词逻辑

命题逻辑主要是研究命题和命题演算，研究命题与命题之间的逻辑关系，其基本组成单位是原子命题，并将原子命题看作是不可再分解的，因此它无法揭示原子命题内部的特征。但其实一个具有确定真值的陈述句还可以分解为主语与谓语部分，通过分解原子命题，可以刻画不同命题内部的逻辑结构，并找出不同命题之间的一些共同特性，这就需要一种更强类型的逻辑，即谓词逻辑。

命题逻辑除了不能充分地表达数学语言和自然语言中语句的意思外，其逻辑推理也存在一定的局限性，有些简单的论断也无法用命题逻辑进行推理。比如苏格拉底的三段论：人都是要死的，苏格拉底是人，所以苏格拉底是要死的。

这三个命题之间很显然有着密切的关系，当前两个命题成立时，第三个命题必然成立。若用命题逻辑的思想来进行推理，无法得出正确的结论。这里用 P、Q、R 分别代表苏格拉底三段论中的三个原子命题，则苏格拉底三段论可以翻译如下：$P \wedge Q \Rightarrow R$，即 $P \wedge Q \rightarrow R \Leftrightarrow T$。但在 P、Q、R 的真值组合中，无法保证 $P \wedge Q \rightarrow R$ 的真值始终均为真，则 $P \wedge Q \Rightarrow R$ 不成立。所以无法用命题逻辑对上述命题进行推理。

出现问题的原因在于：三段论中，结论 R 与前提 P,Q 的内在联系不可能在命题逻辑中表示出来。而谓词逻辑可以很好地解决这个问题。

本章将介绍谓词逻辑中两个重要的概念：谓词和量词。

2.1 谓词的概念与表示

命题是可以判断真假的陈述句，一般地，一个陈述句由主语与谓语两部分组成。例如，离散数学是计算机科学的核心基础课程。其中“离散数学”是主语，而“是计算机科学的核心基础课程”是谓语。又如，张三是长江大学学生，李四是长江大学学生。这两个陈述句中的“张三”“李四”都是主语，而“是长江大学学生”是谓语。这两个陈述句，若用命题逻辑来解释，就是两个不同的命题，但这两个命题除了主语不同外，谓语部分是完全相同的。若将句子分解为主语＋谓语，则可以抽取这两个命题的谓语部分，刻画出这两个命题的共同属性。

2.1.1 谓词的定义

定义 2.1 谓词 原子命题中，主语部分一般是客体，而刻画客体的性质或客体之间关系的就是谓词。

例如：

(1) 每天步行1万步是好习惯。

(2) 小明是三好学生。

(3) 中国人是勤奋的。

(4) 荆州是座古城。

(5) 4大于2。

(6) 张三比李四高。

在上述句子中，“是好习惯”“是三好学生”“是勤奋的”“是座古城”“大于”“比……高”是谓语部分，是谓词。前面4个命题中的谓词，指明了客体的属性，而后面2个命题则反映的是两个客体之间的关系。

表示具体的或特定的谓词，称为**谓词常量**；表示抽象的或泛指的谓词，称为**谓词变量**。

而上述句子中的“每天步行1万步”“小明”“中国人”“荆州”“4”“2”“张三”“李四”都是客体。

客体也称为**个体词**，它可以独立存在，可以是具体的，也可以是抽象的。表示具体或特定的客体，称为**客体常量**；表示抽象的或泛指的客体，称为**客体变量**。

通常用大写字母表示谓词，用小写字母表示客体。例如，可以用 P 表示“是三好学生”，a 表示小明，b 表示小华，则 $P(a)$ 就表示“小明是三好学生”，$P(b)$ 就表示“小华是三好学生”。若某个客体 a 具有 A 这样的属性，则可以表达为 $A(a)$；若两个客体，比如客体 a、b 具有 P 这种关系，则可以表达为 $P(a,b)$，例如“a 是大于 b”，这样的命题就可以表示为$P(a,b)$，其中 P 表示“是大于”。若要表示两个以上的客体之间具有某种关系，其表示方式类似两个客体之间具有某种关系。

2.1.2　n 元谓词

有一个客体的 $A(a)$ 是一元谓词，有两个客体的 $A(a,b)$ 是二元谓词，有三个客体的 $A(a,b,c)$ 是三元谓词，则把有 n 个客体，形如 $A(a_1,a_2,\cdots,a_n)$ 的称为 n 元谓词。

注意：

(1) 一元谓词刻画了客体的“性质”，而多元谓词则表达了客体之间的“关系”。

(2) 代表客体的字母在多元谓词中出现的次序与事先约定有关，不能随意改变。例如“a 是大于 b”，表示为 $P(a,b)$，若将客体 a、b 的顺序换掉，表示为 $P(b,a)$，则意味着“b 是大于 a”，是两个不同的命题了。

(3) 若谓词是变元或客体是变元，或是只有谓词部分，则都不能称为命题。

(4) 若一个 n 元谓词，其谓词是常元，并且 n 个客体也是常元，则它可以称为一个命题。

(5) 单独的谓词不能称为命题，将谓词字母后面填以客体所得到的式子称为谓词填式。谓词填式与谓词是两个不同的概论。

(6) 若谓词中没有客体变元，则是0元谓词，它就是一个命题。

2.2 命题函数与量词

在谓词逻辑中，当谓词是常量，并且客体也是常量时，则成为一个命题。例如，用 a、b、c 分别代表客体张三、李四、王五，用 P 表示"是大学生"，则 $P(a)$、$P(b)$、$P(c)$就表示三个不同的命题，分别是"张三是大学生""李四是大学生""王五是大学生"。这三个命题的谓词部分是相同的，所以，这三个命题可以表示为 $P(x)$的形式，当用 a、b、c 取代 x 时，则成为不同的命题，而 $P(x)$本身则不是命题。

同理，若用$H(x,y)$表示 x 比 y 高，则 $H(x,y)$本身也不是命题，而当用 a、b 分别表示张三、李四，则 $H(a,b)$表示"张三比李四高"，$H(b,a)$表示"李四比张三高"，都是命题。

若用 $B(x,y,z)$表示"$x-y=z$"，则它本身也不是命题，而 $B(3,2,1)$则是个真命题，而 $B(4,5,2)$则是假命题。

总之，当谓词是常量，而客体是变量时，我们无法得到一个命题，例如上述的 $P(x)$、$H(x,y)$、$B(x,y,z)$，都不是命题，它们是命题函数。只有用客体常元取代客体变元后，命题函数才能成为命题。那么，什么是命题函数呢？下面给出命题函数的一个定义。

2.2.1 命题函数

定义 2.2 命题函数 由一个谓词和一些客体变元组成的表达式，称为**简单命题函数**；由一个或多个简单命题函数以及逻辑联结词组合而成的表达式，称为**复合命题函数**。

例如上面的 $P(x)$、$H(x,y)$、$B(x,y,z)$是简单命题函数，而$\neg P(x)$、$H(x,y)\wedge B(x,y,z)$，$A(x)\rightarrow B(x)$则是复合命题函数。

复合命题函数中用到的联结词与命题逻辑中的联结词含义相同。

例题 2.1 设 $A(x)$表示 x 是美丽的，$B(x)$表示 x 是勤奋的。则

(1) $\neg A(x)$，表示"x 是不美丽的"，是复合命题函数。

(2) $A(x)\wedge B(x)$，表示"x 是美丽的，且 x 是勤奋的"，是复合命题函数。

(3) $A(x)\rightarrow B(x)$，表示"若 x 是美丽的，则 x 是勤奋的"，是复合命题函数。

(4) $A(x)\vee B(x)$，表示"x 是美丽的，或 x 是勤奋的"，是复合命题函数。

(5) $A(x)\leftrightarrow B(x)$，表示"x 是美丽的当且仅当 x 是勤奋的"，是复合命题函数。

定义 2.3 个体域 在命题函数中，客体变元的论述范围称为**个体域**(或**论域**)。所有个体域的集合称为**全总个体域**。根据个体域中元素是否有限，可以将个体域分为有限个体域和无限个体域两种。

对于命题函数，因为存在客体变元，所以无法判断真假，它不是命题。只有对命题函数中的客体变元进行指派后，命题函数才能成为命题。在对客体变元进行指派的过程中，客体变元的取值范围及客体变元取什么值，对命题函数是否可以成为命题及成为命题后真值如何有一定的影响。

例题 2.2 设 $A(m,n)$表示"m 比 n 高"，若 m、n 取值范围是某个班级学生时，它是一个命题，若 m、n 在实数集中取值，则 $A(m,n)$无法成为命题。

例题 2.3 设 $A(x)$表示"x 是大学老师"，若论域为某个大学某个专业的老师，则是

真命题；若论域为某个中学某个教研室的老师，则是假命题；若论域为所有老师，则有些取值会使得 $A(x)$ 成为真命题，有些取值会使得 $A(x)$ 成为假命题。

在同一个命题函数中，若对谓词进行不同的赋值，在不同的论域，得到的命题真值也不相同。

例题 2.4　设有复合命题函数 $P(x,y)\wedge P(y,z)\to P(x,z)$：

(1) 若 $P(x,y)$ 表示"x 大于 y"，x、y、z 在实数集中取值，则命题函数可以解释若"x 大于 y"且"y 大于 z"，则"x 大于 z"。这是一个永真命题。

(2) 若 $P(x,y)$ 表示"x 是 y 的儿子"，x、y、z 在家庭成员中取值，则命题函数可以解释若"x 是 y 的儿子"且"y 是 z 的儿子"，则"x 是 z 的儿子"。这是一个永真假题。

(3) 若 $P(x,y)$ 表示"x 与 y 的距离为 5 米"，x、y、z 是平面上的点，则命题函数可以解释若"x 与 y 的距离是 5 米"且"y 与 z 的距离是 5 米"，则"x 与 z 的距离是 5 米"。这个命题的真值要根据 x、y、z 在平面上的位置关系来判断真假，其值可能是真的，也可能是假的。

2.2.2　量词

在命题函数中讨论论域中的客体时，若只用前面介绍过的概念，并不能很准确地表达出各种命题，例如 $R(x)$ 表示 x 聪明，x 的论域是某个班级的学生，那么这个命题函数里的客体是指某个班级的所有学生都聪明呢，还是指某个班级有部分学生聪明呢？为了更准确地表达出各类命题的含义，这里需要引入量词。在命题函数中，除了可用具体的客体常量对客体变量进行指派得到具有确定真值的陈述句外，还可以用量化个体变量的方法获得命题。

定义 2.4 量词　在命题函数中，限定客体数量的词，称为**量词**。限定所有客体变量的量词称为**全称量词**，用符号"∀"表示；限定部分客体变量的量词称为**存在量词**，用符号"∃"表示。

例题 2.5　用量词刻画如下命题：

(1) 所有的老虎都是要吃人的。

(2) 每个计算机专业的学生都要学习离散数学。

(3) 每个人都要呼吸。

(4) 有的人上课迟到了。

(5) 有些学生很聪明。

(6) 有的花有毒。

【解】

(1) 设 $P(x)$ 表示"x 是老虎"，$Q(x)$ 表示"x 要吃人"。因为对客体的限定词用的是"所有的"，需要使用全称量词，则该式可以表示为"$(\forall x)(P(x)\to Q(x))$"。

(2) 设 $A(x)$ 表示"x 是计算机专业的学生"，$B(x)$ 表示"x 要学习离散数学"。对客体的限定词用的是"每个"，要用全称量词，则该式可以表示为"$(\forall x)(A(x)\to B(x))$"。

(3) 设 $R(x)$ 表示"x 是人"，$S(x)$ 表示"x 要呼吸"。因为对客体的限定词用的是"每个"，则该式可以表示为"$(\forall x)(R(x)\to S(x))$"。

(4) 设 $A(x)$表示"x 是人",$B(x)$表示"x 上课迟到"。因为对客体的限定词用的是"有的",需要使用存在量词,则该式可以表示为"$(\exists x)(A(x) \wedge B(x))$"。

(5) 设 $P(x)$表示"x 是学生",$Q(x)$表示"x 很聪明"。因为对客体的限定词用的是"有些",需要使用存在量词,则该式可以表示为"$(\exists x)(P(x) \wedge Q(x))$"。

(6) 设 $F(x)$表示"x 是花",$D(x)$表示"x 有毒"。因为对客体的限定词用的是"有的",需要使用存在量词,则该式可以表示为"$(\exists x)(F(x) \wedge D(x))$"。

从上面的例子可以看出:

(1) 量词要放在谓词的前面,它限定的是谓词后面的客体。全称量词$(\forall x)$表示"所有的 x""一切的 x""任意的 x""每个 x";存在量词$(\exists x)$表示"有些 x""存在 x""有的 x""至少有一个 x"等等。

(2) 每个由量词确定的表达式都与个体域有关。在讨论带量词的命题函数时,必须确定其个体域。全总个体域可以描述命题函数中所有客体的变化范围,若对全总个体域中的每个客体的变化范围加以限制,可以使用特性谓词。

例如,前面的例子中,"所有的老虎都是要吃人的",解释为"$(\forall x)(P(x) \rightarrow Q(x))$",$P(x)$就将客体 x 的变化范围限制在"老虎"这个范围,它就是特性谓词。若将客体的讨论范围限制在"老虎"这个范围了,则该表达式可以简化为$(\forall x)Q(x)$。又如,在前面例子中的"有的花有毒",解释为"$(\exists x)(F(x) \wedge D(x))$",其中 $F(x)$将客体 x 的论域限制在"花"这个范围,它也是特性谓词。若将客体的讨论范围限制在"花"这个范围,则该表达式可以简化为$(\exists x)D(x)$。一般来说,对全称量词,特性谓词是条件联结词的前件,限制了条件后件中客体的论述范围,对存在量词,特性谓词与后面的分量常作合取项,限制了后面分量中客体的论述范围。

2.3 谓词公式与翻译

2.3.1 谓词公式

命题逻辑中的逻辑联结词在谓词逻辑中具有同样的含义,用逻辑联结词将简单的命题函数联结起来可以形成谓词表达式。不是所有的谓词表达式都能成为谓词公式,只有符合谓词演算合式公式定义的谓词表达式才能叫谓词公式。下面介绍谓词演算合式公式的定义。

定义 2.5 谓词公式(合式公式) 满足下列条件的表达式,称为谓词公式(合式公式)。

(1) 简单命题函数是谓词公式(合式公式)。

(2) 若 P 是谓词公式,则$\neg P$ 是谓词公式。

(3) 若 P、Q 都是谓词公式,则$(P \wedge Q)$、$(P \vee Q)$、$(P \rightarrow Q)$、$(P \leftrightarrow Q)$是谓词公式。

(4) 若 P 是谓词公式,x 是出现在 P 中的客体变元,则$(\forall x)P(x)$、$(\exists x)P(x)$也是合式公式。

(5) 仅由有限次地应用(1)、(2)、(3)、(4)所产生的表达式是谓词公式。

根据上述定义可知,谓词公式是按上述规则,由简单命题函数、联结词、量词及括号组成，与命题公式类似，谓词公式中最外层的括号可以省略不写，但量词后面的括号一般会指出量词的作用范围，不能省略。

例题 2.6 判断下列表达式是否为谓词公式。

(1) $(\exists x)(\forall y)(P(x,y)\rightarrow Q(y,x))\wedge\neg Q(x,z)$。

(2) $(\forall x)(\forall y)(\forall z)(P(x,y)\wedge Q(y,z)\wedge Q(x,z))$。

(3) $(\exists x)P(x)\wedge Q(x,y)$。

(4) $(\exists x)(\forall y)((P(x)\wedge Q(x,y,z)\wedge R(z))$。

(5) $(\forall x)P(x)(\exists y)Q(y)\wedge R(z)$。

(6) $(\exists x)(\forall y)(P(x,y)\rightarrow)\wedge\neg Q(x,z)$。

【解】 上述的(1)、(2)、(3)式符合谓词公式的定义，都是谓词公式。(4)式中括号不匹配，(5)式中$(\forall x)P(x)$与$(\exists y)Q(y)$之间无联结词，(6)式的条件联结词是二元联结词，但无后件与之匹配，这三个式子都不是谓词公式。

有了谓词和量词的概念，就可以更广泛更深刻地应用谓词公式去刻画日常命题。

2.3.2 谓词公式的翻译

自然语言中的一些命题可以用谓词公式来表达。把自然语言用谓词公式表示的过程，称为翻译。翻译的步骤为：

(1) 先将自然语言分解为一个个的原子命题。

(2) 分析每个原子命题的客体和谓词部分。

(3) 分析每个客体的论域范围，选择合适的量词。

(4) 将原子命题符号化。

(5) 分析原子命题之间的逻辑关系，找到合适的联结词将原子命题联结起来。

下面的例子说明了如何用谓词公式来表达自然语言中的一些命题。

例题 2.7 有人很聪明，但并不是一切人都聪明。

【解】 设 $M(x)$：x 是人；

$C(x)$：x 聪明；

则命题可以翻译为：$(\exists x)(M(x)\wedge C(x))\wedge\neg(\forall x)(M(x)\rightarrow C(x))$。

例题 2.8 有的实数不是有理数。

【解】 设 $R(x)$：x 是实数；

$Q(x)$：x 是有理数；

则命题可以翻译为：$(\exists x)(R(x)\wedge\neg Q(x))$。

例题 2.9 天下乌鸦一般黑。

【解】 设 $A(x)$：x 是乌鸦；

$B(x,y)$：x 与 y 一般黑；

则命题可以翻译为：$(\forall x)(\forall y)(A(x)\wedge A(y)\rightarrow B(x,y))$。

例题 2.10 任何整数都是实数。

【解】 设 $R(x)$：x 是整数；

$Q(x)$：x 是实数；

则命题可以翻译为：$(\forall x)(R(x)\rightarrow Q(x))$。

例题 2.11 如果任意两个实数的乘积为 0，其中必有一个数为 0。

【解】 设 $R(x)$：x 是实数；

$Q(x,y)$：x 和 y 的乘积；

$S(x,y)$：$x=y$；

则命题可以翻译为：$(\forall x)(\forall y)(R(x)\wedge R(y)\wedge S(Q(x,y),0)\rightarrow(S(x,0)\vee s(y,0)))$。

例题 2.12 今天有雨雪，有些人会摔倒。

【解】 设 A 表示今天有雨；B 表示今天有雪；

$C(x)$：x 是人；$D(x)$：x 摔倒；

则命题可以翻译为：$A\wedge B\rightarrow(\exists x)(C(x)\wedge D(x))$。

2.4 变元的约束

由谓词公式的定义可知，一般地，量词和个体变元可能都会出现在谓词公式中，谓词公式中量词的作用在于对变元加以约束和限制，若某个变元受到量词的约束，则会被量化，被量化的变元就失去了变元的作用，没被量词量化的变元才能起到变元的作用。要正确地理解谓词公式，必须分清楚哪些是被量化的变元，哪些是没被量化的变元，为此，在定义 2.6 中介绍指导变元、约束变元、自由变元及辖域的概念。

2.4.1 约束变元与自由变元

定义 2.6 约束变元与自由变元 在谓词公式中，若有形如 $(\forall x)P(x)$ 或 $(\exists x)P(x)$ 的部分，则这里 $\forall$、$\exists$ 后面所跟的 x 称为量词的**指导变元**或**作用变元**，$P(x)$ 称为相应量词的**作用域**或**辖域**。在作用域中 x 的一切出现，称为 x 在谓词公式中的约束出现，x 是**约束变元**。在谓词公式中除了约束变元外，所出现的其他变元不受指导变元的约束，称为**自由变元**。

一般地，一个量词的辖域是某个谓词公式的子公式，可以通过找出位于某个量词之后的紧邻的子公式的方法，找出该量词的辖域。具体方法如下：

(1) 若量词后面有括号，则括号内的子公式就是该量词的辖域；

(2) 若量词后无括号，则与量词紧邻的子公式为该量词的辖域。

通过分析谓词公式中个体变元是约束出现还是自由出现，可以判断谓词公式中的个体变元是约束变元还是自由变元。下面的例子说明了如何去分析自由变元和约束变元。

例题 2.13 说明以下各式中量词的作用域，并指出自由变元与约束变元。

(1) $(\forall x)(A(x)\rightarrow B(x))\wedge C(x)$。

(2) $(\forall x)(A(x)\rightarrow(\exists y)(B(x,y)\vee C(z)))$。

(3) $(\forall x)A(x)\wedge(\exists x)A(x,y)$。

(4) $(\forall x)(\forall y)(A(x,y)\vee B(y,z))\rightarrow(\exists x)A(x,y)$。

【解】

(1) 量词 $(\forall x)$ 的作用域是 $(A(x)\rightarrow B(x))$，变元 x 在作用域内被约束，是约束变元，

在作用域外是自由变元。

(2) 量词$(\forall x)$的作用域是$A(x)\rightarrow(\exists y)(B(x,y)\vee C(z))$；量词$(\exists y)$的作用域是$(B(x,y)\vee C(z))$，公式中的变元$x$、$y$均为约束变元，变元$z$是自由变元。

(3) $(\forall x)$的作用域是$A(x)$，$(\exists x)$的作用域是$A(x,y)$。变元x是约束变元，y是自由变元。

(4) $(\forall x)(\forall y)$的作用域是$(A(x,y)\vee B(y,z))$，$(\exists x)$的作用域是$A(x,y)$。变元x是约束变元，变元y既是约束变元又是自由变元，变元z是自由变元。

定义 2.7 闭式 设α为任一合式公式，若α中无自由出现的个体变元，则α称为封闭的合式公式，简称闭式。

例如合式公式$(\forall x)(P(x)\rightarrow Q(x))$中，无自由出现的个体变元，该合式公式为闭式。

由闭式定义可知，闭式中所有变元都是约束变元。$P(x_1,x_2,\cdots,x_n)$是n元谓词，它有n个相互独立的自由变元，若对其中的k个变元进行约束，则成为$n-k$元谓词，若对n个变元进行约束，则成为闭式，也是0元谓词。闭式可以根据变元约束情况分析其真假，也就成为了命题。

例如$(\forall x)P(x)$为0元谓词，$(\forall x)(P(x,y)$是一元谓词，$(\forall x)P(x,y,z)$是二元谓词。

2.4.2 约束变元的换名与自由变元的代入

在合式公式中有的个体变元既是自由变元又是约束变元，容易引起混淆，为此，可以对约束变元换名或对自由变元进行代入，从而使得一个变元在一个合式公式中只以一种变元的状态出现，即要么是自由变元要么是约束变元。

一个合式公式的约束变元所使用的名称符号，对合式公式的意义无影响。例如实数域中的假命题“一切实数均不小于0”可以表示为$(\forall x)A(x)$，或$(\forall y)A(y)$，或$(\forall z)A(z)$。其中$A(x)$表示x不小于0，$A(y)$表示y不小于0，$A(z)$表示z不小于0，论域为实数集。

同理，对实数域中的真命题“有些实数是偶数”可以表示为$(\exists x)A(x)$，或表示为$(\exists y)A(y)$，其含义一样。

因此，可以对合式公式中的约束变元进行换名，也可以对合式公式中的自由变元进行代入。对约束变元换名或对自由变元进行代入都需要遵守一定的规则，换名规则如规则1，代入规则如规则2。

规则1(约束变元的换名规则)：将量词后面的指导变元及量词辖域的约束变元改成合式公式中没出现过的个体变元，公式中的其他部分不变。

规则2(自由变元的代入规则)：将合式公式中的某自由变元用合式公式中没出现过的新的个体变元取而代之，且处处代入，公式中的其他部分不变。

例题 2.14 将合式公式$(\forall x)(P(x,y)\rightarrow Q(x,z))\vee R(x,y)$中的约束变元换名。

【解】 根据规则1，可以换名为：$(\forall m)(P(m,y)\rightarrow Q(m,z))\vee R(x,y)$。也就是将全称量词后面的指导变元$x$及其辖域内约束变元$x$都换成在公式中没出现过的个体变元$m$。

例题 2.15 将合式公式$(\forall x)(\forall y)(A(x,y)\vee B(y,z))\rightarrow(\exists x)A(x,y)$中的约束变元换名。

【解】 根据规则1,可以换名为:$(\forall m)(\forall n)(A(m,n)\vee B(n,z))\rightarrow(\exists x)A(x,y)$。其子式$(\exists x)A(x,y)$中的指导变元$x$和约束变元$x$因没引起意义上的混乱,可以不换名,也可以换名。

例题 2.16 将合式公式$(\forall x)(P(x,y)\rightarrow Q(x,z))\vee R(x,y)$中的自由变元进行代入。

【解】 该公式中的变元y、z只以自由变元呈现的,不需要代入。而x既是约束变元又是自由变元,根据规则2,可以将其用没在本公式中出现的其他变元,比如m进行代入,则代入后的公式为:$(\forall x)(P(x,y)\rightarrow Q(x,z))\vee R(m,y)$。

2.4.3 有限论域客体变元的枚举

合式公式中,当客体变元的论域有限,量词作用域中约束变元的所有可能的取代是可以枚举的。

设论域元素为$a_1,a_2,\cdots,a_n$,则

$$(\forall x)A(x)\Leftrightarrow A(a_1)\wedge A(a_2)\wedge\cdots\wedge A(a_n)$$

$$(\exists x)A(x)\Leftrightarrow A(a_1)\vee A(a_2)\vee\cdots\vee A(a_n)$$

例题 2.17 如果论域是集合$\{a,b,c\}$,试消去下面公式中的量词。

(1) $(\exists x)P(x)$。

(2) $(\forall x)(P(x)\rightarrow Q(x))$。

【解】

(1) $(\exists x)P(x)\Leftrightarrow P(a)\vee P(b)\vee P(c)$。

(2) $(\forall x)(P(x)\rightarrow Q(x))$。

$\Leftrightarrow(P(a)\rightarrow Q(a))\wedge(P(b)\rightarrow Q(b))\wedge(P(c)\rightarrow Q(c))$。

2.5 谓词演算的等价式与蕴含式

2.5.1 谓词公式的赋值及分类

定义 2.8 谓词公式的赋值 在客体变元论域范围内,把谓词公式中的客体变元用客体常元取代,命题变元用命题常元取代,这个过程就称为谓词公式的赋值,也叫谓词公式的解释。

一个谓词公式经过赋值后,就成为具有确定真值的命题。

例题 2.18 给谓词公式$(\forall x)(P(x)\rightarrow Q(f(x),a))$赋值,其中,论域$D=\{1,2\}$,$a=1,f(1)=2,f(2)=1,P(1)=F,P(2)=T,Q(1,1)=T,Q(1,2)=T,Q(2,1)=F$,$Q(2,2)=F$。

【解】 $(\forall x)(P(x)\rightarrow Q(f(x),a))\Leftrightarrow(P(1)\rightarrow Q(f(1),1))\wedge(P(2)\rightarrow Q(f(2),1))$

$$\Leftrightarrow(F\rightarrow Q(2,1))\wedge(T\rightarrow Q(1,1))$$

$$\Leftrightarrow (F \to F) \wedge (T \to T)$$
$$\Leftrightarrow T \wedge T$$
$$\Leftrightarrow T$$

因此，该谓词公式赋值后成为一个真命题。

定义 2.9 谓词公式的等价式 在共同的个体域 E 下，给定两个谓词公式 wff A 和 wff B，若对 A 和 B 的任意一组变元进行赋值，所得命题的真值相同，则称谓词公式 A 和 B 在论域 E 上是等价的。记作：

$$A \Leftrightarrow B$$

定义 2.10 谓词公式的有效式 给定个体域 E 及谓词公式 wff A，若对谓词公式 A 的所有赋值都使得 wff A 为真，则 wff A 在个体域 E 上是有效的(或是永真的)。

定义 2.11 谓词公式的不可满足式 给定个体域 E 及谓词公式 wff A，若对谓词公式 A 的所有赋值都使得 wff A 为假，则 wff A 在个体域 E 上是不可满足式(或是永假式)。

定义 2.12 谓词公式的可满足式 给定个体域 E 及谓词公式 wff A，若对谓词公式 A 的赋值中至少有一种赋值都使得 wff A 为真，则 wff A 在个体域 E 上是可满足式。

根据谓词公式的等价式和有效式(永真式)的概念，下面讨论谓词演算的一些等价式和蕴含式。

2.5.2 谓词演算的等价式

在命题逻辑中，介绍过 10 个命题定律及一些等价式，这些命题定律和等价式在谓词演算中可以进行推广，不影响谓词公式的等价性。另外，量词与否定联结词之间、量词作用域的扩张与收缩及量词与合取和析取联结词之间都存在一些等价式。

1. 命题公式在谓词演算中的推广

命题演算中的 10 个命题定律及一些等价式，可以直接推广到谓词演算中，其等价性依然存在。例如命题演算中有如下等价式：

(1) $P \wedge \neg P \Leftrightarrow F$。

(2) $(P \vee Q) \vee R \Leftrightarrow P \vee (Q \vee R)$。

(3) $P \to Q \Leftrightarrow \neg P \vee Q$。

(4) $\neg(P \wedge Q) \Leftrightarrow \neg P \vee \neg Q$。

推广到谓词演算中，则如下等价式对应成立：

(1) $(\forall x)P(x) \wedge \neg(\forall x)P(x) \Leftrightarrow F$。

(2) $((\exists x)P(x) \vee (\exists y)Q(y)) \vee (\exists z)R(z) \Leftrightarrow (\exists x)P(x) \vee (\exists y)Q(y) \vee (\exists z)R(z)$。

(3) $(\forall x)P(x) \to (\forall y)Q(y) \Leftrightarrow \neg(\forall x)P(x) \vee (\forall y)Q(y)$。

(4) $\neg((\exists x)P(x) \wedge (\exists y)(\exists z)Q(y,z)) \Leftrightarrow \neg(\exists x)P(x) \vee \neg(\exists y)(\exists z)Q(y,z)$。

2. 量词否定等价式(量词转换律)

为了说明全称量词、存在量词与联结词$\neg$之间的关系，设 $P(x)$：x 今天来上课，个体域为网络工程专业全体学生，则$\neg P(x)$表示 x 今天不来上课。那么，$(\forall x)P(x)$表示所有的学生都来上课了；$\neg(\forall x)P(x)$表示不是所有的学生都来上课了；$(\forall x)\neg P(x)$表示所有的学生都不来上课；$(\exists x)P(x)$表示有些学生来上课了；$\neg(\exists x)P(x)$表示没有学生来上课；$(\exists x)\neg P(x)$表示有些学生没来上课。

分析其含义，“不是所有学生都来上课了”与“有些学生没来上课”含义相同；“所有学生都不来上课”与“没有学生来上课”含义相同。则以下等价式成立：

$$\neg(\forall x)P(x)\Leftrightarrow(\exists x)\neg P(x)$$

$$(\forall x)\neg P(x)\Leftrightarrow\neg(\exists x)P(x)$$

这两个等价式说明了否定联结词与量词之前的关系，即将否定联结词从量词前面移到量词后面的时候，全称量词与存在量词要互换，反之亦然，这就是量词转换律。出现在量词之前的否定，不是否定该量词，而是否定被量化了的整个命题。

若谓词公式中的个体域是有限的，不妨设个体域中的客体变元为 $a_1,a_2,\cdots,a_n$，则量词转换律可以证明如下：

$$\begin{aligned}\neg(\forall x)P(x)&\Leftrightarrow\neg(P(a_1)\wedge P(a_2)\wedge\cdots\wedge P(a_n))\\&\Leftrightarrow\neg P(a_1)\vee\neg P(a_2)\vee\cdots\vee\neg P(a_n)\\&\Leftrightarrow(\exists x)\neg P(x)\end{aligned}$$

$$\begin{aligned}\neg(\exists x)P(x)&\Leftrightarrow\neg(P(a_1)\vee P(a_2)\vee\cdots\vee P(a_n))\\&\Leftrightarrow\neg P(a_1)\wedge\neg P(a_2)\wedge\cdots\wedge\neg P(a_n)\\&\Leftrightarrow(\forall x)\neg P(x)\end{aligned}$$

若个体域为无限的，上述量词转换律依然成立。

3. 量词作用域的扩张与收缩

在量词作用域内的合取或析取项中，若存在某命题或自由变元，那么可将命题或自由变元移出量词作用域，不影响其等价性。若 B 是不含约束变元 x 的命题，则下列等价式成立：

$$(\forall x)(A(x)\vee B)\Leftrightarrow(\forall x)A(x)\vee B$$

$$(\forall x)(A(x)\wedge B)\Leftrightarrow(\forall x)A(x)\wedge B$$

$$(\exists x)(A(x)\vee B)\Leftrightarrow(\exists x)A(x)\vee B$$

$$(\exists x)(A(x)\wedge B)\Leftrightarrow(\exists x)A(x)\wedge B$$

同理，下列等价式也成立：

$$(\forall x)(A(x)\vee B(y))\Leftrightarrow(\forall x)A(x)\vee B(y)$$

$$(\forall x)(A(x)\wedge B(y))\Leftrightarrow(\forall x)A(x)\wedge B(y)$$

在量词作用域中，若联结词为条件联结词→，则下列等价式成立：

$$(\forall x)A(x)\rightarrow B\Leftrightarrow(\exists x)(A(x)\rightarrow B)$$

$$(\exists x)A(x)\rightarrow B\Leftrightarrow(\forall x)(A(x)\rightarrow B)$$

$$B\rightarrow(\forall x)A(x)\Leftrightarrow(\forall x)(B\rightarrow A(x))$$

$$B\rightarrow(\exists x)A(x)\Leftrightarrow(\exists x)(B\rightarrow A(x))$$

例题 2.19 证明$(\forall x)A(x)\rightarrow B\Leftrightarrow(\exists x)(A(x)\rightarrow B)$。

【证明】

$$\begin{aligned}(\forall x)A(x)\rightarrow B&\Leftrightarrow\neg(\forall x)A(x)\vee B\\&\Leftrightarrow(\exists x)\neg A(x)\vee B\\&\Leftrightarrow(\exists x)(\neg A(x)\vee B)\\&\Leftrightarrow(\exists x)(A(x)\rightarrow B)\end{aligned}$$

例题 2.20 证明 $B\rightarrow(\forall x)A(x)\Leftrightarrow(\forall x)(B\rightarrow A(x))$。

【证明】 $B\rightarrow(\forall x)A(x)\Leftrightarrow\neg B\vee(\forall x)A(x)$

$\Leftrightarrow(\forall x)(\neg B\vee A(x))$

$\Leftrightarrow(\forall x)(B\rightarrow A(x))$

4. 量词与合取和析取之间的等价式

全称量词对合取联结词、存在量词对析取联结词可以分配。设 $P(x)$ 表示 x 唱歌，$Q(x)$ 表示 x 跳舞，则晚会上所有人既唱歌又跳舞，与晚会上所有人唱歌且所有人跳舞含义相同，即：

$(\forall x)(P(x)\wedge Q(x))\Leftrightarrow(\forall x)P(x)\wedge(\forall x)Q(x)$（全称量词对合取的分配）

晚会上有的人唱歌或跳舞，与晚会上有的人唱歌和有的人跳舞含义相同，即：

$(\exists x)(P(x)\vee Q(x))\Leftrightarrow(\exists x)P(x)\vee(\exists x)Q(x)$（存在量词对析取的分配）

全称量词对合取的分配可以证明如下：

【证明】

(1) 设在论域 E 下，$(\forall x)(P(x)\wedge Q(x))$ 为真，则对于论域 E 中任一个体 a 都有 $P(a)$ 与 $Q(a)$ 为真，则 $(\forall x)P(x)\wedge(\forall x)Q(x)$ 为真。即：

$$(\forall x)(P(x)\wedge Q(x))\Rightarrow(\forall x)P(x)\wedge(\forall x)Q(x)$$

(2) 设在论域 E 下，$(\forall x)P(x)\wedge(\forall x)Q(x)$ 为真，则 $(\forall x)P(x)$，$(\forall x)Q(x)$ 均为真，对于论域 E 中任一个体 a 都有 $P(a)$ 与 $Q(a)$ 为真，则 $(\forall x)(P(x)\wedge Q(x))$ 为真。即：

$$(\forall x)P(x)\wedge(\forall x)Q(x)\Rightarrow(\forall x)(P(x)\wedge Q(x))$$

由(1)、(2)可知 $(\forall x)(P(x)\wedge Q(x))\Leftrightarrow(\forall x)P(x)\wedge(\forall x)Q(x)$ 成立。

存在量词对析取的分配可用同样的方法证明之。也可以根据全称量词对合取的分配推导得出：

$\because(\forall x)(P(x)\wedge Q(x))\Leftrightarrow(\forall x)P(x)\wedge(\forall x)Q(x)$

$\therefore(\forall x)(\neg P(x)\wedge\neg Q(x))\Leftrightarrow(\forall x)\neg P(x)\wedge(\forall x)\neg Q(x)$

$\therefore(\forall x)\neg(P(x)\vee Q(x))\Leftrightarrow\neg(\exists x)P(x)\wedge\neg(\exists x)Q(x)$

$\therefore\neg(\exists x)(P(x)\vee Q(x))\Leftrightarrow\neg(\exists x)P(x)\vee(\exists x)Q(x)$

$\therefore(\exists x)(P(x)\vee Q(x))\Leftrightarrow((\exists x)P(x)\vee(\exists x)Q(x))$

2.5.3 谓词演算的蕴含式

全称量词对合取、存在量词对析取可以分配，但全称量词对析取、存在量词对合取不可以分配，它们之间只存在蕴含关系。例如，设 $P(x)$ 表示 x 唱歌，$Q(x)$ 表示 x 跳舞，则晚会上所有人都唱歌或所有人都跳舞可以推出晚会上所有人唱歌或跳舞，反之则不然。所以有：

$$(\forall x)P(x)\vee(\forall x)Q(x)\Rightarrow(\forall x)(P(x)\vee Q(x))$$

根据上式有：

$$(\forall x)\neg P(x)\vee(\forall x)\neg Q(x)\Rightarrow(\forall x)(\neg P(x)\vee\neg Q(x))$$

则：

$$\neg(\exists x)P(x)\vee\neg(\exists x)Q(x)\Rightarrow(\forall x)\neg(P(x)\wedge Q(x))$$

故：

$$\neg((\exists x)P(x)\land(\exists x)Q(x))\Rightarrow\neg(\exists x)(P(x)\land Q(x))$$

因此有：

$$(\exists x)(P(x)\land Q(x))\Rightarrow(\exists x)P(x)\land(\exists x)Q(x)$$

例题 2.21 证明$(\forall x)P(x)\lor(\forall x)Q(x)\Rightarrow(\forall x)(P(x)\lor Q(x))$。

【证明】 设在论域 E 中，$(\forall x)P(x)\lor(\forall x)Q(x)$为真，则$(\forall x)P(x)$为真或$(\forall x)Q(x)$为真，则对任一个体 a 有 $P(a)$为真或 $Q(a)$为真，则有$(\forall x)(P(x)\lor Q(x))$为真。故得证。

类似地，还有如下蕴含式也成立：

$$(\forall x)(P(x)\to Q(x))\Rightarrow(\forall x)P(x)\to(\forall x)Q(x)$$

$$(\forall x)(P(x)\leftrightarrow Q(x))\Rightarrow(\forall x)P(x)\leftrightarrow(\forall x)Q(x)$$

例题 2.22 证明$(\forall x)(P(x)\to Q(x))\Rightarrow(\forall x)P(x)\to(\forall x)Q(x)$。

【证明】 设$(\forall x)(P(x)\to Q(x))$为真，则对论域中任一个体 a 有 $P(a)\to Q(a)$为真，分两种情况讨论：

(1) $P(a)$为假，则$(\forall x)P(x)$必为假，则$(\forall x)P(x)\to(\forall x)Q(x)$为真，蕴含式成立；

(2) $P(a)$为真，则 $Q(a)$必为真，则$(\forall x)P(x)\to(\forall x)Q(x)$为真，蕴含式成立。

2.5.4 多个量词之间的等价关系与蕴含关系

在谓词公式中，量词对变元的约束与量词的次序有关，全称量词与存在量词在公式中出现的次序不能随意更换，下面以两个量词为例，说明其等价关系和蕴含关系。更多个量词的使用方法与它们类似。对于二元谓词，在不考虑自由变元的情况下，可以有如下 8 种情况：

$$(\forall x)(\forall y)P(x,y) \qquad (\forall y)(\forall x)P(x,y)$$

$$(\exists x)(\exists y)P(x,y) \qquad (\exists y)(\exists x)P(x,y)$$

$$(\forall x)(\exists y)P(x,y) \qquad (\exists y)(\forall x)P(x,y)$$

$$(\forall y)(\exists x)P(x,y) \qquad (\exists x)(\forall y)P(x,y)$$

其中，等价式有：

$$(\forall x)(\forall y)P(x,y)\Leftrightarrow(\forall y)(\forall x)P(x,y)$$

$$(\exists x)(\exists y)P(x,y)\Leftrightarrow(\exists y)(\exists x)P(x,y)$$

蕴含式有：

$$(\forall x)(\forall y)P(x,y)\Rightarrow(\exists y)(\forall x)P(x,y)$$

$$(\forall y)(\forall x)P(x,y)\Rightarrow(\exists x)(\forall y)P(x,y)$$

$$(\exists y)(\forall x)P(x,y)\Rightarrow(\forall x)(\exists y)P(x,y)$$

$$(\exists x)(\forall y)P(x,y)\Rightarrow(\forall y)(\exists x)P(x,y)$$

$$(\forall x)(\exists y)P(x,y)\Rightarrow(\exists y)(\exists x)P(x,y)$$

$$(\forall y)(\exists x)P(x,y)\Rightarrow(\exists x)(\exists y)P(x,y)$$

例如，设 $P(x,y)$表示 x 和 y 同姓，论域 x 是甲村的人，论域 y 是乙村的人，则：

$(\forall x)(\forall y)P(x,y)$：表示所有甲村的人与所有乙村的人同姓；

$(\forall y)(\forall x)P(x,y)$：表示所有乙村的人与所有甲村的人同姓；

显然它们的含义相同，故有$(\forall x)(\forall y)P(x,y)\Leftrightarrow(\forall y)(\forall x)P(x,y)$。

同理：

$(\exists x)(\exists y)P(x,y)$：表示甲村有的人与乙村有的人同姓；

$(\exists y)(\exists x)P(x,y)$：表示乙村有的人与甲村有的人同姓；

它们的含义相同，故有：$(\exists x)(\exists y)P(x,y)\Leftrightarrow(\exists y)(\exists x)P(x,y)$。

$(\forall x)(\exists y)P(x,y)$：表示所有甲村的人，存在乙村的人与他同姓；

$(\exists y)(\forall x)P(x,y)$：表示存在乙村的人，甲村所有人都与他同姓；

$(\forall y)(\exists x)P(x,y)$：表示乙村所有的人，存在甲村的人与他同姓；

$(\exists x)(\forall y)P(x,y)$：表示存在甲村的人，乙村所有的人都与他同姓。

这四种组合中，显然不存在等价关系，只有蕴含关系，其蕴含关系见上面的蕴含式。

2.6 前束范式

在命题逻辑中，范式为研究一个命题公式的特点提供了便利，对谓词逻辑来说，也有范式，每个谓词演算公式都有与之等价的范式。

定义 2.13 前束范式　谓词公式中的所有量词都在该公式的前端，这些量词的辖域一直延伸到公式的末端，则该公式就是前束范式。前束范式可以记为如下形式：

$$(Q_1x_1)(Q_2x_2)\cdots(Q_nx_n)A$$

其中$Q_i(i=1,2,\cdots,n)$为量词$\forall$或$\exists$，A是不包含量词的谓词公式。

例如$(\forall x)(\exists y)P(x,y,z)$，$(\forall x)(\forall y)(\exists z)(P(x,y)\wedge Q(y,z)\rightarrow R(x,z))$均为前束范式。

定理 2.1　任意一个谓词公式，都有一个与之等价的前束范式。

【证明】　将谓词公式的联结词转化为$\neg$、$\wedge$、$\vee$；利用德·摩根定理，将$\neg$移到命题变元和谓词填式的前面；利用量词的扩张或收缩及量词对联结词的分配等谓词公式的等价式将所有量词提到公式的最前端，即可得到一个与原式等价的前束范式。

例题 2.23　求公式$(\forall x)A(x)\rightarrow(\exists x)B(x)$的前束范式。

【解】　原式$\Leftrightarrow\neg(\forall x)A(x)\vee(\exists x)B(x)$

$\Leftrightarrow(\exists x)\neg A(x)\vee(\exists x)B(x)$

$\Leftrightarrow(\exists x)(\neg A(x)\vee B(x))$

例题 2.24　将公式$((\forall x)P(x)\vee(\exists y)Q(y))\rightarrow(\forall x)R(x)$化为前束范式。

【解】　原式$\Leftrightarrow\neg((\forall x)P(x)\vee(\exists y)Q(y))\vee(\forall x)R(x)$

$\Leftrightarrow\neg(\forall x)P(x)\wedge\neg(\exists y)Q(y)\vee(\forall x)R(x)$

$\Leftrightarrow(\exists x)\neg P(x)\wedge(\forall y)\neg Q(y)\vee(\forall x)R(x)$

$\Leftrightarrow(\exists z)\neg P(z)\wedge(\forall y)\neg Q(y)\vee(\forall x)R(x)$（将$(\exists x)\neg P(x)$中的$x$换名）

$\Leftrightarrow(\exists z)(\forall y)(\forall x)(\neg P(z)\wedge\neg Q(y)\vee R(x))$（将量词推到前面）

例题 2.25　把公式$(\forall x)(\forall y)(\exists z)(A(x,z)\wedge B(y,z))\rightarrow(\exists u)C(x,y,u)$化为前束范式。

【解】 原式$\Leftrightarrow(\forall x)(\forall y)(\neg(\exists z)(A(x,z)\wedge B(y,z))\vee(\exists u)C(x,y,u))$

$\Leftrightarrow(\forall x)(\forall y)(\forall z)\neg((A(x,z)\wedge B(y,z))\vee(\exists u)C(x,y,u))$

$\Leftrightarrow(\forall x)(\forall y)(\forall z)(\exists u)(\neg(A(x,z)\wedge B(y,z))\vee C(x,y,u))$

定义 2.14 前束合取(析取)范式 在前束范式$G=(Q_1x_1)(Q_2x_2)\cdots(Q_nx_n)A$中,若$A$是合取范式,则$G$是前束合取范式;若$A$是析取范式,则$G$是前束析取范式。

例如:$(\forall x)(\exists z)(\exists w)[(\neg P(x)\wedge\neg Q(z,y))\vee\neg R(x,w)]$为前束析取范式,而$(\forall x)(\exists z)(\exists w)[(\neg P(x)\vee\neg R(x,w))\wedge(\neg Q(z,y)\vee\neg R(x,w))]$为前束合取范式。

一个谓词公式G可以先转换成与之等价的前束范式$(Q_1x_1)(Q_2x_2)\cdots(Q_nx_n)A$,然后将不含量词基式$A$化为合取范式或析取范式,则可以得到一个与$G$等价的前束合取范式或前束析取范式。每个谓词公式都有一个与之等价的前束合取范式或前束析取范式。

前束范式的优点是全部量词集中在公式前面,其缺点是各量词的排列无一定规则,这样当把一个公式化归为前束范式时,其表达形式会显现多种情形,不便应用。1920 年斯柯林(Skolem)提出了斯柯林范式。

定义 2.15 斯柯林范式 对前束范式首标中量词出现的次序给出规定:每个存在量词均在全称量词之前。按此规定得到的范式形式,称为斯柯林范式。

显然,任一公式均可化为斯柯林范式。它的优点是:全公式按顺序可分为三部分,公式的所有存在量词、所有全称量词和辖域,这给谓语逻辑的研究提供了一定的方便。

谓词公式$(\forall x)((\neg P(x)\vee(\forall y)Q(y,z))\rightarrow(\forall z)R(y,z))$的斯柯林范式为:

$$(\exists u)(\exists v)(\forall x)((P(x)\wedge\neg Q(u,z))\vee\neg R(y,v))$$

2.7 谓词演算的推理理论

命题演算的方法可以推广到谓词演算中,命题演算中的等价式、蕴含式及命题演算中使用的P规则、T规则和CP规则也可以在谓词演算中使用。由于谓词公式中的某些前提或结论可能会受量词的限制,直接进行推理不是很方便,为此在谓词演算的推理过程中引入量词消去和添加规则。

1. 全称指定规则(US)

全称指定规则也叫全称量词消去规则,表示为:

$$\frac{(\forall x)P(x)}{\therefore P(a)}$$

其中P是谓词公式,a是论域中某个任意的客体。该规则的含义是:论域中所有的客体都具有P这样的属性,a是论域中某个任意的客体,所以a具有P这样的属性,以此消去全称量词。

2. 全称推广规则(UG)

全称推广规则也叫全称量词添加规则,表示为:

$$\frac{P(a)}{\therefore(\forall x)P(x)}$$

其中P是谓词公式,a是论域中某个任意的客体。该规则的含义是:论域中任意的

客体 a 具有 P 这样的属性，所以论域中的所有客体都具有 P 这样的属性。以此添加全称量词。

3. 存在指定规则(ES)

存在指定规则也叫存在量词消去规则，表示为：

$$\frac{(\exists x)P(x)}{\therefore P(a)}$$

其中 P 是谓词公式，a 是论域中某些特定的客体。该规则的含义是：论域中有些客体具有 P 这样的属性，a 是论域中这些客体的某个客体，所以 a 具有 P 这样的属性，以此消去存在量词。特别要强调的是，这里的 a 是论域中某些特定的客体，而不是任意客体。

4. 存在推广规则(EG)

存在推广规则也叫存在量词添加规则，表示为：

$$\frac{P(a)}{\therefore (\exists x)P(x)}$$

其中 P 是谓词公式，a 是论域中某个客体。该规则的含义是：论域中某个客体 a 具有 P 这样的属性，所以论域中存在客体具有 P 这样的属性。以此添加存在量词。

利用命题演算中的 P 规则、T 规则、CP 规则、等价式、蕴含式及谓词演算中量词的消去和添加规则，可以进行谓词演算的推理。

在谓词演算推理中，利用量词消去规则，先把前提中的量词消去，变为命题逻辑的推理，推导出结果后，再把量词添加上去，得出谓词逻辑的结论。在推理过程中需要注意的是：

(1) 量词的添加和消去规则仅对谓词公式的前束范式适用。

(2) 当同时出现存在量词和全称量词需要消去的时候，先消去存在量词，再消去全称量词。

例题 2.26 证明苏格拉底的三段论：人都是要死的，苏格拉底是人，所以苏格拉底是要死的。

【证明】 设 $A(x)$：x 是人，$B(x)$：x 是要死的，a：苏格拉底。则苏格拉底的三段论可以表示为：$(\forall x)(A(x)\rightarrow B(x))\wedge A(a)\Rightarrow B(a)$。

(1) $(\forall x)(A(x)\rightarrow B(x))$　　P

(2) $A(a)\rightarrow B(a)$　　$US(1)$

(3) $A(a)$　　P

(4) $B(a)$　　$T(2),(3)I$

例题 2.27 证明 $(\forall x)(A(x)\rightarrow B(x)),(\exists x)A(x)\Rightarrow(\exists x)B(x)$。

【证明】

(1) $(\exists x)A(x)$　　P

(2) $A(a)$　　$ES(1)$

(3) $(\forall x)(A(x)\rightarrow B(x))$　　P

(4) $A(a)\rightarrow B(a)$　　$US(3)$

(5) $B(a)$　　$T(2),(4)I$

(6) $(\exists x)B(x)$　　$EG(5)$

注意：本例推导过程中，必须先消除存在量词，然后才能消去全称量词，也就是说利用 ES 得到 $A(a)$ 必须在利用 US 得到 $A(a)\to B(a)$ 之前，否则推导将出错。

例题 2.28　证明：$(\forall x)(P(x)\lor Q(x))\Rightarrow(\forall x)P(x)\lor(\exists x)Q(x)$。

分析：需要证明的结论中既有全称量词又有存在量词，且不是前束范式，并且两个子式之间用了析取联结词，为此用间接证明方法或用 CP 规则更容易些。

【证法一】　间接证法：

(1) $\neg((\forall x)P(x)\lor(\exists x)Q(x))$　　P(附加前提)

(2) $\neg(\forall x)P(x)\land\neg(\exists x)Q(x)$　　$T(1)E$

(3) $(\exists x)\neg P(x)\land(\forall x)\neg Q(x)$　　$T(2)E$

(4) $(\exists x)\neg P(x)$　　$T(3)I$

(5) $(\forall x)\neg Q(x)$　　$T(4)I$

(6) $\neg P(a)$　　$ES(4)$

(7) $\neg Q(a)$　　$US(5)$

(8) $\neg P(a)\land\neg Q(a)$　　$T(6),(7)I$

(9) $\neg(P(a)\lor Q(a))$　　$T(8)E$

(10) $(\forall x)(P(x)\lor Q(x))$　　P

(11) $(P(a)\lor Q(a))$　　$US(10)$

(12) $\neg(P(a)\lor Q(a))\land(P(a)\lor Q(a))$　　(矛盾)$T(9),(11)I$

【证法二】　CP 规则：

将 $(\forall x)P(x)\lor(\exists x)Q(x)$ 等价变换为 $\neg(\forall x)P(x)\to(\exists x)Q(x)$，证明如下：

(1) $\neg(\forall x)P(x)$　　P(附加)

(2) $(\exists x)\neg P(x)$　　$T(1)E$

(3) $\neg P(a)$　　$ES(2)$

(4) $(\forall x)(P(x)\lor Q(x))$　　P

(5) $P(a)\lor Q(a)$　　$US(4)$

(6) $Q(a)$　　$T(3),(5)I$

(7) $(\exists x)Q(x)$　　$EG(6)$

(8) $\neg(\forall x)P(x)\to(\exists x)Q(x)$　　CP 规则

例题 2.29　每个大学生不是文科生就是理科生，有的大学生是优等生，小张不是理科生，但他是优等生，所以小张是大学生，并且是文科生。用谓词逻辑进行推理，分析其结论是否正确。

【解】　先将命题符号化，然后再用推理理论证明。设：

$P(x)$：x 是大学生；

$Q(x)$：x 是文科生；

$R(x)$：x 是理科生；

$S(x)$：x 是优等生；

a：小张；

则命题可以符号化为：

$$(\forall x)(P(x)\to\neg(Q(x)\leftrightarrow R(x))),(\exists x)(P(x)\wedge S(x)),\neg R(a),S(a)\Rightarrow P(a)\wedge Q(a)$$

【证明】

(1) $(\exists x)(P(x)\wedge S(x))$	P
(2) $P(a)\wedge S(a)$	$ES(1)$
(3) $(\forall x)(P(x)\to\neg(Q(x)\leftrightarrow R(x)))$	P
(4) $P(a)\to\neg(Q(a)\leftrightarrow R(a))$	$US(3)$
(5) $P(a)$	$T(2)I$
(6) $\neg(Q(a)\leftrightarrow R(a))$	$T(4),(5)I$
(7) $(\neg R(a)\to Q(a))\wedge(Q(a)\to\neg R(a))$	$T(6)E$
(8) $\neg R(a)\to Q(a)$	$T(7)I$
(9) $\neg R(a)$	P
(10) $Q(a)$	$T(8),(9)I$
(11) $P(a)\wedge Q(a)$	$T(5),(10)I$

2.8 本章总结

1. 本章主要知识点

本章主要知识点如下：

(1) 谓词的概念及表示：谓词的概念及表示、用谓词表示命题的方法、n 元谓词的定义。

(2) 命题函数及量词：命题函数的定义、全称量词和存在量词的使用方法、特性谓词的含义。

(3) 谓词公式与翻译：谓词公式的定义及翻译的方法和步骤。

(4) 变元的约束：量词的辖域、约束变元、自由变元、指导变元、约束变元的代入，自由变元的换名。

(5) 谓词演算的等价式与蕴含式：命题公式在谓词逻辑中的推广、量词与联结词$\neg$之间的关系、量词的扩张与收缩、全称量词对联结词合取的分配、存在量词对联结词析取的分配、多个量词的使用。

(6) 前束范式：前束范式、前束合取范式、前束析取范式的定义；谓词公式化为前束范式、前束合取范式、前束析取范式的方法。

(7) 谓词演算的推理理论：谓词演算的推理方法、添加量词和消去量词的方法。

2. 本章主要习题类型及解答方法

本章主要习题类型及解答方法如下：

(1) 基本概念题：主要考查谓词、量词的概念、谓词公式的定义和翻译、约束变元和自由变元及辖域的定义。

基本概念题的解答方法：紧抓概念，根据概念进行解答。对谓词公式的翻译来说，除了抓其定义外，还得掌握其解题步骤：①先将自然语言分解为一个个的原子命题；②分析每个原子命题的客体和谓词部分；③分析每个客体的论域范围，选择合适的量词；④将原子命题符合化；⑤分析原子命题之间的逻辑关系，找到合适的联结词将原子命题联结起来。

(2) 解释题：主要是对谓词公式的解释。

解释题的解答方法如下：

① 根据题目给定的论域，消去量词。

② 根据联结词的含义，给出真值。

(3) 判断题：对约束变元、自由变元、辖域的判断。

判断题的解答方法如下：

根据约束变元、自由变元、辖域的定义进行判断。一般地，一个量词的辖域是某个谓词公式的子公式，可以通过找出位于某个量词之后的紧邻的子公式的方法，找出该量词的辖域。具体方法如下：

① 若量词后面有括号，则括号内的子公式就是该量词的辖域；

② 若量词后无括号，则与量词紧邻的子公式为该量词的辖域。

弄清楚了一个谓词公式中的约束变元、自由变元和辖域，则用换名和代入的方式对谓词公式进行客体变元替换，使得每个客体变元有唯一出现形式的问题就解决了。

(4) 计算题：求解前束范式，前束析取范式、前束合取范式。

计算题的解题方法如下：

① 将谓词公式的联结词转化为$\neg$，$\wedge$，$\vee$；利用德摩根定理，将$\neg$移到命题变元和谓词填式的前面；

② 利用量词的扩张或收缩及量词对联结词的分配等谓词公式的等价式或谓词公式的换名或代入等方法将所有量词提到公式的最前端，即可得到一个与原式等价的前束范式。

③ 在得到前束范式后，根据第一章命题逻辑中求析取范式和合取范式的方法可以得到前束析取范式和前束合取范式。

(5) 证明题：对等价式的证明、对蕴含式的证明。

等价式的证明：根据十个命题定律及量词对谓词的分配和量词的扩张与收缩等规则进行证明。

蕴含式的证明：分析法、推理法。

分析法：分析量词性质和辖域，根据分析进行假设，假设前提为真，若能得到结论也为真，则蕴含关系成立；或假设结论为假，若能得到前提也为假，则蕴含关系成立。

推理法：可以应用直接证法、间接证法和 CP 规则，使用相应的等价式、蕴含式，利用 P 规则和 T 规则和量词消去及添加规则，将前提一步步地拿来推出结论。

2.9　本章习题

1. 用谓词表达式写出下列命题。

(1) 小明不是学生。

(2) 小李是体操或球类运动员。

(3) 小王既勤奋又聪明。

(4) 若 m 是奇数，则 $2m$ 不是奇数。

(5) 有些整数是偶数。

(6) 每个整数都是实数。

(7) 并不是每个实数都是整数。

(8) 若一个数是偶数，则它必定为整数。

2. 使用量词和谓词将下列命题符号化。

(1) 没有最小的整数。

(2) 所有的教练员都是运动员。

(3) 有些运动员是教练。

(4) 不是所有运动员都是教练。

(5) 所有的鸟都会飞。

(6) 有的人喜欢吃甜食，但并不是所有人都喜欢吃甜食。

(7) 有的女生既漂亮又勤奋。

(8) 有的学生既不聪明也不勤奋。

(9) 有些学生不喜欢玩游戏。

(10) 没有不喜欢玩游戏的学生。

3. 将下列各式翻译成自然语言，并指出其真值。其中，$A(x)$：表示"x 是质数"；$B(x)$：表示"x 是偶数"；$C(x)$：表示"x 是奇数"；$D(x,y)$：表示"x 除尽 y"。

(1) $A(6)$。

(2) $B(6)$。

(3) $A(6) \land B(6)$。

(4) $(\forall x)(D(2,x) \rightarrow B(x))$。

(5) $(\exists x)(B(x) \land D(x8))$。

(6) $(\forall x)(\neg B(x) \rightarrow \neg D(2,x))$。

(7) $(\forall x)(B(x) \rightarrow (\forall y)(D(x,y) \rightarrow B(y)))$。

(8) $(\forall x)(A(x) \rightarrow (\exists y)(D(x,y) \land B(y)))$。

4. 利用谓词公式翻译下列命题。

(1) 对每个实数 x 都有另外一个实数 y 使得 $x+y=0$。

(2) 存在实数 x,y 和 z，使得 x 与 y 之和大于 x 与 z 之积。

(3) 对任意的正整数 x，存在正整数 y，使得 $xy=y$。

(4) 对每个实数 x，存在一个更大的实数 y。

5. 将下述定义用符号化的形式表示。

(1) 在数学分析中极限定义为：任给小整数 ε，则存在一个正数 δ，使得 $0<|x-a|<\delta$ 时，有 $|f(x)-b|<\varepsilon$。此时即称 $\lim\limits_{x\to a}f(x)=b$。

(2) 在实数域内，函数 f 在点 a 连续的定义是：f 在点 a 连续，当且仅当对每个 $\varepsilon>0$，存在一个 $\delta>0$，使得对所有 x，若 $|x-a|<\delta$，则 $|f(x)-f(a)|<\varepsilon$。

6. 指出下列各式的自由变元和约束变元，并指出量词的辖域。

(1) $(\forall x)(P(x)\to Q(x))\wedge(\exists y)R(x,y)$。

(2) $(\forall x)(\forall y)(P(x,y)\to Q(x,z))\wedge(\exists u)R(x,y,z)$。

(3) $(\forall x)(\forall y)(\exists z)(P(x,y,w)\leftrightarrow Q(x,y))\to(\exists x)(\exists u)(R(x,y,z)\wedge S(u))$。

(4) $(\exists x)(\forall y)(A(x,z)\wedge B(y))\leftrightarrow(\exists y)(H(y)\wedge G(x))$。

(5) $((\forall x)P(x)\wedge(\exists x)Q(x))\to((\forall x)R(x)\wedge G(x))$。

(6) $(\forall x)(A(x)\to B(x)\wedge C(x,y))\to((\forall x)R(x)\wedge G(x,y))$。

(7) $(\forall x)(\exists y)(P(x,y)\wedge(\exists z)Q(x,z))\vee(\forall x)(R(x,y)\wedge G(x,z))$。

(8) $(\forall x)(\forall y)(A(x,y,z)\wedge(\forall x)B(x,y)\wedge(\exists x)C(x,u))\to(\forall y)D(x,y)$。

7. 试用换名或代入的方法对下列谓词公式进行客体变元替换，使得每个客体变元有唯一的出现形式。

(1) $(\forall x)(\forall y)(A(x)\to B(x)\wedge C(x,y))\to(R(x)\wedge G(x,y))$。

(2) $(\forall x)(\forall y)(A(x,y,z)\wedge(\exists z)B(z,y)\wedge(\exists x)C(x,u))\to D(x,y)$。

(3) $(\forall x)(P(x)\to Q(x))\wedge(\exists y)R(x,y)$。

(4) $(\exists x)(\forall y)(A(x,z)\wedge B(y))\leftrightarrow(\exists y)(H(y)\wedge G(x)))$。

(5) $(\exists x)(\forall y)(\forall z)(A(x,y,z)\wedge B(y)\leftrightarrow(\exists y)(H(y,z)\wedge G(x,z)))$。

(6) $(\forall x)(\exists y)(P(x,y)\wedge(\exists z)Q(x,z))\vee(\forall x)(R(x,y)\to S(x,z))$。

(7) $(\forall x)P(x)\wedge(\exists x)Q(x,y)\vee(P(x)\to(\exists x)Q(x))$。

(8) $(\forall x)(\forall y)(\exists z)(P(x,y,u)\leftrightarrow Q(x,y))\to(\exists x)(\exists u)(R(x,y,z)\wedge S(u))$。

8. 设论域 $D=\{1,2,3\}$，试消去下面谓词公式中的量词。

(1) $(\forall x)P(x)\wedge(\exists x)R(x)$。

(2) $(\forall x)(P(x)\to R(x))$。

(3) $(\forall x)(\exists y)P(x,y)$。

(4) $(\forall x)\neg P(x)\to(\exists x)R(x)$。

9. 请给以下各式赋值，其中：论域 $D=\{1,2\}$，$f(1)=2$，$f(2)=1$，$P(1,1)=T$，$P(1,2)=T$，$P(2,1)=F$，$P(2,2)=F$，$a=1$，$b=2$。

(1) $P(a,f(a))\wedge P(b,f(b))\wedge P(a,f(b))\wedge P(b,f(a))$。

(2) $(\forall x)(\exists y)P(x,y)$。

(3) $(\forall x)(\forall y)(P(f(x),f(y))\to P(x,y))$。

(4) $(\forall x)(\forall y)P(x,y)$。

10. 求下列各谓词公式的真值。其中 $D=\{1,2\}$，$a=1$，$f(1)=2$，$f(2)=1$，$P(1)=F$，$P(2)=T$，$Q(1,1)=T$，$Q(1,2)=T$，$Q(2,1)=F$，$Q(2,2)=F$。

(1) $(\forall x)(Q(f(x),a)\to P(x)$。

(2) $(\exists x)(P(f(x)) \wedge Q(f(a),x))$。

(3) $(\exists x)(P(x) \wedge Q(a,x))$。

(4) $(\forall x)(\exists y)(P(x) \wedge Q(x,y))$。

11. 设有解释 I 如下：论域 $D=\{1,2\}$，$P(1,1)=T$，$P(1,2)=F$，$P(2,1)=F$，$P(2,2)=T$。请给出下列谓词公式在解释下 I 的真值。

(1) $(\forall x)(\exists y)P(x,y)$。

(2) $(\exists x)(\forall y)P(x,y)$。

(3) $(\forall x)(\forall y)P(x,y)$。

(4) $(\exists x)(\exists y)P(x,y)$。

(5) $(\exists y)(\forall x)P(x,y)$。

(6) $(\forall y)(\exists x)P(x,y)$。

(7) $(\forall y)(\forall x)P(x,y)$。

(8) $(\exists y)(\exists x)P(x,y)$。

12. 请将下列谓词公式分类，指出哪些是永真式？哪些是矛盾式？哪些是可满足式？

(1) $(\forall x)(\forall y)(P(x,y) \rightarrow P(x,y))$。

(2) $(\forall x)P(x) \rightarrow (\exists x)P(x)$。

(3) $(\forall x)(\exists y)P(x,y) \rightarrow (\exists x)(\forall y)P(x,y)$。

(4) $\neg(\forall x)P(x) \leftrightarrow (\exists x)\neg P(x)$。

(5) $\neg(\forall x)P(x) \leftrightarrow (\exists x)P(x)$。

(6) $(\forall x)(P(x) \wedge Q(x)) \leftrightarrow (\forall x)P(x) \wedge (\forall x)Q(x)$。

(7) $(\forall x)P(x) \vee (\forall x)Q(x) \rightarrow (\forall x)(P(x) \vee Q(x))$。

(8) $(\exists x)(P(x) \wedge Q(x)) \rightarrow (\exists x)P(x) \wedge (\exists x)Q(x)$。

(9) $(\forall x)P(x) \wedge \neg(\forall x)P(x)$。

(10) $(\exists x)(P(x) \wedge Q(x))$。

13. 证明下列等价式。

(1) $B \rightarrow (\forall x)A(x) \Leftrightarrow (\forall x)(B \rightarrow A(x))$。

(2) $(\exists x)(A(x) \rightarrow B(x)) \Leftrightarrow (\forall x)A(x) \rightarrow (\exists x)B(x)$。

(3) $(\forall x)(\forall y)(A(x) \rightarrow B(y)) \Leftrightarrow (\exists x)A(x) \rightarrow (\forall y)B(y)$。

(4) $(\exists x)A(x) \rightarrow B \Leftrightarrow (\forall x)(A(x) \rightarrow B)$。

(5) $\neg(\exists x)(A(x) \wedge B(x)) \Leftrightarrow (\forall x)(A(x) \rightarrow \neg B(x))$。

(6) $\neg(\forall x)(\forall y)(A(x) \rightarrow P(x,y)) \Leftrightarrow (\exists x)(\exists y)(A(x) \wedge \neg P(x,y))$。

(7) $(\forall x)A(x) \rightarrow B(x) \Leftrightarrow (\exists y)(A(y) \rightarrow B(x))$。

(8) $(\exists x)A(x) \wedge \neg(\forall x)\neg B(x) \Leftrightarrow (\exists x)(\exists y)(A(x) \wedge B(y))$。

14. 证明下列蕴含式。

(1) $(\forall x)(P(x) \leftrightarrow Q(x)) \Rightarrow (\forall x)P(x) \leftrightarrow (\forall x)Q(x)$。

(2) $(\forall x)(\neg P(x) \rightarrow Q(x))$，$(\forall x)\neg Q(x) \Rightarrow P(a)$。

(3) $(\forall x)(P(x) \rightarrow Q(x))$，$(\forall x)(Q(x) \rightarrow R(x)) \Rightarrow (\forall x)(P(x) \rightarrow Q(x))$。

(4) $(\forall x)(P(x)\vee Q(x)),(\forall x)\neg P(x)\Rightarrow(\forall x)Q(x)$。

(5) $(\forall x)P(x)\vee(\forall x)Q(x)\Rightarrow(\forall x)(P(x)\vee Q(x))$。

15. 将以下各式化为前束范式。

(1) $(\exists x)A(x)\to B$。

(2) $(\exists x)A(x)\wedge\neg(\forall x)\neg B(x)$。

(3) $(\exists x)A(x)\to(\forall y)B(y)$。

(4) $(\exists x)(\neg((\exists y)P(x,y))\to((\exists z)Q(z)\to R(x)))$。

(5) $(\forall x)(\forall y)(((\exists z)P(x,y,z)\wedge(\exists u)Q(x,u))\to(\exists v)Q(y,v))$。

(6) $\neg(\exists x)(\forall y)G(x,y)\vee(\forall y)P(x,y)$。

(7) $(\exists x)(\forall y)(A(x)\to B(y))\vee(\exists y)(\exists x)P(x,y)$。

(8) $(\forall x)(\forall y)((\exists z)(A(x,z)\wedge A(y,z))\to(\exists u)Q(x,y,u))$。

16. 求与下列各式等价的前束合取范式与前束析取范式。

(1) $(\forall x)(A(x)\to B(x))\to((\exists y)A(y)\wedge(\exists z)B(y,z))$。

(2) $(\forall x)A(x)\to(\exists x)((\forall z)B(x,z)\vee(\forall z)C(x,y,z))$。

(3) $((\exists x)A(x)\vee(\exists x)B(x))\to(\exists x)(A(x)\vee B(x))$。

(4) $(\forall x)(A(x)\to(\forall y)((\forall z)B(x,y)\to\neg(\forall z)C(y,x)))$。

17. 用推理理论证明下列各式:

(1) $(\forall x)(A(x)\to B(x)\wedge C(x))\wedge(\exists x)(A(x)\wedge D(x))\Rightarrow(\exists x)(D(x)\wedge C(x))$。

(2) $(\forall x)(\neg A(x)\to B(x))\wedge(\forall x)\neg B(x)\Rightarrow(\exists x)A(x)$。

(3) $(\exists x)P(x)\to(\forall x)Q(x)\Rightarrow(\forall x)(P(x)\to Q(x))$。

(4) $(\forall x)(P(x)\to Q(x))\wedge(\forall x)(R(x)\to\neg Q(x))\Rightarrow(\forall x)(R(x)\to\neg P(x))$。

(5) $(\forall x)(P(x)\vee Q(x))\wedge\neg(\forall x)P(x)\Rightarrow(\exists x)Q(x)$。

(6) $(\forall x)(P(x)\to(Q(y)\wedge R(x)))\wedge(\forall x)P(x)\Rightarrow Q(y)\wedge(\exists x)(P(x)\wedge R(x))$。

18. 用 CP 规则证明下列各题。

(1) $\neg((\exists x)P(x)\wedge Q(a))\Rightarrow(\exists x)P(x)\to\neg Q(a)$。

(2) $(\forall x)(P(x)\to Q(x))\Rightarrow(\forall x)P(x)\to(\forall x)Q(x)$。

(3) $(\exists x)(P(x)\to Q(x))\Rightarrow\neg(\forall x)P(x)\vee(\exists x)Q(x)$。

(4) $(\forall x)(P(x)\vee Q(x))\Rightarrow(\forall x)P(x)\vee(\exists x)Q(x)$。

19. 将下列命题符号化,并用推理理论证明其结论是否有效。

(1) 医生都希望自己的孩子成为医生,有个人希望自己的孩子成为教师,则这个人一定不是医生。

(2) 火车都比汽车快,汽车都比轮船快,若 a 是火车,b 是汽车,c 是轮船,则 a 比 b 快,b 比 c 快。

(3) 每个大学生,不是文科生就是理工科生;有的大学生是优等生;小张不是文科生,但他是优等生。因此,如果小张是大学生,他就是理工科生。

(4) 正在学习离散数学的每个学生都学习过一门计算机语言课程,小张正在学习离散数学,所有小张学习过一门计算机语言课程。

(5) 本班有学生没有复习离散数学,但每个学生都通过了该门课程的考试,所以有通过离散数学考试的学生是没有复习的。

(6) 所有的老虎和狮子都是凶猛并且是要吃人的,因此,所有的老虎都是吃人的。

(7) 每个旅客都可以坐一等座或二等座;每个旅客当且仅当他愿意多花钱时才能坐一等座;有些旅客愿意多花钱但并非所有旅客都愿意多花钱。因此有些旅客坐二等座。

(8) 计算机博士都具有编程能力,计算机本科生也都具有编程能力,所以计算机本科生就是博士。

第二篇　集　合　论

集合论也称集论，是研究集合（由一堆抽象物件构成的整体）的数学理论，包含了集合、元素和成员关系等最基本的数学概念。

集合论是数学史上最富创造性的伟大成果之一，是现代数学的一个重要分支，在数学中占有一个独特的地位，其基本概念已渗透到数学的所有领域。

集合论由德国数学家康托尔于19世纪末创立。17世纪，数学中出现了一门新的分支：微积分。在之后的一二百年中这一崭新学科获得了飞速发展并结出了丰硕的成果，其推进速度之快使人来不及检查和巩固它的理论基础。19世纪初，许多迫切问题得到解决后，出现了一场重建数学基础的运动。在这场运动中，康托尔开始探讨了前人从未碰过的实数点集，这便是集合论研究的开端。1873年12月7日，康托尔在给戴德金的信中最早提出了集合论的思想，这一天也被称为集合论的诞生日。1874年康托尔正式提出了“集合”的概念，他对集合所下的定义是：把若干确定的有区别的事物（不论是具体的或抽象的）合并起来，看作一个整体，就称为一个集合，其中各事物称为该集合的元素。

在大多数现代数学的公式化中，集合论提供了要如何描述数学物件的语言。集合论和逻辑与一阶逻辑共同构成了数学的公理化基础，以未定义的“集合”与“集合成员”等术语来形式化地建构数学物件。

按现代数学观点，数学各分支的研究对象或者本身是带有某种特定结构的集合如群、环、拓扑空间，或者是可以通过集合来定义的（如自然数、实数、函数）。从这个意义上说，集合论可以说是整个现代数学的基础。

本篇主要介绍集合的基本知识及关系与函数这两种特殊集合的基本概念和基本特征。

第3章 集　合

集合简称集，是数学中的一个基本概念，也是集合论的主要研究对象。集合的概念由德国数学家康托尔首先提出：把若干确定的有区别的事物合并起来，看作一个整体，就称为一个集合，其中各事物称为该集合的元素。

本章主要介绍集合的基本知识，包括集合的概念与表示方法、集合之间的关系与集合的运算、序偶与笛卡儿积、集合的包含排斥原理及集合的划分与覆盖，最后通过一个实例介绍了运用集合的基本知识提高通信过程中纠错效率的方法。

3.1　集合的概念和表示法

3.1.1　集合的概念

1. 集合的定义

集合是具有某种特定性质的对象汇集成的一个整体。作为数学上的基本概念，如同几何中的点、线、面等概念一样，集合是一个很难用其他概念精确定义的原始概念。那么，集合的定义是什么呢？集合论的创始人德国数学家康托尔于 1874 年最先给出了集合的经典定义：

定义 3.1 集合　由人们直观上或思想上能够明确区分的一些对象所构成的一个整体称为集合。其中，集合是总体，而集合中含有的对象或客体称为集合中的元素或成员，是组成总体的个体。

在日常生活和科学实践中常会遇到各种用文字语言表示的集合，例如，下面这些语句都可以表示一个集合：

① 计算机学院的全体学生；

② 教室中的课桌；

③ 所有的门电路；

④ 程序语言 Pascal 的全部数据类型；

⑤ 一个人的思想观点；

⑥ 离散数学课程中的所有概念。

从上面的例子可以看出，集合具有下面一些特点：

① 集合中元素所表示的事物可以是具体的，也可以是抽象的。如学生、课桌、电路等具体事物，及概念、观念、数据类型等抽象描述。

② 集合的元素可以是任意的。例如,一个学生、一张课桌、一个字母、一双鞋子、离散数学等元素可以组成一个集合。尽管这样的集合可能没人关心,但将这些元素集中在一起,也符合集合的概念,也是可以接受的。

③ 集合中的元素具有互异性。如"计算机学院的全体学生"这个集合中,计算机学院的每个学生,都只能是该集合中的一个元素,不容许在集合中重复出现。

④ 集合的元素必须是确定和可区分的。例如,"计算机学院的中年教师"这种客体就不易表示一个集合,这是因为"中年"是一个界定不清的概念,什么年龄段的教师才能算中年?没有一个明确的划分或界定,不同情况有不同的界定方法。那么,这样的元素就不能构成集合。

一般情况下,集合的名称用大写英文字母 A、B、C 等表示,而小写英文字母 a、b、c 等常用来表示集合的元素。

元素和集合之间是隶属关系,即"属于"或"不属于"的关系。若元素 a 属于集合 A,则用 $a\in A$ 表示,亦称 a 是 A 的元素;若元素 a 不属于集合 A,则用 $a\notin A$ 表示,亦称 a 不是 A 的元素。

由于元素和集合之间是"属于"或"不属于"的关系,因此,集合与命题之间有很紧密的联系。元素"属于"或"不属于"某集合可以看作是一个命题,若元素 a 确实属于集合 A,则命题"$a\in A$"的真值为"真",相应地,命题"$a\notin A$"的真值为"假";若元素 a 不属于集合 A,则命题"$a\in A$"的真值为"假",相应地,命题"$a\notin A$"的真值为"真"。

因此,在处理集合之间的关系时,也可以借用命题的相关理论和方法进行分析和处理。

2. 集合的基数

集合的基数表示集合中元素的个数。

定义 3.2 集合的基数 一个集合中的元素个数称为集合的基数。集合 A 的基数用 $|A|$ 或 $card(A)$ 表示。

例如,一个汉堡、一张桌子、一个字母、一双鞋子、离散数学及漓江等元素组成的集合,其元素个数是 6,则这个集合的基数就是 6。

3. 集合的分类

按集合中元素个数是否有限来进行分类,可将集合分为有限集和无限集两种。

如果组成一个集合的元素个数是有限的,则称该集合为有限集合,简称有限集,否则称为无限集合,简称无限集。

例如,英语字母组成的集合就是有限集,实数组成的集合就是无限集。

3.1.2 集合的表示

表示一个集合的主要方法有枚举法、描述法、图形法等 3 种。

1. 枚举法

将集合的元素全部列出在花括号内,元素之间用逗号隔开,这种表示集合的方法称为枚举法。例如:

$$A=\{1,2,3,4,5\}$$
$$B=\{3,2,1,4,5\}$$
$$C=\{a,b,c,d\}$$
$$D=\{a,c,d,d,b,a,c\}$$

用枚举法表示集合时，如果集合的元素个数过多(甚至无限多个)，那么，在能明显描述元素的规律时，也可以用省略号来代替所有未列出的元素。

例题 3.1 用省略号代替未全部列出元素的集合。

① $A=\{1,3,5,7,\cdots\cdots\}$。

② $B=\{2,4,6,8,\cdots\cdots,100\}$。

③ $P=\{a+1,a+2,a+3,\cdots\cdots,a+999\}$。

④ $Q=\{a,A,b,B,c,C,\cdots\cdots,Z\}$。

解释：

① 集合 A 由所有正奇数组成，是一个无限集；

② 集合 B 由 2 到 100 之间的 50 个偶数组成，是一个有限集，集合的基数为 $card(B)=50$；

③ 集合 P 由 $a+1$ 到 $a+999$ 的表达式组成，是一个有限集；

④ 集合 Q 由大、小写英文字母组成，是一个有限集，集合的基数为 $card(Q)=52$。

2. 描述法

集合的描述法是通过刻画集合中元素所具备的某种特性来表示集合，通常用符号 $P(x)$ 表示不同对象 x 所具有的性质或属性 P，又称为属性表示法。集合的描述法可表示为：

$$A=\{x|P(x)\}$$

上式表示集合 A 是由满足特性 P 的全体成员 x 组成。

例题 3.2 用描述法给出集合的例子。

① $A=\{x|x$ 是“*discrete structure*”中的所有英文字母$\}$。

② $B=\{x|x$ 是偶数，且 $x\geqslant 100\}$。

③ $P=\{x|x$ 是整数，且 $x^2+1=0\}$。

解释：

① A 由“*discrete structure*”中的英文字母 d、i、s、c、r、e、t、e、s、t、r、u、c、t、u、r 和 e 组成，但根据集合元素的互异性，不同字母为 d、i、s、c、r、e、t 和 u，所以，$A=\{d,i,s,c,r,e,t,u\}$，是一个有限集合，集合的基数为 $card(A)=8$；

② B 由大于等于 100 的偶数组成，是一个无限集；

③ 没有任何整数满足 $x^2+1=0$，所以 P 中没有元素。

3. 图形法

图形法是利用平面上的点所对应元素的封闭区域对集合进行图解标示。通常情况下可以省略封闭区域内的点，而仅用平面上的方形或圆形来表示集合，该方法又称为文氏图法。文氏图表示集合的方法如图 3.1 所示。

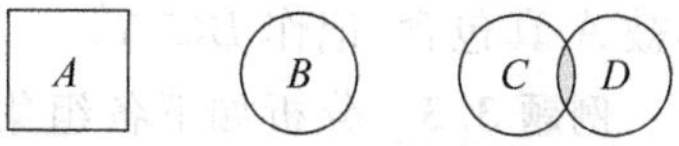

A B C D

图 3.1 集合的图形表示

3.1.3 特殊集合

1. 特定数的集合

一些常用的特定数的集合，一般约定用特定的大写字母来表示，如：

N：所有自然数组成的集合。

Z(或者 I)：所有整数组成的集合。

Q：所有有理数组成的集合。

R：所有实数组成的集合。

例如，$2\in N, 2.5\notin N, -3\notin N$，但 $2.5\in Q, -3\in I$。

2. 空集与全集

定义 3.3 空集 没有任何元素的集合称为空集合，简称为空集。空集一般用$\varnothing$表示。

例如，$P=\{x|x$ 是整数，且 $x^2+1=0\}$就是一个空集。

定义 3.4 全集 与空集对应，在以集合作为模型研究问题时，都有一个相对固定的范围，由该范围内所有元素组成的集合，称为全集合，简称为全集。全集一般用 E 表示。

以下是一些空集和全集的例子：

① $A=\{x|x=y^2, y\in R$ 且 $x<0\}$，因 A 中没有满足性质要求的元素，所以 A 是空集；

② 在学校人事管理系统中，全体教职员工是全集；

③ 在立体几何中，由空间的全体点组成的集合是全集。

3.1.4 集合之间的关系

集合是由人们直观上或思想上能够明确区分的一些元素所构成的一个整体。一个元素，按不同的分类方式，可以属于不同的集合。因此，从元素是否属于某集合的观点出发，不同的集合，存在一定的关系。

1. 子集合

定义 3.5 子集 对于两个集合 A 和 B，如果集合 B 的每个元素都是 A 的元素，则称 B 是 A 的子集合，简称为子集。B 是 A 的子集也称 B 包含于 A，或者 A 包含 B，或者 B 被 A 包含，记作 $B\subseteq A$ 或 $A\supseteq B$，符号“$\subseteq$”读作包含于，“$\supseteq$”读作包含。

空集$\varnothing$是任意集合 A 的子集，即$\varnothing\subseteq A$；任意集合 A 是它自身的子集，即 $A\subseteq A$；任意集合 A 是全集的子集，即 $A\subseteq E$。

集合的包含等价于命题逻辑中的蕴含关系。从运算的角度看，等价于命题逻辑的单条件联结运算：

$$A\subseteq B\Leftrightarrow x\in A\rightarrow x\in B$$

定义 3.6 真子集 对于两个集合 A 和 B，如果 $B\subseteq A$ 且 $A\neq B$，则称 B 是 A 的真子集合，简称为真子集，这时也称 B 被 A 真包含，或者 B 真包含于 A，或者 A 真包含 B，记作 $B\subset A$或 $A\supset B$。称“$\subset$”为真包含于，“$\supset$”为真包含。否则，称 B 不是 A 的真子集，也称 B 不被 A 真包含，记作 $B\not\subset A$。

例题 3.3 分析如下各组集合中存在的关系：

① $A=\{a,b,c,d\}, B=\{a,b,c\}, C=\{b,d\}, D=\{\{d,b\},a,c\}$；

② $A=\varnothing, B=\{\varnothing\}, C=\{\varnothing,\{\varnothing\}\}$；

【解】 ① $B\subseteq A, C\subseteq A$ 且 $B\subset A, C\subset A$；

$C\in D$。

② $A\in B, A\in C, A\subseteq B, A\subseteq C$；

$B\subseteq C$ 且 $B\subset C, B\in C$。

2. 集合相等

定义 3.7 集合相等 设 A、B 为集合，如果 A、B 有完全相同的元素，则称这两个集合相等，记作 $A=B$；否则 A 和 B 不相等，记为 $A\neq B$。

例如，集合$\{3,4,5\}$与集合$\{5,3,4\}$，很显然这两个集合中的元素一样，只是排列的顺序不同，所以有$\{3,4,5\}=\{5,3,4\}$。

又例，集合$\{\{1,2\},3\}$与集合$\{1,2,3\}$，前一个集合的元素是$\{1,2\}$与 3，后一个集合的元素是 1、2、3，两个集合的元素不同，则$\{\{1,2\},3\}\neq\{1,2,3\}$。

定理 3.1 对于任意两个集合 A 和 B，$A=B$ 的充分且必要条件是 $A\subseteq B$ 且 $B\subseteq A$。

【证明】 ① 充分性。用反证法证明。

假设 $A\subseteq B$ 且 $B\subseteq A$ 时，$A\neq B$。

由于 $A\neq B$，那么，至少存在一个元素 x，使得 $x\in A$ 且 $x\notin B$ 或者 $x\in B$ 且 $x\notin A$。若 $x\in A$ 且 $x\notin B$，则 $A\not\subseteq B$；若 $x\in B$ 且 $x\notin A$，则 $B\not\subseteq A$。因此，若 $A\neq B$，则必有 $A\not\subseteq B$ 或者 $B\not\subseteq A$，与假设 $A\subseteq B$ 且 $B\subseteq A$ 相矛盾。

所以，当 $A\subseteq B$ 且 $B\subseteq A$ 时，必有 $A=B$。

② 必要性。

由于 $A=B$，则对于任意的 $x\in A$，必有 $x\in B$。根据集合包含的定义可知 $A\subseteq B$；同理可知，若 $A=B$，则有 $B\subseteq A$。

综上可知，两个集合 A 和 B 相等的充分且必要条件是：$A\subseteq B$ 且 $B\subseteq A$。

本定理证毕。

定理 3.1 是证明两个集合相等的最基本方法。

3. 幂集合

定义 3.8 幂集合 对于任意集合 A，由 A 的所有不同子集为元素组成的集合称为集合 A 的幂集合，简称为幂集。集合 A 的幂集一般记作 $P(A)$或 2^A。

例题 3.4 计算下列集合的幂集：

① $A=\{a,c\}$；

② $B=\{b,\{d\}\}$；

③ $C=\{\varnothing,\{\varnothing\}\}$。

【解】 ① 集合 $A=\{a,c\}$的子集合有$\varnothing$、$\{a\}$、$\{c\}$和$\{a,c\}$等 4 个，都是其幂集的元素。所以 $P(A)=\{\varnothing,\{a\},\{c\},\{a,c\}\}$；

② 集合 $B=\{b,\{d\}\}$的子集合有$\varnothing$、$\{b\}$、$\{\{d\}\}$和$\{b,\{d\}\}$等 4 个，都是其幂集的元素。所以 $P(B)=\{\varnothing,\{b\},\{\{d\}\},\{b,\{d\}\}\}$；

③ 集合 $C=\{\varnothing,\{\varnothing\}\}$的子集合有$\varnothing$、$\{\varnothing\}$、$\{\{\varnothing\}\}$和$\{\varnothing,\{\varnothing\}\}$等 4 个。所以 $P(C)=\{\varnothing,\{\varnothing\},\{\{\varnothing\}\},\{\varnothing,\{\varnothing\}\}\}$。

问题：如果$|A|=n$,那么$|P(A)|=?$

问题解答：如果$|A|=n$,则$|P(A)|=2^n$。

例题 3.5 设$A=\{\{\varnothing\},0,1\}$,计算$A$的幂集。

【解】 $P(A)=\{\varnothing,\{\{\varnothing\}\},\{0\},\{1\},\{\{\varnothing\},0\},\{0,1\},\{\{\varnothing\},1\},\{\{\varnothing\},0,1\}\}$。

解答本题时请注意,$\varnothing$与$\{\varnothing\}$是不同的！并应理清下面几个问题：

① $\varnothing$与A之间是什么关系？

② $\{\varnothing\}$与A之间是什么关系？

③ $\varnothing$与$P(A)$之间是什么关系？

④ $\{\varnothing\}$与$P(A)$之间是什么关系？

3.2 集合的运算

集合的运算是指以给定集合为对象,按照确定的运算规则得到另一个集合的过程。集合的基本运算包括——集合的交、集合的并、集合的补、集合的差、集合的对称差等。

1. 集合的交运算

定义 3.9 集合的交 设任意两个集合A和B,由A和B的所有共同元素组成的集合,称为A和B的交集,记为$A\cap B$。

集合交运算的数学描述形式为：

$$A\cap B=\{x\mid x\in A\wedge x\in B\}$$

集合的交运算相当于命题逻辑中的合取(逻辑与)运算：

$$x\in A\cap B\Leftrightarrow x\in A\wedge x\in B$$

集合交运算的文氏图表示如图 3.2 所示。

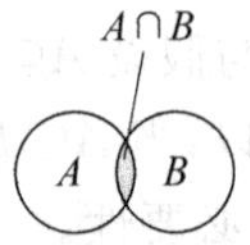

$A\cap B$

A B

图 3.2 集合交运算的文氏图表示

例题 3.6 若集合$A=\{0,2,4,6,8,10,12\}$,$B=\{1,2,3,4,5,6\}$,求$A\cap B$。

【解】 $A\cap B=\{2,4,6\}$

例题 3.7 设A是平面上所有矩形的集合,B是平面上所有菱形的集合,求$A\cap B$。

【解】 $A\cap B$是所有正方形的集合。

例题 3.8 设A是所有能被k整除的整数的集合,B是所有能被l整除的整数的集合,求$A\cap B$。

【解】 $A\cap B$是所有能被k与l的最小公倍数整除的整数的集合。

集合交运算的性质：

① $A\cap A=A$。

② $A\cap\varnothing=\varnothing$。

③ $A\cap E=A$。

④ $A\cap B=B\cap A$。

⑤ $(A\cap B)\cap C=A\cap(B\cap C)$。

⑥ $A\cap B\subseteq A$,$A\cap B\subseteq B$。

性质⑤的证明如下。

假定有元素x,使得$x\in((A\cap B)\cap C)$,则：

$$
\begin{aligned}
x\in((A\cap B)\cap C) &\Leftrightarrow x\in(A\cap B)\wedge x\in C\\
&\Leftrightarrow(x\in A\wedge x\in B)\wedge x\in C\\
&\Leftrightarrow x\in A\wedge(x\in B\wedge x\in C)\\
&\Leftrightarrow x\in(A\cap(B\cap C))
\end{aligned}
$$

因此，有$(A\cap B)\cap C\subseteq A\cap(B\cap C)$。

同理，可证明$A\cap(B\cap C)\subseteq(A\cap B)\cap C$。则根据集合相等的定理3.1可知：

$$(A\cap B)\cap C=A\cap(B\cap C)$$

性质⑤得证。

本书仅以性质⑤为例进行证明，其他的性质，请读者自行证明。

例题3.9 设$A\subseteq B$，求证$A\cap C\subseteq B\cap C$。

【证明】 若有元素x，使得$x\in A\cap C$，则：

$$
\begin{aligned}
x\in A\cap C &\Leftrightarrow x\in A\wedge x\in C\\
&\Rightarrow x\in B\wedge x\in C\\
&\Leftrightarrow x\in B\cap C
\end{aligned}
$$

因此，有$A\cap C\subseteq B\cap C$。

本例得证。

2. 集合的并运算

定义3.10 集合的并 设任意两个集合A和B，所有属于A或者属于B的元素组成的集合，称为A和B的并集，记作$A\cup B$。

集合并运算的数学描述形式为：

$$A\cup B=\{x\mid x\in A\vee x\in B\}$$

集合的并运算相当于命题逻辑中的析取(逻辑或)运算：

$$x\in A\cup B\Leftrightarrow x\in A\vee x\in B$$

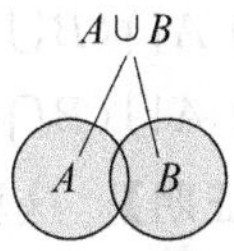

并运算的文氏图表示如图3.3所示。

$A\cup B$

A B

图3.3 集合并运算的文氏图表示

例题3.10 $A=\{1,2,3,4\}$，$B=\{2,4,5\}$，求$A\cup B$。

【解】 $A\cup B=\{1,2,3,4,5\}$

例题3.11 设A是奇数集合，B是偶数集合，求$A\cup B$与$A\cap B$。

【解】 $A\cup B=$整数集合；

$A\cap B=\varnothing$。

集合并运算的性质：

① $A\cup A=A$。

② $A\cup\varnothing=A$。

③ $A\cup E=E$。

④ $A\cup B=B\cup A$。

⑤ $(A\cup B)\cup C=A\cup(B\cup C)$。

⑥ $A\subseteq A\cup B$，$B\subseteq A\cup B$。

性质⑤的证明如下。

假定有元素x，使得$x\in((A\cup B)\cup C)$，则：

$$x\in((A\cup B)\cup C)\Leftrightarrow(x\in(A\cup B))\vee(x\in C)$$
$$\Leftrightarrow(x\in A\vee x\in B)\vee(x\in C)$$
$$\Leftrightarrow(x\in A)\vee(x\in B\wedge x\in C)$$
$$\Leftrightarrow x\in(A\cup(B\cup C))$$

因此，有$(A\cup B)\cup C\subseteq A\cup(B\cup C)$。

同理，可证明$A\cup(B\cup C)\subseteq(A\cup B)\cup C$。则根据集合相等的定理 3.1 可知：

$$(A\cup B)\cup C=A\cup(B\cup C)$$

性质⑤得证。

本书仅以性质⑤为例进行证明，其他的性质，请读者自行证明。

例题 3.12 设$A\subseteq B$,$C\subseteq D$，求证$A\cup C\subseteq B\cup D$。

【证明】 若有元素x，使得$x\in A\cup C$，则根据集合并运算的定义，有$x\in A$或$x\in C$。若$A\subseteq B$则有$x\in A\Rightarrow x\in B$、若$C\subseteq D$则有$x\in C\Rightarrow x\in D$。故：

$$x\in A\cup C\Leftrightarrow x\in A\vee x\in C$$
$$\Rightarrow x\in B\vee x\in D$$
$$\Leftrightarrow x\in(B\cup D)$$

因此若$A\subseteq B$,$C\subseteq D$，则$A\cup C\subseteq B\cup D$。

本例得证。

定理 3.2 设A、B、C为三个集合，则下列分配律成立。

① $A\cap(B\cup C)=(A\cap B)\cup(A\cap C)$。

② $A\cup(B\cap C)=(A\cup B)\cap(A\cup C)$。

【证明】 这里以①为例进行证明。

假定有元素x，使得$x\in A\cap(B\cup C)$，则：

$$x\in A\cap(B\cup C)\Leftrightarrow x\in A\wedge x\in(B\cup C)$$
$$\Leftrightarrow x\in A\wedge(x\in B\vee x\in C)$$
$$\Leftrightarrow(x\in A\wedge x\in B)\vee(x\in A\wedge x\in C)$$
$$\Leftrightarrow x\in(A\cap B)\vee x\in(A\cap C)$$
$$\Leftrightarrow x\in((A\cap B)\cup(A\cap C))$$

所以$A\cap(B\cup C)\subseteq(A\cap B)\cup(A\cap C)$。

同理可以证明$(A\cap B)\cup(A\cap C)\subseteq A\cap(B\cup C)$。根据定理 3.1 可知，$A\cap(B\cup C)=(A\cap B)\cup(A\cap C)$。定理 3.2 的①得证。

定理 3.2 中②的证明完全与①类似，请读者自行证明。

定理 3.3 设A、B为任意两个集合，则下列吸收律成立。

① $A\cup(A\cap B)=A$。

② $A\cap(A\cup B)=A$。

【证明】 本定理可利用定理 3.2 及集合交、并运算的性质进行证明。

① $A\cup(A\cap B)=(A\cap E)\cup(A\cap B)$

$$=A\cap(E\cup B)$$

$=A\cap E$

$=A$

② $A\cap(A\cup B)=(A\cup A)\cap(A\cup B)$

$=A\cup(A\cap B)$

$=A$

定理 3.4 当且仅当 $A\cup B=B$ 或 $A\cap B=A$ 时，$A\subseteq B$。

【证明】 先证 $A\subseteq B$ 的充分且必要条件是 $A\cup B=B$。

必要性：若 $A\subseteq B$，则对于任意的 $x\in A$，必有 $x\in B$；对任意 $x\in A\cup B$，有 $x\in A$ 或 $x\in B$。因此，若 $A\subseteq B$，则无论 $x\in A$ 还是 $x\in B$，都有 $x\in B$。所以 $A\cup B\subseteq B$。

又由集合并运算的性质⑥可知 $B\subseteq A\cup B$，则根据集合相等的定理 3.1 可知 $A\cup B=B$。

充分性：若 $A\cup B=B$，根据集合并运算的性质⑥可知 $A\subseteq A\cup B$，所以 $A\subseteq B$。

综上所述，可知 $A\subseteq B$ 的充分且必要条件是 $A\cup B=B$。

同理可证得 $A\subseteq B$ 的充分且必要条件是 $A\cap B=A$。

本定理得证。

3. 集合的差和补运算

定义 3.11 集合的差 设 A、B 是任意两个集合，由所有属于 A 但不属于 B 的元素组成的集合称为集合 A 与 B 的差，记作 $A-B$。

集合 A 与 B 的差有时也称为 B 相对 A 的补集，其数学描述形式为：

$$A-B=\{x\mid x\in A\wedge x\notin B\}$$

集合的差与命题公式的关系为：

$$x\in A-B\Leftrightarrow x\in A\wedge\neg(x\in B)\Leftrightarrow x\in A\wedge x\notin B)$$

集合差的文氏图表示如图 3.4 所示。

定义 3.12 集合的补 对于任意集合 A 和全集 E，由所有属于 E 但不属于 A 的元素组成的集合称为集合 A 关于全集 E 的补集合，简称集合 A 的补集，记作 $\sim A$。

集合的补也称为集合 A 关于全集 E 的绝对补，其数学描述形式为：

$$\sim A=E-A=\{x\mid x\in E\wedge x\notin A\}$$

集合的补运算相当于命题逻辑中的否定(逻辑非)运算：

$$x\in\sim A\Leftrightarrow\neg(x\in A)\Leftrightarrow x\notin A$$

集合补的文氏图表示如图 3.5 所示。

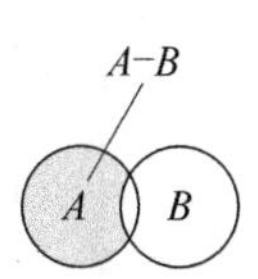

图 3.4 集合差运算的文氏图表示

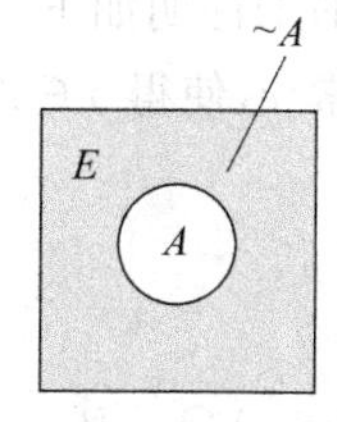

图 3.5 集合补运算的文氏图表示

显然，全集的补集是空集，空集的补集是全集，即$\sim E=\varnothing$，$\sim\varnothing=E$。

例题 3.13 求下列集合的补集：

① $A=\{a,c,d,f,w,u,y\}$，全集为小写英文字母；

② 自然数集 N，全集为 Z。

【解】 ① $\sim A=\{b,e,g,h,i,j,k,l,m,n,o,p,q,r,s,t,v,x,z\}$；

② $\sim N=\{-1,-2,-3,-4,-5,\cdots\}$。

集合补运算的性质：

① $\sim(\sim A)=A$。

② $\sim E=\varnothing$。

③ $\sim\varnothing=E$。

④ $A\cup\sim A=E$。

⑤ $A\cap\sim A=\varnothing$。

定理 3.5 设 A、B 为任意两个集合，则下列关系式成立。

① $\sim(A\cup B)=\sim A\cap\sim B$。

② $\sim(A\cap B)=\sim A\cup\sim B$。

本书以①为例进行证明。

假定有元素 x，使得 $x\in\sim(A\cup B)$，则：

$$\begin{aligned} x\in\sim(A\cup B) &\Leftrightarrow\neg(x\in(A\cup B)) \\ &\Leftrightarrow\neg(x\in A\vee x\in B) \\ &\Leftrightarrow\neg(x\in A)\wedge\neg(x\in B) \\ &\Leftrightarrow x\in\sim A\wedge x\in\sim B \\ &\Leftrightarrow x\in(\sim A\cap\sim B) \end{aligned}$$

所以$\sim(A\cup B)\subseteq\sim A\cap\sim B$。

同理可证明$\sim A\cap\sim B\subseteq\sim(A\cup B)$，根据集合相等的定理 3.1 可知$\sim(A\cup B)=\sim A\cap\sim B$。定理 3.5 的①得证。

定理 3.5 的②证明与①类似，请读者自行证明。

定理 3.5 也称为集合运算的德·摩根定理。

定理 3.6 设 A、B 为任意两个集合，则下列关系式成立。

① $A-B=A\cap\sim B$。

② $A-B=A-(A\cap B)$。

定理 3.6 的①证明如下。

假定有元素 x，使得 $x\in A-B$，则：

$$\begin{aligned} x\in A-B &\Leftrightarrow x\in A\wedge\neg(x\in B) \\ &\Leftrightarrow x\in A\wedge x\in\sim B \\ &\Leftrightarrow x\in(A\cap\sim B) \end{aligned}$$

所以 $A-B\subseteq A\cap\sim B$。

同理可证明 $A\cap\sim B\subseteq A-B$。根据集合相等的定理 3.1 可知 $A-B=A\cap\sim B$，定理 3.6的①得证。

定理 3.6 的②证明如下。

$$
\begin{aligned}
A-(A\cap B) &= A\cap\sim(A\cap B)\\
&= A\cap(\sim A\cup\sim B)\\
&= (A\cap\sim A)\cup(A\cap\sim B)\\
&= \varnothing\cup(A-B)\\
&= A-B
\end{aligned}
$$

定理 3.6 的②得证。

定理 3.7 设 A、B、C 为任意三个集合，则下列关系式成立。

$$A\cap(B-C)=(A\cap B)-(A\cap C)$$

【证明】

$$
\begin{aligned}
(A\cap B)-(A\cap C) &= (A\cap B)\cap\sim(A\cap C)\\
&= (A\cap B)\cap(\sim A\cup\sim C)\\
&= (A\cap B\cap\sim A)\cup(A\cap B\cap\sim C)\\
&= \varnothing\cup(A\cap(B\cap\sim C))\\
&= A\cap(B-C)
\end{aligned}
$$

定理 3.8 设 A、B 为任意两个集合，若 $A\subseteq B$，则下列关系式成立。

① $\sim B\subseteq\sim A$。

② $(B-A)\cup A=A\cup B$。

【证明】 ① 利用集合的包含与命题逻辑的单条件联结运算等价进行证明。

$$
\begin{aligned}
A\subseteq B &\Leftrightarrow x\in A\rightarrow x\in B\\
&\Leftrightarrow \neg x\in B\rightarrow\neg x\in A\\
&\Leftrightarrow x\in\sim B\rightarrow x\in\sim A\\
&\Leftrightarrow \sim B\subseteq\sim A
\end{aligned}
$$

定理 3.8 的①得证。

②
$$
\begin{aligned}
(B-A)\cup A &= (B\cap\sim A)\cup(A\cap E)\\
&= (B\cap\sim A)\cup(A\cap(B\cup\sim B))\\
&= (B\cap\sim A)\cup((A\cap B)\cup(A\cap\sim B))\\
&= (B\cap\sim A)\cup(A\cap B)\cup(A\cap B)\cup(A\cap\sim B)\\
&= (B\cap(\sim A\cup A))\cup(A\cap(B\cup\sim B))\\
&= (B\cap E)\cup(A\cap E)\\
&= A\cup B
\end{aligned}
$$

定理 3.8 的②得证。

4. 集合的对称差

定义 3.13 集合的对称差 设 A、B 是任意两个集合，由所有属于 A 但不属于 B 或者属于 B 但不属于 A 的元素组成的集合，称为集合 A 和 B 的对称差，记作 $A\oplus B$。

显然，集合的对称差与集合差运算的关系是：

$$A\oplus B=(A-B)\cup(B-A)$$

集合对称差运算的数学描述形式为：

$$A\oplus B=\{x\mid(x\in A\wedge x\notin B)\vee(x\in B\wedge x\notin A)\}$$

集合的对称差运算相当于命题逻辑的不可兼析取（逻辑异或）运算：

$$x\in A\oplus B\Leftrightarrow(x\in A\wedge\neg(x\in B))\vee(x\in B\wedge\neg(x\in A))$$

对称差的文氏图表示如图 3.6 所示。

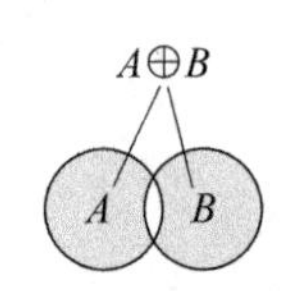

图 3.6 集合对称差的文氏图表示

集合对称差的性质：

① $A\oplus B=B\oplus A$。

② $A\oplus\varnothing=A$。

③ $A\oplus A=\varnothing$。

④ $A\oplus B=(A\cap\sim B)\cup(\sim A\cap B)$。

⑤ $(A\oplus B)\oplus C=A\oplus(B\oplus C)$。

3.3 序偶与笛卡儿积

在现实世界中，许多事物都是按照一定联系成对或成组出现的，例如，上下、大小、父子、师生、平面上一个点的坐标、中国的首都是北京等等。这些成对或成组出现的事物，其成员排列的先后顺序一般有一定的规定。为此，人们提出了“有序对”或者“有序组”的概念，这种“有序对”也称为序偶。

3.3.1 序偶

1. 序偶（有序 2 元组）

定义 3.14 序偶 两个具有固定次序的客体组成的一个有序对称为序偶（有序 2 元组），记作 $<x,y>$，其中 x 是它的第一元素，y 是它的第二元素。

例如，平面直角坐标系中一个点的坐标就构成为一个有序对，我们可用 $<x,y>$ 来表示。

序偶虽然也由元素构成，但序偶与集合不同，序偶的元素是讲究次序的。如对于平面坐标系来说，$<1,3>$ 和 $<3,1>$ 是表示平面上 2 个不同的点；而集合 $\{1,3\}$ 和 $\{3,1\}$ 则是 2 个相等的集合。

序偶是一个合成的整体元素，序偶成员与该序偶本身之间没有隶属关系。

在一个序偶中，如果两个元素不相同，那么它们是不能交换次序的，这一原则称为序偶元素的有次序性，简称为有序性。

例如，平面直角坐标系中 $<1,2>$ 和 $<2,1>$ 就表示不同的两个点。同样地，如果用序偶 $<x,y>$ 表示 x 的学分成绩排名在 y 之前，那么，序偶 <张三，李四> 表示张三排名在李四之前，而序偶 <李四，张三> 则表示李四排名在张三之前。这里，序偶 <张三，李四> 和 <李四，张三> 就分别表示了不同的含义。

定义 3.15 序偶相等 两个序偶相等的充要条件是当且仅当两个序偶的对应元素分别相等。即 $<x,y>=<u,v>$，当且仅当 $x=u$ 且 $y=v$。

2. 有序 n 元组

定义 3.16 有序 n 元组 n 个元素按指定的顺序排列所构成的一个整体，称为有序 n 元组。有序 n 元组是一种特殊的序偶，其前 $n-1$ 个元素作为一个整体，构成这种序偶的第一个元素。如：

有序3元组。3个元素按指定的顺序构成的一个整体。有序3元组也是一个序偶，其第一元素本身也是一个序偶，表示为$<<x,y>,z>$，也可简写为$<x,y,z>$。

有序n元组。n个元素按指定的顺序排列所构成的一个整体。有序n元组也是一个序偶，其第一元素是一个$n-1$元组。如：$<<x_1,x_2,\cdots,x_{n-1}>,x_n>$，通常简记为：$<x_1,x_2,\cdots,x_{n-1},x_n>$，其中$x_i$称为它的第$i$坐标，$i=1,2,\cdots,n$。

两个有序n元组相等的充要条件是当且仅当两个n元组的对应元素分别相等。即$<x_1,x_2,\cdots,x_{n-1},x_n>=<y_1,y_2,\cdots,y_{n-1},y_n>$的充要条件是$x_i=y_i$，其中$i=1,2,\cdots,n$。

序偶$<x,y>$的两个元素可以来自于同一个集合，也可以分别来自于2个不同的集合，但不能来自于3个以上的集合(若元素来自于3个以上的集合，则构成的是多元组)。

如果序偶的元素来自于2个不同的集合，则必须规定其第1个元素和第2个元素分别来自于哪个集合。因此任给两个集合A和B，我们可以定义一种由序偶构成的集合。

3.3.2 笛卡儿积

1. 笛卡儿积的概念

定义3.17 笛卡儿积 设A和B是任意两个集合，由A中的元素作第一元素，B中的元素作第二元素构成序偶，所有这样的序偶组成的集合称为集合A和B的笛卡儿积或直积。记作$A\times B$。即：

$$A\times B=\{<x,y>|x\in A\wedge y\in B\}$$

$$<x,y>\in A\times B\Leftrightarrow x\in A\wedge y\in B$$

例题3.14 设$A=\{a\}$，$B=\{b,c\}$，$C=\varnothing$，$D=\{1,2\}$，列写出笛卡儿积$A\times B$、$B\times A$、$A\times C$、$C\times A$、$A\times(B\times D)$和$(A\times B)\times D$中的元素。

【解】 $A\times B=\{<a,b>,<a,c>\}$

$B\times A=\{<b,a>,<c,a>\}$

$A\times C=C\times A=\varnothing$

$B\times D=\{<b,1>,<c,1>,<b,2>,<c,2>\}$

$A\times(B\times D)=\{<a,<b,1>>,<a,<c,1>>,<a,<b,2>>,<a,<c,2>>\}$

$(A\times B)\times D=\{<<a,b>,1>,<<a,b>,2>,<<a,c>,1>,<<a,c>,2>\}$

例题3.15 若$A=\{\alpha,\beta\}$，$B=\{1,2,3\}$，求$A\times B$，$B\times A$，$A\times A$，$B\times B$以及$(A\times B)\cap(B\times A)$。

【解】 $A\times B=\{<\alpha,1>,<\alpha,2>,<\alpha,3>,<\beta,1>,<\beta,2>,<\beta,3>\}$

$B\times A=\{<1,\alpha>,<1,\beta>,<2,\alpha>,<2,\beta>,<3,\alpha>,<3,\beta>\}$

$A\times A=\{<\alpha,\alpha>,<\alpha,\beta>,<\beta,\alpha>,<\beta,\beta>\}$

$B\times B=\{<1,1>,<1,2>,<1,3>,<2,1>,<2,2>,<2,3>,<3,1>,<3,2>,<3,3>\}$

$(A\times B)\cap(B\times A)=\varnothing$

根据例题3.14和例题3.15的解答可知：若A、B均是有限集，$|A|=m$，$|B|=n$，则$|A\times B|=m\times n$。

例题 3.16 设 A、B、C、D 是任意集合，判断下列命题是否正确？

① $A\times B=A\times C\Rightarrow B=C$。

② $A-(B\times C)=(A-B)\times(A-C)$。

③ $A=C,B=D\Rightarrow A\times B=C\times D$。

④ 存在集合 A 使得 $A\subseteq A\times A$。

【解】 ① 不正确，当 $A=\varnothing,B\neq C$ 时，$A\times B=A\times C=\varnothing$。

② 不正确，当 $A=B=\{1\},C=\{2\}$ 时，$A-(B\times C)=\{1\}-\{<1,2>\}=\{1\}$，而 $(A-B)\times(A-C)=\varnothing\times\{1\}=\varnothing$。

③ 正确，由定义可以证明，在非空前提下是充要条件。

④ 正确，当 $A=\varnothing$ 时，$A\subseteq A\times A$。

2. 笛卡儿积的性质和相关定理

笛卡儿积具有如下性质：

① 对于任意集合 A，有 $A\times\varnothing=\varnothing$，$\varnothing\times A=\varnothing$。

② 笛卡儿积运算不满足交换律，当 $A\neq\varnothing$、$B\neq\varnothing$、$A\neq B$ 时，$A\times B\neq B\times A$。

③ 笛卡儿积运算不满足结合律，即当 A、B、C 均非空集合时 $(A\times B)\times C\neq A\times(B\times C)$。

定理 3.9 对任意三个集合 A、B、C，有：

① $A\times(B\cup C)=(A\times B)\cup(A\times C)$。

② $A\times(B\cap C)=(A\times B)\cap(A\times C)$。

③ $(B\cup C)\times A=(B\times A)\cup(C\times A)$。

④ $(B\cap C)\times A=(B\times A)\cap(C\times A)$。

本书以定理 3.9 的①、②为例进行证明，③、④的证明方法与①、②基本一样，请读者自行证明。

【证明】 ① 假定有序偶 $<x,y>\in A\times(B\cup C)$，根据笛卡儿积的定义和集合运算的规则可知：

$$
\begin{aligned}
<x,y>\in A\times(B\cup C) &\Leftrightarrow x\in A\wedge y\in(B\cup C)\\
&\Leftrightarrow x\in A\wedge(y\in B\vee y\in C)\\
&\Leftrightarrow(x\in A\wedge y\in B)\vee(x\in A\wedge y\in C)\\
&\Leftrightarrow<x,y>\in(A\times B)\vee<x,y>\in(A\times C)\\
&\Leftrightarrow<x,y>\in((A\times B)\cup(A\times C))
\end{aligned}
$$

所以 $A\times(B\cup C)\subseteq(A\times B)\cup(A\times C)$。

同理可以证明 $(A\times B)\cup(A\times C)\subseteq A\times(B\cup C)$，根据集合相等的定理 3.1 可知 $A\times(B\cup C)=(A\times B)\cup(A\times C)$。定理 3.9 的①得证。

② 假定有序偶 $<x,y>\in A\times(B\cap C)$，根据笛卡儿积的定义和集合运算的规则可知：

$$
\begin{aligned}
<x,y>\in A\times(B\cap C) &\Leftrightarrow x\in A\wedge y\in(B\cap C)\\
&\Leftrightarrow x\in A\wedge(y\in B\wedge y\in C)\\
&\Leftrightarrow x\in A\wedge x\in A\wedge y\in B\wedge y\in C\\
&\Leftrightarrow(x\in A\wedge y\in B)\wedge(x\in A\wedge y\in C)
\end{aligned}
$$

$$\Leftrightarrow <x,y> \in (A \times B) \wedge <x,y> \in (A \times C)$$
$$\Leftrightarrow <x,y> \in ((A \times B) \cap (A \times C))$$

所以 $A \times (B \cap C) \subseteq (A \times B) \cap (A \times C)$。

同理可以证明 $(A \times B) \cap (A \times C) \subseteq A \times (B \cap C)$，根据集合相等的定理 3.1 可知 $A \times (B \cap C) = (A \times B) \cap (A \times C)$。定理 3.9 的②得证。

定理 3.10 对于任意集合 A、B、C，若 $C \neq \varnothing$，则

$$A \subseteq B \Leftrightarrow A \times C \subseteq B \times C \Leftrightarrow C \times A \subseteq C \times B$$

【证明】 设 $A \times C \subseteq B \times C$。$\forall x \in A$，因 $C \neq \varnothing$，任取 $y \in C$，有 $<x,y> \in A \times C$，因为 $A \times C \subseteq B \times C$，所以 $<x,y> \in B \times C$，所以 $x \in B$，所以 $A \subseteq B$，即 $A \times C \subseteq B \times C \Rightarrow A \subseteq B$。

设 $A \subseteq B$。$\forall <x,y> \in A \times C$，则 $x \in A, y \in C$，又因 $A \subseteq B$，所以 $x \in B$，所以 $<x,y> \in B \times C$，所以 $A \times C \subseteq B \times C$，即 $A \subseteq B \Rightarrow A \times C \subseteq B \times C$。

综上所述，可知 $A \subseteq B \Leftrightarrow A \times C \subseteq B \times C$。

同样，定理的第二部分 $A \subseteq B \Leftrightarrow C \times A \subseteq C \times B$ 可以类似地证明。

定理 3.11 对任意四个非空集合，$A \times B \subseteq C \times D$ 的充分必要条件是 $A \subseteq C, B \subseteq D$。

【证明】 充分性。设 $A \subseteq C, B \subseteq D$。由定理 3.10 可知，因 $B \subseteq D, A \neq \varnothing$，所以 $A \times B \subseteq A \times D$。又 $A \subseteq C$，D 非空，所以 $A \times D \subseteq C \times D$，所以 $A \times B \subseteq C \times D$。

必要性。设 $A \times B \subseteq C \times D$。$\forall x \in A, y \in B$，所以 $<x,y> \in A \times B$，又因 $A \times B \subseteq C \times D$，所以 $<x,y> \in C \times D$，所以 $x \in C, y \in D$，所以 $A \subseteq C, B \subseteq D$。

3.4 包含排斥原理

有限集交与并的计数问题是计算机科学及其应用中遇到的许多问题的抽象计算模型，这类问题的处理涉及有限集合的计数与包含排斥原理。

1. 有限集合的计数

设 A、B 为有限集合，其元素个数分别为 $|A|$、$|B|$，根据集合运算的定义，显然以下各式成立。

① $\max(|A|,|B|) \leqslant |A \cup B| \leqslant |A| + |B|$。

② $|A \cap B| \leqslant \min(|A|,|B|)$。

③ $|A| - |B| \leqslant |A - B| \leqslant |A|$。

④ $|A \oplus B| = |A| + |B| - 2|A \cap B|$。

2. 包含排斥原理

包含排斥原理主要讨论有限集元素的计数问题。设 A、B 是有限集合，当 A 和 B 不相交时，即 A 和 B 没有公共元素时，显然有 $|A \cup B| = |A| + |B|$，对于一般情况有如下定理：

定理 3.12 设 A、B 为有限集合，其元素个数分别为 $|A|$、$|B|$，则 $|A \cup B| = |A| + |B| - |A \cap B|$，此定理被称为包含排斥原理。

【证明】 由集合并、交运算的文氏图(如图 3.2 和图 3.3 所示)可以看出，

$$A \cup B = (A - B) \cup (B - A) \cup (A \cap B)$$

$$A=(A-B)\cup(A\cap B)$$
$$B=(A\cap B)\cup(B-A)$$

同时，集合$(A-B)$、$(A\cap B)$和$(B-A)$之间都不含有相同元素，所以，

$$|A\cup B|=|A-B|+|A\cap B|+|B-A|$$
$$|A|=|A-B|+|A\cap B|$$
$$|B|=|A\cap B|+|B-A|$$

结合上面三个式子有$|A\cup B|=|A|+|B|-|A\cap B|$。

定理 3.12 证毕。

定理 3.13 对于有限集合 A、B 和 C，$A\cup B\cup C$ 的基数为：

$$|A\cup B\cup C|=|A|+|B|+|C|-|A\cap B|-|A\cap C|-|B\cap C|+|A\cap B\cap C|$$

【证明】 根据集合的运算性质和定理有如下推导：

$$\begin{aligned}|A\cup B\cup C|&=|(A\cup B)\cup C|\\&=|A\cup B|+|C|-|(A\cup B)\cap C|\\&=|A\cup B|+|C|-|(A\cap C)\cup(B\cap C)|\\&=|A|+|B|-|A\cap B|+|C|-(|A\cap C|+|B\cap C|-|(A\cap C)\cap(B\cap C)|)\\&=|A|+|B|+|C|-(|A\cap B|+|A\cap C|+|B\cap C|)-|A\cap B\cap C|\end{aligned}$$

例题 3.17 求 1～500 能被 3、5、7 中任一数整除的整数个数。

【解】 设 1～500 分别能被 3、5、7 整除的整数集合为 A、B 和 C，且用$[x]$表示不大于 x 的最大整数，那么

$$|A|=[500/3]=166,|B|=[500/5]=100,|C|=[500/7]=71$$
$$|A\cap B|=[500/(3\times5)]=33,|A\cap C|=[500/(3\times7)]=23,$$
$$|B\cap C|=[500/(5\times7)]=14$$
$$|A\cap B\cap C|=[500/(3\times5\times7)]=4$$

根据定理 3.13 可知：

$$\begin{aligned}|A\cup B\cup C|&=(|A|+|B|+|C|)-(|A\cap B|+|A\cap C|+|B\cap C|)+|A\cap B\cap C|\\&=166+100+71-(33+23+14)+4=271\end{aligned}$$

例题 3.18 在 20 名青年中有 10 名是公司职员，12 名是学生，其中 5 名既是职员又是学生，问有几名既不是职员又不是学生？

【解】 设职员和学生的集合分别是 A 和 B，则根据题设有$|A|=10$，$|B|=12$，$|A\cap B|=5$，于是可得：

$$|A\cup B|=|A|+|B|-|A\cap B|=10+12-5=17$$
$$|\sim(A\cup B)|=|E|-|A\cup B|=20-17=3$$

所以，有 3 名青年既不是职员又不是学生。

例题 3.19 假设在 10 名青年中有 5 名是工人，7 名是学生，其中兼具工人和学生双重身份的青年有 3 名，问有几名既不是工人又不是学生？

【解】 设工人的集合为 W，学生的集合为 S。则根据题设有$|E|=10$，$|W|=5$，$|S|=7$，$|W\cap S|=3$，于是可得：

$$|W\cup S|=|W|+|S|-|W\cap S|=5+7-3=9$$

$$|\sim(W\cup S)|=|E|-|W\cup S|=10-9=1$$

所以，有1名既不是工人又不是学生。

例题 3.20 在某工厂装配30辆汽车，可供选择的设备是收音机、空气调节器和对讲机。已知其中有15辆汽车有收音机，8辆有空气调节器，6辆有对讲机，而且其中有3辆汽车这三样设备都有。我们希望至少有多少辆汽车没有任何设备？

【解】 设A、B和C分别表示配有收音机、空气调节器和对讲机的汽车集合。因此$|A|=15$，$|B|=8$，$|C|=6$，$|A\cap B\cap C|=3$，故

$$\begin{aligned}|A\cup B\cup C|&=|A|+|B|+|C|-|A\cap B|-|A\cap C|-|B\cap C|+|A\cap B\cap C|\\&=15+8+6-|A\cap B|-|A\cap C|-|B\cap C|+3\\&=32-|A\cap B|-|A\cap C|-|B\cap C|\end{aligned}$$

因为$|A\cap B|\geqslant|A\cap B\cap C|$，$|A\cap C|\geqslant|A\cap B\cap C|$，$|B\cap C|\geqslant|A\cap B\cap C|$，所以$|A\cup B\cup C|\leqslant 32-3-3-3=23$。

即至多有23辆汽车有一个或几个选择的设备，因此至少有7辆汽车不提供任何可选择的设备。

3.5 集合的划分与覆盖

在集合的研究中，除了常常把两个集合相互比较之外，有时也要把一个集合分成若干子集加以讨论。将一个集合分成若干子集的方法有两种：划分与覆盖。

1. 集合的划分与覆盖

定义 3.18 划分与覆盖 如果把非空集合A分成若干个称为分块的非空子集，使得A中的每一个元素都至少属于一个子集，那么，以全部这些分块为元素所构成的集合，就称为原集合A的一个覆盖。如果A中的每一个元素都属于且仅属于一个分块，那么，以全部这些分块为元素所构成的集合，就称为原集合A的一个划分。

划分与覆盖都是对集合的一种细分方法，但二者又有一定的区别：

① 对集合进行划分时，原集合中的任何元素，只能属于划分后的一个子集。而覆盖中，原集合中的每一个元素，都可以属于覆盖中多个小分块；

② 划分是覆盖特例，若是划分则必是覆盖，但覆盖并不一定是划分；

③ 划分有最小划分和最大划分这两种特殊的情况，而覆盖则没有。

最小划分：指元素最少的划分(集合)，由这个集合的全部元素组成的一个分块的集合。

最大划分：指元素最多的划分(集合)，由每个元素构成一个单元素分块的集合。

任何一个集合的最小划分，就是由这个集合的全部元素组成的一个分块的集合。如例题3.21的G是A的最小划分。

例题 3.21 设有集合$A=\{a,b,c\}$，判断下列集合的类型。

$S=\{\{a,b\},\{b,c\}\}$ (覆盖)

$Q=\{\{a\},\{a,b\},\{a,c\}\}$ (覆盖)

$D=\{\{a\},\{b,c\}\}$ (覆盖，划分)

$G=\{\{a,b,c\}\}$　　　　（覆盖、最小划分）

$E=\{\{a\},\{b\},\{c\}\}$　　　　（覆盖、最大划分）

$F=\{\{a\},\{a,c\}\}$　　　　（既不是划分，也不是覆盖）

任何一个集合的最大划分，就是由每个元素构成一个单元素分块的集合。如例题 3.21 的 E 是 A 的最大划分。

集合的划分与覆盖还有另一种定义方法：

定义 3.18′ 设 A 为给定的非空集合，$S=\{S_1,S_2,\cdots,S_m\}$，其中 $S_i\subseteq A\wedge S_i\neq\varnothing(i=1,2,\cdots,m)$，且 $S_1\cup S_2\cup\cdots\cup S_m=A$，集合 S 称为集合 A 的覆盖。如果除此条件外，另有 $S_i\cap S_j=\varnothing(i\neq j)$，则称 S 是 A 的划分（或分划）。

2. 集合的交叉划分

由集合的两种不同划分内元素的交集作为元素构成的新集合，称为此两个划分的交叉划分。

定义 3.19 交叉划分 若 $\{A_1,A_2,\cdots,A_r\}$ 与 $\{B_1,B_2,\cdots,B_s\}$ 是同一集合 A 的两种划分，则其中所有 $A_i\cap B_j\neq\varnothing$ 组成的集合，称为是原来两种划分的交叉划分。

例如，若所有生物的集合为 X，所有植物的集合为 P、所有动物的集合为 A，则 $\{P,A\}$ 就是 X 的一个划分；若用 E 表示史前生物的集合、F 表示史后生物的集合，则 $\{E,F\}$ 就是 X 的另一种划分。则交叉划分为：

$$Q=\{P\cap E,P\cap F,A\cap E,A\cap F\}$$

定理 3.14 设 $\{A_1,A_2,\cdots,A_r\}$ 与 $\{B_1,B_2,\cdots,B_s\}$ 是同一集合 X 的两种划分，则其交叉划分亦是原集合的一种划分。

分析：本定理可从划分的定义出发进行证明，先证明交叉划分中各集合的并集等于原集合 X，再证交叉划分中各集合的交集等于空集。

【证明】 设两个划分的交叉划分为

$$\{A_1\cap B_1,A_1\cap B_2,\cdots,A_1\cap B_s,A_2\cap B_1,A_2\cap B_2,\cdots,A_2\cap B_s,A_r\cap B_1,A_r\cap B_2,\cdots,A_r\cap B_s\}$$

① 先证交叉划分中各集合的并集等于原集合 X，即交叉划分是原集合 X 的一种覆盖。

$$\begin{aligned}&(A_1\cap B_1)\cup(A_1\cap B_2)\cup\cdots\cup(A_1\cap B_s)\cup(A_2\cap B_1)\cup(A_2\cap B_2)\cup\cdots\cup(A_2\cap Bs)\\&\quad\cup(A_r\cap B_1)\cup(A_r\cap B_2)\cup\cdots\cup(A_r\cap B_s)\\&=(A_1\cap(B_1\cup B_2\cup\cdots\cup B_s))\cup(A_2\cap(B_1\cup B_2\cup\cdots\cup B_s))\cup\cdots\\&\quad\cup(A_r\cap(B_1\cup B_2\cup\cdots\cup B_s))\\&=(A_1\cup A_2\cup\cdots\cup A_r)\cap(B_1\cup B_2\cup\cdots\cup B_s)\\&=X\cap X=X\end{aligned}$$

所以交叉划分是原集合 X 的一种覆盖。

② 再证交叉划分中各集合的交集等于空集，即证明了交叉划分是原集合 X 的一种划分。在交叉划分中，任取两元素，有：

$$\begin{aligned}(A_i\cap B_h)\cap(A_j\cap B_k)&=A_i\cap B_h\cap A_j\cap B_k\\&=(A_i\cap A_j)\cap(B_h\cap B_k)\\&=\varnothing\cap\varnothing=\varnothing\end{aligned}$$

所以 X 的交叉划分也是 X 的一种划分。

3. 与交叉划分相关的其他定义和定理

定义 3.20　给定 X 的任意两个划分 $\{A_1, A_2, \cdots, A_r\}$ 与 $\{B_1, B_2, \cdots, B_s\}$，若对于每一个 A_j 均有 B_k 使 $A_j \subseteq B_k$，则 $\{A_1, A_2, \cdots, A_r\}$ 称为 $\{B_1, B_2, \cdots, B_s\}$ 的加细。

定理 3.15　任何两种划分的交叉划分，都是原来各划分的一种加细。

【证明】　设 $\{A_1, A_2, \cdots, A_r\}$ 与 $\{B_1, B_2, \cdots, B_s\}$ 的交叉划分为 T，对 T 中的任意元素 $A_i \cap B_j$，必有 $A_i \cap B_j \subseteq A_i$ 和 $A_i \cap B_j \subseteq B_j$，故由定义 3.20 可知，$T$ 必是原划分的加细。

3.6　集合的应用

计算机通信中信息的有效合理编码是保障信息正确传输的前提。纠错码（error correcting code）是指在信息传输过程中发生错误时能在接收端自行发现并纠正错误的编码，为使一种编码具有纠错能力，一般应对原码字增加多余的码元，以扩大码字之间的差别，即把原码字按某种规则变成含有一定剩余度的码字。码字到达接收端后，可以根据是否满足编码规则进行错误判断。当不满足规则时，按规定的规则确定错误所在的位置并予以纠正。

计算机通信中要传输的信息是二进制数的 0、1 序列，传输过程中出现的差错指某位的 0 和 1 倒置，即 0 误传为 1，或者 1 误传为 0。假定传输设备按 l 字长分组传输，且每次传输的最大差错数已知。

如果原始信息按字长 l 分组传输，那么传输过程中信息的差错将直接影响到接收信息的可靠性。为了使信息得到既经济又准确的传输，原始信息需要按 $m(m<l)$ 字长分组，每一组传输字中增加 $(l-m)$ 个附加位，以便存在传输差错时甄别出正确的传输字。$(l-m)$ 个附加位的确定方式就称为编码，从接收到的字复原出原来传送的正确字的过程就称为译码或解码，m/l 则称为编码的效率。

扩展汉明码是一种传统的纠错编码方法，其纠错的原理可以从集合理论的角度进行阐述。假定传输系统每次可传输 15 位字长，每次传输最大差错数为 1。我们可以将信息按 11 位字长分组，图 3.7 给出了“10110001100”的编码情况。图中，横线上方各列给出了集合 $\{a, b, c, d\}$ 的 15 个非空子集，横线下方则列出各集合对应的 0 或 1 二进制数。其中，实竖线左侧各列为含有 2 个以上元素的集合，对应传输的有效数字；实竖线右侧各列为仅有 1 个元素的集合，对应编码时增加的附加码。

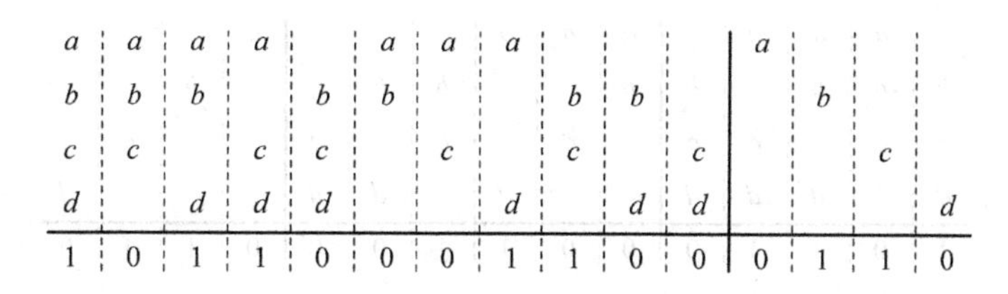

图 3.7　纠错编码

附加码的确定按如下原则进行：所有含有某一元素的子集所对应的“1”的个数应为

偶数个。例如，图 3.7 中，原始信息所对应的集合中，含有元素“a”的子集$\{a,b,c,d\}$、$\{a,b,c\}$、$\{a,b,d\}$、$\{a,c,d\}$、$\{a,b\}$、$\{a,c\}$、$\{a,d\}$所对应的字位有 4 个“1”，则将子集$\{a\}$对应的附加位设置为“0”，使得包含子集$\{a\}$的所有子集对应的“1”的总数为偶数。

同样，原始信息所对应的集合中，含有元素“b”的子集$\{a,b,c,d\}$、$\{a,b,c\}$、$\{a,b,d\}$、$\{b,c,d\}$、$\{a,b\}$、$\{b,c\}$、$\{b,d\}$所对应的字位有 3 个“1”，则将子集$\{b\}$对应的附加位设置为“1”，这样，就可保证包含子集$\{b\}$的所有子集对应的“1”的总数为偶数。

原始信息所对应的集合中，含有元素“c”的子集$\{a,b,c,d\}$、$\{a,b,c\}$、$\{a,c,d\}$、$\{b,c,d\}$、$\{a,c\}$、$\{b,c\}$，$\{c,d\}$所对应的字位有 3 个“1”，则将子集$\{c\}$对应的附加位设置为“1”，就可保证包含子集$\{c\}$的所有子集对应的“1”的总数为偶数。

原始信息所对应的集合中，含有元素“d”的所有子集$\{a,b,c,d\}$、$\{a,b,d\}$、$\{a,c,d\}$、$\{b,c,d\}$、$\{a,d\}$、$\{b,d\}$、$\{c,d\}$所对应的字位有 4 个“1”，则将子集$\{d\}$对应的附加位规定为“0”，就可保证包含子集$\{d\}$的所有子集对应的“1”的总数为偶数。

图 3.8 所示为接收端接收到字 10100100010 的情形，包含子集$\{a\}$、$\{b\}$、$\{c\}$和$\{d\}$的所有子集所对应的“1”的总数分别为 5、4、5 和 4。那么，传输必定有差错——子集$\{a\}$和$\{c\}$应的字位受到了干扰。由于最多只有 1 位存在差错，所以差错必然出现在子集$\{a,c\}$，对子集$\{a,c\}$所对应的字位进行 1 和 0 倒置，这样就可以纠正传输过程中出现的错无，得到纠错后的正确字为 10110001100。

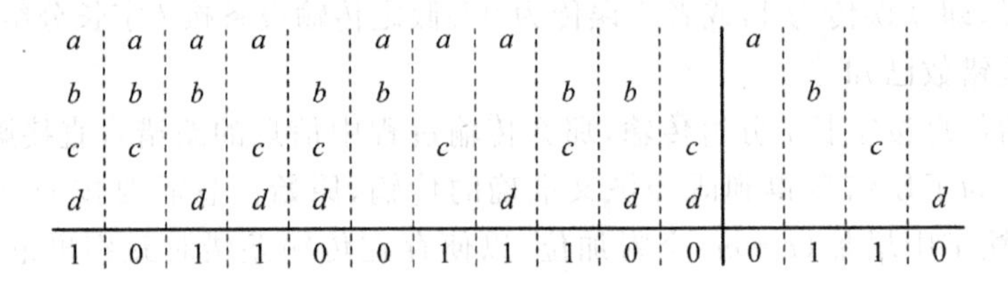

a	a	a	a		a	a	a				a			
b	b	b		b	b			b	b			b		
c	c		c	c		c		c		c			c	
d		d	d	d			d		d	d				d
1	0	1	1	0	0	1	1	1	0	0	0	1	1	0

图 3.8　存在差错的传输

扩展汉明码不能纠正多传输差错。例如，$\{a,b\}$和$\{a\}$对应字位同时出现差错与$\{b\}$对应字位出现差错具有同样的效果，下面分析如何用集合理论来解决此问题。

假定传输系统每次可传输 15 位字长，每次传输最大错误数为 3。可以将信息按 5 字长分组。图 3.9 给出了传输字 10110 的编码情况。表中第 5 列之后用竖线分开，该竖线左侧各列的子集合至少含有 3 个元素。横线上方各列给出了集合$\{a,b,c,d\}$的 15 个非空子集，横线下方列出了各集合对应的 0 或 1。

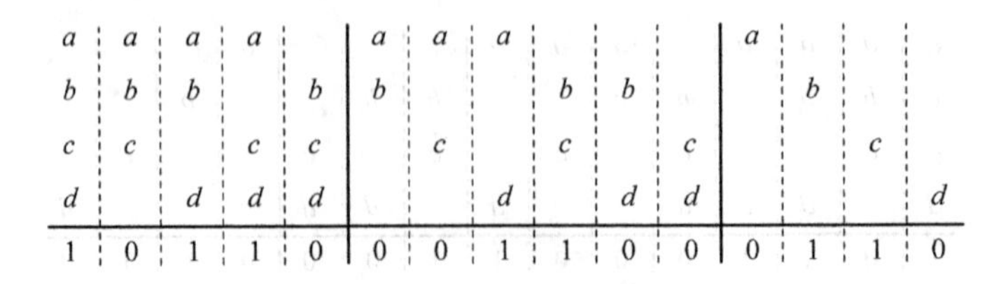

a	a	a	a		a	a	a				a			
b	b	b		b	b			b	b			b		
c	c		c	c		c		c		c			c	
d		d	d	d			d		d	d				d
1	0	1	1	0	0	0	1	1	0	0	0	1	1	0

图 3.9　多差错的纠错编码

子集$\{a,b\}$对应的附加位应保证包含子集$\{a,b\}$的所有子集对应的“1”的总数为偶数。

真包含子集$\{a,b\}$的子集为$\{a,b,c,d\}$、$\{a,b,c\}$、$\{a,b,d\}$，所对应的字位有2个“1”。将子集$\{a,b\}$对应的附加位规定为“0”，这样包含子集$\{a,b\}$的所有子集对应的“1”的总数为偶数。

类似地，真包含子集$\{a,c\}$的所有子集$\{a,b,c,d\}$、$\{a,b,c\}$、$\{a,c,d\}$所对应的字位有2个“1”，将子集$\{a,c\}$对应的附加位规定为“0”，就可保证包含子集$\{a,c\}$的所有子集对应的“1”的总数为偶数。真包含子集$\{a,d\}$的所有子集$\{a,b,c,d\}$、$\{a,b,d\}$、$\{a,c,d\}$所对应的字位有3个“1”，将子集$\{a,d\}$对应的附加位规定为“1”，就可保证包含子集$\{a,d\}$的所有子集对应的1”的总数为偶数。真包含子集$\{b,c\}$的所有子集$\{a,b,c,d\}$、$\{a,b,c\}$、$\{b,c,d\}$所对应的字位有1个“1”，将子集$\{b,c\}$对应的附加位规定为“1”，就可保证包含子集$\{b,c\}$的所有子集对应的1的总数为偶数。真包含子集$\{b,d\}$的所有子集$\{a,b,c,d\}$、$\{a,b,d\}$、$\{b,c,d\}$所对应的字位有2个“1”，将子集$\{b,d\}$对应的附加位规定为“0”，就可保证包含子集$\{b,d\}$所有子集对应的“1”的总数为偶数。真包含子集$\{c,d\}$的所有子集$\{a,b,c,d\}$、$\{a,c,d\}$、$\{b,c,d\}$所对应的字位有2个“1”，将子集$\{c,d\}$对应的附加位规定为“0”，就可保证包含子集$\{c,d\}$的所有子集对应的“1”的总数为偶数。

图3.10所示为接收端接收到字101001011000111的情形。奇偶校验的结果发现$\{a,b\}$、$\{a,c\}$、$\{a,d\}$、$\{c,d\}$、$\{b\}$和$\{c\}$都违反了偶数规定。

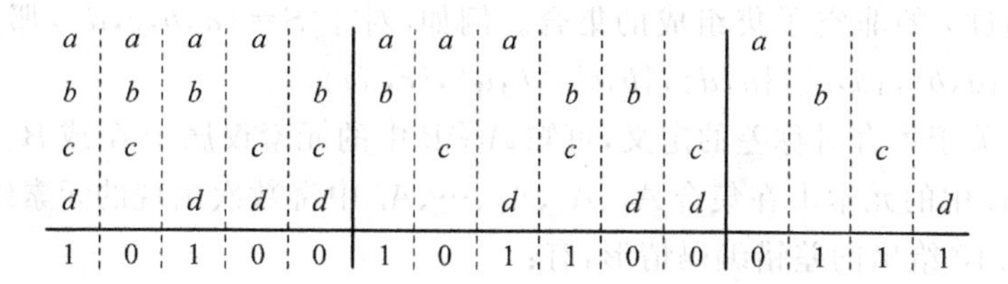

a	a	a	a		a	a	a				a			
b	b	b		b	b			b	b			b		
c	c		c	c		c		c		c			c	
d		d	d	d			d		d	d				d
1	0	1	0	0	1	0	1	1	0	0	0	1	1	1

图3.10 存在多差错的传输

设$\{a,b,c,d\}$的子集P、Q和R所对应的字位有差错。显然，$\{a,b\}$、$\{a,c\}$、$\{a,d\}$、$\{c,d\}$、$\{b\}$和$\{c\}$分别是子集P、Q和R中奇数个(1个或3个)集合的子集，因为只有奇数个0或1的倒置，才能使原来是奇数个“1”子集变为偶数个“1”；$\{b,c\}$、$\{b,d\}$、$\{a\}$和$\{a,d\}$分别是子集P、Q和R中偶数个(0个或2个)集合的子集，因为只有偶数个0或1的倒置，才能保持原来是偶数个“1”子集仍为偶数个“1”。

考查集合$\{a,d\}$，如果$\{a,d\}$是子集P、Q和R的子集，那么P、Q和R可能是集合$\{a,b,c,d\}$、$\{a,b,d\}$、$\{a,c,d\}$或$\{a,d\}$中的3个，对相应的子集所对应的字位进行0或1倒置后依然违反偶数规定。例如，假定P、Q和R的形式为$\{a,b,c,d\}$、$\{a,b,d\}$和$\{a,c,d\}$，那么对P、Q和R的对应的字位进行0或1倒置后，$\{a,b\}$、$\{a,c\}$、$\{c,d\}$、$\{b\}$和$\{c\}$依然违反偶数规定。同理，可分析P、Q和R其他形式的情形。所以，$\{a,d\}$是子集P、Q和R中一个集合的子集。

不妨设$\{a,d\}$是子集P的子集，则P的可能形式为$\{a,b,c,d\}$或$\{a,b,d\}$或$\{a,c,d\}$或$\{a,d\}$。为了保持$\{a\}$和$\{d\}$的偶数规定，相应地，Q应包含$\{a\}$且R应包含$\{d\}$。

考查集合$\{b,c\}$，如果$\{b,c\}$是子集P、Q和R中的两个的子集，那么P、Q和R可能是集合$\{a,b,c,d\}$、$\{a,b,c\}$、$\{b,c,d\}$或$\{b,c\}$中的两个，对相应的子集所对应的字位进行0

或1倒置后依然违反偶数规定。例如，假定P、Q和R的可能形式为$\{a,b,c,d\}$、$\{a,b,c\}$和$\{d\}$，那么对P、Q和R的对应的字位进行0或1倒置后，$\{a,b\}$、$\{a,c\}$、$\{b\}$和$\{c\}$依然违反偶数规定，并且使得$\{b,d\}$违反偶数规定。同理，可分析其他情形。所以，$\{b,c\}$是子集P、Q和R中的0个集合的子集，即$\{b,c\}$不是子集P、Q或R的子集。由此，P不可能为$\{a,b,c,d\}$。

类似地，可分析得出$\{b\}$和$\{c\}$分别是子集P、Q和R中一个集合的子集。如果P为$\{a,b,d\}$，那么R应包含$\{b,d\}$，以保证$\{b,d\}$满足偶数规定，这样就不满足$\{b\}$是子集P、Q和R中一个集合的子集。由此，P不可能为$\{a,b,d\}$。

如果P为$\{a,c,d\}$，那么对P的对应字位进行0或1倒置后，子集$\{a,c\}$、$\{a,d\}$、$\{c,d\}$和$\{c\}$满足了偶数规定。为了保证$\{a,b\}$满足偶数规定，$\{b\}$必须包含于Q且$\{b\}$不包含于R。由此可知，P、Q和R的可能形式为$\{a,c,d\}$、$\{a,b\}$和$\{d\}$。对$\{a,c,d\}$、$\{a,b\}$和$\{d\}$所对应字位进行0或1的倒置，所有子集对应的字位满足偶数规则。所以，纠错后的原始信息为1011000100011 0。

上述多差错情形的纠错编码称为扩展里德·米勒码，分析过程存在相当程度上的试凑性。下面进一步介绍可以唯一甄别差错并进行纠错译码的集合理论基础。

为了便于对奇偶校验位干扰的描述，对于集合S和正整数t，用S^t表示集合S的所有元素数目不超过t的非空子集组成的集合。例如，对于$S=\{a,b,c,d\}$，那么$S^2=\{\{a\},\{b\},\{c\},\{d\},\{a,b\},\{a,c\},\{a,d\},\{b,c\},\{b,d\},\{c,d\}\}$。

结合本章关于集合对称差的定义，可知$A\oplus B$中的元素仅属于A或B。一般地$A_1\oplus A_2\oplus A_3\cdots\oplus A_k$中的元素由在集合$A_1$、$A_2$、$A_3$、$\cdots$、$A_k$中奇数次出现的元素组成。

对于图3.10给出的差错编码情形，有：

$$
\begin{aligned}
\{a,c,d\}^2\oplus\{a,b\}^2\oplus\{d\}^2 &= \{\{a\},\{c\},\{d\},\{a,c\},\{a,d\},\{c,d\}\} \\
&\quad \oplus\{\{a\},\{b\},\{a,b\}\}\oplus\{\{d\}\} \\
&= \{\{b\},\{c\},\{a,b\},\{a,c\},\{a,d\},\{c,d\}\}
\end{aligned}
$$

在扩展里德·米勒码中，如果传输差错出现在子集$A_1,A_2,\cdots,A_r$，那么就会产生奇偶验位干扰。特别地，如果D是一个基数为n的集合的子集且D的基数至多为t。那么，存在关于D的奇偶校验干扰是当且仅当D属于$A_1^t\oplus A_2^t\oplus\cdots\oplus A_r^t$。

纠错码的译码需解决的问题是：在已知D的情况下，确定A。因此，解决问题的关键在于子集A_i的唯一可确定的。

利用反证法可以证明，假定存在两种不同的差错出现子集$A_1,A_2,\cdots,A_r$和$B_1,B_2,\cdots,B_s$，可以证明$A_1^t\oplus A_2^t\oplus\cdots\oplus A_r^t\oplus B_1^t\oplus B_2^t\cdots B_s^t=\varnothing$。由此可知，子集$A_i$是唯一可确定的。

3.7 本章总结

1. 本章主要知识点

本章主要知识点如下：

本章主要介绍集合的基本知识及集合在实际问题中的应用，包括集合的概念与表示方法、集合之间的关系与集合的运算、序偶与笛卡儿积、集合的包含排斥原理及集合的划分与覆盖，最后通过一个实例介绍了运用集合的基本知识提高通信过程中纠错效率的方法。

集合是由人们直观上或思想上能够明确区分的一些对象所构成的一个整体，集合可以用“枚举法”“描述法”和“文氏图法”等3种方法表示。其中，“枚举法”可以清楚地列出集合中具体的元素；“描述法”通过抽象的方法描述集合中元素的特征；而“文氏图法”可以清晰地表现集合的界限，直观、明了，对于理解集合之间的关系和集合的简单运算有较大的帮助。

集合之间的关系有子集（包含）、真子集（真包含）和相等3种。

子集：对于两个集合A和B，如果集合A的每个元素都是B的元素，则称A是B的子集合，简称为子集，也称A包含于B（或者B包含A），A包含于B可用数学公式$A\subseteq B$（或$B\supseteq A$）表示。

集合的包含等价于命题逻辑中的单条件联结运算：$A\subseteq B\Leftrightarrow x\in A\rightarrow x\in B$，而从逻辑推理的角度上来说集合的包含等价于逻辑推理中的蕴含关系：$A\subseteq B\Leftrightarrow(x\in A\Rightarrow x\in B)$。

真子集：对于两个集合A和B，如果$A\subseteq B$且$A\neq B$，则称A是B的真子集合，简称为真子集，也称A真包含于B（或者B真包含A），A真包含于B可用数学公式$A\subset B$（或$B\supset A$）表示。

集合相等：设A、B为集合，如果A、B有完全相同的元素，则称这两个集合相等，记作$A=B$。两个集合A和B相等的充分且必要条件是$A\subseteq B$且$B\subseteq A$，在不能明确知道两个集合中具体元素是，常用这一理论证明两个集合相等。

集合的基本运算有集合的并、集合的交、集合的补和差以及集合的对称差等4种。

集合的并：设A和B为任意两个集合，所有属于A或者属于B的元素组成的集合，称为A和B的并集，记作$A\cup B$。集合并运算的数学描述形式为：

$$A\cup B=\{x\mid x\in A\vee x\in B\}$$

集合的并运算相当于命题逻辑中的析取（逻辑或）运算：

$$x\in A\cup B\Leftrightarrow x\in A\vee x\in B$$

集合的并运算有下列性质：

① $A\cup A=A$。

② $A\cup\varnothing=A$。

③ $A\cup E=E$。

④ $A\cup B=B\cup A$。

⑤ $(A\cup B)\cup C=A\cup(B\cup C)$。

⑥ $A\subseteq A\cup B, B\subseteq A\cup B$。

集合的交：设A和B为任意两个集合，由A和B的所有共同元素组成的集合，称为A和B的交集，记为$A\cap B$。集合交运算的数学描述形式为：

$$A\cap B=\{x\mid x\in A\wedge x\in B\}$$

集合的交运算相当于命题逻辑中的合取（逻辑与）运算：

$$x\in A\cap B\Leftrightarrow x\in A\wedge x\in B$$

集合的交运算有下列性质：

① $A\cap A=A$。

② $A\cap\varnothing=\varnothing$。

③ $A\cap E=A$。

④ $A\cap B=B\cap A$。

⑤ $(A\cap B)\cap C=A\cap(B\cap C)$。

⑥ $A\cap B\subseteq A, A\cap B\subseteq B$。

集合的补：对于任意集合 A 和全集 E，由所有属于 E 但不属于 A 的元素组成的集合称为集合 A 关于全集 E 的补集合，简称集合 A 的补集，记作 $\sim A$。

集合的补也称为集合 A 关于全集 E 的绝对补，其数学描述形式为：

$$\sim A=E-A=\{x\mid x\in E\wedge x\notin A\}$$

集合的补运算相当于命题逻辑中的否定(逻辑非)运算：

$$x\in\sim A\Leftrightarrow\neg(x\in A)\Leftrightarrow x\notin A$$

集合的补运算有下列性质：

① $\sim(\sim A)=A$。

② $\sim E=\varnothing$。

③ $\sim\varnothing=E$。

④ $A\cup\sim A=E$。

⑤ $A\cap\sim A=\varnothing$。

集合的差：设 A、B 是任意两个集合，由所有属于 A 但不属于 B 的元素组成的集合称为集合 A 与 B 的差，记作 $A-B$。

集合 A 与 B 的差有时也称为 B 相对 A 的补集，其数学描述形式为：

$$A-B=\{x\mid x\in A\wedge x\notin B\}$$

集合的差与命题公式的关系为：

$$x\in A-B\Leftrightarrow x\in A\wedge\neg(x\in B)\Leftrightarrow x\in A\wedge x\notin B)$$

集合的对称差：设 A、B 是任意两个集合，由所有属于 A 但不属于 B 或者属于 B 但不属于 A 的元素组成的集合，称为集合 A 和 B 的对称差，记作 $A\oplus B$。

集合对称差运算的数学描述形式为：

$$A\oplus B=\{x\mid(x\in A\wedge x\notin B)\vee(x\in B\wedge x\notin A)\}$$

集合的对称差运算相当于命题逻辑的不可兼析取(逻辑异或)运算：

$$x\in A\oplus B\Leftrightarrow(x\in A\wedge\neg(x\in B))\vee(x\in B\wedge\neg(x\in A))$$

集合的对称差与集合差运算的关系是：

$$A\oplus B=(A-B)\cup(B-A)$$

笛卡儿积是一种由序偶构成的特殊集合，而序偶是指两个具有固定次序的客体组成的一个有序对。如果序偶的第一个元素来自于同一个集合，第二个元素也来自同一个集合(这两个集合可以相同，也可以不同)，所有这样的序偶构成的集合就称为笛卡儿积。

笛卡儿积：设 A 和 B 为任意两个集合，由 A 中的元素作第 1 元素，B 中的元素作第 2 元素构成序偶，所有这样序偶组成的集合称集合 A 和 B 的笛卡儿积(或直积)，其数学符号为 $A\times B$。即：

$$A\times B=\{<x,y>|x\in A\land y\in B\}$$

包含排斥原理主要讨论有限集元素的计数问题。设 A、B 为有限集合，其元素个数分别为 $|A|$、$|B|$，则 $|A\cup B|=|A|+|B|-|A\cap B|$，此定理被称作包含排斥原理。包含是指包含原集合的所有元素，而排斥是指排斥原集合的公共部分。

集合的划分与覆盖是指对集合细分或分块。

划分与覆盖：如果把非空集合 A 分成若干个称为分块的非空子集，使得 A 中的每一个元素都至少属于一个子集，那么，以全部这些分块为元素所构成的集合，就称为原集合 A 的一个覆盖。如果 A 中的每一个元素都属于且仅属于一个分块，那么，以全部这些分块为元素所构成的集合，就称为原集合 A 的一个划分。

划分是覆盖的一种特殊情况：每个分块都没有共同元素。

划分有最小划分和最大划分这两个概念：最小划分，元素最少的划分，由这个集合的全部元素组成一个分块；最大划分，元素最多的划分，原集合的每个元素构成一个独立分块合。

2. 本章主要习题类型及解答方法

本章主要习题类型及解答方法如下：

(1) 基本概念题：主要考查读者对集合的概念、特殊集合、集合之间的关系、序偶与笛卡儿积、集合的划分与覆盖等基本知识的理解。

基本概念题的解答方法：紧抓概念，根据题目涉及的概念进行解答。

(2) 判断题：主要考查读者对集合相等、集合的包含等相关知识的理解。

判断题的解答方法：紧抓概念，根据题目涉及的概念进行解答。

(3) 简答题：主要涉及集合的元素与集合的子集的区别。

简答题的解答方法：根据元素与子集的概念给出题目要求的答案。

(4) 证明题：包括集合包含和集合相等的证明。

证明题的解答方法有：

① 集合包含的证明：一般采用将集合转换为命题(元素属于集合)，再利用命题蕴含的演算方法进行证明。

② 集合相等的证明：可用两种方法证明集合的相等，一是根据命题蕴含的演算方法证明两个互相包含，从而得出这两个集合相等的结论；二是根据集合相等的相关定理直接证明两个集合相等。

(5) 计算题：主要考查集合的基本运算、序偶与笛卡儿积的关系。

计算题的解答方法：根据集合运算与笛卡儿积的基本概念进行解答。

(6) 应用题：主要涉及集合的包含与排斥原理等相关理论和相关定理。

应用题的解答方法：仔细阅读题目、理解题意，根据题意先求的正确的集合，然后利用集合包含排斥的相关定理，求得题目要求的答案。

3.8 本章习题

1. 用枚举法写出下列集合。

① 英语句子“I am a student”中的英文字母；

② 大于 7 小于 15 的所有偶数；

③ 本学期所修的所有课程；

④ 计算机学院所开设的本科专业；

⑤ 20 的所有因数；

⑥ 小于 18 的 5 的正倍数。

2. 用描述法写出下列集合。

① 全体奇数；

② 所有实数集上一元二次方程的解组成的集合；

③ 能被 5 整除的整数集合；

④ 平面直角坐标系中单位圆内的点集；

⑤ 二进制数；

⑥ 八进制数。

3. 设全集为 Z,判断下列集合哪些是相等的。

① $A=\{x|x$ 是偶数或奇数$\}$；

② $B=\{x|y\in Z$ 且 $x=2y\}$；

③ $C=\{1,2,3\}$；

④ $D=\{0,1,-1,2,-2,3,-3,4,-4,\cdots\}$；

⑤ $E=\{2x|x\in Z\}$；

⑥ $F=\{3,3,2,1,2\}$；

⑦ $G=\{x|x^3-6x^2-7x-6=0\}$；

⑧ $H=\{x|x^3-6x^2+11x-6=0\}$。

4. 求下列集合的基数。

① "proper set"中的英文字母

② 大于 5 小于 13 的所有奇数；

③ $\{\{2,3\}\}$；

④ 小于 25 的 6 的正倍数；

⑤ $\{x|x=2$ 或 $x=3$ 或 $x=4$ 或 $x=5\}$；

⑥ 20 的所有因数；

⑦ $\{\varnothing,a,\{a\}\}$；

⑧ $\{\{\varnothing,2\},\{2\}\}$；

⑨ $\{\{1,2\},\{2,3,4\},\{2,1,3,5\}\}$；

⑩ $\{\{1,\{2,3\}\}$。

5. 分析下列各集合是否是其他集合的子集或真子集。

① $A=\{x|x\in Z$ 且 $1<x<5\}$；

② $B=\{2,3\}$；

③ $C=\{x|x^2-5x+6=0\}$；

④ $D=\{\{2,3\}\}$；

⑤ $E=\{2\}$；

⑥ $F=\{x|x=1$ 或 $x=3$ 或 $x=5$ 或 $x=7\}$；

⑦ $G=\{2x|1\leqslant x\leqslant 3\}$；

⑧ $H=\{x|x\in Z$ 且 $x^2+x+1=0\}$。

6. 求下列集合的幂集。

① $\{3,6,9\}$；

② $\{x|x=1$ 或 $x=3$ 或 $x=6\}$；

③ $\{\{1,3\}\}$；

④ 小于 20 的 5 的正倍数；

⑤ "*set*"中的英文字母；

⑥ $\{1,\{2\}\}$；

⑦ $\{\varnothing,a\}$；

⑧ $\{\{\varnothing,2\},\{2\}\}$；

⑨ $\{\{1,2\},\{2\}\}$；

⑩ $\{\{1,\{1,2\}\}\}$。

7. 设 $A=\varnothing$、$B=\{a\}$,求 $P(A)$、$P(P(A))$、$P(P(P(A)))$、$P(B)$、$P(P(B))$、$P(P(P(B)))$。

8. 简要说明$\{2\}$与$\{\{2\}\}$的区别,列出它们的元素与子集。

9. 简要说明$\{\varnothing\}$与$\{\{\varnothing\}\}$的区别,列出它们的元素与子集。

10. 如果集合 A 和 B 具有相同的幂集合，能肯定 $A=B$ 吗？

11. 如果集合 A 和 B 分别满足下列条件，能得出 A 和 B 之间有什么联系？

① $A\cup B=A$；
② $A\cap B=A$；
③ $A-B=A$；
④ $A\cap B=A-B$；
⑤ $A-B=B-A$；
⑥ $A\oplus B=A$。

12. 如果集合 A、B 和 C 分别满足下述条件，能断定 $A=B$ 吗？

① $A\cup C=B\cup C$；
② $A\cap C=B\cap C$。

13. 对于集合 A，证明下列各式。

① $A\cup\varnothing=A$；
② $A\cap\varnothing=\varnothing$；
③ $A\cup A=A$；
④ $A\cap A=A$；
⑤ $A-\varnothing=A$；
⑥ $A\cup U=U$；
⑦ $A\cap U=A$；
⑧ $\varnothing-A=\varnothing$。

14. 对于集合 A、B 和 C，证明或反驳下列断言。

① 如果 $A\notin B$ 且 $B\in C$，那么 $A\in C$；
② 如果 $A\notin B$ 且 $B\notin C$，那么 $A\notin C$；
③ 如果 $A\in B$ 且 $B\notin C$，那么 $A\notin C$；
④ 如果 $A\subset B$ 且 $B\notin C$，那么 $A\notin C$；
⑤ 如果 $A\in B$ 且 $B\subset C$，那么 $A\in C$；
⑥ 如果 $A\in B$ 且 $B\in C$，那么有可能 $A\in C$；
⑦ 如果 $A\notin B$ 且 $B\subseteq C$，那么 $A\subseteq C$；
⑧ 有可能 $A\subseteq B$ 且 $A\in B$。

15. 设全集 $U=\{1,2,3,4,5\}$，集合 $A=\{1,4\}$，$B=\{1,2,5\}$，$C=\{2,4\}$，确定下列集合。

① $A\cap(\sim B)$；
② $(A\cap B)\cup(\sim C)$；
③ $(A\cap B)\cup(A\cap C)$；
④ $\sim(A\cup B)$；
⑤ $(\sim A)\cap(\sim B)$；
⑥ $\sim(C\cap B)$；
⑦ $A\oplus B$；
⑧ $P(A)\cup P(C)$。

16. 对于集合 A、B 和 C，如果 $A\oplus C=B\oplus C$，是否必定有 $A=B$？

17. 设集合 A、B 均为 U 的子集，判断下列结论的正确性。

① $A\subseteq B$ 当且仅当 $A\cup B=B$；
② $A\subseteq B$ 当且仅当 $A\cup B=A$；
③ $A\subseteq B$ 当且仅当 $A\cap B=B$；
④ $A\subseteq B$ 当且仅当 $A\cap B=A$；
⑤ $A\subseteq B$ 当且仅当 $A\cup(B-A)=B$；
⑥ $A\subseteq B$ 当且仅当 $(A-B)\cap A=A$。

18. 对任意集合 A、B 和 C，证明下列各式。

① $((A\cup C)-(B\cup C))\subseteq(A-B)$；
② $(A-(B\cup C))=((A-B)-C)$；
③ $(A-(B\cup C))=((A-C)-B)$；
④ $((A-C)\cap(B\cup C))=(A\cap B)-C$。

19. 对任意集合 A、B 和 C，证明下列各式。

① $A\oplus A\oplus B=B$；

② $(A-B)\oplus B=A\cup B$；

③ $(A\oplus B)\cap C=(A\cap C)\oplus(B\cap C)$；

④ $(A\oplus B)-C=(A-C)\oplus(B-C)$；

⑤ $A\cup B=A\oplus(B\oplus(A\cap B))$；

⑥ $A\oplus(B\oplus C)=(A\oplus B)\oplus C$。

20. 画出下列集合的文氏图。

① $A\cap(\sim B)$；

② $(A\cap B)\cup(\sim C)$；

③ $(A\cap B)\cup(A\cap C)$；

④ $\sim(A\cup B)$；

⑤ $(\sim A)\cap(\sim B)$；

⑥ $\sim(C\cap B)$；

⑦ $A\cap(B\cup\sim C)$；

⑧ $A\oplus B\oplus C$。

21. 图 3.11 用文氏图描述了集合的运算，请用表达式表示图中阴影的部分（图中 E 表示全集）。

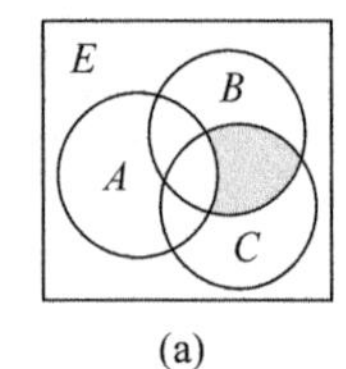

(a)

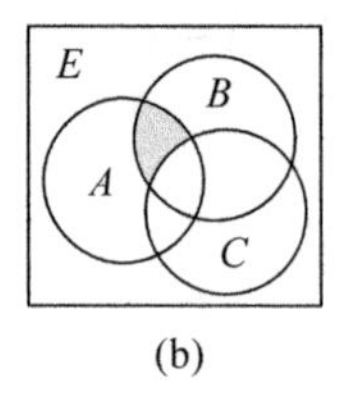

(b)

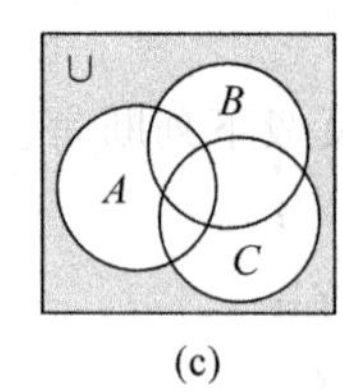

(c)

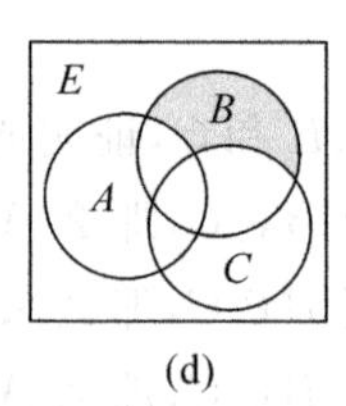

(d)

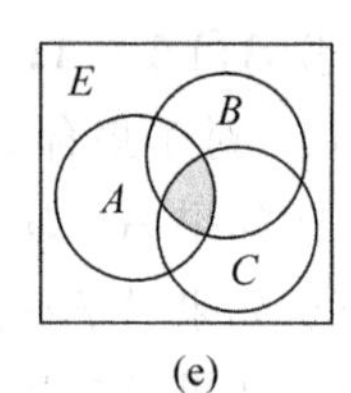

(e)

图 3.11　集合运算的图形表示

22. 计算机网络实验室的身份卡密码由 2 个英文字母后跟 2 个十进制数字所组成，问可能存在多少种不同密码？

23. 在一次心理试验中，一个人要将一个正方形、一个圆形、一个三角形和一个五边形排成一行，问有多少种不同排法？

24. 不包含 4 个连续“1”的 6 位二进制字符串有多少个？

25. 有 3 个白球、2 个红球和 2 个黄球排成一列，若黄球不相邻，红球也不相邻，则有多少种不同排列法？

26. 某计算机厂商推出不同样式主机，有 5 种可选的机箱颜色、6 种不同的机箱形状、2 种不同的主板配置、3 种不同的光驱配置和 3 种不同多媒体接口，问用户有多少种可能的选择？

27. 某班有 25 个学生，其中 14 人会打篮球、12 人会打排球、6 人会打篮球和排球、5 人会打篮球和网球，还有 2 人会打这 3 种球，已知 6 个人会打网球，并且这 6 个人都会打篮球或排球，求该班同学中不会打球的人数。

28. 在由 a、b、c 和 d 共 4 个字符构成的 n 位符号串中，求 a、b 和 c 至少出现一次的符号串的数目。

29. 求 1～1000 之间不能被 5、6 和 8 中任一数整除的整数个数。

30. 假设在“离散数学”课程的第一次考试中有 14 个学生得优、第二次考试中 18 个学生得优，如果 22 个学生在第一次或者第二次考试得优，问有多少学生两次考试都得优？

31. 设集合 $A=\{1,2\}$ 和 $B=\{x,y\}$，求如下笛卡儿积。

① $A\times A$；

② $A\times B$；

③ $B \times A$；　　④ $B \times B$。

32. 设集合 $A=\{a,b\}$，求下列笛卡儿积。

① $A \times P(A)$；　　③ $P(A) \times P(A)$；

② $P(A) \times A$；　　④ $A \times P(P(A))$。

33. 设集合 $A=\{1,2,3\}$、$B=\{1,3,5\}$ 和 $C=\{a,b\}$，求如下笛卡儿积。

① $(A \cap B) \times C$；　　③ $(A \cup B) \times C$；

② $(A \times C) \cap (B \times C)$；　　④ $(A \times C) \cup (B \times C)$。

34. 对于集合 A 和 B，证明：

① $(A \cap B) \times C=(A \times C) \cap (B \times C)$；　　② $(A \cup B) \times C=(A \times C) \cup (B \times C)$。

第4章 关 系

关系是客观世界普遍存在的现象，它描述了两个(或多个)事物之间存在的某种联系，例如，现实生活中的夫妻关系、父子关系、同学关系，数学中数与数之间的大于、小于、等于关系，变量之间的关系，直线之间的平行、垂直关系等。

具有某种关系的两个(或多个)成员一般有确定的前后顺序，不能任意交换，如果两个(或多个)成员的前后顺序发生了变化，则关系的特征可能会因此而改变，如具有父子关系的两个成员，前后顺序改变后，关系将变成子父关系。

关系的这种特性与序偶一样，因此，在数学意义上，一般用序偶的集合来表示关系。

本书主要讨论两个成员间的联系，即二元关系。至于多元关系，本书暂不深入讨论。

4.1 关系的概念与表示

4.1.1 关系的概念

1. 关系的概念

数学意义的关系，通常指两个(或多个)元素之间的某种联系，其实就是序偶的集合。只要是由序偶所构成的集合，都可以称为关系，至于具体是什么意义上的关系，倒不是数学上要关注的问题。

定义 4.1 关系 由序偶为元素所构成的集合，称为二元关系，简称关系，一般用 R 表示。任一序偶的集合确定了一个二元关系 R，若 $<a,b>\in R$，则称 a 与 b 有关系，记作 aRb。若 $<a,b>\notin R$，则称 a 与 b 没有关系。

例如，实数集上的大于关系“$>$”，可表示为：$>=\{<x,y>|x,y$ 是实数且 $x>y\}$。

说明：① 把关系 R 这种无形的联系用集合这种“有形”的实体来描述，为今后的描述和论证带来方便。

② 序偶是讲究次序的，如果有 $<a,b>\in R$ 未必有 $<b,a>\in R$，即 a 与 b 有关系 R，未必 b 与 a 有关系 R。

例如，甲与乙有父子关系，但乙与甲没有父子关系。

2. 关系的域

定义 4.2 关系的域 关系的域，指关系所讨论的范围。在二元关系 R 中，所有序偶第一元素的集合称为 R 的前域，记作 dom R；所有第二元素的集合称为 R 的值域，记作 ran R；R 的前域和值域综合在一起称为 R 的域，记作 $FLD\ R$。即：

$$\text{dom } R=\{x \mid (\exists y)<x,y>\in R\},$$
$$\text{ran } R=\{y \mid (\exists x)<x,y>\in R\},$$
$$FLD\ R=\text{dom } R\cup \text{ran } R$$

例题 4.1 设 $A=\{1,2,3,5\}$、$B=\{1,2,4\}$、$R=\{<1,2>,<1,4>,<2,4>,<3,4>\}$，求 dom R、ran R、$FLD\ R$。

【解】 dom $R=\{1,2,3\}$，ran $R=\{2,4\}$，$FLD\ R=\{1,2,3,4\}$

3. X 到 Y 的关系

X 到 Y 的关系指集合 X 的元素与集合 Y 的元素之间的一种联系，即以 X 中的元素为序偶的第一元素、以 Y 中的元素为序偶的第二元素所构成的序偶的集合。其中，集合 X 与 Y 可以是不同的集合，也可以是同一个集合。

如果集合 X 与 Y 是不同的集合，则称为 X 到 Y 的关系；如果 X 与 Y 是同一个集合，则称为 X 上的关系。

定义 4.3 令 X 和 Y 是任意两个集合，$X\times Y$ 的子集 R 称为 X 到 Y 的关系。如果 R 是 X 到 Y 的关系，则 dom $R\subseteq X$，ran $R\subseteq Y$。

例题 4.2 设 $X=\{1,2,3,4\}$，求 X 上的关系 $>$ 及 dom$>$、ran$>$。

【解】 $>=\{<2,1>,<3,1>,<4,1>,<3,2>,<4,2>,<4,3>\}$

dom$>=\{2,3,4\}$， ran$>=\{1,2,3\}$

4. 几种特殊的关系

关系是序偶的集合，这些由序偶所构成的集合有几种特殊情况：一种包含所有的序偶，即笛卡儿积；另一种没有任何元素；第三种是所有序偶的第一元素和第二元素都相同。这 3 种特殊的关系分别称为全域关系、空关系和恒等关系。

① 全域关系：对于集合 X 和 Y，其笛卡儿 $X\times Y$ 所构成的关系，称为 X 到 Y 的全域关系，记作 U。

② 空关系：没有任何元素的集合 $\varnothing$，称为空关系。

③ 恒等关系：同一个集合 X 所构成的关系，如果 X 中的所有元素都在序偶中出现，且所有序偶的第一元素与第二元素都相同，这样的关系，就称为集合 X 上的恒等关系，简称为恒等关系。集合 X 上的恒等关系一般用 I_X 表示。

判断一个关系是否为恒等关系有三个要素：一是关系中序偶的元素是否来自于同一个集合；二是集合的元素是否都出现在关系的序偶中；三是所有序偶的第一元素与第二元素是否都相等。

例题 4.3 若 $H=\{f,m,s,d\}$ 表示一个家庭中的父、母、子、女四个人的集合，请定义 H 上的全域关系和空关系的通俗含义并写出相应的关系。另外再确定 H 上的一个关系，指出该关系的值域和前域。

【解】 H 上的全域关系可定义为“同一家庭的成员”，若该关系用 H_1 表示，则：

$$H_1=\{<f,f>,<f,m>,<f,s>,<f,d>,<m,f>,<m,m>,<m,s>,<m,d>,<s,f>,<s,m>,<s,s>,<s,d>,<d,f>,<d,m>,<d,s>,<d,d>\}$$

H 上的空关系可定义为“同一家庭互不相识的成员”，若该关系用 H_2 表示，则：

$$H_2=\varnothing$$

在 H 上可以确定一个“长幼关系”H_3，则：

$$H_3=\{<f,s>,<m,s>,<f,d>,<m,d>\}$$

$$\text{dom } H_3=\{f,m\};\quad \text{ran } H_3=\{s,d\}$$

例题 4.4 设 $X=\{1,2,3,4\}$，若 $H=\{<x,y>|(x-y)/2\text{ 是整数}\}$，$S=\{<x,y>|(x-y)/3\text{ 是正整数}\}$，求 $H\cup S$、$H\cap S$、$\sim H$、$S-H$。

【解】 $H=\{<1,1>,<1,3>,<2,2>,<2,4>,<3,3>,<3,1>,<4,4>,<4,2>\}$

$S=\{<4,1>\}$

$H\cup S=\{<1,1>,<1,3>,<2,2>,<2,4>,<3,3>,<3,1>,<4,4>,<4,2>,<4,1>\}$

$H\cap S=\varnothing$

$X\times X=\{<1,1>,<1,2>,<1,3>,<1,4>,<2,1>,<2,2>,<2,3>,<2,4>,<3,1>,<3,2>,<3,3>,<3,4>,<4,1>,<4,2>,<4,3>,<4,4>\}$

$\sim H=\{<1,2>,<1,4>,<2,1>,<2,3>,<3,2>,<3,4>,<4,1>,<4,3>\}$

$S-H=\{<4,1>\}$

定理 4.1 若 Z 和 S 是集合 X 到 Y 的两个关系，则 Z 和 S 的并、交、补、差仍是 X 到 Y 的关系。

【证明】 因为 $Z\subseteq X\times Y$、$S\subseteq X\times Y$、$U=X\times Y$，所以 $Z\cup S\subseteq X\times Y$、$Z\cap S\subseteq X\times Y$、$\sim Z\subseteq X\times Y$、$\sim S\subseteq X\times Y$、$Z-S\subseteq X\times Y$、$S-Z\subseteq X\times Y$，因此，根据关系的定义可知，$Z$ 和 S 的并、交、补、差仍是 X 到 Y 的关系。

4.1.2 关系的表示

关系是序偶的集合，表示序偶中两个元素之间的一种联系。基于关系的这一特点，描述关系的方法可以有 3 种形式：集合法、图形法和矩阵法。

1. 集合法

最直接的方法，从关系的定义出发，以序偶的集合的形式表示一个关系。前文所述，都是以序偶集合的形式描述的关系。根据集合的表示方法，以集合的形式表示关系，又可细分为枚举法和描述法，但文氏图一般不适合用来描述关系。

例题 4.5 设 $A=\{1,2,3,4\}$，下面是以描述法表示的 A 上的几种关系，请用枚举表示这些关系。

① $R=\{<x,y>|x/y\text{ 是素数},x\in A\wedge y\in A\}$。

② $R=\{<x,y>|(x-y)^2\in A,x\in A\wedge y\in A\}$。

③ $R=\{<x,y>|x\neq y,x\in A\wedge y\in A\}$。

④ $R=\{<x,y>|x\text{ 是 }y\text{ 的倍数},x\in A\wedge y\in A\}$。

【解】 ① $R=\{<2,1>,<3,1>,<4,2>\}$

② $R=\{<2,1>,<3,2>,<4,3>,<3,1>,<4,2>,<2,4>,<1,3>,<3,4>,<2,3>,<1,2>\}$

③ $R=\{<1,2>,<1,3>,<1,4>,<2,3>,<2,4>,<3,4>,<4,3>,<4,2>,<3,2>,<4,1>,<3,1>,<2,1>\}$

④ $R=\{<4,4>,<4,2>,<4,1>,<3,3>,<3,1>,<2,2>,<2,1>,<1,1>\}$

2. 关系图法

关系是序偶的集合，表示序偶中前后两个元素之间的一种联系。如果把这种联系用一个有方向的弧线表示，并把序偶的元素用小圆圈(或小圆点)表示，就可以得到一种表示关系的图形。这种图形，就是关系 R 的关系图。

对于从集合 A 到 B 的关系 R，设 $A=\{a_1,a_2,\cdots,a_n\}$ 和 $B=\{b_1,b_2,\cdots,b_m\}$，其对应的关系图有如下规定：

① A 中元素 $a_1,a_2,\cdots,a_n$ 和 B 中元素 $b_1,b_2,\cdots,b_m$ 为图的结点(或端点)，一般用小圆圈表示。

② 对于序偶 $<a_i,b_j>\in R$，则画一条从 a_i 到 b_j 的有向弧或有向线段。

对于集合 A 上的关系，设 $A=\{a_1,a_2,\cdots,a_n\}$，其对应的关系图有如下规定：

① 以 A 中的元素为图的结点。

② 对于序偶 $<a_i,a_j>\in R$，画一条从 a_i 到 a_j 的有向弧。

例题 4.6　设集合 $A=\{1,2,3,4,5\}$、$B=\{a,b,c\}$，$\rho_1=\{<1,a>,<1,b>,<2,b>,<3,a>\}$ 是 A 到 B 的关系，而 $\rho_2=\{<a,2>,<c,4>,<c,5>\}$ 是 B 到 A 的关系，试用关系图表示这两个关系。

【解】　ρ_1 和 ρ_2 的关系图如图 4.1 所示。

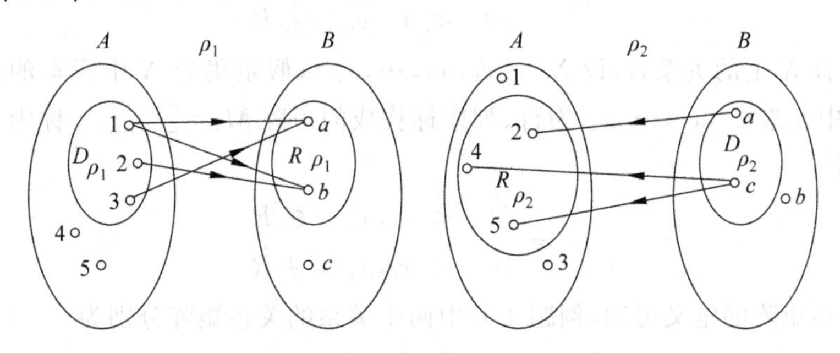

图 4.1　例题 4.6 的关系图

例题 4.7　给出集合 $A=\{a,b,c\}$ 上的全域关系和恒等关系的关系图。

【解】　集合 A 上的全域关系 U_A 和恒等关系 I_A 的关系图如图 4.2 所示。

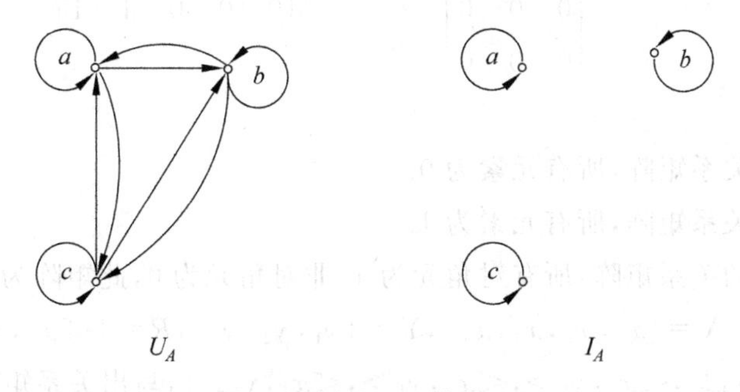

图 4.2　例题 4.7 的关系图

关系图主要表示的是结点与结点之间的连接关系(也称邻接关系),关系中序偶存在,就在两个元素之间画一条有向弧,不存在则不画有向弧。因此,关系图中对于结点的位置和有向弧的长短没有特定要求。例如,例题 4.7 中的全域关系,也可以用图 4.3 表示。

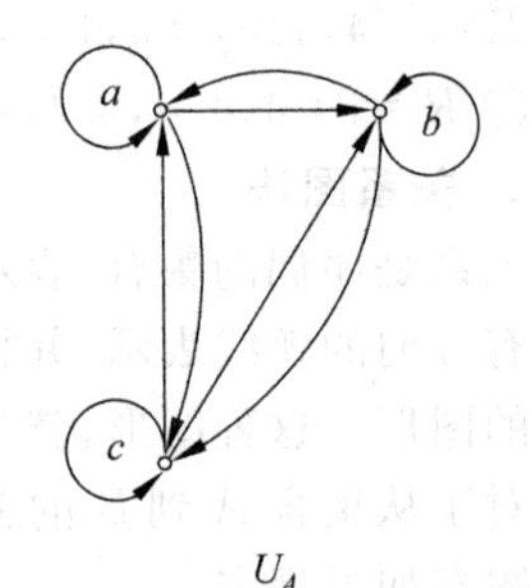

图 4.3　例题 4.7 中全域关系图的另一种画法

3. 关系矩阵

关系图表示关系较为直观、形象,能给人一目了然的感觉。但是,当关系中元素较多,且关系较为复杂时,关系图就会显得比较凌乱,不易看清具体的关系,而且用图形法表示的关系也不利于计算机处理。为此,人们引入了一种比较适合计算机处理的关系表示方法——关系矩阵表示法。

对于给定的有限集合 $X=\{x_1,x_2,\cdots,x_m\}$、$Y=\{y_1,y_2,\cdots,y_n\}$,设 R 是 X 到 Y 的关系,假定集合 X、Y 中元素的排列顺序确定,则以 X 中的元素 $x_1,x_2,\cdots,x_m$ 为行序标、以 Y 中的元素 $y_1,y_2,\cdots,y_n$ 为列序标构成的矩阵 $M_R=[r_{ij}]_{m\times n}$ 称为关系 R 的关系矩阵,其中:

$$r_{ij}=\begin{cases}1 & <x_i,y_j>\in R\\ 0 & <x_i,y_j>\notin R\end{cases}$$

对于集合 X 上的关系 R,设 $X=\{x_1,x_2,\cdots,x_m\}$,假定集合 X 中元素的排列顺序确定,则以 X 中元素 $x_1,x_2,\cdots,x_m$ 为行、列序标构成的矩阵 $M_R=[r_{ij}]_{m\times n}$ 称为关系 R 的关系矩阵,其中:

$$r_{ij}=\begin{cases}1 & <x_i,x_j>\in R\\ 0 & <x_i,x_j>\notin R\end{cases}$$

根据关系矩阵的定义可知,例题 4.6 中两个关系的关系矩阵分别为:

$$M_{\rho_1}=\begin{bmatrix}1&1&0\\0&1&0\\1&0&0\\0&0&0\\0&0&0\end{bmatrix}\quad M_{\rho_2}=\begin{bmatrix}0&1&0&0&0\\0&0&0&0&0\\0&0&0&1&1\end{bmatrix}$$

说明:

① 空关系的关系矩阵,所有元素为 0。

② 全关系的关系矩阵,所有元素为 1。

③ 恒等关系的关系矩阵,所有对角元为 1,非对角元为 0,此矩阵为单位矩阵。

例题 4.8　设 $X=\{x_1,x_2,x_3,x_4\}$,$Y=\{y_1,y_2,y_3\}$,$R=\{<x_1,y_1>,<x_1,y_3>,<x_2,y_2>,<x_2,y_3>,<x_3,y_1>,<x_4,y_1>,<x_4,y_2>\}$,写出关系矩阵 M_R。

【解】 R 的关系矩阵 M_R 为：

$$M_R=\begin{bmatrix}1&0&1\\0&1&1\\1&0&0\\1&1&0\end{bmatrix}$$

例题 4.9 设 $A=\{1,2,3,4\}$，写出集合 A 上大于关系 $>$ 和恒等关系 I_A 的关系矩阵。

【解】 集合 A 上的大于关系 $>$ 的关系矩阵 $M_>$、M_{IA} 为：

$$M_>=\begin{bmatrix}0&0&0&0\\1&0&0&0\\1&1&0&0\\1&1&1&0\end{bmatrix}\quad M_{I_A}=\begin{bmatrix}1&0&0&0\\0&1&0&0\\0&0&1&0\\0&0&0&1\end{bmatrix}$$

【思考问题】 集合 X 到 Y 有多少个不同的关系？

【答】 如果 $|X|=m$、$|Y|=n$，则 $|A\times B|=m\times n$，而关系是 $A\times B$ 的子集，$A\times B$ 的子集共有 $2^{m\times n}$ 个，所以，X 到 Y 的关系共有 $2^{m\times n}$ 个。

4.2 关系的性质

关系是序偶的集合，也是笛卡儿积的子集。而对于来自于同一个集合的关系，从例题4.7的关系图和例题4.9的关系矩阵可以看出，有些关系具有较明显的特征。如上述两例的恒等关系，从关系图上看，没个结点都有自回路；从关系矩阵上看，矩阵的主对角上都为1。因此，某些关系具有一些特殊的性质，这些性质包括：自反性和反自反性、对称性和反对称性以及传递性。

请注意：在讨论关系的性质时，这些关系通常指来自于同一个集合的关系。

4.2.1 关系的几种性质

1. 自反性和反自反性

定义 4.4 自反性 设 R 是集合 X 上的二元关系，如果对于每一个 $x\in X$，都有 $<x,x>\in R$，则称关系 R 具有自反性，或称关系 R 是自反的。

R 在 X 上自反 $\Leftrightarrow(\forall x)(x\in X\rightarrow<x,x>\in R)$。

定义 4.5 反自反性 设 R 是集合 X 上的二元关系，如果对于每一个 $x\in X$，都有 $<x,x>\notin R$，则称关系 R 具有反自反性，或称关系 R 是反自反的。

R 在 X 上反自反 $\Leftrightarrow(\forall x)(x\in X\rightarrow<x,x>\notin R)$。

例如，在实数集合中，"$\leqslant$"是自反的，因为对于任意实数 $x\leqslant x$ 成立；平面上三角形的全等关系也是自反的。

例题 4.10 考虑集合 $A=\{1,2,3,4\}$ 上的如下关系，判断哪些是自反的，哪些是反自反的？

$R_1=\{<1,1>,<1,2>,<2,1>,<2,2>,<3,4>,<4,1>\}$

$R_2=\{<1,1>,<1,2>,<2,1>\}$

$R_3=\{<1,1>,<1,2>,<1,4>,<2,1>,<2,2>,<3,3>,<4,1>,<4,4>\}$

$R_4=\{<2,1>,<3,1>,<3,2>,<4,1>,<4,2>,<4,3>\}$

$R_5=\{<1,1>,<1,2>,<1,3>,<1,4>,<2,2>,<2,3>,<2,4>,<3,3>,$
$<3,4>,<4,4>\}$

$R_6=\{<3,4>\}$

【解】 关系 R_3 和 R_5 是自反的，因为它们都含有了形如 $<x,x>$ 的序偶，即 $<1,1>$，$<2,2>$，$<3,3>$ 和 $<4,4>$。关系 R_1 虽含有序偶 $<1,1>$，$<2,2>$ 和 $<4,4>$，但没有 $<3,3>$，所以，关系 R_1 不是自反的。关系 R_2 含有序偶 $<1,1>$，但不含有序偶 $<2,2>$，$<3,3>$ 和 $<4,4>$，所以，关系 R_2 不是自反的。关系 R_4 和 R_6 不含有任何形如 $<x,x>$ 的序偶，所以，关系 R_4 和 R_6 不是自反的。

关系 R_4 和 R_6 是反自反的，因为它们不含有任何形如 $<x,x>$ 的序偶。其他关系不是自反的，因为它们含有某些形如 $<x,x>$ 的序偶。

综上所述可知，关系 R_3 和 R_5 是自反的，关系 R_4 和 R_6 是反自反的，而 R_1 和 R_2 既不是自反的也不是反自反的。

例题 4.11 用关系矩阵和关系图表示例题 4.10 中的关系，并分析其中自反性、反自反性的特征。

【解】 例题 4.10 中关系 R_1、R_2、R_3、R_4、R_5 和 R_6 的关系矩阵分别为如下矩阵 M_1、M_2、M_3、M_4、M_5、M_6。从这些关系矩阵中可以看出：自反关系 R_3 和 R_5 关系矩阵的主对角线元素全为 1，反自反关系 R_4 和 R_6 的关系矩阵的主对角线元素全为 0，而既不是自反的、又不是反自反的关系 R_1、R_2，其关系矩阵的主对角线上有 1，但不全为 1。

$$M_1=\begin{bmatrix}1&1&0&0\\1&1&0&0\\0&0&0&1\\1&0&0&1\end{bmatrix}\quad M_2=\begin{bmatrix}1&1&0&0\\1&0&0&0\\0&0&0&0\\0&0&0&0\end{bmatrix}\quad M_3=\begin{bmatrix}1&1&0&1\\1&1&0&0\\0&0&1&0\\1&0&0&1\end{bmatrix}$$

$$M_4=\begin{bmatrix}0&0&0&0\\1&0&0&0\\1&1&0&0\\1&1&1&0\end{bmatrix}\quad M_5=\begin{bmatrix}1&1&1&1\\0&1&1&1\\0&0&1&1\\0&0&0&1\end{bmatrix}\quad M_6=\begin{bmatrix}0&0&0&0\\0&0&0&0\\0&0&0&1\\0&0&0&0\end{bmatrix}$$

例题 4.10 中关系的关系图如图 4.4 所示。从这些关系图中可以看出：自反关系 R_3 和 R_5 的关系图中每个结点都有自回路，反自反关系 R_4 和 R_6 的关系图中每个结点都没有自回路，而既不是自反的，也不是反自反的关系 R_1、R_2 的关系图，有些结点有自回路，有些没有。

分析例题 4.10 和例题 4.11 可以发现：如果非空集合上的某个关系 R 是自反的，那么该关系一定不是反自反的；如果某个关系 R 不是自反的，那么该关系不一定就是反自反的。换言之，存在既不是自反的也不是反自反的关系。

例题 4.12 计算集合 $A=\{a,b\}$ 上所具有的自反关系的个数。

【解】 由 $A=\{a,b\}$ 可知，$A\times A=\{<a,a>,<b,b>,<a,b>,<b,a>\}$。根据自反性定义，所有具有自反性的关系至少含有 $<a,a>$ 和 $<b,b>$ 两个元素。因此，计算 A 上

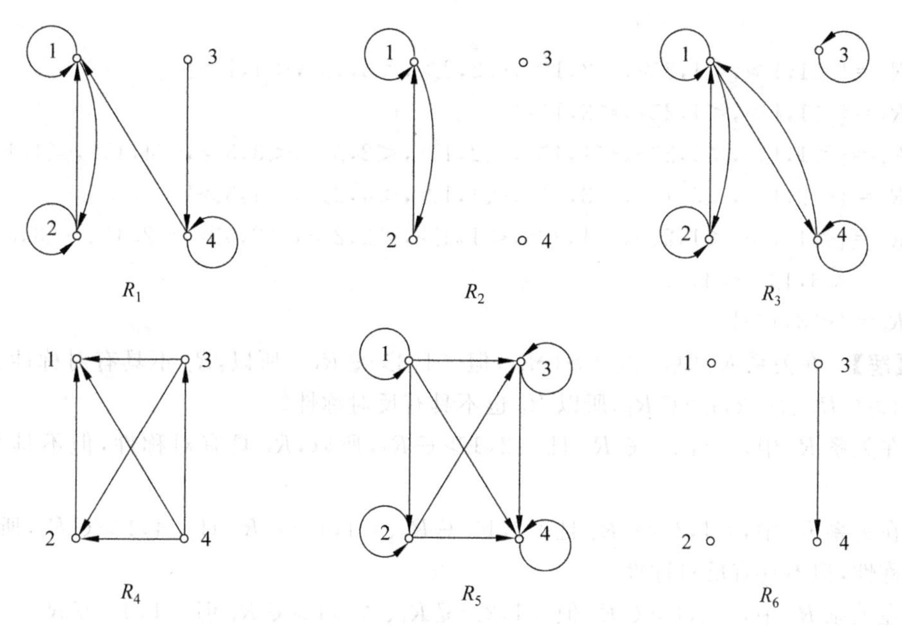

图 4.4 例题 4.10 关系的关系图

所有具有自反性的关系的个数就相当于计算集合$\{<a,b>,<b,a>\}$的所有不同子集的个数,而集合$\{<a,b>,<b,a>\}$的所有不同子集的个数就是其幂集的元素个数,即 $2^2=4$。所以,集合 $A=\{a,b\}$上所具有的自反关系的个数为 4。

根据例题 4.12 的分析,可得如下结论:

如果集合 X 的元素个数为 n(即$|X|=n$),其笛卡儿积中有 n 个序偶为$<x,x>$,则 X 上的自反关系共有 2^{n*n-n}个。例如,$|X|=3$,X 上关系共有 2^9 个,而自反关系共有 2^6 个。

R 是 X 上的二元关系,则:

① R 是自反关系的充要条件是 $I_X\subseteq R$。

② R 是反自反关系的充要条件是 $R\cap I_X=\varnothing$。

2. 对称性和反对称性

定义 4.6 对称性 设 R 是集合 X 上的二元关系,如果对于任意的 x、$y\in X$,每当$<x,y>\in R$ 时,就有$<y,x>\in R$,则称 R 是对称的。

R 在 X 上对称$\Leftrightarrow(\forall x)(\forall y)(x\in X\wedge y\in X\wedge <x,y>\in R\rightarrow <y,x>\in R)$。

定义 4.7 反对称性 设 R 是集合 X 上的二元关系,如果对于任意的 x、$y\in X$,每当$<x,y>\in R$ 和$<y,x>\in R$ 必有 $x=y$,则称 R 是反对称的。

R 在 X 上反对称$\Leftrightarrow(\forall x)(\forall y)(x\in X\wedge y\in X\wedge <x,y>\in R\wedge <y,x>\in R\rightarrow x=y)$。

对上述定义的进一步理解就是,集合 A 上的关系 R 是对称的,当且仅当如果集合元素 x 与 y 以 R 相关,则 y 与 x 就以 R 相关。集合 A 上的关系 R 是反对称的,当且仅存在由集合 A 中不同元素 x 与 y 构成的序偶,使得 x 与 y 以 R 相关并且 y 与 x 也相关,对称与反对称概念不是对立的,因为一个关系可以同时具有这两种性质。

例题 4.13 考虑集合 $A=\{1,2,3,4\}$上的如下关系,分析这些关系的对称性和反对称性。

$R_1=\{<1,1>,<1,2>,<2,1>,<2,2>,<3,4>,<4,1>\}$

$R_2=\{<1,1>,<1,2>,<2,1>\}$

$R_3=\{<1,1>,<1,2>,<1,4>,<2,1>,<2,2>,<3,3>,<4,1>,<4,4>\}$

$R_4=\{<2,1>,<3,1>,<3,2>,<4,1>,<4,2>,<4,3>\}$

$R_5=\{<1,1>,<1,2>,<1,3>,<1,4>,<2,2>,<2,3>,<2,4>,<3,3>,$
$<3,4>,<4,4>\}$

$R_6=\{<3,4>\}$

【解】 在关系 R_1 中，$<3,4>\in R_1$，但$<4,3>\notin R_1$。所以，R_1 不具有对称性；同时，$<1,2>\in R_1$ 且$<2,1>\in R_1$，所以 R_1 也不具有反对称性。

在关系 R_2 中，$<1,2>\in R_2$ 且$<2,1>\in R_2$，所以，R_2 具有对称性，但不具有反对称性。

在关系 R_3 中，$<1,2>\in R_3$ 且$<2,1>\in R_3$、$<1,4>\in R_3$ 且$<4,1>\in R_3$，所以，R_3 有对称性，但不具有反对称性。

在关系 R_4 中，$<2,1>\in R_4$ 但$<1,2>\notin R_4$、$<3,1>\in R_4$ 但$<1,3>\notin R_4$、$<3,2>\in R_4$ 但$<2,3>\notin R_4$、$<4,1>\in R_4$ 但$<1,4>\notin R_4$、$<4,2>\in R_4$ 但$<2,4>\notin R_4$、$<4,3>\in R_4$ 但$<3,4>\notin R_4$，所以，R_4 具有反对称性，但不具有对称性。

在关系 R_5 中，$<1,2>\in R_5$ 但$<2,1>\notin R_5$、$<1,3>\in R_5$ 但$<3,1>\notin R_5$、$<1,4>\in R_5$ 但$<4,1>\notin R_5$、$<2,3>\in R_5$ 但$<3,2>\notin R_5$、$<2,4>\in R_5$ 但$<4,2>\notin R_5$、$<3,4>\in R_5$ 但$<4,3>\notin R_5$，所以，R_5 是反对称的，但不是对称的。

在关系 R_6 中，$<3,4>\in R_6$ 但$<4,3>\notin R_6$，所以，R_6 是反对称的，但不是对称的。

例题 4.14 试给出一个集合上的关系例子，要求它既是对称的又是反对称的。

【解】 考查集合 $A=\{a,b\}$上的关系 $R=\{<a,a>,<b,b>\}$。

由于不存在集合 A 上的元素 $x\neq y$ 及其序偶$<x,y>\in R$，所以集合 A 上的关系R 是对称的。又由于 R 中不存在集合 A 上的元素 $x\neq y$ 及其序偶$<x,y>\in R$ 且$<y,x>\in R$，所以集合 A 上的关系 R 是反对称的。即集合 $A=\{a,b\}$上的关系 $R=\{<a,a>,<b,b>\}$ 既是对称的又是反对称的。

例题 4.15 分析例题 4.11 中关系的关系矩阵和关系图，给出对称性、反对称性的表示特征。

【解】 从关系矩阵表示中可以看出：具有对称性的关系 R_2 和 R_3 的关系矩阵为对称矩阵，具有反对称性的关系 R_4、R_5 和 R_6 的关系矩阵为非对称矩阵。

从关系图中可以看出：具有对称性的关系 R_2 和 R_3 的关系图中，在任何一对结点间要么有方向相反的两条边，要么没有任何边；具有反对称性的关系 R_4、R_5 和 R_6 的关系图中，任何一对结点之间至多有一条边。

3. 传递性

定义 4.8 传递性 设 R 为集合 A 上的关系，对于任意元素 $x\in A$、$y\in A$ 和 $z\in A$，如果有$<x,y>\in R$ 且$<y,z>\in R$，那么必有$<x,z>\in R$，则称集合 A 上的关系R 具有传递性，或者称 R 在集合A 上是传递的。

例题 4.16 分析例题 4.10 中所列出关系的传递性，并结合例题 4.11 中给出的关系矩阵和关系图，分析关系矩阵和关系图中传递性的特征。

【解】 关系 R_4、R_5 和 R_6 是传递的。因为在这些关系中，如果 $<x,y>\in R$ 且 $<y,z>\in R$，那么就有 $<x,z>\in R$。

关系 R_1、R_3 不是传递的。因为在关系 R_1 中，$<3,4>\in R_1$ 且 $<4,1>\in R_1$ 但 $<3,1>\notin R_1$；在关系 R_3 中，$<2,1>\in R_3$、$<1,4>\in R_3$，但 $<2,4>\notin R_3$。

从关系矩阵表示中可以看出：具有传递性关系的关系矩阵中，对任意 i、j、$k\in\{1,2,3,\cdots,n\}$，若 $r_{ij}=1$ 且 $r_{jk}=1$，必有 $r_{ik}=1$。

从关系图中可以看出：具有传递性的关系的关系图中，任何三个结点 x、y 和 z（结点可以相同）之间，若从 x 到 y 有一条边且从 y 到 x 有一条边，那么从 x 到 z 一定有一条边。

例题 4.17 试求集合 $A=\{1,2\}$ 上所有具有传递性的关系 R。

【解】 因为 $|A|=2$，所以 $A\times A$ 的元素有 4 个，$A\times A$ 的子集有 $2^4=16$ 个，所以集合 A 上的不同关系共有 $2^4=16$，分别为：

$R_1=\varnothing$；　　$R_2=\{<1,1>\}$；

$R_3=\{<2,2>\}$；　　$R_4=\{<1,2>\}$；

$R_5=\{<2,1>\}$；　　$R_6=\{<1,1>,<2,2>\}$；

$R_7=\{<1,1>,<1,2>\}$；　　$R_8=\{<1,1>,<2,1>\}$；

$R_9=\{<2,2>,<1,2>\}$；　　$R_{10}=\{<2,2>,<2,1>\}$；

$R_{11}=\{<1,2>,<2,1>\}$；　　$R_{12}=\{<1,1>,<2,2>,<1,2>\}$；

$R_{13}=\{<1,1>,<2,2>,<2,1>\}$；　　$R_{14}=\{<1,1>,<1,2>,<2,1>\}$；

$R_{15}=\{<2,2>,<1,2>,<2,1>\}$；　　$R_{16}=\{<1,1>,<2,2>,<1,2>,<2,1>\}$。

不难看出，除了 R_{11}、R_{14} 和 R_{15} 外，其他关系都具有传递性。所以，集合 A 上所有具有传递性的关系为 R_1、R_2、R_3、R_4、R_5、R_6、R_7、R_8、R_9、R_{10}、R_{12}、R_{13}、R_{16}。

定理 4.2 设 R、S 是 A 上的传递关系，则 $R\cap S$ 也是 A 上的传递关系。

【证明】 设 $<x,y>\in R\cap S$、$<y,z>\in R\cap S$，则 $<x,y>\in R$、$<y,z>\in R$ 且 $<x,y>\in S$、$<y,z>\in S$。

因为 R、S 是 A 上的传递关系，所以 $<x,z>\in R$、$<x,z>\in S$，所以 $<x,z>\in R\cap S$，故 $R\cap S$ 是 A 上的传递关系。

本定理得证。

注意：R、S 均是传递的，但 $R\cup S$ 未必是传递的。

例如，$R=\{<a,b>\}$，$S=\{<b,c>\}$，则 R、S 均是传递的，但 $R\cup S=\{<a,b>,<b,c>\}$ 不是传递的。

4.2.2 性质的判别

对于给定集合上的关系，可以根据性质的定义、性质在关系矩阵或者关系图中的表示特征，来进行性质的判别。表 4-1 给出了性质判别方法的总结。

表 4-1 关系性质的判别

判别类型	自反性	反自反性	对称性	反对称性	传递性
定义	任意 $x\in A$，$<x,x>\in R$	任意 $x\in A$，$<x,x>\notin R$	如果 $<x,y>\in R$，则 $<y,x>\in R$	若 $<x,y>\in R$ 且 $<y,x>\in R$，则 $x=y$	如果 $<x,y>\in R$ 且 $<y,z>\in R$，则 $<x,z>\in R$
关系矩阵	主对角线元素全为 1	主对角线元素全为 0	对称矩阵	反对称矩阵	若 $r_{ij}=1$ 且 $r_{jk}=1$，则 $r_{ik}=1$
关系图	每个结点都有环	每个结点都没有环	任何一对结点之间，要么有方向相反的两条边，要么没有边	任何一对结点之间最多有一条边	若从 x 到 y 有一条边且从 y 到 z 有一条边，那么从 x 到 z 一定有一条边

例题 4.18 判断集合 $A=\{1,2,3\}$ 上的如下关系的性质。

$$R_1=\{<1,2>,<2,3>,<1,3>\}$$
$$R_2=\{<1,1>,<1,2>,<2,3>\}$$
$$R_3=\{<1,1>,<2,2>,<3,3>\}$$
$$R_4=U_A$$
$$R_5=\varnothing$$

【解】 根据关系性质的定义，可以判定如下：

关系 R_1 具有反自反性、反对称性和传递性；

关系 R_2 具有反对称性；

关系 R_3 具有自反性、对称性、反对称性和传递性；

关系 R_4 具有自反性、对称性和传递性；

关系 R_5 具有反自反性、对称性、反对称性和传递性。

例题 4.19 判断图 4.5 中给出的关系的性质。

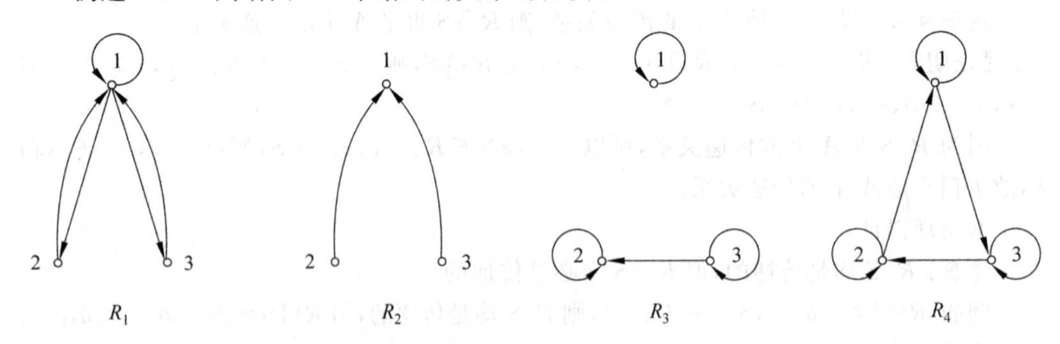

图 4.5 例题 4.19 关系的关系图

【解】 关系 R_1 是对称的，因为无单向边；不是反对称的，因为存在双向边；不是自反的、也不是反自反的，因为有些结点有环、有些结点无环；不是传递的，因为存在边 $<2,1>$ 和边 $<1,2>$，但没有环 $<2,2>$。

关系 R_2 是反自反的、反对称的、传递的。因为所有结点无环、不存在双向边、不存在

从 x 到 y 的边且从 y 到 z 的边。不是自反的，也不是对称的。

关系 R_3 是自反的、反对称的、传递的。因为所有结点有环、不存在双向边、不存在从 x 到 y 的边且从 y 到 z 的边。不是反自反的、对称的。

关系 R_4 是自反的、反对称的。因为所有结点有环、不存在双向边、存在边 $\langle 2,1\rangle$ 和边 $\langle 1,3\rangle$，但不存在边 $\langle 2,3\rangle$。不是反自反的、对称的、传递的。

例题 4.20 判断下列关系矩阵所表示的关系的性质。

$$M_1=\begin{bmatrix}1&1&1\\1&0&0\\1&0&0\end{bmatrix}\quad M_2=\begin{bmatrix}0&0&0\\1&0&0\\1&0&0\end{bmatrix}\quad M_3=\begin{bmatrix}1&0&0\\1&1&0\\0&1&1\end{bmatrix}\quad M_4=\begin{bmatrix}1&0&1\\1&1&0\\0&1&1\end{bmatrix}$$

【解】 关系 R_1 是对称的。因为 M_1 是对称矩阵；不是自反的，也不是反自反的，因为主对角线元素有些为 0、有些为 1；不是传递的，因为 2 行 1 列元素和 1 行 2 列元素均为 1，但 2 行 2 列的元素为 0。

关系 R_2 是反自反的、反对称的、传递的。因为 M_2 的主对角线元素全为 0 且为反对称矩阵、不存在 i 行 j 列元素和 j 行 k 列元素均为 1 的情况。

关系 R_3 是自反的、反对称的。因为 M_3 的主对角线元素全为 1 且为反对称矩阵；不是传递的，因为 3 行 2 列元素和 2 行 1 列元素均为 1，但 3 行 1 列元素为 0。

关系 R_4 是自反的、反对称的。因为 M_4 的主对角线元素全为 1 且为反对称矩阵；不是传递的，因为 1 行 3 列元素和 3 行 2 列元素为 1，但 1 行 2 列元素为 0。

4.3 复合关系和逆关系

二元关系是序偶的集合，所以集合的所有基本运算都适用于关系，并可能产生一种新的关系，如并、交、补、差、对称差等。

关系的运算除了集合的基本运算外，根据关系的特点，还可以进行一些关系特有的运算，如复合运算与逆运算等。这些运算也会产生新的关系，分别叫复合关系和逆关系。

例如，a、b、c 三人，其中 a、b 是兄妹关系，b、c 是母子关系，则 a、c 是舅甥关系。若设 R 是兄妹关系，S 是母子关系，则 R 与 S 的复合后的一新关系 T 就是舅甥关系。又如 R 是父子关系，R 与 R 复合就是祖孙关系。

4.3.1 复合关系

1. 复合关系(关系的复合运算)

定义 4.9 复合关系 设 X、Y、Z 是三个集合，若 R 是 X 到 Y 的关系，S 是 Y 到 Z 的关系，则 $R\circ S$ 称为 R 和 S 的复合关系，表示为：

$$R\circ S=\{\langle x,z\rangle \mid x\in X\wedge z\in Z\wedge(\exists y)(y\in Y\wedge\langle x,y\rangle\in R\wedge\langle y,z\rangle\in S)\}$$

从 R 和 S 求 $R\circ S$，称为关系的复合运算。

说明：R 与 S 能进行复合的必要条件是 R 的值域所属集合 Y 与 S 前域所属集合 Y 是同一个集合。

关系的复合运算是关系之间的一种传递，通过传递的方式产生一种新的关系。

例题 4.21 设集合 $X=\{1,2,3,4,5\}$、$Y=\{3,4,5\}$、$Z=\{1,2,3\}$，R 是 X 到 Y 的关系，S 是 Y 到 Z 的关系，且 $R=\{<x,y>|x+y=6\}$、$S=\{<y,z>|y-z=2\}$，试求 R 和 S 的复合关系 $R\circ S$。

【解】 $R=\{<x,y>|x+y=6\}=\{<1,5>,<2,4>,<3,3>\}$

$S=\{<y,z>|y-z=2\}=\{<3,1>,<4,2>,<5,3>\}$，

则 $R\circ S=\{<1,3>,<2,2>,<3,1>\}$

本题也可以用消去 y 的方法进行推导：

因为 $x+y=6$、$y-z=2$，消去 y 得 $x+z=4$。

所以只要序偶的两个元素相加等于 2，这样的序偶就是复合关系中的元素。

例题 4.22 设集合 $X=\{x,y,z,d,e\}$，关系 $R=\{<x,y>,<y,y>,<z,d>\}$、$S=\{<d,y>,<y,e>,<z,x>\}$，试求复合关系 $R\circ S$、$S\circ R$、$S\circ S$。

【解】 $R\circ S=\{<x,e>,<y,e>,<z,y>\}$，

$S\circ R=\{<d,y>,<z,y>\}$，$R\circ R=\{<x,y>,<y,y>\}$，

$S\circ S=\{<d,e>\}$

例题 4.23 设 $R=\{<1,2>,<3,4>,<2,2>\}$、$S=\{<4,2>,<2,5>,<3,1>,<1,3>\}$，试求复合关系 $R\circ S$、$S\circ R$、$R\circ(S\circ R)$、$(R\circ S)\circ R$、$R\circ R$、$S\circ S$、$R\circ R\circ R$。

【解】 $R\circ S=\{<1,5>,<3,2>,<2,5>\}$，

$S\circ R=\{<4,2>,<3,2>,<1,4>\}$，

$R\circ(S\circ R)=\{<3,2>\}$，

$(R\circ S)\circ R=\{<3,2>\}$，

$R\circ R=\{<1,2>,<2,2>\}$，

$S\circ S=\{<4,5>,<3,3>,<1,1>\}$，

$R\circ R\circ R=\{<1,2>,<2,2>\}$

从例题 4.23 可以看出，关系的复合运算不满足交换律，但满足结合律。

例题 4.24 设 R_1 和 R_2 是集合 $X=\{0,1,2,3\}$ 上的关系，其中 $R_1=\{<i,j>|j=i+1$ 或 $j=i/2\}$、$R_2=\{<i,j>|i=j+2\}$，试求 $R_1\circ R_2$、$R_2\circ R_1$、$R_1\circ R_2\circ R_1$、$R_1\circ R_1$、$R_1\circ R_1\circ R_1$。

【解】 $R_1=\{<0,1>,<1,2>,<2,3>,<0,0>,<2,1>\}$，

$R_2=\{<2,0>,<3,1>\}$，

$R_1\circ R_2=\{<1,0>,<2,1>\}$，

$R_2\circ R_1=\{<2,1>,<2,0>,<3,2>\}$，

$R_1\circ R_2\circ R_1=\{<1,1>,<1,0>,<2,2>\}$，

$R_1\circ R_1=\{<0,2>,<1,3>,<1,1>,<0,1>,<0,0>,<2,2>\}$，

$R_1\circ R_1\circ R_1=\{<0,3>,<0,1>,<1,2>,<0,2>,<0,0>,<2,3>,<2,1>\}$。

2. 关系的幂运算

关系的 n 次幂：设 R 是 X 上的二元关系，$n\in N$，则关系的 n 次幂 R^n 定义为：

① $R^0=I_x$；

② $R^{n+1}=R^n\circ R$。

说明：关系的幂运算仅针对来自同一个集合的关系。如果 R 是 X 到 Y 的关系，且

$X \neq Y$,则 R^2 是无意义的,因为 $R \circ R$ 是无法复合的。

定理 4.3 设 R 是集合 X 上的二元关系,$m,n \in N$,则

① $R^m \circ R^n = R^{m+n}$ (称第一指数律)。

② $(R^m)^n = R^{mn}$ (称第二指数律)。

此定理证明可以用数学归纳法加以证明。

说明:第三指数律$(R \circ S)^n = R^n \circ S^n$ 一般是不成立的。因为:

$$(R \circ S)^2 = (R \circ S) \circ (R \circ S) = R \circ (S \circ R) \circ S$$

$$R^2 \circ S^2 = (R \circ R) \circ (S \circ S) = R \circ (R \circ S) \circ S$$

只要交换律不成立,第三指数律就不成立。

例题 4.25 设 $X=\{1,2,3,4,5\}$,X 上关系 R 为 $R=\{<1,2>,<2,1>,<2,3>,<3,4>,<4,5>\}$,试求 R^0、R^1、R^2、R^3、R^4、R^5。

【解】 $R^0 = I_x = \{<1,1>,<2,2>,<3,3>,<4,4>,<5,5>\}$,

$R^1 = R$,

$R^2 = \{<1,1>,<2,2>,<1,3>,<2,4>,<3,5>\}$,

$R^3 = \{<1,2>,<2,1>,<1,4>,<2,3>,<2,5>\}$,

$R^4 = \{<1,1>,<2,2>,<1,5>,<2,4>,<1,3>\}$,

$R^5 = \{<1,2>,<1,4>,<2,1>,<2,3>,<2,5>\}$。

3. 复合关系的矩阵求解

上述通过集合的方式求复合关系,需要对两个关系中的每一个序偶都进行判断,当序偶元素较多时,容易出现漏判、误判的情况,导致复合关系求解出错。为了减少复合关系求解出错的现象,可以参考矩阵相乘的方法求解复合关系。

设集合 $X=\{x_1,x_2,\cdots,x_m\}$、$Y=\{y_1,y_2,\cdots,y_n\}$,$Z=\{z_1,\cdots,z_P\}$,R 是 X 到 Y 的关系,其关系矩阵 $M_R=(u_{ij})_{m\times n}$,S 是 Y 到 Z 的关系,其关系矩阵 $M_S=(v_{jk})_{n\times p}$,复合关系 $R \circ S$是 X 到 Z 的关系,其关系矩阵 $M_{R\circ S}=M_R \circ M_S=(w_{ik})_{m\times p}$。其中:

$$w_{ik} = \bigvee_{j=1}^{n} (u_{ij} \wedge v_{jk})$$

式中,"$\vee$"表示逻辑或(逻辑加),"$\wedge$"表示逻辑与(逻辑乘)。

利用矩阵求复合关系的记忆技巧:从第一行开始,复合关系矩阵第 k 行的值由参与复合运算的前一个矩阵第 k 行的 1 决定,第 k 行哪些列为 1,就将参与复合运算的后一个矩阵对应的行做逻辑加,相加的结果作为复合后关系矩阵第 k 行的值。若参与复合运算的前一个矩阵第 k 行全为 0,则复合后关系矩阵的第 k 行为 0。

如下面的例题 4-26 中,复合关系矩阵的第 1 行,因复合运算的前一个矩阵第 1 行、第 2 列为 1,则将参与复合运算的后一个矩阵的第 2 行(00001)作为运算结果第 1 行的值。复合关系矩阵的第 2 行,因复合运算的前一个矩阵第 1、2 列为 1,则将后一个矩阵的第 1 行和第 2 行进行逻辑加,结果作为复合关系矩阵第 2 行的值。复合关系矩阵的第 4、5 行,因复合运算的前一个矩阵第 4、5 行全为 0,则复合关系矩阵的第 4、5 行全为 0。

例题 4.26 给定集合 $A=\{1,2,3,4,5\}$,在 A 上定义两个关系:$R=\{<1,2>,<2,1>,<2,2>,<3,4>\}$,$S=\{<1,3>,<2,5>,<3,1>,<4,2>\}$,试利用矩阵的方法求 $R\circ$

S 和 $S\circ R$。

【解】

$$M_{R\circ S}=\begin{bmatrix}0&1&0&0&0\\1&1&0&0&0\\0&0&0&1&0\\0&0&0&0&0\\0&0&0&0&0\end{bmatrix}\circ\begin{bmatrix}0&0&1&0&0\\0&0&0&0&1\\1&0&0&0&0\\0&1&0&0&0\\0&0&0&0&0\end{bmatrix}$$

$$=\begin{bmatrix}0&0&0&0&1\\0&0&1&0&1\\0&1&0&0&0\\0&0&0&0&0\\0&0&0&0&0\end{bmatrix}$$

4. 复合运算的相关定理

定理 4.4 设 R、S、T 分别是 X 到 Y、Y 到 Z、Z 到 D 的关系，则：

$$(R\circ S)\circ T=R\circ(S\circ T)$$

【证明】 关系是序偶的集合，因此，可以利用证明集合相等的方法证明这两个复合关系相等。

$$\begin{aligned}\forall<x,w>\in(R\circ S)\circ T&\Leftrightarrow\exists z\in Z\wedge<x,z>\in R\circ S\wedge<z,w>\in T\\&\Leftrightarrow\exists z\in Z\wedge\exists y\in Y\wedge<x,y>\in R\wedge<y,z>\in S\wedge<z,w>\in T\\&\Leftrightarrow\exists y\in Y\wedge<x,y>\in R\wedge\exists z\in Z\wedge<y,z>\in S\wedge<z,w>\in T\\&\Leftrightarrow\exists y\in Y<x,y>\in R\wedge<y,w>\in S\circ T\\&\Leftrightarrow<x,w>\in R\circ(S\circ T)\end{aligned}$$

所以 $(R\circ S)\circ T\subseteq R\circ(S\circ T)$。

同理，可以证 $R\circ(S\circ T)\subseteq(R\circ S)\circ T$，从而 $(R\circ S)\circ T=R\circ(S\circ T)$，本定理得证。

本定理也称为复合运算结合律。

定理 4.5 设 R 是从集合 X 到 Y 的关系，S 和 T 均为 Y 到 Z 的关系，U 是集合 Z 到 D 的关系，则下列等式成立。

① $R\circ(S\cup T)=R\circ S\cup R\circ T$。

② $R\circ(S\cap T)\subseteq R\circ S\cap R\circ T$。

③ $(S\cup T)\circ U=S\circ U\cup T\circ U$。

④ $(S\cap T)\circ U\subseteq S\circ U\cap T\circ U$。

【证明】 这里仅以①、②为例进行证明，其他的请读者自行证明。

$$\begin{aligned}①\ \forall<x,z>\in R\circ(S\cup T)&\Leftrightarrow\exists y\in Y\wedge<x,y>\in R\wedge<y,z>\in S\cup T\\&\Leftrightarrow\exists y\in Y\wedge<x,y>\in R\wedge(<y,z>\in S\vee<y,z>\in T)\\&\Leftrightarrow\exists y\in Y\wedge((<x,y>\in R\wedge<y,z>\in S)\vee(<x,y>\in R\wedge<y,z>\in T))\\&\Leftrightarrow\exists y\in Y\wedge(<x,y>\in R\wedge<y,z>\in S)\vee\exists y\in Y\wedge(<x,y>\in R\wedge<y,z>\in T)\end{aligned}$$

$\Leftrightarrow(<x,z>\in R\circ S)\vee(<x,z>\in R\circ T)$

$\Leftrightarrow<x,z>\in(R\circ S\cup R\circ T)$

所以 $R\circ(S\cup T)\subseteq R\circ S\cup R\circ T$。

同理，可以证明 $R\circ S\cup R\circ T\subseteq R\circ(S\cup T)$，从而 $R\circ(S\cup T)=R\circ S\cup R\circ T$，定理 4.5①得证。

② $\forall<x,z>\in R\circ(S\cap T)\Leftrightarrow\exists y\in Y\wedge<x,y>\in R\wedge<y,z>\in S\cap T$

$\Leftrightarrow\exists y\in Y\wedge<x,y>\in R\wedge(<y,z>\in S\wedge<y,z>\in T)$

$\Rightarrow\exists y\in Y\wedge(<x,y>\in R\wedge<y,z>\in S)\wedge\exists y\in Y\wedge(<x,y>\in R\wedge<y,z>\in T)$

$\Leftrightarrow(<x,z>\in R\circ S)\wedge(<x,z>\in R\circ T)$

$\Leftrightarrow<x,z>\in R\circ S\cap R\circ T$

所以 $R\circ(S\cap T)\subseteq R\circ S\cap R\circ T$，定理 4.5 的②得证。

请注意：在②的证明过程中，$\exists y(<x,y>\in R\wedge<y,z>\in S)\wedge\exists y(<x,y>\in R\wedge<y,z>\in T)$中两个存在量词"$\exists y$"的指导变元 y 取值不一定相同，量词提前时，应先换名，再提前。所以$\exists y(<x,y>\in R\wedge<y,z>\in S)\wedge\exists y(<x,y>\in R\wedge<y,z>\in T$ 与 $\exists y<x,y>\in R\wedge(<y,z>\in S\wedge<y,z>\in T)$不等价。

4.3.2 逆关系

1. 逆关系(关系的逆运算)

定义 4.10 逆关系 设 R 是集合 X 到 Y 的二元关系，如将 R 中每一序偶中的元素顺序互换，所得到的集合称为 R 的逆关系，记作 $R^c=\{<y,x>|<x,y>\in R\}$。

说明：R^c 的关系矩阵是 R 的关系矩阵的转置，R^c 的关系图是将 R 的关系图中的有向弧线改变方向。

例题 4.27 设某集合 $X=\{x,y,z\}$，X 上的关系 $R=\{<x,x>,<z,x>,<z,y>\}$，试求 R 的逆关系 R^c。

【解】 $R^c=\{<x,x>,<x,z>,<y,z>\}$

例题 4.28 给定集合 $X=\{a,b,c\}$，R 是 X 上的二元关系，R 的关系矩阵如下，试求 R^c 和 $R\circ R^c$ 的关系矩阵。

$$M_R=\begin{bmatrix}1&0&1\\1&1&0\\1&1&1\end{bmatrix}$$

【解】

$$M_{R^c}=\begin{bmatrix}1&1&1\\0&1&1\\1&0&1\end{bmatrix}$$

$$M_{R\circ R^c}=\begin{bmatrix}1&0&1\\1&1&0\\1&1&1\end{bmatrix}\circ\begin{bmatrix}1&1&1\\0&1&1\\1&0&1\end{bmatrix}=\begin{bmatrix}1&1&1\\1&1&1\\1&1&1\end{bmatrix}$$

2. 逆运算的相关定理

定理 4.6 设 R、R_1 和 R_2 均是 A 到 B 的二元关系，则下列等式成立。

① $(R^c)^c=R$。

② $(R_1\cup R_2)^c=R_1{}^c\cup R_2{}^c$。

③ $(R_1\cap R_2)^c=R_1{}^c\cap R_2{}^c$。

④ $(A\times B)^c=B\times A$。

⑤ $(\sim R)^c=\sim R^c(\sim R=A\times B-R)$。

⑥ $(R_1-R_2)^c=R_1{}^c-R_2{}^c$。

【证明】 这里以②、⑤为例进行证明，其他的请读者自己证明。

② $<x,y>\in(R_1\cup R_2)^c\Leftrightarrow<y,x>\in R_1\cup R_2$

$\Leftrightarrow<y,x>\in R_1\vee<y,x>\in R_2$

$\Leftrightarrow<x,y>\in R_1{}^c\vee<x,y>\in R_2{}^c$

$\Leftrightarrow<x,y>\in R_1{}^c\cup R_2{}^c$

所以$(R_1\cup R_2)^c\subseteq R_1{}^c\cup R_2{}^c$，同理可证明 $R_1{}^c\cup R_2{}^c\subseteq(R_1\cup R_2)^c$，故$(R_1\cap R_2)^c=R_1{}^c\cap R_2{}^c$。

⑤ $<x,y>\in(\sim R)^c\Leftrightarrow<y,x>\in\sim R$

$\Leftrightarrow<y,x>\in A\times B-R$

$\Leftrightarrow<x,y>\in B\times A-R^c$

$\Leftrightarrow<x,y>\in\sim R^c$

所以$(\sim R)^c\subseteq\sim R^c$，同理可证明$\sim R^c\subseteq(\sim R)^c$，故$(\sim R)^c=\sim R^c$。

定理 4.7 设 R 是 X 到 Y 的关系，S 是 Y 到 Z 的关系，则$(R\circ S)^c=S^c\circ R^c$。

【证明】 $<z,x>\in(R\circ S)^c\Leftrightarrow<x,z>\in R\circ S$

$\Leftrightarrow(\exists y)(y\in Y\wedge<x,y>\in R\wedge<y,z>\in S)$

$\Leftrightarrow(\exists y)(y\in Y\wedge<y,x>\in R^c\wedge<z,y>\in S^c)$

$\Leftrightarrow(\exists y)(y\in Y\wedge<z,y>\in S^c\wedge<y,x>\in R^c)$

$\Leftrightarrow<z,x>\in S^c\circ R^c$

所以$(R\circ S)^c\subseteq S^c\circ R^c$，同理可证明 $S^c\circ R^c\subseteq(R\circ S)^c$，故$(R\circ S)^c=S^c\circ R^c$。

例题 4.29 设 $X=\{x,y,z\}$、$Y=\{1,2,3,4,5\}$，R 是 X 上关系，S 是 X 到 Y 的关系，且 $R=\{<x,x>,<x,z>,<y,y>,<z,y>,<z,z>\}$、$S=\{<x,1>,<x,4>,<y,2>,<z,4>,<z,5>\}$。试求 $R\circ S$、R^c、S^c、$S^c\circ R^c$。

【解】 $R\circ S=\{<x,1>,<x,4>,<x,5>,<y,2>,<z,2>,<z,4>,<z,5>\}$

$R^c=\{<x,x>,<y,y>,<y,z>,<z,x>,<z,z>\}$

$S^c=\{<1,x>,<2,y>,<4,x>,<4,z>,<5,z>\}$

$S^c\circ R^c=\{<1,x>,<2,y>,<2,z>,<4,x>,<4,z>,<5,x>,<5,z>\}$

本例可验证：$S^c\circ R^c=(R\circ S)^c$。

定理 4.8 设 R 是 X 上的二元关系，则下列说法成立。

① R 是对称的，当且仅当 $R=R^c$。

② R 是反对称的，当且仅当 $R\cap R^c\subseteq I_x$。

【证明】 ① 必要性。设 R 是对称的，所以有：

$$\begin{aligned}<x,y>\in R &\Leftrightarrow <y,x>\in R\\ &\Leftrightarrow <x,y>\in R^c\end{aligned}$$

所以 $R=R^c$。

充分性。若 $R=R^c$，则：

$$\begin{aligned}<x,y>\in R &\Leftrightarrow <y,x>\in R^c\\ &\Leftrightarrow <y,x>\in R\end{aligned}$$

所以 R 是对称的。

② 必要性。设 R 是反对称的，则：

$$\begin{aligned}<x,y>\in R\cap R^c &\Leftrightarrow <x,y>\in R\wedge <x,y>\in R^c\\ &\Leftrightarrow <x,y>\in R\wedge <y,x>\in R\end{aligned}$$

因为 R 是反对称的，所以 $x=y$，故 $R\cap R^c\subseteq I_x$。

充分性。若 $R\cap R^c\subseteq I_x$，则 $<x,y>\in R\cap R^c\Rightarrow <x,y>\in I_x$，即 $x=y$。

又 $<x,y>\in R\cap R^c \Leftrightarrow <x,y>\in R\wedge <x,y>\in R^c$

$\Leftrightarrow <x,y>\in R\wedge <y,x>\in R$

即当 $<x,y>\in R\wedge <y,x>\in R$ 时，必有 $x=y$，故 R 是反对称的。

本定理得证。

定理 4.9 若 R、S 是 X 上的自反关系，则 $R\cup S$、$R\cap S$、R^c 也是 X 上的自反关系；若 R、S 是 X 上的对称关系，则 $R\cup S$、$R\cap S$、R^c 也是 X 上的对称关系；若 R、S 是 X 上的反对称关系，则 $R\cap S$、R^c 也是 X 上的反对称关系；R 是传递关系的充要条件是 $R\circ R\subseteq R$。

本定理请读者自行证明。

4.4 关系的闭包运算

关系的性质包括自反性、反自反性、对称性、反对称性及传递性等 5 种，基于这些性质所具有的某些特征，在实际应用中，可以对关系进行简化，这种简化主要体现在关系图和关系矩阵上。如具有自反性的关系，由于已知所有的 $<x,x>$ 序偶都存在关系中，那么，在通过关系图来表示关系时，就可以省略每个结点的自回路(环)，而在关系矩阵中，也可以省略其主对角线。

又如，具有对称性的关系，由于已知若序偶 $<x,y>$ 在关系中，则 $<y,x>$ 也必在关系中，因此，在通过关系图来表示关系时，就可以将 x、y 这两个结点间的两条方向相反的有向弧，用一条无方向的弧线来代替，而在关系矩阵中，也可以只列出以主对角线为分界线的一半矩阵。

这样画出的关系图和列出的关系矩阵，既简洁、明了，又可以完整地表述实际的关系。

有些关系，虽不具备上述性质，但可以通过增加某些特定的序偶，使之具有这些性质。通过增加特定序偶，使关系具有某些特殊性质的过程，就称为关系的闭包运算。

闭包的“闭”是闭合的意思，也就是完整具有某些性质，而“包”则指包含原来的关系。

关系的闭包运算包括自反闭包、对称闭包和传递闭包等 3 种。

4.4.1 关系的闭包定义

定义 4.11 关系的闭包 设 R 是 X 上的二元关系，如果另外有一个关系 R' 满足：

① R' 是自反的(对称的，传递的)；

② $R' \supseteq R$；

③ 对于任何自反的(对称的，传递的)关系 R''，如果有 $R'' \supseteq R$，就有 $R'' \supseteq R'$，则称关系 R' 为 R 的自反(对称，传递)闭包，记作 $r(R)$，($s(R)$，$t(R)$)。

关系的自反(对称，传递)闭包其实是指包含原关系的最小(序偶元素最少)自反(对称，传递)关系。

例题 4.30 设集合 $X=\{x,y,z\}$，X 上的关系 $R=\{<x,x>,<x,y>,<y,z>\}$，试求其自反闭包 $r(R)$、对称闭包 $s(R)$ 及传递闭包 $t(R)$。

【解】 $r(R)=\{<x,x>,<x,y>,<y,z>,<y,y>,<z,z>\}$

$s(R)=\{<x,x>,<x,y>,<y,z>,<y,x>,<z,y>\}$

$t(R)=\{<x,x>,<x,y>,<y,z>,<x,z>\}$

由闭包的定义可以知道，构造关系 R 闭包方法就是向 R 中加入必要的序偶，使其具有所希望的性质。下面定理体现了这一点。

4.4.2 关系闭包运算的相关定理

定理 4.10 设 R 是 X 上的二元关系，则

① R 是自反的，当且仅当 $r(R)=R$。

② R 是对称的，当且仅当 $s(R)=R$。

③ R 是传递的，当且仅当 $t(R)=R$。

【证明】 这里只证明①。必要性。若 R 为自反关系，由于 $R \subseteq R$，令左边的 R 为 S，以及任何包含 R 的自反关系为 T，则有 $S \subseteq T$。可见 R 满足自反闭包定义，即 $r(R)=R$。

充分性。若 $r(R)=R$，则根据自反闭包定义可知 R 是自反的。

②和③的证明与①类似，请读者自行证明。

定理 4.11 设 R 是集合 X 上的二元关系，则 $r(R)=R \cup I_x$。

【证明】 本定理可根据自反闭包的定义进行证明。

① 对于任意的 $x \in X$，因为 $<x,x> \in I_x$，所以 $<x,x> \in R \cup I_x$，所以 $R \cup I_x$ 是自反的。

② $R \subseteq R \cup I_x$。

③ 设有其他关系 R'' 是自反的，且满足 $R \subseteq R''$。

因 R'' 是自反的，所以 $I_x \subseteq R''$，再结合条件 $R \subseteq R''$，可知 $R \cup I_x \subseteq R''$。

综上可知，$R \cup I_x$ 是 R 的自反闭包，即 $r(R)=R \cup I_x$。

根据定理 4.11 可知，求一个关系的自反闭包，就是该关系并集合上的恒等关系即可。在关系图上，就是对每个结点补上自回路(环)，在关系矩阵上，就是将主对角线全置为 1。

定理 4.11 是求一个关系的自反闭包的最基本方法。

定理 4.12 设 R 是集合 X 上的二元关系，则 $s(R)=R \cup R^c$。

【证明】　本定理可根据对称闭包的定义进行证明。

① 对于任意的 x、$y\in X$，若 $<x,y>\in R$，则 $<y,x>\in R^c$，所以 $<x,y>\in(R\cup R^c)\wedge <y,x>\in(R\cup R^c)$，所以 $R\cup R^c$ 是对称的。

② $R\subseteq R\cup R^c$。

③ 设有其他关系 R'' 是对称的，且满足 $R\subseteq R''$，则对于任意的 $x,y\in X$，有：

$$<x,y>\in R\cup R^c \Leftrightarrow <x,y>\in R\vee <x,y>\in R^c$$

若 $<x,y>\in R$，因 $R\subseteq R''$，则 $<x,y>\in R''$；如 $<x,y>\in R^c$，则 $<y,x>\in R$，则 $<y,x>\in R''$，又因 R'' 对称，所以 $<x,y>\in R''$，所以 $R\cup R^c\subseteq R''$。

综上可知，$R\cup R^c$ 是 R 的对称闭包，即 $s(R)=R\cup R^c$。

定理 4.12 是求一个关系的对称闭包的最基本方法。

定理 4.13　设 R 是集合 X 上的二元关系，则

$$t(R)=\bigcup_{i=1}^{\infty}R^i=R^1\cup R^2\cup R^3\cup\cdots$$

【证明】　分两步证明。第一步，先证明 $\bigcup\limits_{i=1}^{\infty}R^i\subseteq t(R)$，第二步，再证明 $t(R)\subseteq\bigcup\limits_{i=1}^{\infty}R^i$。

第一步，用归纳法证明如下：

① 根据传递闭包定义，$R^1\subseteq t(R)$；

② 假设 $n\geqslant 1$ 时，有 $R^n\subseteq t(R)$，设有 $x,y\in X$，且 $<x,y>\in R^{n+1}$，则：

因为 $R^{n+1}=R^n\circ R^1$，则存在一个 c，使得 $<x,c>\in R^n$ 且 $<c,y>\in R^1$。由于 $n\geqslant 1$ 时，$R^n\subseteq t(R)$，故有 $<x,c>\in t(R)$ 且 $<c,y>\in t(R)$。因为 $t(R)$ 是传递闭包，所以有 $<x,y>\in t(R)$。

所以，若 $n\geqslant 1$ 时，有 $R^n\subseteq t(R)$，则 $R^{n+1}\subseteq t(R)$，即：

$$R^1\cup R^2\cup R^3\cdots\cdots\subseteq t(R)$$

第二步，设有 $<x,y>\in\bigcup\limits_{i=1}^{\infty}R^i$，$<y,z>\in\bigcup\limits_{i=1}^{\infty}R^i$，则必存在整数 s 和 t，使得 $<x,y>\in R^s$、$<y,z>\in R^t$，这样就有 $<x,z>\in R^s\circ R^t$，所以 $\bigcup\limits_{i=1}^{\infty}R^i$ 是传递的。

由于包含 R 的传递关系都包含 $t(R)$，故 $t(R)\subseteq\bigcup\limits_{i=1}^{\infty}R^i$。

综合以上两步，可得 $t(R)=\bigcup\limits_{i=1}^{\infty}R^i$，定理 4.13 得证。

例题 4.31　设 $A=\{a,b,c\}$，R 是 A 上的二元关系，且 $R=\{<a,b>,<b,c>,<c,a>\}$，求 $r(R)$、$s(R)$、$t(R)$。

【解】　$r(R)=R\cup I_A=\{<a,b>,<b,c>,<c,a>,<a,a>,<b,b>,<c,c>\}$

$s(R)=R\cup R^c=\{<a,b>,<b,a>,<b,c>,<c,b>,<c,a>,<a,c>\}$

利用定理 4.13 求关系的传递闭包，一般通过关系的矩阵进行。

$$M_{R^1}=\begin{bmatrix}0&1&0\\0&0&1\\1&0&0\end{bmatrix}$$

$$M_{R^2}=M_{R^1}\circ M_{R^1}=\begin{bmatrix}0&1&0\\0&0&1\\1&0&0\end{bmatrix}\circ\begin{bmatrix}0&1&0\\0&0&1\\1&0&0\end{bmatrix}=\begin{bmatrix}0&0&1\\1&0&0\\0&1&0\end{bmatrix}$$

$$M_{R^3}=M_{R^2}\circ M_{R^1}=\begin{bmatrix}0&0&1\\1&0&0\\0&1&0\end{bmatrix}\circ\begin{bmatrix}0&1&0\\0&0&1\\1&0&0\end{bmatrix}=\begin{bmatrix}1&0&0\\0&1&0\\0&0&1\end{bmatrix}$$

$$M_{R^4}=M_{R^3}\circ M_{R^1}=\begin{bmatrix}1&0&0\\0&1&0\\0&0&1\end{bmatrix}\circ\begin{bmatrix}0&1&0\\0&0&1\\1&0&0\end{bmatrix}=\begin{bmatrix}0&1&0\\0&0&1\\1&0&0\end{bmatrix}$$

分析上面的矩阵发现，$R^4=R^1$，根据关系复合运算的规律，可得出下面结论：

$$R^1=R^4=R^7=\cdots=R^{3n+1};R^2=R^5=R^8=\cdots=R^{3n+2};R^3=R^6=R^9=\cdots=R^{3n+3}$$

所以有：

$$\begin{aligned}t(R)&=R\cup R^2\cup R^3\\&=\{\langle a,a\rangle,\langle a,b\rangle,\langle a,c\rangle,\langle b,a\rangle,\langle b,b\rangle\langle b,c\rangle,\langle c,a\rangle,\\&\quad\langle c,b\rangle,\langle c,c\rangle\}\end{aligned}$$

基于例题 4.31 求 $t(R)$ 的特点，可以有下面求 $t(R)$ 的定理。

定理 4.14 设 X 为含有 n 个元素的集合，R 是 X 上的二元关系，则存在一个正整数 $k\leqslant n$，使得：

$$t(R)=R\cup R^2\cup R^3\cup\cdots\cup R^k$$

【证明】 设有 $x_i,x_j\in X$，并令 $t(R)=R^+$。如果有 $\langle x_i,x_j\rangle\in R^+$，即 $x_iR^+x_j$ 成立，则必存在整数 $p>0$，使得 $x_iR^px_j$ 成立(其中，$x_iR^px_j$ 是关系 R 的 p 级传递的)，故存在元素序列 $e_1,e_2,\cdots,e_{p-1}\in X$，使得 $x_iRe_1,e_1Re_2,\cdots,e_{p-1}Re_j$。

假定满足上述条件的最小 $p>n$，即关系的传递级数大于 n，由于集合 X 的元素个数为 n，则集合 X 中必然至少存在一个元素在传递序列中出现两次。假定该元素在第 t 次和第 q 次出现，且 $0\leqslant t<q\leqslant p$，则 $e_t=e_q$，则关系的传递序列可变为：

$$\underbrace{x_iRe_1,e_1Re_2,\cdots,e_{t-1}Re_t}_{t\text{个}}\underbrace{e_tRe_{q+1},\cdots,e_{q-1}Re_j}_{(p-q)\text{个}}$$

这表明存在一个正整数 k，使得 $x_iR^kx_j$，其中 $k=t+p-q=p-(q-t)<p$，而这与 p 是最小的这一假设相矛盾，所以 $p>n$ 不成立，因此，必存在一个正整数 $k\leqslant n$，使得：

$$t(R)=R\cup R^2\cup R^3\cup\cdots\cup R^k$$

本定理得证。

例题 4.32 设 $A=\{a,b,c,d\}$，给定集合 A 上的关系为 $R=\{\langle a,b\rangle,\langle b,a\rangle,\langle b,c\rangle,\langle c,d\rangle\}$，求 $t(R)$。

【解】 利用矩阵的方法求解。

$$M_R=\begin{bmatrix}0&1&0&0\\1&0&1&0\\0&0&0&1\\0&0&0&0\end{bmatrix}$$

$$M_{R^2}=\begin{bmatrix}0&1&0&0\\1&0&1&0\\0&0&0&1\\0&0&0&0\end{bmatrix}\circ\begin{bmatrix}0&1&0&0\\1&0&1&0\\0&0&0&1\\0&0&0&0\end{bmatrix}=\begin{bmatrix}1&0&1&0\\0&1&0&1\\0&0&0&0\\0&0&0&0\end{bmatrix}$$

$$M_{R^3}=\begin{bmatrix}1&0&1&0\\0&1&0&1\\0&0&0&0\\0&0&0&0\end{bmatrix}\circ\begin{bmatrix}0&1&0&0\\1&0&1&0\\0&0&0&1\\0&0&0&0\end{bmatrix}=\begin{bmatrix}0&1&0&1\\1&0&1&0\\0&0&0&0\\0&0&0&0\end{bmatrix}$$

$$M_{R^4}=\begin{bmatrix}0&1&0&1\\1&0&1&0\\0&0&0&0\\0&0&0&0\end{bmatrix}\circ\begin{bmatrix}0&1&0&0\\1&0&1&0\\0&0&0&1\\0&0&0&0\end{bmatrix}=\begin{bmatrix}1&0&1&0\\0&1&0&1\\0&0&0&0\\0&0&0&0\end{bmatrix}$$

所以，$M_{t(R)}=\begin{bmatrix}1&1&1&1\\1&1&1&1\\0&0&0&1\\0&0&0&0\end{bmatrix}$

当有限集 X 的元素较多时，利用定理 4.14 通过矩阵的方法求关系 R 的传递闭包 $t(R)$ 仍然比较烦琐，为了解决这个问题，数学家 Warshall 在 1962 年提出了一种更简洁、更易于用计算机程序处理的算法，简称 Warshall 算法。

Warshall 算法：

设 R 是有 n 个元素集合 X 上的二元关系，则求其传递闭包的 Warshall 算法为：

① 设 A 是 R 的关系矩阵。

② 置列数 $i=1$。

③ 对第 i 列所有行 j，如果 $a_{ji}=1$，则对 $k=1,2,\cdots,n$，作如下计算：

$a_{jk}=a_{jk}+a_{ik}$（第 i 行与第 j 行逻辑相加，作为新矩阵第 j 行的值）

④ 置列数 $i=i+1$。

⑤ 如果 $i\leqslant n$，则转到步骤③，继续求新矩阵。若 i 大于 n，则停止计算，所得矩阵即为关系 R 的传递闭包。

Warshall 算法的通俗解释如下：

① 设 A 是 R 的关系矩阵，分 n 次求 R 的传递闭包。

② 置列数 $i=1$，从矩阵 A 的第 1 列开始，对第 i 列各行的值进行分析。

③ 判断第 i 列哪些行为 1，就将原矩阵第 i 行的值与第 i 列 1 所在的行作逻辑加，相加的结果作为 1 所在行的新值，第 i 列没有 1 的行，其值不变，求得一个新矩阵。如果第 i 列所有行都为 0，则矩阵不变。

④ 对列数 i 加 1，分析下一列各行的值。

⑤ 如果 $i\leqslant n$，则则转到步骤③，继续求新矩阵。若 i 大于 n，则停止计算，所得矩阵即为关系 R 的传递闭包。

例题 4.33 已知关系 R 的关系矩阵如下，利用 Warshall 算法求其传递闭包 $t(R)$。

$$M=\begin{bmatrix}0&1&0&0\\1&0&1&0\\0&0&0&1\\0&0&0&0\end{bmatrix}$$

【解】 第1次，分析第1列。由于第1列第2行为1，则将原矩阵第1行与第2行做逻辑加，相加的结果作为第2行的新值，其他行不变，求得一个新矩阵。

$$M_{i=1}=\begin{bmatrix}0&1&0&0\\1&1&1&0\\0&0&0&1\\0&0&0&0\end{bmatrix}$$

第2次，分析新矩阵的第2列。由于第2列第1、2行为1，则将该矩阵第2行与第1、2行分别做逻辑加，相加的结果作为第1、2行的新值，其他行不变，再次求得一个新矩阵。

$$M_{i=2}=\begin{bmatrix}1&1&1&0\\1&1&1&0\\0&0&0&1\\0&0&0&0\end{bmatrix}$$

第3次，分析新矩阵的第3列。由于第3列第1、2行为1，则将该矩阵第3行与第1、2行分别做逻辑加，相加的结果作为第1、2行的新值，其他行不变，再次求得一个新矩阵。

$$M_{i=3}=\begin{bmatrix}1&1&1&1\\1&1&1&1\\0&0&0&1\\0&0&0&0\end{bmatrix}$$

第4次，分析新矩阵的第4列。由于第4列第1、2、3行为1，则将该矩阵第4行与第1、2、3行分别做逻辑加，相加的结果作为第1、2、3行的新值，其他行不变，再次求得一个新矩阵，该矩阵则为关系R的传递闭包。

由于该矩阵第4行全为0，则新矩阵和原矩阵一样，故这一次计算可以合并到第3次中。

为了简便，利用Warshall算法求关系R传递闭包的过程可以简单表示为：

$$\begin{bmatrix}0&1&0&0\\1&0&1&0\\0&0&0&1\\0&0&0&0\end{bmatrix}\xrightarrow{i=1}\begin{bmatrix}0&1&0&0\\1&1&1&0\\0&0&0&1\\0&0&0&0\end{bmatrix}\xrightarrow{i=2}\begin{bmatrix}1&1&1&0\\1&1&1&0\\0&0&0&1\\0&0&0&0\end{bmatrix}\xrightarrow{i=3,4}\begin{bmatrix}1&1&1&1\\1&1&1&1\\0&0&0&1\\0&0&0&0\end{bmatrix}$$

定理4.15 设R为集合A上的关系，则下列说法成立。

① R为自反⇒$s(R)$和$t(R)$为自反。

② R为对称⇒$r(R)$和$t(R)$是对称。

③ R为传递⇒$r(R)$是传递的。

【证明】 这里只给出②的证明过程，其他的由读者自行证明。

② 因为$r(R)=R\cup I_x$，已知R为对称，而I_x显然也是对称的，因此$r(R)$是对称的。

$t(R)=R\cup R^2\cup R^3\cup\cdots$，用数学归纳法证明 $t(R)$ 的对称性。由于 R 是对称的，则对于 $x,y\in X$，可推出：

$$\begin{aligned}xR^2y&\Leftrightarrow x(R\circ R)y\\&\Leftrightarrow(\exists z)(xRz\wedge zRy)\\&\Leftrightarrow(\exists z)(zRx\wedge yRz)\\&\Leftrightarrow(\exists z)(yRz\wedge zRx)\\&\Leftrightarrow y(R\circ R)x\end{aligned}$$

因此 R^2 是对称的。

假设对于 $n\geqslant1$ 时，R^n 是对称，须证 R^{n+1} 是对称的。令 x、$y\in X$，则：

$$\begin{aligned}xR^{n+1}y&\Leftrightarrow x(R^n\circ R)y\\&\Leftrightarrow(\exists z)(xR^nz\wedge zRy)\\&\Leftrightarrow(\exists z)(zR^nx\wedge yRz)\\&\Leftrightarrow(\exists z)(yRz\wedge zR^nx)\\&\Leftrightarrow y(R\circ R^n)x\\&\Leftrightarrow yR^{n+1}x\end{aligned}$$

故 R^{n+1} 是对称的，从而 $t(R)$ 是对称的。

定理 4.16 设 R 是集合 A 上的关系，则下列等式成立。

① $rs(R)=sr(R)$。

② $rt(R)=tr(R)$。

③ $st(R)\subseteq ts(R)$。

【证明】 ① $sr(R)=s(I_A\cup R)=(I_A\cup R)\cup(I_A\cup R)^c$

$$=(I_A\cup R)\cup(I_A^c\cup R^c)=I_A\cup R\cup R^c$$
$$=I_A\cup s(R)=rs(R)$$

② $tr(R)=t(I_A\cup R)=\bigcup\limits_{i=1}^{\infty}(I_A\cup R)^i=\bigcup\limits_{i=1}^{\infty}\left(I_A\cup\bigcup\limits_{j=1}^{i}R^j\right)$

$$=I_A\cup\bigcup_{i=1}^{\infty}\bigcup_{j=1}^{i}R^j=I_A\cup\bigcup_{i=1}^{\infty}R^i$$
$$=I_A\cup t(R)=rt(R)$$

③ 的证明与前 2 个类似，请读者自行证明。

4.5 等价关系与等价类

如前文在关系闭包运算中所述，当关系具有某些性质时，可以根据这些性质的特点，在绘制关系图或者列写关系矩阵时，进行适当简化，这样画出的关系图和列出的关系矩阵，既简洁、明了，又可以完整地表述实际的关系。

这种在图形表示或者在矩阵表示中可以简化的关系有等价关系、相容关系和序关系等 3 种。

4.5.1 等价关系

定义 4.12 等价关系 设 R 为集合 A 上的二元关系，若 R 是自反的、对称的和传递的，则称 R 为等价关系。若集合 A 中有元素 a、b 满足 aRb，则称 a、b 这两个元素在关系 R 中是等价的，即 a 等价于 b，或者 b 等价于 a。

等价关系中的等价，指的是关系中序偶的元素等价，可以相互替换。例如，平面上三角形的集合中，三角形的相似关系就是等价关系。

鉴于空集合中的二元关系是一种平凡情形，讨论时认为该关系具有自反性、对称性和传递性，也属于等价关系。但空集没有元素，实际意义不大，因此，一般讨论非空集合上的等价关系。

例题 4.34 设集合 $T=\{1,2,3,4\}$，$R=\{<1,1>,<1,4>,<4,1>,<4,4>,<2,2>,<2,3>,<3,2>,<3,3>\}$。验证 R 是 T 上的等价关系，画出其简化的关系图。

【解】 R 的关系矩阵和关系图为：

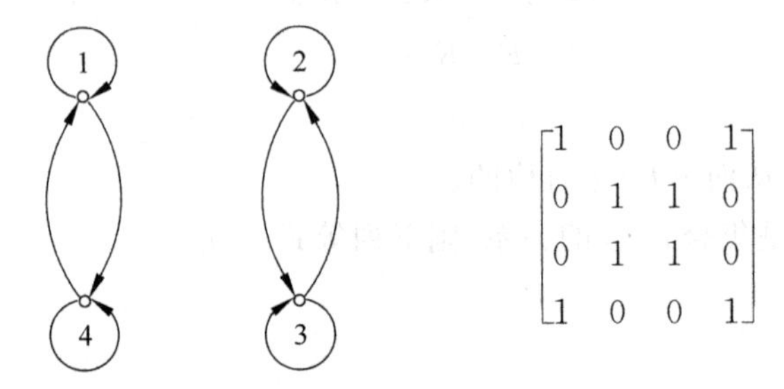

从关系图上可以看出，每个结点都有自回路，说明 R 具有自反性。任意两个结点间或没有弧线连接，或有成对弧出现，故 R 具有对称性。任何结点 a、b、c（结点可以相同）中，若有 a 到 b 和 b 到 c 的弧线，则必有 a 到 c 的弧线，则 R 具有对称性。

从关系矩阵上同样可以很明显地看出，该关系的矩阵主对角线全为 1，具有自反性。以主对角线为轴，对称的两个元素，要么都为 1，要么都为 0，具有对称性。

而在序偶表示式中，仔细分析，同样可以看出，R 是自反的、对称的、传递的。

因此，R 是集合 T 上的等价关系。

关系 R 的简化关系图如图 4.6 所示。

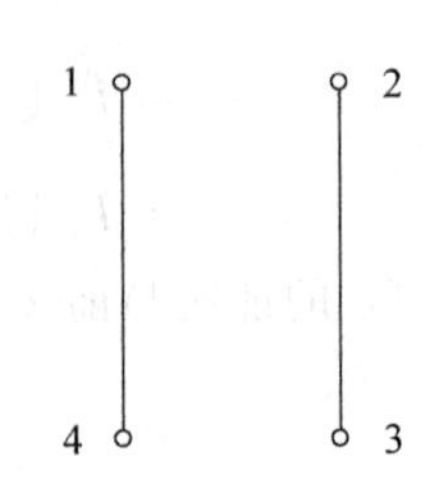

图 4.6 例题 4.34 的简化关系图

请注意：在关系的 3 种表示形式中，关系图最容易分析某关系是否为等价关系。关系矩阵只能比较清晰地看出关系是否满足自反性和对称性，对于关系的传递性，用矩阵形式比较难于判断。而集合的形式，由于序偶元素较多时，容易出现漏看、错看序偶的情况，因此，比较容易出错。故，最常用的方法，还是利用关系图判断关系的等价性。

模 m 等价是 I（整数集合）或其子集上的等价关系，并且是一类比较重要的等价关系。

定义 4.13 模 m 等价 设 m 为一正整数且 $a,b\in I$。若存在 m，使 $a-b=km$，则称 a 与 b 为模 m 等价，记为 $a\equiv b(\bmod m)$。

如 1 与 4 是模 3 等价，1 与 7 是模 3 等价，4 与 7 是模 3 等价，4 与 1 是模 3 等价，7 与

1 是模 3 等价，1 与 1 是模 3 等价……

例题 4.35　设 I 是整数集，$R=\{<a,b>|a\equiv b(\bmod k),a,b\in I\}$，证明 R 是等价关系。

【证明】　设有任意的 $a,b,c\in I$

① 因为 $a-a=k\cdot 0$，所以 $<a,a>\in R$，R 是自反的。

② 若 $<a,b>\in R$，即 $a\equiv b(\bmod k)$、$a-b=kt$（t 为整数），则 $b-a=-kt$，所以 $b\equiv a(\bmod k)$，即 $<b,a>\in R$，则 R 是对称的。

③ 若 $<a,b>\in R$、$<b,c>\in R$，即 $a\equiv b(\bmod k)$，$b\equiv c(\bmod k)$，则 $a-b=kt$、$b-c=ks$（t、s 为整数），$a-c=k(t+s)$，所以 $a\equiv c(\bmod k)$，即 $<a,c>\in R$，所以 R 是传递的。

因此 R 具有自反性、对称性和传递性，R 是等价关系。

定理 4.17　模 m 等价是任何集合 $A\subseteq I$ 上的等价关系。

本定理请读者自行证明。

4.5.2 等价类

来自于集合 A 的等价关系 R，其任何序偶中的两个元素都是相互等价的，将所有这些相互等价的元素归类、集中，可以构成一个集合。这个集合，就称为集合 A 中关于等价关系 R 的等价类。

定义 4.14 等价类　设 R 为集合 A 上的等价关系，对与任何 $a\in A$，集合 $[a]_R=\{x|x\in A,aRx\}$ 称为元素 a 形成的 R 等价类。

显然，等价类 $[a]_R$ 为非空集合，因为至少有 $a\in[a]_R$。

例题 4.36　设 I 是整数集，R 是 I 上的模 3 关系，即 $R=\{<x,y>|x\equiv y(\bmod 3),x、y\in I\}$，确定由 I 的元素所产生的等价类。

【解】　由 I 的元素所产生的模 3 关系的等价类是

$$[0]_R=\{\cdots,-6,-3,0,3,6,\cdots\}$$
$$[1]_R=\{\cdots,-5,-2,1,4,7,\cdots\}$$
$$[2]_R=\{\cdots,-4,-1,2,5,8,\cdots\}$$

例题 4.37　设 $A=\{0,1,2,3,4,5\}$，A 上的关系 $R=\{<0,0>,<1,1>,<2,2>,<3,3>,<1,2>,<1,3>,<2,1>,<2,3>,<3,1>,<3,2>,<4,4>,<4,5>,<5,4>,<5,5>\}$，试求关系 R 的等价类，做出 R 的简化关系图。

【解】　R 的关系图如图 4.7 所示。

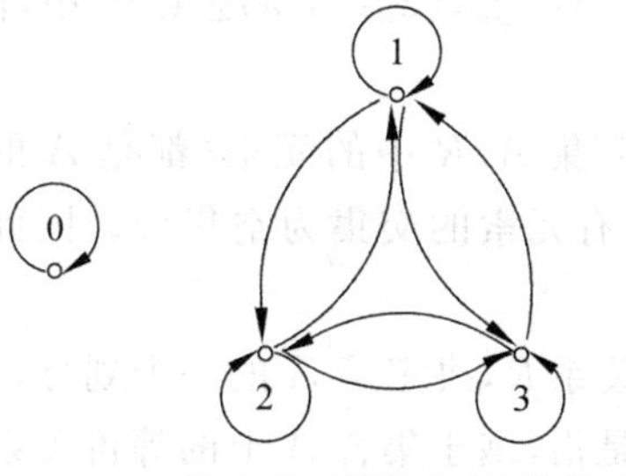

图 4.7　例题 4.37 的关系图

分析关系图可知，R 是集合 A 上的等价关系。根据等价类的定义可知，其等价类有 3 个，分别为：{0}，{1,2,3}，{4,5}。

分析上述等价类和等价关系的关系图，可以发现：在等价关系图中，凡是有弧线连接的元素都在同一个等价类中，凡是没弧线连接的元素，都不在同一个等价类。

关系 R 的简化关系图如图 4.8 所示。

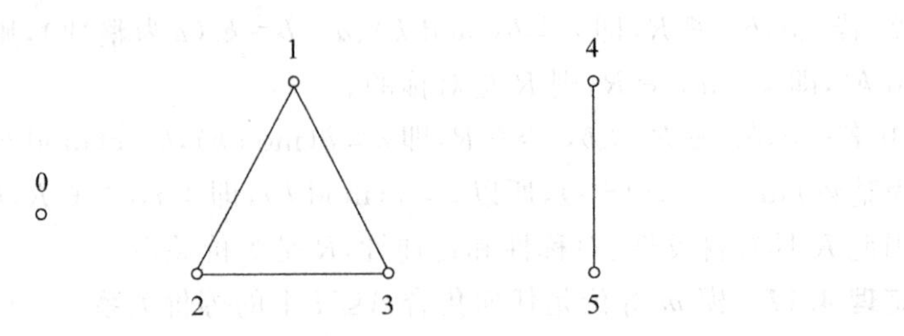

图 4.8　例题 4.37 的简化关系图

定理 4.18　设 R 为给定集合 A 上的等价关系，对于任何 a、$b\in A$，当且仅当 $[a]_R=[b]_R$ 时，有 aRb。

【证明】　充分性。假定 $[a]_R=[b]_R$。因为 $a\in[a]_R$，则 $a\in[b]_R$，即 aRb。

必要性。若 aRb，假定有另一元素 c，使得 $c\in[a]_R$，则：

$$c\in[a]_R\Rightarrow aRc\Rightarrow bRc\Rightarrow c\in[b]_R$$

即 $[a]_R\subseteq[b]_R$。

同理，若 aRb，假定有另一元素 c，有 $c\in[b]_R$，则：

$$c\in[b]_R\Rightarrow bRc\Rightarrow aRc\Rightarrow c\in[a]_R$$

即 $[b]_R\subseteq[a]_R$。

由此证得若 aRb，则 $[a]_R=[b]_R$。本定理证毕。

4.5.3　商集

集合 A 上的等价关系 R 中，所有相互等价的元素所构成的集合称为等价类，每一个等价类都是集合 A 的一个子集，以所有这些子集为元素，可以构成一个新的集合，这个集合就称为集合 A 关于关系 R 的商集。

定义 4.15 商集　集合 A 上的等价关系 R，其等价类的集合 $\{[a]_R|a\in A\}$ 称为 A 关于 R 的商集，记作 A/R。

例如，例题 4.34 中，商集 $T/R=\{[1]_R,[2]_R\}$，例题 4.36 中，商集 $I/R=\{[0]_R,[1]_R,[4]_R\}$。

分析集合 A 关于等价关系的商集 A/R 中的元素（都是 A 的子集）可以发现：商集中，所有元素的并集为原集合 A；所有元素的交集为空集 $\varnothing$。因此，商集相当于是基于关系 R 对集合 A 进行的一个划分。

定理 4.19　集合 A 上的等价关系 R，决定了 A 的一个划分，该划分就是商集 A/R。

证明思路：该定理的实际含义是指，基于集合 A 上的等价关系 R 所构成的商集 A/R，是集合 A 的一个划分。要证明商集是一个划分，只需要证明两点：一是构成商集的所有

等价类的并集为 A；二是任意等价类的交集为空。

【证明】

(1) 证明所有等价类的并集为 A。

对于 A 的任意元素 a，由于 R 是自反的，故必有 aRa 成立，即 $a\in[a]_R$，则集合 A 中的每个元素都至少属于一个等价类，即所有等价类的并集为 A。

(2) 证明任意不同等价类的交集为 $\varnothing$，用反证法证明。

假设有元素 a 属于多个等价类，即 $a\in[b]_R$、$a\in[c]_R$ 且 $[b]_R\neq[c]_R$，则 bRa 与 cRa 成立，根据等价关系的对称性可知有 aRc 成立，再根据等价关系的传递性可知 bRc 成立，则根据定理 4.18 可知，$[b]_R=[c]_R$，与假设 $[b]_R\neq[c]_R$ 矛盾。从而不存在元素属于多个等价类，任意不同等价类的交集为 $\varnothing$。

综上所述可知，商集 A/R 就是 A 的一个划分。本定理证毕。

定理 4.20 集合 A 的一个划分，确定了 A 的元素间的一个等价关系。

证明思路：设集合 A 有一个划分 $S=\{S_1,S_2,\cdots,S_m\}$，基于该划分构建笛卡儿积 $S_i\times S_i(i=1,2,\cdots,m)$，以所有这些笛卡儿积中的序偶为元素，构成一个关系 R，只需证明关系 R 是等价关系，就证明了集合 A 的一个划分，确定了 A 的元素间的一个等价关系。

【证明】

(1) R 具有自反性。

设有任意元素 $a\in A$，由于 R 由 A 的划分中每个子集的笛卡儿积中序偶为元素构成，所以必有 $<a,a>\in R$，即 R 具有自反性。

(2) R 具有对称性。

假设集合 A 中有两个不同的元素 a、b 属于划分的同一个分块，即 $a,b\in S_i(i=1,2,\cdots,m)$。由于 R 由 A 的划分中每个子集的笛卡儿积中序偶为元素构成，所以如果 $<a,b>\in R$，则必有 $<b,a>\in R$，即 R 具有对称性。

(3) R 具有传递性。

因为若有 $<a,b>\in R$ 且 $<b,c>\in R$，则 a、b、c 均在 A 的划分的同一个分块中，而关系 R 由 A 的划分中每个子集的笛卡儿积中序偶为元素构成，所以必有 $<a,c>\in R$，即 R 具有对称性。

综上所述，R 是自反的、对称的和传递的，所以 R 是等价关系。本定理证毕。

例题 4.38 设 $A=\{a,b,c,d,e\}$，有一个划分 $S=\{\{a,b\},\{c\},\{d,e\}\}$，试由划分 S 确定 A 上的一个等价关系 R。

【解】 $R_1=\{a,b\}\times\{a,b\}=\{<a,a>,<a,b>,<b,a>,<b,b>\}$

$R_2=\{c\}\times\{c\}=\{<c,c>\}$

$R_3=\{d,e\}\times\{d,e\}=\{<d,d>,<d,e>,<e,d>,<e,e>\}$

$R=R_1\cup R_2\cup R_3=\{<a,a>,<a,b>,<b,a>,<b,b>,<c,c>,<d,d>,$
$<d,e>,<e,d>,<e,e>\}$

定理 4.21 设 R_1 和 R_2 为非空集合 A 上的等价关系，则 $R_1=R_2$ 当且仅当 $A/R_1=A/R_2$。

【证明】 假设有 $A/R_1=\{[a]_{R1}\mid a\in A\}$，$A/R_2=\{[a]_{R2}\mid a\in A\}$。

必要性。若 $R_1=R_2$，则对于任意的 $a\in A$，有：

$$[a]_{R1}=\{x\mid x\in A,aR_1x\}=\{x\mid x\in A,aR_2x\}=[a]_{R2}$$

所以 $\{[a]_{R1}\mid a\in A\}=\{[a]_{R2}\mid a\in A\}$，即 $A/R_1=A/R_2$。

充分性。假设 $\{[a]_{R1}\mid a\in A\}=\{[a]_{R2}\mid a\in A\}$，则对于任意的 $[a]_{R1}\in A/R_1$，必存在 $[c]_{R2}\in A/R_2$，使得 $[a]_{R1}=[c]_{R2}$，故有：

$$\begin{aligned}<a,b>\in R_1 &\Leftrightarrow a\in[a]_{R1}\wedge b\in[a]_{R1}\\ &\Leftrightarrow a\in[c]_{R2}\wedge b\in[c]_{R2}\\ &\Rightarrow<a,b>\in R_2\end{aligned}$$

所以 $R_1\subseteq R_2$。同理可以证明 $R_2\subseteq R_1$，因此有 $R_2=R_1$。

综上所述，本定理得证。

4.6 相容关系

另一种可以简化表示的关系是相容关系，相容关系除了在作图时可以适当简化以外，还可以简化其关系矩阵表示。

4.6.1 相容关系及其表示

定义 4.16 相容关系 设集合 A 上的关系 R，若 R 是自反的、对称的，则称 R 为相容关系。

例如，设 $A=\{a,b,c,d\}$，A 上的二元关系 $R=\{<a,a>,<b,b>,<c,c>,<d,d>,<a,c>,<c,d>,<c,a>,<d,c>\}$。

显然，R 具有自反、对称的性质，所以 R 是一个相容关系。但由于 R 不具有传递性，所以 R 不是一个等价关系。

请注意：等价关系一定是相容关系，相容关系不一定是等价关系。

例题 4.39 设 A 是由下列英文单词组成的集合，$A=\{cat,teacher,cold,desk,knife,by\}$，定义关系：$R=\{<x,y>\mid x,y\in A,x$ 和 y 有相同的字母$\}$。试论证 R 是相容关系，作出 R 的关系图并列出其关系矩阵。

【解】 令 $x_1=cat$、$x_2=teacher$、$x_3=cold$、$x_4=desk$、$x_5=knife$、$x_6=by$，则：

$$\begin{aligned}R=\{&<x_1,x_1>,<x_1,x_2>,<x_1,x_3>,<x_2,x_1>,<x_2,x_2>,<x_2,x_3>,\\&<x_2,x_4>,<x_2,x_5>,<x_3,x_1>,\\&<x_3,x_2>,<x_3,x_3>,<x_3,x_4>,\\&<x_4,x_2>,<x_4,x_3>,<x_4,x_4>,\\&<x_4,x_5>,<x_5,x_2>,<x_5,x_4>,\\&<x_5,x_5>\}\end{aligned}$$

分析关系 R 的集合表示形式，可以发现，R 具有自反性和对称性，因此 R 是相容关系。R 的关系图如图 4.9 所示。

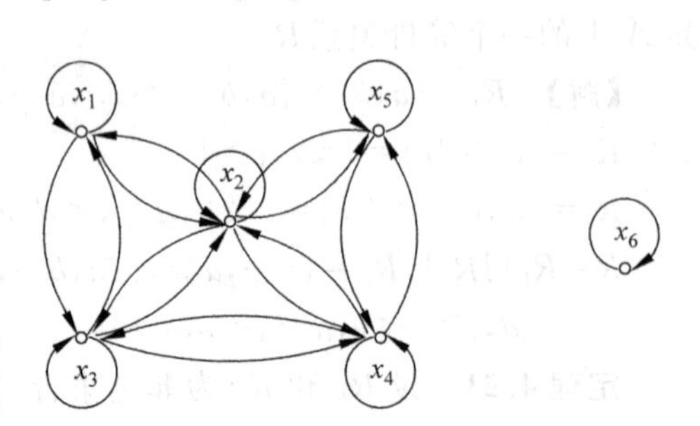

图 4.9 例题 4.39 的关系图

R 的关系矩阵为：

$$M_R = \begin{bmatrix} 1 & 1 & 1 & 0 & 0 & 0 \\ 1 & 1 & 1 & 1 & 1 & 0 \\ 1 & 1 & 1 & 1 & 0 & 0 \\ 0 & 1 & 1 & 1 & 1 & 0 \\ 0 & 1 & 0 & 1 & 1 & 0 \\ 0 & 0 & 0 & 0 & 0 & 1 \end{bmatrix}$$

分析 R 的关系图可以发现，相容关系的关系图中，每个结点都有自回路，任意两个结点间，要么有一对方向相反的弧线相连，要么就是没有弧线相连。基于这个特点，可以在相容关系的关系图中，将每个结点的自回路省去，同时将两个结点间方向相反的两条弧线，用一条没有方向的弧线代替，这样就得到了相容关系的简化关系图，如图 4.10 所示。

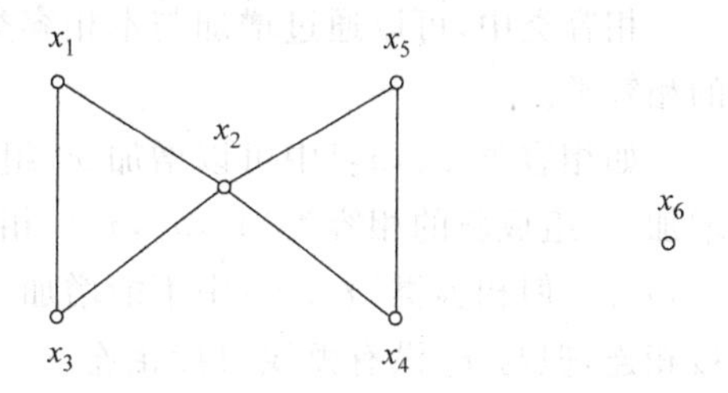

图 4.10　例题 4.39 的简化关系图

比较图 4.9 和图 4.10 可以发现，在已知关系 R 为相容关系时，简化后的关系图看起来相对简单、明了，可以更清晰地描述各结点之间的连接关系。

分析 R 的关系矩阵，可以发现，矩阵的主对角线全为 1，以主对角线为轴，其右上部分和左下部分完全一样。因此，对于相容关系的关系矩阵，可以用左下部分（或者右上部分）来表示其关系，并省去主对角线。这样简化后的半个矩阵，仍然能清楚地描述关系 R。R 的简化关系矩阵为：

x_2	1				
x_3	1	1			
x_4	0	1	1		
x_5	0	1	0	1	
x_6	0	0	0	0	0
	x_1	x_2	x_3	x_4	x_5

4.6.2　相容类

来自于集合 A 的相容关系 R，集合 A 的某些子集中的元素有这样一种特性：这些元素中的任何一个，与该子集中的元素构成的序偶都在关系中，我们称这些元素是相容的。由相容的元素构成的集合，称为集合 A 关于相容关系 R 的相容类。

定义 4.17 相容类　设 R 为集合 A 上的相容关系，若有集合 $C \subseteq A$，且对于 C 中任意两个元素 a_1、a_2 都有 a_1Ra_2，则称 C 是由相容关系 R 产生的相容类。

例如上述例题 4.39 中，相容关系 R 可产生的相容类有 $\{x_1, x_2\}$、$\{x_1, x_3\}$、$\{x_1, x_2, x_3\}$、$\{x_2, x_3\}$、$\{x_6\}$、$\{x_2, x_4, x_5\}$等。

从定义 4.17 和图 4.10 的简化关系图可以看出，相互之间都有弧线直接相连的结点所构成的集合，都是关系 R 的相容类。

给定一个相容关系，求其相容类可以通过查找其简化关系图中完全多边形的方法实现。

所谓完全多边形是指在简化关系图中，每个结点都与其他所有结点有弧线直接相连的多边形。完全多边形的顶点集合，就是一个相容类。

在判断是否为完全多边形时，有两种特殊情况也认为是完全多边形：一是单独一个结点；二是有弧线相连的两个结点。

显然，相容类不一定包括简化关系图中所有相互之间都有弧线直接相连的元素，可以是全部，也可以是一部分。但无论是全部还是部分，相容类中的任何一个元素，在简化关系图中都和本集合的其他元素有弧线直接相连。

相容类中，可以通过增加与本相容类中所有元素都有弧线直接相连的元素，来构成新的相容类。

如相容类$\{x_1,x_2\}$中可以增加x_3组成新的相容类$\{x_1,x_2,x_3\}$、相容类$\{x_1,x_3\}$中可以增加x_2组成新的相容类$\{x_1,x_2,x_3\}$、相容类$\{x_2,x_3\}$中可以增加x_1组成新的相容类$\{x_1,x_2,x_3\}$。但相容类$\{x_1,x_2\}$中不能增加x_5构成新的相容类，因为虽然x_5与x_2有弧线直接相连，但与x_1没有弧线直接相连。

4.6.3 最大相容类

如果一个相容类中加入其他任何元素，就不再组成相容类，那么，这种相容类就称为最大相容类。

定义 4.18 最大相容类 设R为集合A上的相容关系，不能真包含在任何其他相容类中的相容类，称为最大相容类，记作C_R。

如本节例题 4.39 中，$\{x_1,x_2,x_3\}$ 、$\{x_6\}$、$\{x_2,x_4,x_5\}$都是最大相容类。

最大相容类也可以通过最大完全多边形判断。

如果一个完全多边形，加入其他任何结点，就不再构成完全多边形，那么，这样的多边形，就称为最大完全多边形。最大完全多边形顶点的集合，就是最大相容类。

利用最大完全多边形确定最大相容类时，也有两种特殊情况：一是孤立结点；二是有弧线相连，但不属于任何完全多边形的两个结点。这两种结点的集合也是最大相容类。

例题 4.40 设某相容关系的简化关系图如图 4.11 所示，试写出其最大相容类。

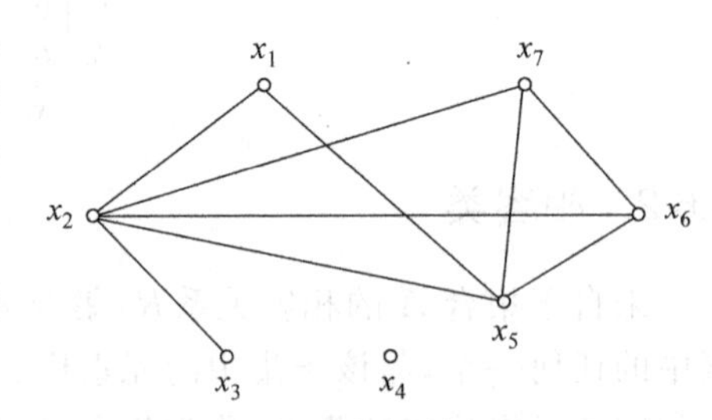

图 4.11 相容关系

【解】 最大相容类为：

$\{x_1,x_2,x_5\}$、$\{x_2,x_5,x_6,x_7\}$、$\{x_2,x_3\}$、$\{x_4\}$

定理 4.22 设R为有限集A上的相容关系，C是一个相容类，那么必存在一个最大相容类C_R，使得$C\subseteq C_R$。

【证明】 设$A=\{a_1,a_2,\cdots,a_n\}$，构造相容类序列$C_0\subseteq C_1\subseteq C_2\subseteq\cdots$，其中$C_0=C$且$C_{i+1}=C_i\cup\{a_j\}$，$j$是满足$a_j\notin C_i$而$a_j$与$C_i$中各元素都有相容关系的最小下标。

由于A的元素个数$|A|=n$，所以至多经过$n-|C|$步，就使这个过程终止，而此序列的最后一个相容类，就是所要找的最大相容类。

本定理的证明过程提供了一个求最大相容类的方法：

① 对集合 A 中的元素按下标排序，然后找出一个元素较少的相容类；

② 在剩下的元素中按下标从小到大的顺序，插入上述相容类中；

③ 判断是否构成相容类。如果不构成相容类，重复②；如果构成相容类，增加该元素，在新相容类的基础上，重复②；

④ 所有元素判断完，结束。

从定理 4.22 可以看到，集合 A 中的任何元素 a，都可以构成一个相容类$\{a\}$，该相容类必包含在一个最大相容类中。因此，如果由所有最大相容类为元素做出一个集合，则 A 中的每一个元素至少属于该集合的一个成员，所以最大相容类的集合必覆盖集合 A。

4.6.4 完全覆盖

定义 4.19 完全覆盖 在集合 A 上给定相容关系 R，其最大相容类的集合称为集合 A 的完全覆盖，记作 $C_R(A)$。

集合 A 的覆盖不是唯一的。同样，给定集合 A 上的相容关系 R，可以做成不同相容类的集合，这些集合都是 A 的覆盖。但给定相容关系 R，其最大相容类的集合是唯一的，即完全覆盖是唯一的。

如例题 4.40 中，给定了集合上的相容关系，则有唯一的完全覆盖：

$$\{\{x_1,x_2,x_5\},\{x_2,x_5,x_6,x_7\},\{x_2,x_3\},\{x_4\}\}$$

定理 4.23 给定集合 A 的覆盖$\{A_1,A_2,\cdots,A_n\}$，由它确定的关系 $R=A_1\times A_1\cup A_2\times A_2\cup\cdots\cup A_n\times A_n$ 是相容关系。

【证明】 如果能证明由集合 A 的覆盖$\{A_1,A_2,\cdots,A_n\}$构成的关系 $R=A_1\times A_1\cup A_2\times A_2\cup\cdots\cup A_n\times A_n$ 具有自反性和对称性，即证明了本定理。

(1) 先证 R 是自反的。

因为 $A=A_1\cup A_2\cup\cdots\cup A_n$，对于任意的 $x\in A$，必有某个 $j>0$，使得 $x\in A_j$。

所以$<x,x>\in A_j\times A_j$，即$<x,x>\in R$。

所以 R 是自反的。

(2) 再证 R 是对称的。

对于任意的 x、$y\in A$，如果有$<x,y>\in R$，则必有某个 $h>0$，使得$<x,y>\in A_h\times A_h$ 且$<y,x>\in A_h\times A_h$。

所以 R 是对称的。

因此，R 具有对称性和自反性，R 是相容关系。本定理得证。

同一集合的不同覆盖，可能产生相同的相容关系。例如，集合 $A=\{1,2,3,4\}$，集合$\{\{1,2,3\},\{3,4\}\}$和$\{\{1,2\},\{2,3\},\{1,3\},\{3,4\}\}$都是 A 的覆盖，但它们可以产生相同的相容关系：

$R=\{<1,1>,<1,2>,<2,1>,<2,2>,<2,3>,<3,2>,<1,3>,<3,1>,<3,3>,<4,4>,<3,4>,<4,3>\}$

定理 4.24 集合 A 上的相容关系 R 与完全覆盖 $C_R(A)$存在一一对应的关系。

本定理请读者自行证明。

4.7 序 关 系

集合上的关系，有一种特殊情况，这种关系的序偶中元素必须按指定的顺序排列，不能交换。如实数集上的小于关系，其序偶中的元素，只能是前一个元素小于后一个元素，如果这两个元素在序偶中的先后顺序改变，则改变了关系的特征。这样的关系称为偏序关系，简称序关系。

4.7.1 偏序关系及其表示

定义 4.20 偏序关系 设 A 是一个集合，如果 A 上的一个关系 R 满足自反性、反对称性和传递性，则称 R 是 A 上的一个偏序关系，记作 $\leqslant$。序偶 $<A,\leqslant>$ 称为偏序集。

例如，① 集合 $A=\{a,b,c\}$，A 上的关系 $R=\{<a,a>,<a,b>,<a,c>,<b,b>,<b,c>,<c,c>\}$ 是偏序关系。

② 集合 $A=\{1,2,3,4\}$，A 上的小于或等于关系 $\leqslant=\{<1,1>,<1,2>,<1,3>,<1,4>,<2,2>,<2,3>,<2,4>,<3,3>,<3,4>,<4,4>\}$ 是偏序关系。

③ 集合 $A=\{1,2,3\}$，A 的幂集 $P(A)=\{\varnothing,\{1\},\{2\},\{3\},\{1,2\},\{1,3\},\{2,3\},\{1,2,3\}\}$ 上的包含关系 $\subseteq$ 是偏序关系。

例题 4.41 在实数集 R 上，证明小于或等于关系 $\leqslant$ 是偏序关系。

【证明】

① 对于任何实数 $a\in R$，有 $a\leqslant a$ 成立，故 $\leqslant$ 是自反的。

② 对于任何实数 a、$b\in R$，如果 $a\leqslant b$ 且 $b\leqslant a$，则必有 $a=b$，故 $\leqslant$ 是反对称的。

③ 对于任何实数 a、b、$c\in R$，如果有 $a\leqslant b$ 且 $b\leqslant c$，那么必有 $a\leqslant c$，故 $\leqslant$ 是传递的。

因此实数集上的小于或等于 $\leqslant$ 是偏序关系。

例题 4.42 给定集合 $A=\{2,3,6,8\}$，令 $\leqslant=\{<x,y>\mid x$ 整除 $y\}$，验证 $\leqslant$ 是偏序关系。

【解】 $\leqslant=\{<2,2>,<3,3>,<6,6>,<8,8>,<2,6>,<2,8>,<3,6>\}$

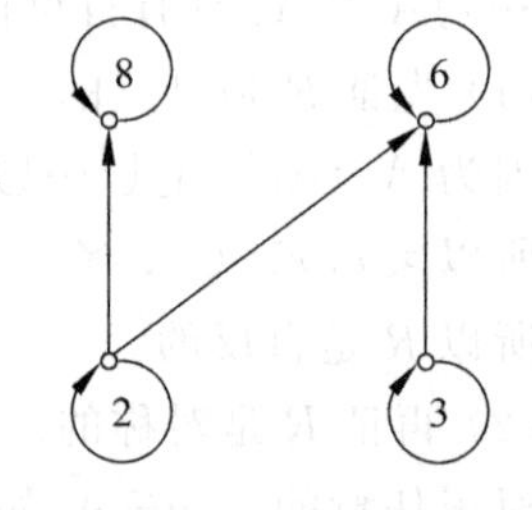

图 4.12 例题 4.42 的关系图

其关系图如图 4.12 所示。

从关系图可以看出，该关系具有自反性、反对称性和传递性，则 $\leqslant$ 为偏序关系。

4.7.2 盖住关系

1. 盖住关系

分析图 4.12 可以发现，由于偏序关系具有自反性、反对称性和传递性，因此，偏序关系的关系图有以下 3 个特点：

① 每个结点都必有自回路。

② 任意 2 个结点间如果有弧线相连，则只能是单一方向的弧线。

③ 任意 3 个结点 a、b、c，如果有 a 到 b 和 b 到 c 的弧线，那么必有 a 到 c 的弧线。

基于偏序关系图的上述3个特点，我们可以按以下3个原则对关系图进行转化：

① 去掉每个结点的自回路。

② 如果2个结点间有弧线，就将弧线所指的结点画在弧线起始结点的上方，并用直线来代替结点间的有向弧线。

③ 如果3个结点 a、b、c，有 a 到 b、b 到 c 和 a 到 c 的弧线，那么去掉 a 到 c 的弧线。

转化后的关系图体现了结点间的一种盖住特性，基于这种盖住特性所得到的关系，称为盖住关系。

定义 4.21 盖章关系 在偏序集 $\langle A, \leqslant \rangle$ 中，如果 x、$y \in A$，$x \leqslant y$，$x \neq y$，且没有其他元素 z，使 $x \leqslant z$，$z \leqslant y$，则称元素 y 盖住元素 x。基于盖住特性所得到的关系，称为集合 A 上的盖住关系，记作 COV A。

$$\text{COV } A = \{\langle x, y \rangle \mid x、y \in A, y \text{ 盖住 } x\}$$

例题 4.43 设 A 是正整数 $m=12$ 的因子的集合，并设 $\leqslant$ 为整除关系，求 COV A。

【解】 $m=12$ 的因子的集合 $A=\{1,2,3,4,6,12\}$，该集合上的整除关系：

$\leqslant = \{\langle 1,2 \rangle, \langle 1,3 \rangle, \langle 1,4 \rangle, \langle 1,6 \rangle, \langle 1,12 \rangle, \langle 2,4 \rangle, \langle 2,6 \rangle, \langle 2,12 \rangle, \langle 3,6 \rangle, \langle 3,12 \rangle, \langle 4,12 \rangle, \langle 6,12 \rangle, \langle 1,1 \rangle, \langle 2,2 \rangle, \langle 3,3 \rangle, \langle 4,4 \rangle, \langle 6,6 \rangle, \langle 12,12 \rangle\}$

COV $A = \{\langle 1,2 \rangle, \langle 1,3 \rangle, \langle 2,4 \rangle, \langle 2,6 \rangle, \langle 3,6 \rangle, \langle 4,12 \rangle, \langle 6,12 \rangle\}$

2. 哈斯图

对于给定偏序集 $\langle A, \leqslant \rangle$，其盖住关系是唯一的，所以可利用盖住的性质画出偏序关系的简化关系图，基于盖住关系所绘制的简化偏序关系图称为哈斯图，其作图规则为：

① 小圆圈代表元素。

② 如果 $x \leqslant y$ 且 $x \neq y$，则将代表 y 的小圆圈画在代表 x 的小圆圈之上。

③ 如果 $\langle x, y \rangle \in$ COV A，则在 x 与 y 之间用直线连接。

例题 4.44 画出偏序集 $\langle \{1,2,3,4,5,6\}, D_A \rangle$ 的哈斯图（D_A 是 A 上的整除关系）。

【解】 $D_A = \{\langle 1,1 \rangle, \langle 2,2 \rangle, \langle 3,3 \rangle, \langle 4,4 \rangle, \langle 5,5 \rangle, \langle 6,6 \rangle, \langle 1,2 \rangle, \langle 1,3 \rangle, \langle 1,4 \rangle, \langle 1,5 \rangle, \langle 1,6 \rangle, \langle 2,4 \rangle, \langle 2,6 \rangle, \langle 3,6 \rangle\}$

COV $A = \{\langle 1,2 \rangle, \langle 1,3 \rangle, \langle 1,5 \rangle, \langle 2,4 \rangle, \langle 2,6 \rangle, \langle 3,6 \rangle\}$

哈斯图如图 4.13 所示。

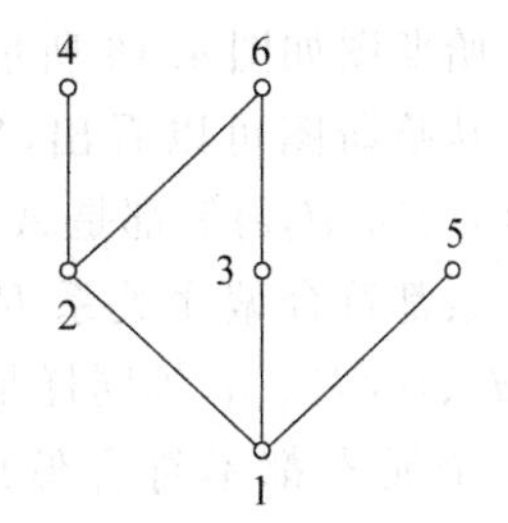

图 4.13 例题 4.44 的哈斯图

例题 4.45 画出集合 $A=\{2,3,6,12,24,36\}$ 上整除关系的哈斯图。

【解】 COV $A = \{\langle 2,6 \rangle, \langle 3,6 \rangle, \langle 6,12 \rangle, \langle 12,24 \rangle, \langle 12,36 \rangle\}$

哈斯图如图 4.14 所示。

例题 4.46 设 $A=\{1,2,3\}$，$P(A)=\{\varnothing, \{1\}, \{2\}, \{3\}, \{1,2\}, \{1,3\}, \{2,3\}, \{1,2,3\}\}$，请画出偏序集 $\langle P(A), \subset \rangle$ 的哈斯图。

【解】 COV $P(A) = \{\langle \varnothing, \{1\} \rangle, \langle \varnothing, \{2\} \rangle, \langle \varnothing, \{3\} \rangle, \langle \{1\}, \{1,2\} \rangle, \langle \{1\}, \{1,3\} \rangle, \langle \{2\}, \{1,2\} \rangle, \langle \{2\}, \{2,3\} \rangle, \langle \{3\}, \{1,3\} \rangle,$

$<\{3\},\{2,3\}>,<\{1,2\},\{1,2,3\}>,<\{1,3\},\{1,2,3\}>,$
$<\{2,3\},\{1,2,3\}>\}$

哈斯图如图 4.15 所示。

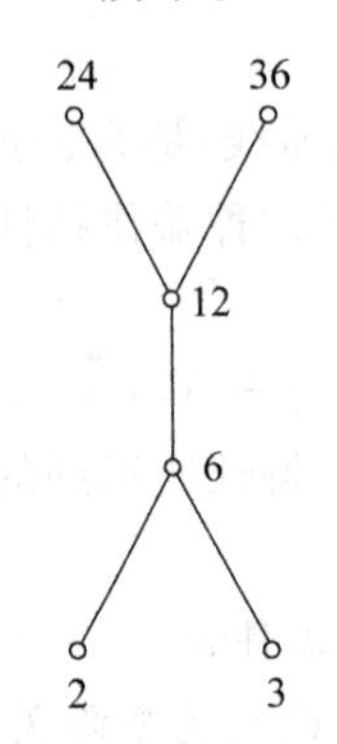

图 4.14　例题 4.45 的哈斯图

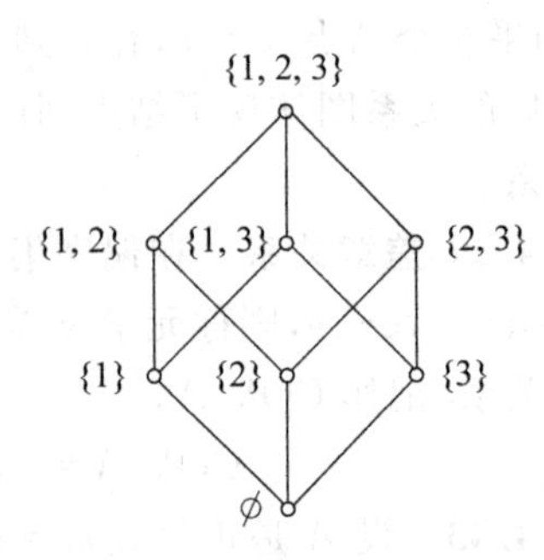

图 4.15　例题 4.46 的哈斯图

4.7.3　全序关系

1. 链和反链

定义 4.22 链和反链　设$<A,\leqslant>$是一个偏序集合，在 A 的一个子集中，如果任意两个元素都符合偏序关系，则称这个子集为链；在 A 的一个子集中，如果任意两个元素都不符合偏序关系，则称这个子集为反链。

若 A 的子集只有一个元素，则这个子集既是链又是反链。

例题 4.47　设集合 $A=\{a,b,c,d,e\}$上的二元关系为：

$R=\{<a,a>,<a,b>,<a,c>,<a,d>,<a,e>,<b,b>,<b,c>,<b,e>,$
$<c,c>,<c,e>,<d,d>,<d,e>,<e,e>\}$

验证$<A,R>$为偏序集，画出其哈斯图，举例说明链和反链。

【解】　分析关系 R 可知，其具有自反性、反对称性和传递性，因此 R 是 A 上的偏序关系，$<A,R>$为偏序集。

$$\text{COV } A=\{<a,b>,<a,d>,<b,c>,<c,e>,<d,e>\}$$

哈斯图如图 4.16 所示。

从哈斯图可以看出，集合$\{a,b,c,e\}$、$\{a,b,c\}$、$\{b,c\}$、$\{a\}$、$\{a,d,e\}$等都是 A 的子集，且这些集合中，任意 2 个元素都符合偏序关系 R，所以这些集合是链；而集合$\{b,d\}$、$\{c,d\}$、$\{a\}$等同样是 A 的子集，但这些集合中，任意 2 个元素都不符合偏序关系 R，所以，这些集合是反链。

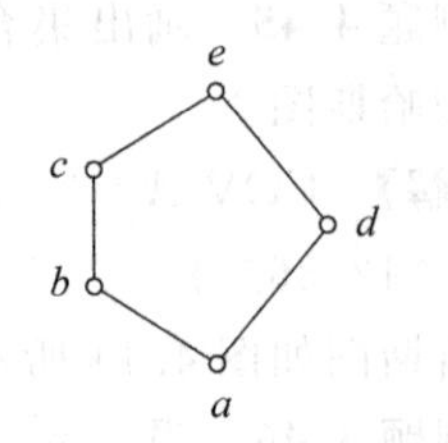

图 4.16　例题 4.47 的哈斯图

2. 全序关系

定义 4.23 全序关系　在偏序集$<A,\leqslant>$中，如果 A 本身是一个链，则称$<A,\leqslant>$为全序集合或线序集合，在这种情况下，$\leqslant$称为全序关系或线序关系。

例题 4.48 集合 $A=\{1,2,3,4,5,6\}$，$\leqslant$是整数上的小于等于关系，则$\langle A,\leqslant\rangle$不仅是偏序集，而且还是全序集。其哈斯图如图 4.17 所示。

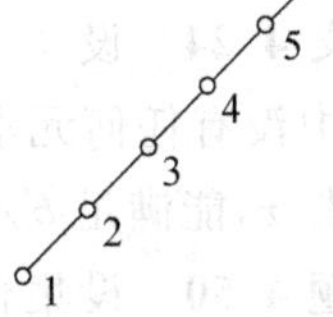

图 4.17 例题 4.48 的哈斯图

例题 4.49 设集合 $A_1=\{3,5,15\}$、$A_2=\{1,2,3,6,12\}$、$A_3=\{3,9,27,54\}$上的偏序关系为整除关系，试求这些集合上的盖住关系及对应的哈斯图，并指出哪些是全序关系。

【解】 ① 集合 $A_1=\{3,5,15\}$上的整除关系

$$R_1=\{\langle 3,3\rangle,\langle 5,5\rangle,\langle 15,15\rangle,\langle 3,15\rangle,\langle 5,15\rangle\}$$

$$\text{COV } A_1=\{\langle 3,15\rangle,\langle 5,15\rangle\}$$

哈斯图如图 4.18(a)所示。

R_1 不是全序关系。

② 集合 $A_2=\{1,2,3,6,12\}$上的整除关系

$R_2=\{\langle 1,1\rangle,\langle 1,2\rangle,\langle 1,3\rangle,\langle 1,6\rangle,\langle 1,12\rangle,\langle 2,2\rangle,\langle 2,6\rangle,\langle 2,12\rangle,\langle 3,3\rangle,\langle 3,6\rangle,\langle 3,12\rangle,\langle 6,6\rangle,\langle 6,12\rangle,\langle 12,12\rangle\}$

$\text{COV } A_2=\{\langle 1,2\rangle,\langle 1,3\rangle,\langle 2,6\rangle,\langle 3,6\rangle,\langle 6,12\rangle\}$

哈斯图如图 4.18(b)所示。

R_2 不是全序关系。

③ 集合 $A_3=\{3,9,27,54\}$上的整除关系

$R_3=\{\langle 3,3\rangle,\langle 3,9\rangle,\langle 3,27\rangle,\langle 3,54\rangle,\langle 9,9\rangle,\langle 9,27\rangle,\langle 9,54\rangle,\langle 27,27\rangle,\langle 27,54\rangle,\langle 54,54\rangle\}$

$\text{COV } A_2=\{\langle 3,9\rangle,\langle 9,27\rangle,\langle 27,54\rangle\}$

哈斯图如图 4.18(c)所示。

R_3 是全序关系。

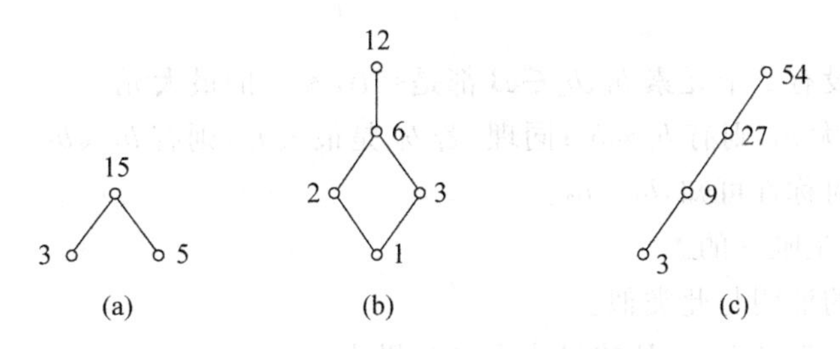

图 4.18 例题 4.49 的哈斯图

4.7.4 特殊元素

分析哈斯图和盖住关系的特征可以发现，在偏序集 A 中不同元素可能处于不同的层次。但无论元素怎么分布，总有些元素处于特殊的位置，如不能被其他元素盖住，或者不能盖住其他元素等。这些元素，统称为特殊元素。偏序集中的特殊元素有极大元、极小元、最大元、最小元、上界、下界等等。

1. 极大元与极小元

定义 4.24 设$<A,\leqslant>$是一个偏序集，且 B 是 A 的子集，对于 B 中的一个元素 b，如果 B 中没有任何元素 x，满足 $b\neq x$ 且 $b\leqslant x$，则称 b 为 B 的极大元；同理，如果 B 中没有任何元素 x，能满足 $b\neq x$ 且 $x\leqslant b$，则称 b 为 B 的极小元。

例题 4.50 设集合 $A=\{1,2,3,4,5,6\}$，D_A 是 A 上的整除关系。试求子集$\{2,3,4,6\}$和$\{1,2,3,6\}$上的极大元和极小元。

【解】 $D_A=\{<1,1>,<2,2>,<3,3>,<4,4>,<5,5>,<6,6>,<1,2>,<1,3>,<1,4>,<1,5>,<1,6>,<2,4>,<2,6>,<3,6>\}$

COV $D_A=\{<1,2>,<1,3>,<1,5>,<2,4>,<2,6>,<3,6>\}$

偏序集$<A,D_A>$的哈斯图如图 4.19 所示。

子集$\{2,3,4,6\}$的极大元是 4、6，极小元是 2、3。

子集$\{1,2,3,6\}$的极大元是 6，极小元是 1。

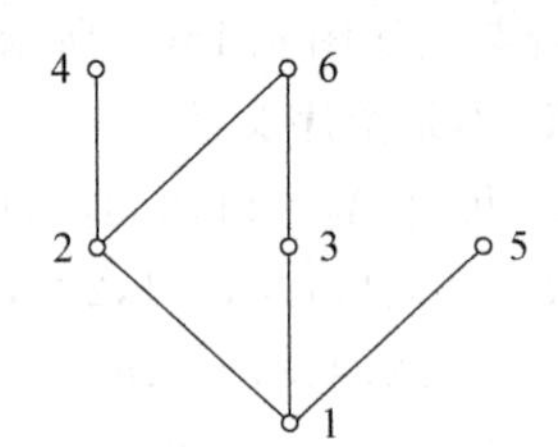

图 4.19 例题 4.50 的哈斯图

从例题 4.50 可以看出，极大元和极小元不是唯一的，不同的极小元素或不同的极大元素之间是无关的。

从定义 4.24 中可以知道，当 $B=A$ 时，偏序集$<A,\leqslant>$的极大元即是哈斯图中最顶层的元素，其极小元是哈斯图中最低层的元素。

2. 最大元与最小元

定义 4.25 设$<A,\leqslant>$是一个偏序集，且 B 是 A 的子集，若有某个元素 $b\in B$，对于 B 中的每一个元素 x，都有 $x\leqslant b$，则称 b 为$<B,\leqslant>$中的最大元；同理，若有某个元素 $b\in B$，对于 B 中的每一个元素 x，都有 $b\leqslant x$，则称 b 为$<B,\leqslant>$的最小元。

显然，$<B,\leqslant>$并不一定有最大元，也不一定有最小元。如例题 4.50 中，子集$\{1,2,3,6\}$的最大元是 6，最小元是 1；但子集$\{2,3,4,6\}$就没有最大元，也没有最小元。

定理 4.25 设$<A,\leqslant>$是偏序集，且 B 是 A 的子集，若 B 有最大元(最小元)，则必是唯一的。

【证明】 假设有 2 个元素 b_1、$b_2\in B$ 都是$<B,\leqslant>$的最大元。

如果 b_1 是最大元，则有 $b_2\leqslant b_1$；同理，若 b_2 是最大元，则有 $b_1\leqslant b_2$。

根据$\leqslant$的反对称性可知，$b_1=b_2$。

因此，最大元是唯一的。

最小元唯一的证明与此类似。

B 的最大元必为极大元，B 的最小元必为极小元。

当 $B=A$ 时，B 的最大(最小)元就是偏序集$<A,\leqslant>$的最大(最小)元。如例题 4.49 的图 4.18(b)中，$<A,\leqslant>$的最大元为 12，最小元为 1。

3. 上界与下界

定义 4.26 设$<A,\leqslant>$是一偏序集，对于 $B\subseteq A$，如有 $a\in A$，且对任意元素 $x\in B$，都有 $x\leqslant a$，则称 a 为 B 的上界。同理，对任意元素 $x\in B$，都有 $a\leqslant x$，则称 a 为 B 的下界。

例题 4.51 给定偏序集$<A,\leqslant>$的哈斯图如图 4.20 所示。试求集合$\{a,b,c,d,e,f,g\}$和$\{h,i,f,g,k\}$的上界及集合$\{h,i,j,k\}$和$\{a,c,d,f,g\}$的下界。

【解】 集合$\{a,b,c,d,e,f,g\}$的上界分别是h、i、j、k；集合$\{h,i,f,g,k\}$的上界是k；集合$\{h,i,j,k\}$的下界分别是a、b、c、d、e、f、g；集合$\{a,c,d,f,g\}$的下界是a。

从本例可以看出，上界或下界可能会在子集中，上界或下界也可能不是唯一的。

4. 上确界与下确界

定义 4.27 设$\langle A,\leqslant\rangle$是一偏序集且$B\subseteq A$，$a$是$B$的任一上界，若对$B$的所有上界$y$均有$a\leqslant y$，则称$a$是$B$的最小上界(上确界)，记作$LUB\ B$。同理，$b$是$B$的任一下界，若对$B$的所有下界$z$均有$z\leqslant b$，则称$b$是$B$的最大下界(下确界)，记作$GLB\ B$。

例如，在图4.20中，a是集合$\{f,h,i,j,g\}$的最大下界，没有最小上界；在图4.21中，集合$\{2,3,6\}$的最小上界是6，没有最大下界；集合$\{6,12\}$的最小上界是12，最大下界是6。

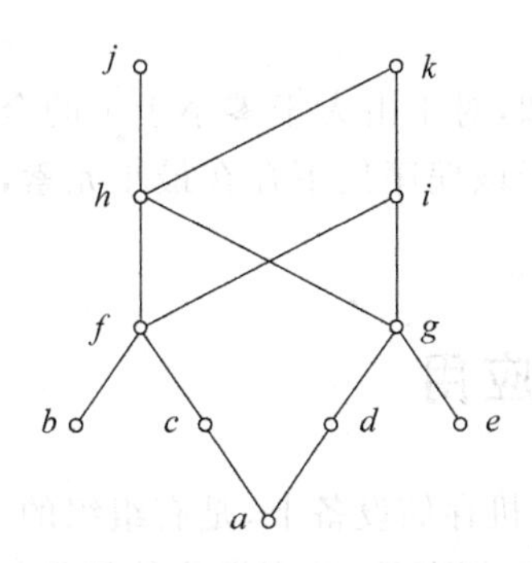

图 4.20 例题 4.51 的哈斯图

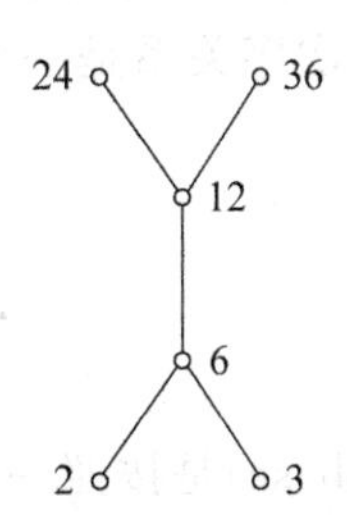

图 4.21 例题 4.51 的哈斯图

例题 4.52 设集合$P=\{x_1,x_2,x_3,x_4,x_5\}$上的偏序关系如图4.22所示，试找出$P$的最大元、最小元、极大元、极小元，并找出子集$\{x_2,x_3,x_4\}$，$\{x_3,x_4,x_5\}$和$\{x_1,x_2,x_3\}$的上界、下界、上确界和下确界。

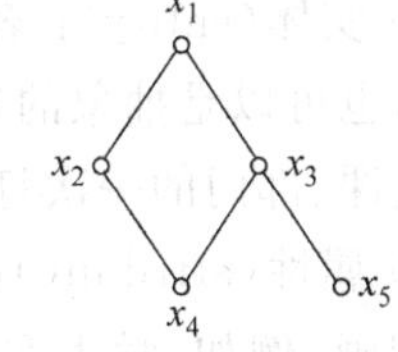

图 4.22 例题 4.52 的哈斯图

【解】 P的最大元为x_1，无最小元，极小元为x_4、x_5，极大元为x_1；

子集$\{x_2,x_3,x_4\}$的上界为x_1，下界为x_4，上确界为x_1，下确界为x_4；

子集$\{x_3,x_4,x_5\}$的上界为x_1、x_3，无下界，上确界为x_3，无下确界；

子集$\{x_1,x_2,x_3\}$的上界为x_1，下界为x_4，上确界为x_1，下确界为x_4。

4.7.5 良序集合

定义 4.28 良序集合 任一偏序集合，如果它的每一个非空子集都有最小元素，那么，这种偏序集称为良序集合。

例如，$I_n=\{1,2,\cdots,n\}$及$N=\{1,2,3,\cdots\}$，对于小于等于关系来说就是良序集合，即$\langle I_n,\leqslant\rangle$，$\langle N,\leqslant\rangle$是良序集合。

定理 4.26 任何良序集合，都是全序集合。

【证明】 设$\langle A,\leqslant\rangle$为良序集合，则对集合$A$的任意两个元素$x$、$y\in A$构成的子集

$\{x,y\}$，必存在最小元素，这个最小元素不是 x 就是 y，因此一定有 $x\leqslant y$ 或 $y\leqslant x$。所以集合 A 本身是链，因此，$<A,\leqslant>$为全序集合。

定理 4.27 每一有限的全序集合，一定是良序集合。

【证明】 用反证法证明。

设 $A=\{a_1,a_2,\cdots a_n\}$，如果$<A,\leqslant>$是全序集合，则对于任意的 x、$y\in A$，都有 $x\leqslant y$ 或 $y\leqslant x$。

假定$<A,\leqslant>$不是良序集合，那么必存在一个非空子集 $B\subseteq A$，使得 B 中不存在最小元素。由于 B 是一个有限集合，那么一定可以在 B 中找到两个元素 x 与 y 是不满足 $x\leqslant y$或 $y\leqslant x$。这个结论与$<A,\leqslant>$是全序集，对于任意的 x、$y\in A$，都有 $x\leqslant y$ 或 $y\leqslant x$ 相矛盾。

所以，$<A,\leqslant>$必是良序集合。

本定理对于无限的全序集合不一定成立。例如，对于由大于零小于 1 的全部实数构成的集合，其大小次序关系是一个全序集合，但由于该偏序集不存在最小元素，因此就不是一个良序集合。

4.8 关系的应用

数据库(Database)是按照一定格式存放在计算机存储设备上，是有组织的、可共享的大量数据的集合。数据模型、数据组织、数据管理、数据存储、数据操作等都是数据库中的重要技术内容。数据模型是现实世界数据特征的抽象，而概念模型则是现实世界到信息世界的第一层抽象。关系型数据库中，信息世界所涉及的主要概念有：

① 实体(entity)：客观存在并可相互区别的事物称为实体。实体可以是具体的人、事、物，也可以是抽象的概念或联系，例如，一个职工、一个学生、一个部门、一门课、学生的一次选课、部门的一次订货、老师与院系的工作关系等都是实体。

② 属性(attribute)：实体所具有的某一特性称为属性。一个实体可以由若干个属性来刻画，例如，学生实体可以由学号、姓名、性别、出生年月、所在院系、入学时间等属性组成。“(94002268，张山，男，197605，计算机系，1994)”这些属性组合起来表征了一个学生。

③ 键码(key)：唯一标识实体的属性集称为键码，例如，学号是学生实体的键码。

④ 域(domain)：属性的取值范围称为该属性的域，例如，学号属性的域为 8 位整数、姓名属性的域为字符串集合、学生年龄属性的域为整数、性别属性的域为“(男，女)”。

⑤ 联系(relationship)：在现实世界中，事物内部以及事物之间是有联系的，这些联系在信息世界中反映为实体内部的联系和实体之间的联系。实体内部的联系是指组成实体的各属性之间的联系；实体之间的联系是指不同实体集之间的联系。

关系模型是建立在关系等严格数学概念基础上的一种对现实世界进行第二层抽象的逻辑数据模型，在关系模型中，实体由一组关系来表征，每个关系是一张规范化的二维表。

一张二维表可以有 m 行 n 列，二维表的每一行称为一个元组(tuple)，它表征了一个完整的数据。一个元组有 n 个分量，因此这个元组就是一个 n 元组，即 n 元序偶。二维表的每一列表示数据的分量，或者数据的一个属性，关系可描述为关系模式（relation schema）：关系名（属性 1，属性 2，…，属性 n）。因此，这种二维表实际上就是一个 n 元关系。

表 4-2 所示的学生登记表就是关系模型中的一张二维表。这张学生登记表中有 6 列，对应 6 个属性“（学号，姓名，年龄，性别，院系名，年级）”；学号属性的域为 8 位整数性的域为字符串集合，年龄属性的域是“（14～38）”，性别属性的域是“（男，女）”，院系名属性的域是学校所有院系名的集合；学生实体可描述为关系模式，即学生（学号，姓名，年龄，性别，院系名，年级）；学号可以唯一确定一个学生，也就成为本关系的键码。

表 4-2 学生登记表

学号	姓名	年龄	性别	院系名	年级
20101006	王晓敏	20	女	计算机	2010
20101007	王大鹏	20	男	机械工程	2009
20101008	张娟	18	女	工商管理	2009
20102012	王力云	21	女	电子工程	2010

表 4-3 为课程开设表的关系模型。这张课程开设表中有 5 列，对应 5 个属性：“（课程编号，课程名称，课程所属院系，任课教师，教师编号）”；课程编号、课程名称、课程所属系和任课教师属性的域均为字符串集合，教师编号属性的域是 6 位整数；课程实体为关系模式，即课程（课程编号，课程名称，课程所属院系，任课教师，教师编号等）；课程编号可以唯一确定一门课程，也就成为了本关系的键码。

表 4-3 课程开设表

课程编号	课程名称	课程所属院系	任课教师	教师编号
L001	高等数学	理学院	钱红	090022
L003	线性代数	理学院	王大伟	090012
L005	大学物理	理学院	唐小平	090027
C003	离散数学	计算机	马良	030012

关系数据库是基于数据的关系模型所构造的数据库。对关系数据库进行查询时找到用户关心的数据，就需要对关系进行一定的运算或操作。关系运算有两种：一种是传统的关系运算（并、交、差、笛卡儿积等），另一种是专门的关系运算（选择、投影、联接等）。

关系运算不仅涉及关系的水平方向（即二维表的行），还涉及关系的垂直方向（即二维表的列）。关系运算的操作对象是关系，运算的结果仍为关系。例如，表 4-4 所示的另一张学生登记表，可以通过关系的并运算，将表 4-2 和表 4-4 这两张学生登记表合并为表 4-5 所示的一个表。

表 4-4 另一张学生登记表

学号	姓名	年龄	性别	院系名	年级
20102003	刘小明	19	男	计算机	2010
20102006	王大松	20	男	计算机	2010
20102009	李光明	19	男	计算机	2010
20092010	董光辉	20	男	电子工程	2009
20093001	张长江	20	男	计算机	2009

表 4-5 合并后的学生登记表

学号	姓名	年龄	性别	院系名	年级
20101006	王晓敏	20	女	计算机	2010
20101007	王大鹏	20	男	机械工程	2009
20101008	张 娟	18	女	工商管理	2009
20102012	王力云	21	女	电子工程	2010
20102003	刘小明	19	男	计算机	2010
20102006	王大松	20	男	计算机	2010
20102009	李光明	19	男	计算机	2010
20092010	董光辉	20	男	电子工程	2009
20093001	张长江	20	男	计算机	2009

对于其他的传统关系运算本节不再叙述，下面介绍关系数据库中专有的几个关系运算。

① 选择(selection)：选择运算是在关系中选择满足某些条件的元组，也就是说，选择算是在二维表中选择满足指定条件的行。例如，在学生登记表中，若要找出所有计算机学学生的元组，就可以使用选择运算来实现，条件是：院系名＝"计算机"。表 4-5 学生登记进行选择运算后得到表 4-6 所示的学生登记表。

② 投影(projection)：投影运算是在关系中选择满足某些条件的属性列。例如，在学生登记表中，若要仅显示学生的学号、姓名和性别，就可以使用投影运算来实现；在课程开表中，若要仅显示课程编号、课程名称和任课教师，也可以使用投影运算来实现。表 4-7 和表 4-8 分别为经过投影运算的学生登记表和开设课程表。

表 4-6 计算机学院学生登记表

学号	姓名	年龄	性别	院系名	年级
20101006	王晓敏	20	女	计算机	2010
20102003	刘小明	19	男	计算机	2010
20102006	王大松	20	男	计算机	2010
20102009	李光明	19	男	计算机	2010
20093001	张长江	20	男	计算机	2009

表 4-7 经过投影运算的学生登记表

学号	姓名	性别
20101006	王晓敏	女
20102003	刘小明	男
20102006	王大松	男
20102009	李光明	男

表 4-8 经过投影运算的开设课程表

课程编号	课程名称	任课教师
L001	高等数学	钱红
L003	线性代数	王大伟
L005	大学物理	唐小平
C003	离散数学	马良

③ 联接(join)：联接运算是从两个关系的笛卡儿积中选取属性间满足一定条件的元组。联接运算可将两个关系联在一起形成一个新的关系。联接运算是笛卡儿积、选择和投影运算的组合。例如，如果表 4-3 中的课程为计算机学院学生的选修课程，那么可以通过课程开设表和学生登记表进行联接运算，得到计算机学院学生选修课程表。当然，也可以通过首先对学生登记表进行选择和投影运算、对课程开设表进行投影运算，然后再对经过运算后的课程开设表和学生登记表进行笛卡儿积运算。表 4-9 所示为经过关系运算后得到的计算机学院学生的选修课程表。

表 4-9 计算机学院学生的选修课程表

课程编号	课程名称	任课教师	学号	姓名	性别
L001	高等数学	钱红	20101006	王晓敏	女
L001	高等数学	钱红	20102003	刘小明	男
L001	高等数学	钱红	20102006	王大松	男
L001	高等数学	钱红	20102009	李光明	男
L001	高等数学	钱红	20093001	张长江	男
L003	线性代数	王大伟	20101006	王晓敏	女
L003	线性代数	王大伟	20102003	刘小明	男
L003	线性代数	王大伟	20102006	王大松	男
L003	线性代数	王大伟	20102009	李光明	男
L003	线性代数	王大伟	20093001	张长江	男
L005	大学物理	唐小平	20101006	王晓敏	女
L005	大学物理	唐小平	20102003	刘小明	男
L005	大学物理	唐小平	20102006	王大松	男
L005	大学物理	唐小平	20102009	李光明	男
L005	大学物理	唐小平	20093001	张长江	男
C003	离散数学	马良	20101006	王晓敏	女
C003	离散数学	马良	20102003	刘小明	男
C003	离散数学	马良	20102006	王大松	男
C003	离散数学	马良	20102009	李光明	男
C003	离散数学	马良	20093001	张长江	男

4.9 本章总结

1. 本章主要知识点

本章主要知识点如下：

本章主要介绍关系的基本知识及关系在实际问题中的应用，包括关系的概念与表示方法、关系的几种性质、关系的运算方法及基于关系的性质所单列出来的几种特殊关系，最后以关系型数据库中的表为例介绍了多元关系在科学实践中的应用。

关系是序偶的集合，表示两个(或多个)元素之间的一种联系。关系的描述方法有3种：集合法、图形法和矩阵法。其中，集合法是关系的最直接表示方法，但在元素较多时，不易分析关系的性质；图形法可以比较清晰地表现关系的性质，但不适宜关系的运算；而矩阵法在进行关系的运算时，相对比较方便，也能在一定程度上减少运算出错的几率。

关系之间可以进行集合的所有运算，但除了实现集合的相关运算以外，根据关系的特点，关系还可以进行复合及逆等特有的运算。关系的复合运算是指两个关系根据序偶中元素的特征将分属不同关系的两个序偶合成一个新序偶，由所有新序偶构成新关系的运算；而关系的逆运算是指将一个关系中所有序偶的元素交换位置得到新关系的运算。

根据构成关系的序偶中元素之间的某些特征，可以总结出关系的一些性质，这些性质包括自反性、反自反性、对称性、反对称性及传递性等5种。有些关系，虽然不具备这些性质，但可以通过特殊的运算，使之具有这些性质中的一种或者几种，这种运算，称为关系的闭包运算。

闭包是性质闭合并包含原关系的意思。关系的闭包运算有自反闭包、对称闭包及传递闭包等3种。

同时具有关系的性质中某几种特殊性质的关系，在实际应用中有一些特殊的用途。因此，可以把这些关系独立出来分别进行讨论，这样的关系有等价关系、相容关系和序关系等3种。

同时具有自反性、对称性和传递性的关系称为等价关系。等价关系中的“等价”是指构成关系的序偶中的两个元素，在该关系中相互等价，可以互相交换。而这些相互等价的元素构成的集合，称为该等价关系构成的等价类。

仅具有自反性和对称性的关系称为相容关系。与等价关系一样，相容关系的“相容”，同样指元素的相容。来自于集合 A 的相容关系，集合 A 的某些子集中的元素有这样一种特性：如果这些元素中的任何一个，与该子集中的其他元素构成的序偶都在关系中，那么这些元素就是相容的。由相容的元素构成的集合，称为集合 A 关于相容关系的相容类。

由于相容关系具有自反性和对称性，因此，在用关系图描述相容关系时，可以省掉所有结点的自弧线并将两个结点间方向相反的2条有向弧线用无方向的1条弧线代替，这样可使相容关系的关系图看起来比较简洁，这样的关系图称为相容关系的简化关系图。

具有自反性、反对称性和传递性的关系称为偏序关系，简称序关系。序关系中的“序”，是指关系的序偶中的元素可以按一定的顺序排列。在序关系中，基于已知的自反性和传递性等性质，删除所有表示自反性的序偶(如$<a,a>$等)和传递性的序偶(如$<a,b>$,

$\langle b,c\rangle$,$\langle a,c\rangle$中的$\langle a,c\rangle$等)所得到的新关系,描述了元素之间的一种盖住特性(b盖住a、c盖住b),这样的关系称为盖住关系。在描述盖住特性的关系图中,去掉有向弧的方向,并将被盖住的元素画在下面,所得到的关系图,成为哈斯图。

2. 本章主要习题类型及解答方法

本章主要习题类型及解答方法如下:

(1) 基本概念题:主要考查读者对关系的基本概念和表示方法、关系的性质、等价关系与等价类、相容关系与相容类、序关系与哈斯图等基本知识的理解。

基本概念题的解答方法:紧抓概念,根据题目涉及的概念进行解答。

(2) 判断题:主要考查读者对关系的几种性质相关概念的理解。

判断题的解答方法:紧抓概念,根据题目涉及的概念进行解答。

(3) 简答题:主要涉及关系的运算及运算所得新关系现实含义。

简答题的解答方法:根据关系的运算规则正确计算新关系,再根据新关系中序偶的特征找出其现实含义。

(4) 计算题:主要涉及关系的闭包、关系的复合与逆、关系的幂等相关知识。

计算题的解答方法:根据相关运算的概念,结合关系矩阵和关系图完成相关运算,得到要求的结果。

(5) 作图题:包括一般关系图、相容关系的简化关系图及序关系的哈斯图等。

作图题的解答方法有:

① 一般关系图:将集合中的元素作为关系图中的节点,用小圆圈表示;将关系集合中的序偶元素用有向弧线表示,且序偶的第一个元素作为有向弧线的起点、第二个元素作为有向弧线的终点,画出关系图。

② 相容关系的简化关系图:将集合中的元素作为关系图中的节点,用小圆圈表示;将关系集合中的序偶元素用无向弧线表示,画出关系图。

③ 哈斯图:首先基于盖住的特征将序关系转化为盖住关系(一种简化的序关系),然后基于盖住关系按照序偶中前一个元素在下、后一个元素在上的规律,将集合的元素作为图的节点,按从下到上的顺序排列,并将盖住关系中的序偶用无向弧线表示,画出简化关系图。

4.10 本章习题

1. 对于集合$A=\{1,2,3\}$和$B=\{2,3,4,6\}$,求:

① 从A到B的小于等于关系;

② 从A到B的整除关系;

③ 从A到B的大于关系;

④ 从B到A的大于等于关系;

⑤ 从B到A的小于关系;

⑥ 从B到A的整除关系。

2. 对于集合$A=(1,2,3,4,6,8,12\}$,求:

① A上的小于等于关系;

② A上的全关系;

③ A上的不等于关系;

④ A上的大于关系;

⑤ A上的恒等关系;

⑥ A上的整除关系。

3. 对于集合 $A=\{a,b,c\}$ 和集合 $B=\{\{a\},\{a,b\},\{a,c\},\{b,c\}\}$，求：

① 从 $P(A)$ 到 B 的包含关系；

② 从 $P(A)$ 到 B 的真包含关系；

③ 从 B 到 $P(A)$ 的包含关系；

④ 从 B 到 $P(A)$ 的真包含关系；

⑤ B 上的包含关系；

⑥ B 上的恒等关系。

4. 对于集合 $A=\{3,5,7,9\}$ 和 $B=\{2,3,4,6,8,10\}$，求如下关系的关系矩阵。

① 从 A 到 B 的小于等于关系；

② 从 A 到 B 的大于关系；

③ 从 A 到 B 的整除关系；

④ 从 B 到 A 的大于等于关系；

⑤ 从 B 到 A 的小于关系；

⑥ 从 B 到 A 的整除关系。

5. 对于集合 $A=\{2,3,4,6,7,8,10\}$，求如下关系的关系矩阵。

① A 上的小于等于关系；

② A 上的大于关系；

③ A 上的全关系；

④ A 上的恒等关系；

⑤ A 上的不等于关系；

⑥ A 上的整除关系。

6. 对于集合 $A=\{a,b,c\}$ 和集合 $B=\{\varnothing,\{a,b\},\{a,b,c\}\}$，求如下关系的关系矩阵。

① 从 $P(A)$ 到 B 的包含关系；

② 从 $P(A)$ 到 B 的真包含关系；

③ 从 B 到 $P(A)$ 的包含关系；

④ 从 B 到 $P(A)$ 的真包含关系；

⑤ B 上的包含关系；

⑥ B 上的恒等关系。

7. 绘制习题 4 中各关系的关系图。

8. 绘制习题 5 中各关系的关系图。

9. 绘制习题 6 中各关系的关系图。

10. 设 $A=\{a,b,c,d,e,f,g\}$，其中 a、b、c、d、e、f 和 g 分别表示 7 个人，且 a、b 和 c 都是 18 岁，d 和 e 都是 21 岁，f 和 g 都是 23 岁。试给出集合 A 上的同龄关系，并用关系矩阵和关系图表示。

11. 判断集合 $A=\{a,b,c\}$ 上的如下关系所具有的性质。

① $R_1=\{\langle a,a\rangle,\langle b,b\rangle,\langle c,c\rangle,\langle a,b\rangle,\langle b,c\rangle,\langle a,c\rangle\}$；

② $R_2=\{\langle a,a\rangle,\langle c,c\rangle,\langle a,b\rangle,\langle b,a\rangle\}$；

③ $R_3=\{\langle a,b\rangle,\langle a,c\rangle,\langle b,c\rangle\}$；

④ $R_4=\{\langle a,a\rangle,\langle b,b\rangle,\langle c,c\rangle,\langle a,b\rangle,\langle b,a\rangle\}$；

⑤ $R_5=A\times A$；

⑥ $R_6=\varnothing$。

12. 判断集合 $A=\{3,5,6,7,10,12\}$ 上的如下关系所具有的性质。

① A 上的小于等于关系；

② A 上的大于关系；

③ A 上的全域关系；

④ A 上的恒等关系；

⑤ A 上的不等于关系；

⑥ A 上的整除关系。

13. 给出集合 $A=\{1,2,3,4\}$ 上关系的例子，使它分别具有如下性质。

① 既不是自反的，又不是反自反的；

② 既是对称的，又是反对称的；

③ 既不是对称的，又不是反对称的；

④ 既是传递的，又是对称的；

⑤ 既是反自反的，又是传递的；

⑥ 既是反对称的，又是自反的。

14. 对于集合 $A=\{a,b,c\}$ 上的关系，求

① 对称关系的数目；

② 反对称关系的数目；

③ 传递关系的数目；

④ 既不是对称的，又不是反对称的关系的数目；

⑤ 既是对称的，又是反对称的关系的数目；

⑥ 既不是自反的，又不是反自反的关系的数目。

15. 对于图 4.23 中给出的集合 $A=\{1,2,3\}$上的关系，写出相应的关系表达式和关系矩阵，并分析它们各自具有的性质。

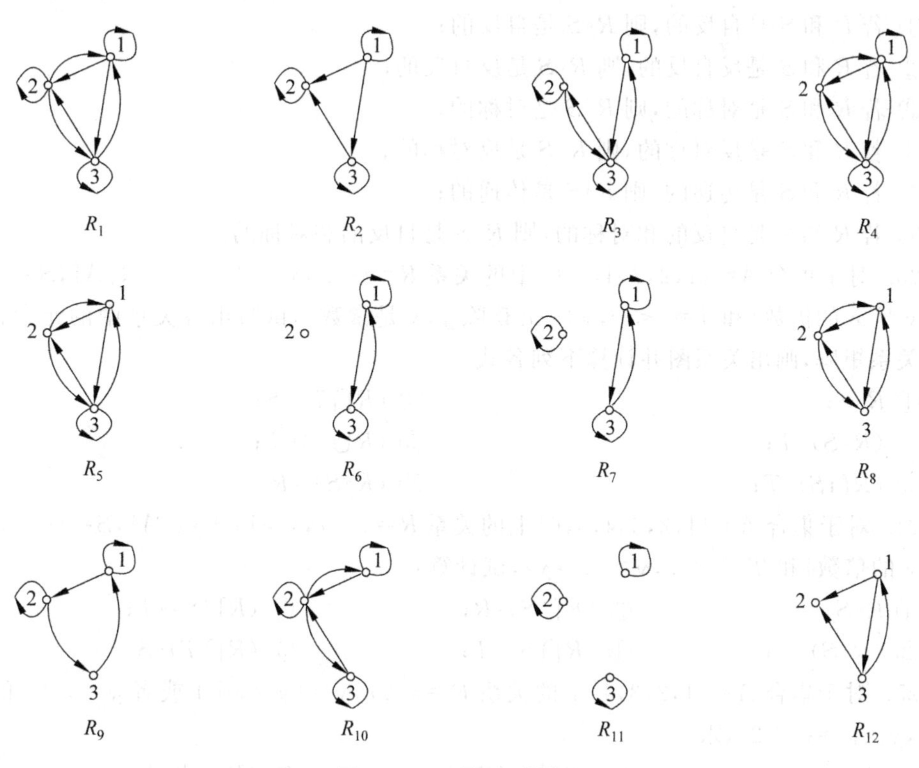

图 4.23 习题 15 的关系

16. 对于集合 A 上的自反关系 R 和 S，判断如下结论的正确性，并举例说明。

① $R \cup S$ 是自反关系；

② $R \cap S$ 是自反关系；

③ $R-S$ 是自反关系。

17. 对于集合 A 上的反自反关系 R 和 S，判断如下结论的正确性，并举例说明。

① $R \cup S$ 是反自反关系；

② $R \cap S$ 是反自反关系；

③ $R-S$ 是反自反关系。

18. 对于集合 A 上的对称关系 R 和 S，判断如下结论的正确性，并举例说明。

① $R \cup S$ 是对称关系；

② $R \cap S$ 是对称关系；

③ $R-S$ 是对称关系。

19. 对于集合 A 上的反对称关系 R 和 S，判断如下结论的正确性，并举例说明。

① $R\cup S$ 是反对称关系；

② $R\cap S$ 是反对称关系；

③ $R-S$ 是反对称关系。

20. 对于集合 A 上的传递关系 R 和 S，判断如下结论的正确性，并举例说明。

① $R\cup S$ 是传递关系；

② $R\cap S$ 是传递关系；

③ $R-S$ 是传递关系。

21. 对于集合 $A=\{a,b,c\}$ 到集合 $B=\{1,2\}$ 的关系 $R=\{<a,1>,<b,2>,<c,1>\}$ 和 $S=\{<a,1>,<b,1>,<c,1>\}$，求 $R\cup S$、$R\cap S$、$R-S$、$S-R$、$\sim R$ 和 $\sim S$。

22. 设 R 和 S 是集合 A 上的关系，试证明或否定以下论断。

① 若 R 和 S 是自反的，则 $R\circ S$ 是自反的；

② 若 R 和 S 是反自反的，则 $R\circ S$ 是反自反的；

③ 若 R 和 S 是对称的，则 $R\circ S$ 是对称的；

④ 若 R 和 S 是反对称的，则 $R\circ S$ 是反对称的；

⑤ 若 R 和 S 是传递的，则 $R\circ S$ 是传递的；

⑥ 若 R 和 S 是自反的和对称的，则 $R\circ S$ 是自反的和对称的。

23. 对于集合 $A=\{1,2,3,4,5,6\}$ 上的关系 $R=\{<x,y>|(x-y)^2\in A\}$，$S=\{<x,y>|y$ 是 x 的倍数$\}$ 和 $T=\{<x,y>|x$ 整除 y，y 是素数$\}$，试写出各关系中的元素、各关系的关系矩阵，画出关系图并计算下列各式。

① $R\circ S$；

② $(R\circ S)\circ T$；

③ $(R\cap S)\circ T$；

④ $(R\cap T)\circ S$；

⑤ $(R\cup S)\circ T$；

⑥ $(R\circ S)\circ R$。

24. 对于集合 $A=\{1,2,3,4,5,6\}$ 上的关系 $R=\{<x,y>|x+y\in A\}$，$S=\{<x,y>|x$ 是 y 的倍数$\}$ 和 $T=\{<x,y>|x>y\}$，试计算：

① $R\circ S$；

② $(R\circ S)\circ T$；

③ $(R\cap S)\circ R$；

④ $(R\cap S)\circ T$；

⑤ $(R\cup S)\circ T$；

⑥ $(R\cap T)\circ S$。

25. 对于集合 $A=\{1,2,3,4\}$ 上的关系 $R=\{<x,y>|y=x+1$ 或者 $y=x/2\}$ 和 $S=\{<x,y>|x=y+2\}$，求：

① R^{-1}；

② S^{-1}；

③ $(R\circ S)^{-1}$；

④ $(R)^{-1}\circ(S)^{-1}$；

⑤ $(R\cup S)^{-1}$；

⑥ $(R)^{-1}\cup(S)^{-1}$；

⑦ $(R\cap S)^{-1}$；

⑧ $(R)^{-1}\cap(S)^{-1}$；

⑨ $(S)^{-1}\circ(R)^{-1}$。

26. 对于习题 25 中的关系 R 和 S，求

① R^2；

② S^2；

③ $(R\circ S)^2$；

④ $R^2\circ S^2$；

⑤ $(R\cup S)^2$；

⑥ $(R)^2\cup(S)^2$；

⑦ $(R\cap S)^2$；

⑧ $(R)^2\cap(S)^2$；

⑨ $(S\circ R)^2$。

27. 设 R 和 S 是定义在人类集合 P 上的关系，其中：$R=\{<x,y>|x$ 是 y 的父亲，$x\in P,y\in P\}$，$S=\{<x,y>|x$ 是 y 的母亲，$x\in P,y\in P\}$，试问：

① $R\circ R$ 表示什么关系？

② $S^{-1}\circ R^{-1}$ 表示什么关系？

③ $S\circ R^{-1}$ 表示什么关系？

④ R^3 表示什么关系？

⑤ $\{<x,y>|x$ 是 y 的祖母，$x\in P,y\in P\}$如何用 R 和 S 表示？

⑥ $\{<x,y>|x$ 是 y 的外祖母，$x\in P,y\in P\}$如何用 R 和 S 表示？

28. 对于集合 $A=\{a,b,c\}$上的如下关系，求各关系的各次幂。

① $R_1=\{<a,a>,<b,a>\}$；

② $R_2=\{<a,a>,<c,c>,<a,b>,<b,a>\}$；

③ $R_3=\{<a,b>,<a,c>,<b,c>\}$；

④ $R_4=\{<a,a>,<b,b>,<a,b>,<b,a>\}$；

⑤ $R_5=\{<a,b>,<b,c>,<c,c>\}$；

⑥ $R_6=\{<a,c>,<c,c>\}$。

29. 对于习题 25 中的关系 R 和 S，求下列各式，并给出所得关系的关系矩阵和关系图。

① $r(R)$； ④ $r(S)$； ⑦ $rt(R)$；

② $s(R)$； ⑤ $s(S)$； ⑧ $st(R)$；

③ $t(R)$； ⑥ $rs(R)$； ⑨ $st(S)$。

30. 对于集合 $A=\{a,b,c\}$上的关系 $R=\{<a,b>,<b,c>,<c,a>\}$，求 $r(R)$、$s(R)$、$t(R)$、$rs(R)$、$rt(R)$、$st(R)$和 $srt(R)$，并给出所得关系的关系矩阵和关系图。

31. 设 R 是集合 A 上的关系，试证明或否定以下论断。

① 若 R 是自反的，则 $s(R)$、$t(R)$是自反的；

② 若 R 是反自反的，则 $s(R)$、$t(R)$是反自反的；

③ 若 R 是对称的，则 $r(R)$、$t(R)$是对称的；

④ 若 R 是反对称的，则 $r(R)$、$t(R)$是反对称的；

⑤ 若 R 是传递的，则 $r(R)$、$s(R)$是传递的；

⑥ 若 R 是对称的，则 $rt(R)$、$tr(R)$是对称的。

32. 对于图 4.24 中给出的集合 $A=\{1,2,3,4\}$上的关系，求这些关系的自反闭包和传递闭包，并画出对应关系的关系图。

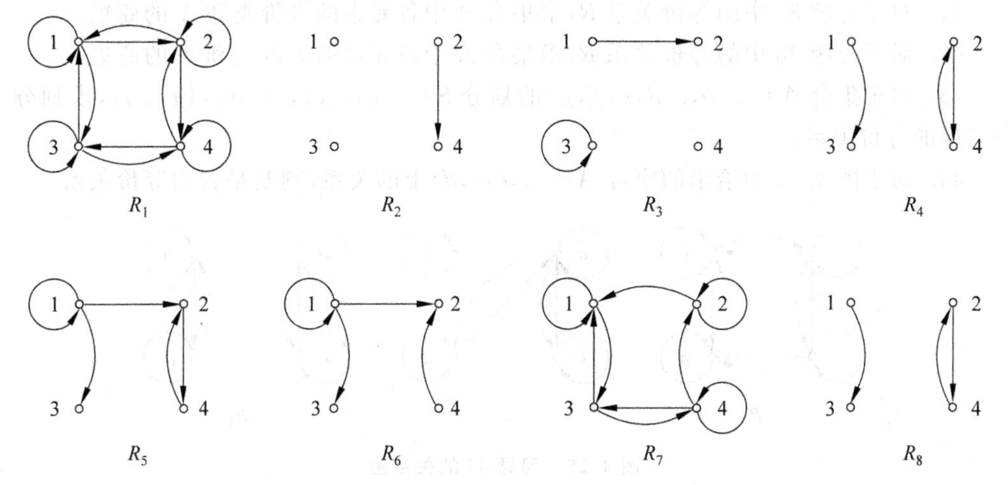

图 4.24 习题 32 的关系图

33. 对于集合$\{0,1,2,3\}$上的如下关系，判定哪些关系是等价关系。

① $\{<0,0>,<1,1>,<2,2>,<3,3>\}$；

② $\{<0,0>,<0,2>,<2,0>,<2,2>,<2,3>,<3,2>,<3,3>\}$；

③ $\{<0,0>,<1,1>,<1,2>,<2,1>,<3,3>\}$；

④ $\{<0,0>,<1,1>,<1,3>,<2,2>,<2,3>,<3,1>,<3,2>,<3,3>\}$；

⑤ $\{<0,0>,<0,1>,<0,2>,<1,0>,<1,1>,<1,2>,<2,0>,<2,2>,<3,3>\}$；

⑥ $\varnothing$。

34. 对于人类集合上的如下关系，判定哪些是等价关系。

① $\{<x,y>|x$ 与 y 有相同的父母$\}$；

② $\{<x,y>|x$ 与 y 有相同的年龄$\}$；

③ $\{<x,y>|x$ 与 y 是朋友$\}$；

④ $\{<x,y>|x$ 与 y 都选修离散数学$\}$；

⑤ $\{<x,y>|x$ 与 y 是老乡$\}$；

⑥ $\{<x,y>|x$ 与 y 有相同的祖父$\}$。

35. 设 R 和 S 是集合 A 上的等价关系，判定下列各式中哪些是等价关系。

① $R\cup S$；　③ $R-S$；　⑤ $R\circ S$；

② $R\cap S$；　④ $A\times A-(R\cup S)$；　⑥ R^{-1}。

36. 对于长度至少为3的所有二进制串的集合上的关系 $R=\{<x,y>|x$ 和 y 第3位(不含第3位)之后各位相同$\}$，试证明 R 是等价关系。

37. 对于正整数集合上的关系 $R=\{<<a,b>,<c,d>>|a\cdot b=c\cdot d\}$，试证明 R 是等价关系。

38. 设 R 是所有二进制串的集合上的关系，当且仅当 x 和 y 包含相同个数的1时，有 xRy，试证明 R 是等价关系。

39. 对于习题36中的关系 R，求二进制串010、1011、11111、01010101的等价类。

40. 对于习题38中的关系 R，求二进制串011的等价类。

41. 对于习题33中的等价关系 R，求集合 A 中各元素的等价类和 A 的商集。

42. 对于习题38中的等价关系 R，求集合 A 中各元素的等价类和 A 的商集。

43. 对于集合 $A=\{a,b,c,d,e,f,g\}$ 的划分 $S=\{\{a,c,e\},\{b,d\},\{f,g\}\}$，求划分 S 所对应的等价关系。

44. 对于图4.25中给出的集合 $A=\{a,b,c,d\}$ 上的关系，判断是否为等价关系。

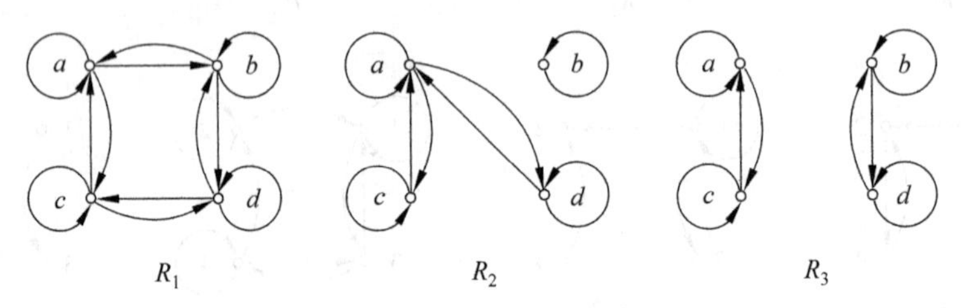

图4.25　习题44的关系图

45. 设 Z 是整数集，当 $a \cdot b \geqslant 0$ 时，$\langle a,b\rangle \in R$，说明 R 是 A 上的相容关系，但不是 A 上的等价关系。

46. 集合 $A=\{air,book,class,go,in,not,yes,make,program\}$ 上的关系 R 定义为：当两个单词中至少有一个字母相同时，则认为是相关的。证明 R 是相容关系，并写出 R 产生的所有最大相容类。

47. 对于集合 $A=\{a,b,c,d,e,f,g\}$ 上的覆盖 $C=\{\{a,b,c,d\},\{c,d,e\},\{d,e,f\},\{f,g\}\}$，求覆盖 C 所对应的相容关系。

48. 画出如下集合 A 上整除关系的哈斯图。

① $A=\{1,2,3,4,5,6,7,8\}$；

② $A=\{1,2,3,5,7,11,13\}$；

③ $A=\{1,2,3,6,12,24,36,48\}$；

④ $A=\{1,2,4,8,16,32,64\}$；

⑤ $A=\{1,2,3,4,6,8,12,24\}$；

⑥ $A=\{2,3,5,6,9,12,24\}$。

49. 求习题 48 中各关系下集合 A 的极大元、极小元、最大元和最小元。

50. 对于习题 48 中关系①和②，求子集 $\{1,2,3,5\}$ 和子集 $\{2,3,7\}$ 的上界、下界、上确界和下确界。

51. 对于习题 48 中关系③和⑤，求子集 $\{2,3,6\}$ 和子集 $\{1,6,12\}$ 的上界、下界、上确界和下确界。

52. 对于图 4.26 所示的集合 A 上的偏序关系所对应的哈斯图，求集合 A 的极大元、极小元、最大元和最小元。

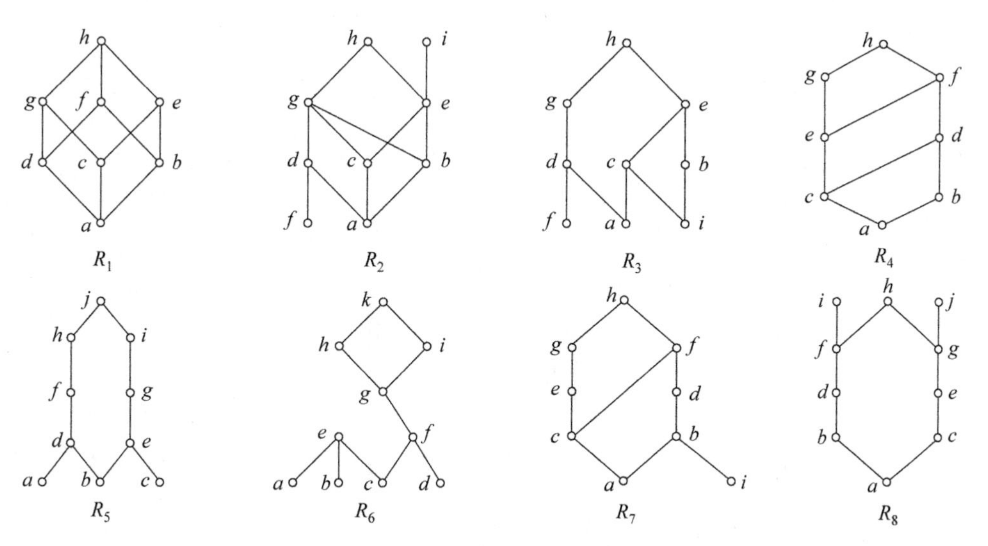

图 4.26 习题 52 的哈斯图

53. 对于偏序集 $\langle A,\leqslant\rangle$ 和集合 A 的任意子集 B，试证明：若 b 为 B 的最大元，则 b 为 B 的极大元、上界和上确界。

54. 对于偏序集$\langle A,\leqslant\rangle$和集合$A$的任意子集$B$,试证明:若$B$有下确界,则$B$的下确界唯一。

55. 对于集合$A=\{\varnothing,\{1\},\{1,3\},\{1,2,3\}\}$,证明$A$上的包含关系"$\subseteq$"是全序关系,并画出其哈斯图。

56. 判断下列关系是否为偏序关系、全序关系或良序关系。

① 自然数集N上的小于关系"$<$";

② 自然数集N上的大于等于关系"$\geqslant$";

③ 整数集Z上的小于等于关系"$\leqslant$";

④ 幂集$P(N)$上的真包含关系"$\subset$";

⑤ 幂集$P(\{a\})$上的包含关系"$\subseteq$";

⑥ 幂集$P(\varnothing)$上的包含关系"$\subseteq$"。

第5章 函　数

函数是最基本的数学概念之一，也是一种最重要的数学工具，狭义上的函数 $y=f(x)$ 通常是在实数集合上进行的讨论。但广义的函数，实际是指一个量随另一个(或多个)量而变化的关系，因此，函数可以看作是一种特殊的关系。

例如，计算机中把输入、输出间的关系看成是一种函数；类似地，在开关理论、自动机理论和可计算性理论等领域中，函数也有着极其广泛的应用。

5.1 函数的概念

定义 5.1 函数 设 X、Y 为任意两个集合，如果 f 为 X 到 Y 的关系($f\subseteq X\times Y$)，且对每一个 $x\in X$，都有唯一的 $y\in Y$，使得 $<x,y>\in f$，则称 f 是 X 到 Y 的函数，记为 $f:X\rightarrow Y$ 或 $y=f(x)$。并称 x 为函数的自变元(或源点)，y 为在函数 f 作用下 x 的像点(或函数值)。

在函数的定义中，集合 X 称为函数的定义域，记为 $\text{dom } f=X$。而所有像点构成的集合称为函数 f 的值域或函数 f 的像，记为 $\text{ran } f$ 或 $f(X)$，$\text{ran } f\subseteq Y$。

根据函数的定义可知，函数是一种特殊的关系，其与一般性关系的区别有两点：

① 函数的定义域是 X，而不是 X 的真子集。即每个 $x\in X$ 都有像 $y\in Y$ 存在(如存在性)。

② 一个 x 只能对应唯一的一个 y(如唯一性)。

这两点区别也称为函数的两个要素。

函数定义的数学形式为：

$$f=\{<x,y>\mid x\in X\wedge y\in Y\wedge f(x)=y\} \text{ 或 } y=f(x)$$

例题 5.1 设 $X=\{1,5,p,\text{张明}\}$，$Y=\{2,q,7,9,G\}$，判断下列关系是否为函数，并求其定义域和值域。

$$f=\{<1,2>,<5,q>,<p,7>,<\text{张明},G>\}$$

【解】 从题目给出的关系可以看出，每一个 $x\in X$，都有唯一的 $y\in Y$，使得 $<x,y>\in f$，即 $f(1)=2$、$f(5)=q$、$f(p)=7$、$f(\text{张明})=G$，因此，关系 f 是函数。

$\text{dom } f=X$

$\text{ran } f=\{2,q,7,G\}$

例题 5.2 判断下列关系中哪些能构成函数，并说明理由。

① $f=\{<x_1,x_2>\mid x_1、x_2\in N，且\ x_1+x_2<10\}$；

② $f=\{<y_1,y_2>|y_1、y_2\in R,且\ y_2^2=y_1\}$；

③ $f=\{<x_1,x_2>|x_1、x_2\in N,x_2$ 为小于 x_1 的素数个数$\}$。

【解】 ① 不能构成函数。因为 x_1 不能取定义域中所有的值，且一个 x_1 可能对应多个 x_2。

② 不能构成函数。因为一个 y_1 对应两个 y_2，故也不是函数。

③ 能够成为函数。

从函数的定义可以知道，$X\times Y$ 的子集并不能都成为 X 到 Y 的函数。

例题 5.3 设集合 $X=\{a,b,c\}$、$Y=\{0,1\}$，试写出所有从 X 到 Y 的函数。

【解】 $X\times Y=\{<a,0>,<b,0>,<c,0>,<a,1>,<b,1>,<c,1>\}$，$X\times Y$ 有 $2^6=64$ 个可能的子集，但其中只有 $2^3=8$ 个子集可定义为从 X 到 Y 的函数：

$f_0=\{<a,0>,<b,0>,<c,0>\}$　　$f_1=\{<a,0>,<b,0>,<c,1>\}$

$f_2=\{<a,0>,<b,1>,<c,0>\}$　　$f_3=\{<a,0>,<b,1>,<c,1>\}$

$f_4=\{<a,1>,<b,0>,<c,0>\}$　　$f_5=\{<a,1>,<b,0>,<c,1>\}$

$f_6=\{<a,1>,<b,1>,<c,0>\}$　　$f_7=\{<a,1>,<b,1>,<c,1>\}$

设 X 和 Y 都为有限集，分别有 m 个和 n 个不同元素，由于从 X 到 Y 任意一个函数的定义域都是 X，所以这些函数中每一个都有 m 个序偶。另外任何元素 $x\in X$，可以有 Y 的 n 个元素中任何一个作为它的像，故共有 n^m 个不同的函数。在例题 5.3 中，$n=2$、$m=3$，故应有 2^3 个不同的函数。

今后我们用符号 Y^X 表示从 X 到 Y 的所有函数的集合，甚至当 X 和 Y 是无限集时，也可用这个符号。

因为函数是序偶的集合，所以两个函数相等可借用集合相等的概念予以定义。

定义 5.2 函数相等 设函数 $f:A\to B$，$g:C\to D$，如果 $A=C$、$B=D$，且对所有 $x\in A$ 和 $x\in C$，都有 $f(x)=g(x)$，则称函数 f 等于函数 g，记为 $f=g$。

如果 $A\subseteq C$、$B=D$，且对每一个 $x\in A$，都有 $f(x)=g(x)$，则称函数 f 包含于函数 g，记为 $f\subseteq g$。

5.2 几种特殊的函数

函数描述了集合 X 中元素和集合 Y 中元素之间的特殊对应关系，这种对应关系体现了 X 中元素在 Y 上的投射性质，因此，函数也可以称为映射。映射关系可以是一对一的，也可以是多对一的。同时，函数的值域可以是集合 Y 的一个真子集，也可以是集合 Y 的全部。这些不同的情况，形成了一些特殊的函数(入射、满射、双射、恒等、常函数等)。

定义 5.3 入射函数 设 f 是集合 X 到 Y 的函数，如果 X 中任何 2 个元素都没有相同的像，则称 f 是集合 X 到 Y 的入射(单射、一对一映射)函数。

如果 $f:X\to Y$ 是入射函数，则对于任意的 x_1、$x_2\in X$，有：

$$x_1\neq x_2\Rightarrow f(x_1)\neq f(x_2)$$

或者

$$f(x_1)=f(x_2)\Rightarrow x_1=x_2$$

入射函数也称单射函数或者一对一的函数。

例如，函数 $f:\{a,b\}\to\{2,4,6\}$ 为 $f(a)=2$、$f(b)=6$，则这个函数是入射函数。

定义 5.4 满射函数 设 f 是集合 X 到 Y 的函数，如果 $\text{ran}\, f=Y$，即 Y 的每一个元素都是 X 中一个或者多个元素的像点，则称 f 为满射函数(或 X 到 Y 上的映射)。

如果 $f:X\to Y$ 是满射，则对于任意 $y\in Y$，必存在 $x\in X$，使 $f(x)=y$ 成立。

例如，$A=\{a,b,c,d\}$，$B=\{1,2,3\}$，如果 $f:A\to B$ 为 $f(a)=1$、$f(b)=1$、$f(c)=3$、$f(d)=2$。则 f 是满射的。

定义 5.5 双射函数 设 f 是集合 X 到 Y 的函数，如果 f 既是 X 到 Y 的入射函数，又是 X 到 Y 的满射函数，则称 f 为 X 到 Y 的双射函数。双射函数也称一一对应的函数，Y 中的每一元素在 X 中都有且仅有一个源点。

例如，令$[a,b]$表示实数的闭区间，即$[a,b]=\{x|a\leqslant x\leqslant b\}$。令 $f:[0,1]\to[a,b]$，且 $f(x)=(b-a)x+a$。这个函数就是双射函数。

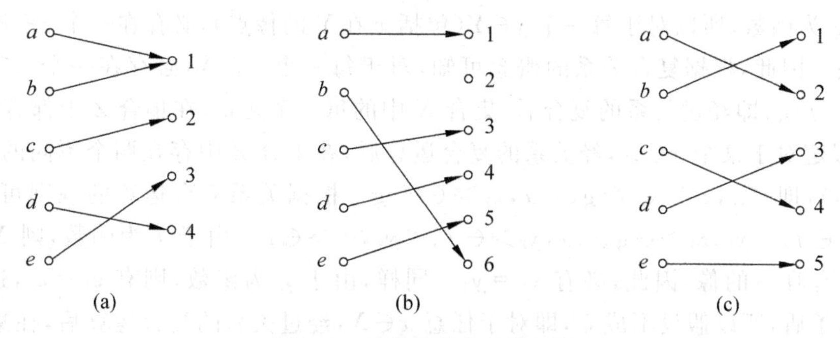

图 5.1 几种关系表示的函数

例题 5.4 判断图 5.1(a)、图 5.1(b)和图 5.1(c)所示关系图表示的函数是哪一种函数。

【解】 从关系图可以看出，图 5.1(a)和图 5.1(c)是满射函数；图 5.1(b)和图 5.1(c)是入射函数；而图 5.1(c)是双射函数。

定理 5.1 令 X 和 Y 为有限集，若 X 和 Y 的元素个数相同，即$|X|=|Y|$，则 $f:X\to Y$ 是入射的，当且仅当它是一个满射。

【证明】 必要性。

若 f 是入射的，则$|X|=|f(X)|$(一对一映射源点的个数=像的个数)，所以$|f(X)|=|Y|$。而从函数 f 的定义可知 $f(X)\subseteq Y$，又因为 Y 是有限集合，元素个数固定，所以 Y 的每个元素都是 X 中元素的像点，即 f 是满射的。

充分性。

若 f 是满射的，则根据满射的定义可知 $f(X)=Y$，所以$|X|=|Y|=|f(X)|$，又因为 X 是有限集合，所以 X 中不存在 2 个元素有相同的像点，所以 $f:X\to Y$ 是入射的。

本定理证毕。

注意：因为无限集合无法计算元素个数，所以本定理不适用于无限集合上的映射。

定义 5.6 常函数 设函数 $f:X\to Y$，如果存在某个 $y_0\in Y$，对于每个 $x\in X$ 都有 $f(x)=y_0$，即 $f(X)=\{y_0\}$，则称函数 f 为常函数。

定义 5.7 恒等函数 如果 $I_x=\{<x,x>|x\in X\}$，则称函数 $I_x: X\to X$ 为恒等函数。

5.3 函数的运算(复合、逆函数)

函数是一种特殊的关系，自然也能进行关系所特有的运算，如关系的复合与关系的逆等。但由于函数定义的特殊要求，在进行类似复合及逆运算时，会有相关的条件限制。

5.3.1 复合函数

定理 5.2 对于集合 X、Y 和 Z，设 f 是 X 到 Y 的关系、g 是 Y 到 Z 的关系，如果 f 和 g 分别是 X 到 Y 的函数和 Y 到 Z 的函数，那么，其复合关系 $f\circ g$ 是 X 到 Z 的函数。

【证明】 本定理可从函数定义的两个要素出发进行证明。

① 因为 f 为函数，所以对于每一个 $x\in X$，必存在一个 $y\in Y$，使得 $<x,y>\in f$；同理，因为 g 为函数，所以对于每一个 $y\in Y$(包括 x 在 Y 的像点)，必存在一个 $z\in Z$，使得 $<y,z>\in g$。因此，根据复合关系的概念可知，对于每一个 $x\in X$，必存在一个 $z\in Z$，使得 $<x,z>\in f\circ g$，即经过关系的复合后，集合 X 中的每一个元素，在集合 Z 中都有像点；

② 假定对于某个 $x\in X$，经关系的复合运算后，在集合 Z 中存在两个不同的像点 z_1、$z_2(z_1\neq z_2)$，即 $<x,z_1>\in f\circ g$、$<x,z_2>\in f\circ g$。根据关系复合运算的规则可知，必有 $<x,y_1>\in f$、$<y_1,z_1>\in g$、$<x,y_2>\in f$、$<y_2,z_2>\in g$。由于 f 为函数，则 X 中的每个元素仅有唯一的像，因此，必有 $y_1=y_2$。同样，由于 g 为函数，则有 $z_1=z_2$，这与假设 $z_1\neq z_2$ 相矛盾，所以假设不成立，即对于任意 $x\in X$，经过关系的复合运算后，在集合 Z 中只能有唯一的像点。

综合以上两点，本定理得证。

定义 5.8 复合函数 对于集合 X、Y 和 Z，设函数 $f:X\to Y$，$g:Y\to Z$，则复合关系 $f\circ g$ 称为函数 f 与函数 g 的复合函数。为了与其他资料上复合函数的表示方式一致，通常将复合函数记为 $g\circ f$。因此，函数的复合也称为函数 g 在 f 的左边可复合。

函数复合运算的数学描述形式为：

$$g\circ f=\{<x,z>|x\in X\wedge z\in Z\wedge(\exists y)(y\in Y\wedge y=f(x)\wedge z=g(y))\}$$

根据复合函数的定义，显然有 $g\circ f(x)=g(f(x))$。

例题 5.5 设集合 $X=\{1,2,3\}$、$Y=\{p,q\}$、$Z=\{a,b\}$，函数 $f=\{<1,p>,<2,p>,<3,q>\}$、$g=\{<p,b>,<q,b>\}$，求复合函数 $g\circ f$。

【解】 $g\circ f=\{<1,b>,<2,b>,<3,b>\}$

例题 5.6 设 R 为实数的集合，对 $x\in R$ 有 $f(x)=x+2$、$g(x)=x-2$、$h(x)=3x$，试求 $g\circ f$、$h\circ g$、$h\circ(g\circ f)$、$(h\circ g)\circ f$。

【解】 因为 $g\circ f(x)=g(f(x))=g(x+2)=x$，所以 $g\circ f=\{<x,x>|x\in R\}$；

同理可得

$$h\circ g=\{<x,3x-6>|x\in R\}$$

$$h\circ(g\circ f)=\{<x,3x>|x\in R\}$$

$$(h\circ g)\circ f=\{<x,3x>|x\in R\}$$

根据例题5.6的解答可以看出，函数的复合运算是可以结合的，即 $h\circ(g\circ f)=(h\circ g)\circ f$，因此，在多个函数的复合时，可以去掉上式中的括号。

定理5.3 设 $f:X\to Y, g:Y\to Z, g\circ f$ 是一个复合函数，则：

① 如果 f 和 g 是满射的，则 $g\circ f$ 也是满射的。

② 如果 f 和 g 是入射的，则 $g\circ f$ 也是入射的。

③ 如果 f 和 g 是双射的，则 $g\circ f$ 也是双射的。

【证明】

① 设有任意的元素 $z\in Z$。因为 g 是满射的，所以 z 必为 Y 中某个元素 y 的像，即必有某个 $y\in Y$ 使得 $g(y)=z$；同样的，因为 f 是满射的，所以每一个 $y\in Y$ 必为 X 中某个元素 x 的像，即必有某个元素 $x\in X$ 使得 $f(x)=y$。所以，对于任意的元素 $z\in Z$，其必为 X 中某个元素的像，即 $g\circ f(x)=g(f(x))=g(y)=z$。

因此，$g\circ f$ 是满射的。

② 令 x_1、x_2 为 X 的元素，且 $x_1\neq x_2$。因为 f 是入射的，所以 $f(x_1)\neq f(x_2)$。同样地，因为 g 是入射的，则 $g(f(x_1))\neq g(f(x_2))$。于是有 $x_1\neq x_2\Rightarrow g\circ f(x_1)\neq g\circ f(x_2)$，所以，$g\circ f$ 也是入射的。

③ 因为 g 和 f 是双射，故根据①和②可知，$g\circ f$ 也是满满射和入射的，即 $g\circ f$ 是双射的。

本定理证毕。

由于2个函数复合后仍然是函数，因此，函数的复合运算可以推广到3个甚至多个函数。

5.3.2 逆函数

定理5.4 如果关系 $f:X\to Y$ 是一个双射函数，那么其逆关系 f^c 是 Y 到 X 的双射函数。

【证明】 设 $f=\{<x,y>|x\in X\land y\in Y\land f(x)=y\}$、$f^c=\{<y,x>|<x,y>\in f\}$。

① 因为 f 是双射函数，所以 f 既是满射的又是入射的。如果 f 是满射的，则对于每一个 $y\in Y$，都有 x 与它对应；如果 f 是入射的，则对于任意的 $y\in Y$，都有唯一的 x 与它对应。所以 f^c 是一个函数。

② 由于 f 是函数，则对于每一个 x 都有一个 y 与之对应，所以 f^c 是一个满射函数。

③ 若 f^c 不是入射函数，则必存在 $y_1\neq y_2$，使得 $f^c(y_1)=f^c(y_2)$。令 $f^c(y_1)=x_1$、$f^c(y_2)=x_2$，可得 $x_1=x_2$，于是有 $f(x_1)=f(x_2)$。由 f^c 是 f 的逆关系可知 $y_1=f(x_1)$、$y_2=f(x_2)$，于是可得 $y_1=y_2$。这与前提条件 $y_1\neq y_2$ 相矛盾，所以 f^c 只能是入射函数。

综合以上3点，本定理得证。

定义5.9 逆函数 设 $f:X\to Y$ 是一个双射函数，称 $Y\to X$ 的双射函数 f^c 为 f 的逆函数，记为 f^{-1}。

例题5.7 设 $X=\{1,2,3\}$、$Y=\{a,b,c\}$，$f:X\to Y$ 为 $f=\{<1,a>,<2,c>,<3,b>\}$，求 f^{-1}。

【解】 由题目可知 f 为双射函数，所以有逆函数 f^{-1}。

$$f^{-1}=\{<a,1>,<c,2>,<b,3>\}$$

如果例题 5.3 的函数为 $f=\{<1,a>,<2,b>,<3,b>\}$，因为其不是双射函数，则其逆关系 $f^c=\{<a,1>,<b,2>,<b,3>\}$不是函数。

定理 5.5 设 $f:X\to Y$，则 $f=f\circ I_x=I_y\circ f$

本定理可以根据复合函数和恒等关系(恒等函数)的定义进行证明。

定理 5.6 如果函数 $f:X\to Y$ 有逆函数 $f^{-1}: Y\to X$，则有 $f^{-1}\circ f=I_x$ 且 $f\circ f^{-1}=I_y$。

【证明】

① 因为 f 是双射函数，所以 f^{-1}也是双射函数。

② $f^{-1}\circ f$ 与 I_x 的定义域都是 X；$f\circ f^{-1}$与 I_y 的值域都是 Y。

令 $y=f(x)$、$x=f^{-1}(y)$，则 $f^{-1}\circ f(x)=f^{-1}(y)=x$、$f\circ f^{-1}(y)=f\circ f^{-1}(x)=y$，即 $f^{-1}\circ f=I_x$、$f\circ f^{-1}=I_y$。

本定理证毕。

例题 5.8 令 f：$\{1,2,3\}\to\{a,b,c\}$的定义如图 5.2(a)所示，试求 $f^{-1}\circ f$ 与 $f\circ f^{-1}$。

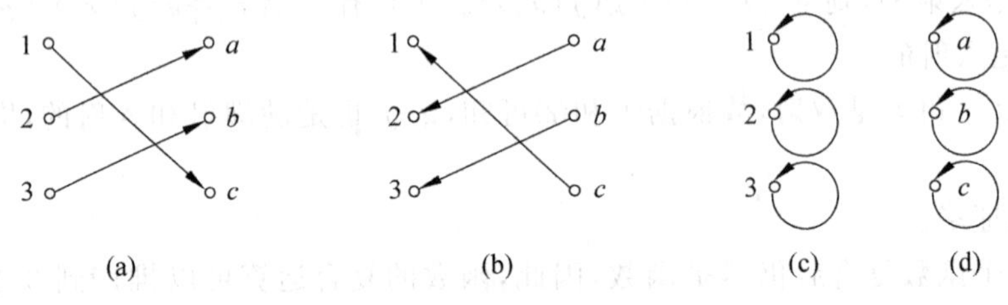

图 5.2 例题 5.8 图

【解】 f^{-1}可表示为图 5.2(b)；

$f^{-1}\circ f$ 可表示为图 5.2(c)；

$f\circ f^{-1}$可表示为图 5.2(d)。

定理 5.7 若 $f:X\to Y$ 是一一对应的函数，则$(f^{-1})^{-1}=f$。

【证明】

① 因为 $f:X\to Y$ 是一一对应的函数，所以 $f^{-1}: Y\to X$ 也是一一对应的函数。

同理，$(f^{-1})^{-1}: X\to Y$ 又是一一对应的函数。于是有：

$$\text{dom } f=\text{dom } (f^{-1})^{-1}=X$$

② 设有任意的 $x\in X$，则：

$$\begin{aligned}x\in X &\Rightarrow f: x\to f(x)\\ &\Rightarrow f^{-1}: f(x)\to x\\ &\Rightarrow (f^{-1})^{-1}: x\to f(x)\end{aligned}$$

由①和②可得$(f^{-1})^{-1}=f$，本定理证毕。

定理 5.8 设 $f:X\to Y$、$g:Y\to Z$ 都是一一对应(双射)的函数，则$(g\circ f)^{-1}=f^{-1}\circ g^{-1}$。

【证明】

① 根据定理 5.4 可知，因为 $f:X\to Y$、$g:Y\to Z$ 都是双射函数，所以 f^{-1}、g^{-1}存在且 $f^{-1}: Y\to X$、$g^{-1}: Z\to Y$ 是双射函数，再根据定理 5.3 可知 $f^{-1}\circ g^{-1}: Z\to X$ 是双射函数。

同样，根据定理 5.4 可知，如果 $f:X\to Y$、$g:Y\to Z$ 都是双射函数，则 $g\circ f:X\to Z$ 也是

双射函数，故$(g\circ f)^{-1}$存在且$(g\circ f)^{-1}: Z\to X$是双射函数。

综上可知，$f^{-1}\circ g^{-1}$与$(g\circ f)^{-1}$都是$Z\to X$的双射函数。

② 因$f^{-1}: Y\to X$、$g^{-1}: Z\to Y$是双射函数，则对于任意$z\in Z$，存在唯一的$y\in Y$，使得$g^{-1}(z)=y$，且存在唯一的$x\in X$，使得$f^{-1}(y)=x$。于是有：

$$(f^{-1}\circ g^{-1})(z)=f^{-1}(g^{-1}(z))=f^{-1}(y)=x$$

又因为

$$(g\circ f)(x)=g(f(x))=g(y)=z$$

则

$$(g\circ f)^{-1}(z)=x$$

因此对任意$z\in Z$有：

$$(g\circ f)^{-1}(z)=(f^{-1}\circ g^{-1})(z)$$

综合①②可知，如果$f: X\to Y$、$g: Y\to Z$都是双射函数，则$(g\circ f)^{-1}=f^{-1}\circ g^{-1}$。

本定理证毕。

5.4　函数的应用

哈希函数是广义上函数的一种实际应用。

哈希函数也称为散列函数或Hash函数，是一种将任意长度的输入字符串转化成固定长度字符串输出的函数。在数据结构中，常利用哈希函数来加速对数据项的查找过程。根据应用情况的不同，有时也将哈希函数的输出值称为哈希值、哈希码、散列值等。

在线性表、树等数据结构中，每个记录所在的相对位置是随机的，与记录的关键字之间不存在确定关系。因此，在这些数据结构中查找记录时需要进行一系列的关键字比较，而查找效率的高低则依赖于查找过程中所进行的比较次数。如果希望不经过任何比较，仅用一次存取就能得到需要的记录，那么就必须建立一个关于存储位置和关键字的对应关系函数f，使得每个关键字与一个唯一的存储位置相对应。在查找时，只要根据这个关系f就能找到给定值key的像$f(key)$。如果数据结构中存在关键字与key相等的记录，则其必定在$f(key)$的存储位置上，这样不需要进行比较就可以直接取得所要查找的记录。这里的对应关系f实际上就是一个哈希函数，而按照这种思路建立起来的表格则称为哈希表。

例如，如果要建立一张学生成绩表，最简单的方法是以学生的学号作为关键字，1号学生的记录位置在第1条，2号学生的记录位置在第2条，依此类推。此时，如果要查看学号为5的学生的成绩，则只需要取出第5条记录就可以。这样建立的表实际上就是一张简单的哈希表，其哈希函数为$f(key)=key$。

然而，很多情况下的哈希函数并不如此简单。为了查看方便，有时可能会以学生的名字作为关键字。此时，为了能够根据学生的名字直接定位出相应记录所在的位置，需要将这些名字转化为数字，再构造出相应的哈希函数。以下是两不同的哈希函数。

① 考查学生名字的汉语拼音，将其中第一个字母在英语字母表中的序号作为哈希函

数的值。例如，某学生"蔡军"，其汉语拼音的第一个字母为C，因此可取03作为其哈希值。

② 考查学生名字的汉语拼音，将其中第一个字母和最后一个字母在英语字母表中的序号之和作为哈希函数的值。同样的，对于"蔡军"这个名字，其汉语拼音的第一个字母和最后一个字母分别为C和N，因此取3+14=17作为其哈希值。

分别应用这两个哈希函数，成绩表中部分学生名字不同的哈希函数值如表5-1所示。

表5-1 部分学生名字的哈希函数值

key	李丽 (LILI)	赵宏英 (ZHAOHONGYING)	肖军 (XIAOJUN)	吴小艳 (WUXIAOYAN)	肖秋梅 (XIAOQIUMEI)	陈伟 (CHENWEI)
$f_1(key)$	12	26	24	23	24	03
$f_2(key)$	21	33	38	37	33	12

从表5-1可以看出，在哈希表的构造过程中，可能会出现不同的关键字映射到同一地址的情况，即 $key_1 \neq key_2$ 但 $f(key_1)=f(key_2)$，这种现象称为冲突或碰撞。实际上，由于哈希函数是把任意长度的字符串映射为固定长度的字符串，冲突是必然存在的。因此，冲突不可能避免，只能尽可能减少。例如上面给出的两个哈希函数中，应用第二个函数时出现的碰撞就比第一个函数要少得多。

为了减少建立函数时出现碰撞的概率，实际应用中，常见构造哈希函数的方法一般有以下几种：

1. 直接定址法

直接定址法取关键字或关键字的某个线性函数值为哈希地址，即 $f(key)=key$ 或 $f(key)=a \cdot key+b$，其中 a 和 b 为常数。直接定址法所得到的地址空间与关键字集合的大小相同，对于不同的关键字不会发生冲突，但在实际应用中使用这种哈希函数的情况比较少。

2. 数字分析法

数字分析法适合于关键字由若干数码组成，且各数码的分布规律预先知道的情况。具体方法是：分析关键字集合中每个关键字的每一位数码的分布情况，找出数码分布均匀的若干位作为关键字的存储地址。

例如，一个由80个结点组成的结构，其关键字为6位十进制数。选择哈希表长度为100，则可取关键字中的两位十进制数作为结点的存储地址。具体采用哪两位数码，需要用数字分析法对关键字中的数码分布情况进行分析。假设结点中有一部分关键字为：

$$key_1=301514 \qquad key_2=303027$$
$$key_3=301103 \qquad key_4=308329$$
$$key_5=300287 \qquad key_6=305939$$
$$key_7=300792 \qquad key_8=300463$$

对上述关键字分析可以发现，关键字的第1位均为3、第2位均为0，分布集中，不适合作为存储地址。而第4位和第5位分布均匀，所以该哈希函数可以构造为取第4、5位作为结点的存储地址。上述8个结点的哈希地址分别为：

$f(key_1)=51$　　$f(key_2)=02$　　$f(key_3)=10$　　$f(key_4)=32$

$f(key_5)=28$　　$f(key_6)=93$　　$f(key_7)=79$　　$f(key_8)=46$

3. 平方取中法

平方取中法是一种比较常用的构造哈希函数的方法，其具体方法是：将关键字求平方，然后取中间的几位数字作为哈希地址。由于关键字求平方后的中间几位数字和组成关键字的每一位数字都有关，因此产生冲突的可能性相对较小，最后究竟取几位数字作为散列地址需要由散列表的长度决定。

例如，若数据结构的存储地址范围是1～999，则取平方值的中间三位，如表5-2所示。

表5-2　平方取中法

关键字 *key*	key^2	哈希地址	压缩地址
11032710	121720689944100	689	344
11054312	122197813793344	813	406
01110345	001232866019025	866	433
01111401	001235212182801	212	106

若所取哈希函数值超出了存储区的地址范围，则可以再乘以一个比例因子，把哈希函数值放大或缩小，使其位于存储区的范围内。如果上述示例中存储地址范围仅是1～500，则原哈希值会超过地址范围，此时可以对哈希地址再乘以0.5取整（表5-2的压缩地址）。

4. 叠加法

折叠法适用于关键字位数很多且关键字中每一位上数字分布大致均匀的情况。具体方法是：将关键字分割（或折叠）成位数相同的几部分（最后一部分的位数可以不同），然后将这几部分的相加的和（舍去向最高位的进位）作为哈希地址。叠加的方法有两种：移位叠加和间界叠加。移位叠加是将分组后的每组数字的最低位对齐，然后相加；间界叠加是将分组后的每组数字从一端向另一端沿分界线进行来回折叠，然后对齐相加。

例如，西文图书的国际标准图书编号是一个10位的十进制数，对某图书编号为0-383-40284-6，采用4位叠加。对于移位叠加，则从最低位开始取4位“2846”，左移4位相加（即2846＋8340＝11186），相加结果再左移4位相加（即11186＋03＝11189），最后取相加结果的低4位（即去掉进位位）“1189”为哈希地址，$f(key)=1189$。

间界叠加则是：从最低位开始取4位进行折叠，由于图书编号为10位，因此需折叠两次，折叠完后，对应位相加（即2846＋0438＋03＝3287），最后取相加结果的低4位（无进位位，不需去掉）“3287”为哈希地址，$f(key)=3287$。

5. 除留余数法

除留余数法取关键字被某个不大于哈希表表长 m 的数 p 除后所得余数为哈希地址，

即 $f(key)=key(\text{mod } p)$，其中 $p\leqslant m$，这是构造哈希函数的最简单也是最常用的一种方法。它不仅可以对关键字直接取模(mod)，而且可在折叠、平方取中等运算之后再取模。值得注意的是，在使用除留余数法时，对 p 的选择很重要。若 P 选得不好，容易产生相同的哈希值。根据经验可知：一般情况下可以选 p 为质数，有时也可以选取没有小于 20 的质素的合数。

6. 随机数法

随机数法是选择一个随机函数，再取关键字的随机函数值作为它的哈希地址，即 $f(key)=\text{random}(key)$。其中，$\text{random}(x)$ 为随机函数。随机数法适用于关键字长度不等时，构造哈希函数。

由于构造哈希函数时，很难避免的出现冲突的情况，因此在构建哈希表时不仅要设定一个"好"的哈希函数，而且还要设定一种处理冲突的方法。假设哈希表的地址集为 $0\sim(n-1)$，冲突是指由关键字得到的哈希地址为 $j(0\leqslant j\leqslant n-1)$ 的位置上已存有记录，则"处理冲突"就是为该关键字的记录找到另一个"空"的哈希地址。在处理冲突的过程中可能得到一个地址序列 h_i，其中，$h_i\in[0,n-1]$，$i=1,2,\cdots,k$。即在处理哈希地址的冲突时，若得到的另一个哈希地址 h_1 仍然发生冲突，则再求下一个地址 h_2，若 h_2 仍然冲突，再求得 h_3，依此类推，直至 h_k 不发生冲突为止，则 h_k 为该记录在表中的地址。

通常处理冲突的方法有下列几种：

1. 开放定址法

开放定址法是当冲突发生时，形成一个检测序列，然后沿此序列逐个进行地址检测，直到找到一个空位置(开放的地址)，将发生冲突的记录放到该地址中，即 $h_i=(f(key)+d(i)(\text{mod } m)$，$i=1,2,\cdots,k(k\leqslant m-1)$，其中，$f(key)$ 为哈希函数，m 为哈希表表长，$d(i)$ 为增量序列。根据对 $d(i)$ 的设置情况，开放定址法又可以有以下三种不同的方法：

① 线性检测再散列。$d_i=1,2,3,\cdots,m-1$；

② 二次检测再散列。$d_i=1^2,-1^2,2^2,-2^2,3^2,\cdots,\pm k^2,(k\leqslant m/2)$；

③ 伪随机检测再散列。$d_i=$ 伪随机数序列。

2. 再哈希法

再哈希法是当不同关键字的映射地址产生冲突时，通过另一个哈希函数计算地址，直到冲突不再发生，这种方法不易产生"聚集"，但增加了计算的时间。

3. 拉链法

拉链法是将所有关键字映射地址有冲突的记录存储在同一个线性链表中。假设某哈希函数产生的哈希地址在区间$[0,m-1]$上，则首先设立一个指针型向量 ChainHash$[m]$，其每个分量的初始状态都是空指针。接下来，对于哈希地址为 i 的所有记录都插入到以 ChainHash$[i]$为头指针的链表中。

例如，已知一组关键字为(26、36、41、38、44、15、68、12、06、51)，表长为 13，选定的哈希函数为 $f(key)=key(\text{mod } 13)$。显然关键字 41、15 的哈希地址都为 2，关键字 38、12、51 的哈希地址都为 12，产生了映射地址的冲突。此时，可选用拉链法解决这一问题，由于关键字 41 在 15 的前面，则在由这两个关键字构成的线性链表中，41 存储在 15 前。利用拉链法构造的哈希表如图 5.3 所示。

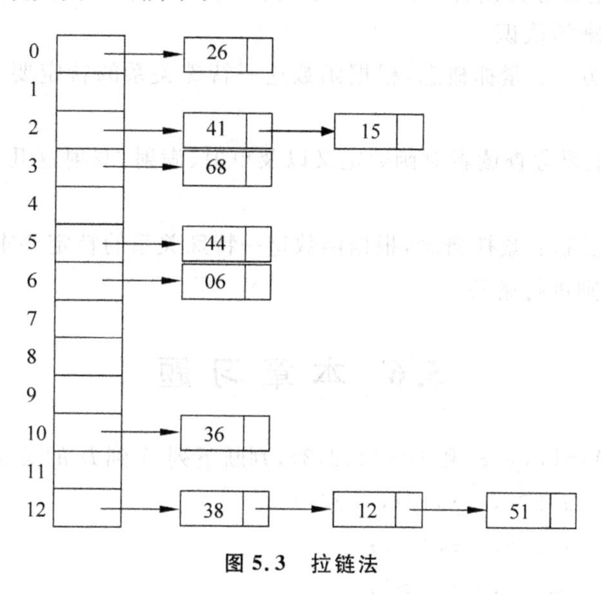

图 5.3 拉链法

5.5 本章总结

1. 本章主要知识点

本章主要知识点如下：

本章主要介绍函数的基本知识，包括函数的概念、几种特殊函数的定义及函数的运算规则等相关知识，最后以散列函数为例介绍了广义上的函数在科学实践中的应用。

函数是指一个量随另一个(或多个)量而变化的特殊关系。如果 f 是集合 X 到集合 Y 的函数，则其与一般性关系的区别有两点：一是函数的定义域是 X，而不是 X 的真子集(即任意 $x\in X$ 都有像 $y\in Y$ 存在)；二是任意一个 x 只能对应唯一的一个 y。

函数描述了集合 X 中的元素在集合 Y 上的投射性质，因此，函数也可以称为映射。

对于集合 X 到 Y 的函数 f，如果 X 中任何 2 个元素都没有相同的像，则称 f 是集合 X 到 Y 的入射函数；如果 Y 的每一个元素都是 X 中一个或者多个元素的像，则称 f 为满射函数；如果 f 既是入射函数、又是满射函数，则称 f 为双射函数。

对于集合 X、Y 和 Z，设函数 $f:X\to Y$，$g:Y\to Z$，则复合关系 $f\circ g$ 称为函数 f 与函数 g 的复合函数，记为 $g\circ f$，函数的复合也称为函数 g 在 f 的左边可复合。

对于集合 X 和 Y，设 $f:X\to Y$ 是一个双射函数，称 $Y\to X$ 的双射函数为 f 的逆函数，记为 f^{-1}。

2. 本章主要习题类型及解答方法

本章主要习题类型及解答方法如下：

(1) 基本概念题：主要考查读者对函数的基本概念、几种特殊函数的定义、函数的复合与逆运算系等相关知识的理解。

基本概念题的解答方法：紧抓概念，根据题目涉及的概念进行解答。

(2) 判断题：主要考查读者对函数与关系的区别以及单射、满射、双射这几种特殊函数的概念是否有清晰的认识。

判断题的解答方法：紧抓概念，根据函数这一特殊关系的特定要求及几种特殊函数的定义进行解答。

(3) 证明题：主要考查读者对函数定义以及单射、满射、双射这几种特殊函数的定义是否理解。

证明题的解答关键：紧抓概念，根据函数这一特殊关系的特定要求、几种特殊函数的定义关系的运算规则进行解答。

5.6 本章习题

1. 对于集合 $A=\{x,y,z\}$ 和 $B=\{1,2,3\}$，判断下列 A 到 B 的关系哪些构成函数？

① $\{<x,1>,<x,2>,<y,1>,<y,3>\}$；

② $\{<x,1>,<y,3>,<z,3>\}$；

③ $\{<x,1>,<y,1>,<z,1>\}$；

④ $\{<x,2>,<y,3>\}$；

⑤ $\{<x,1>,<y,2>,<z,3>\}$；

⑥ $\{<x,1>,<x,2>,<y,1>,<y,3>,<z,1>,<z,3>\}$。

2. 判断下列关系哪些是函数？

① $\{<x,|x|>|x\in R\}$；

② $\{<|x|,x>|x\in R\}$；

③ $\{<x,y>|x\in R,y\in R,|x|=y\}$；

④ $\{<x,y>|x\in Z,y\in Z,y$ 整除 $x\}$；

⑤ $\{<x,y>|x\in Z,y\in Z,x=y+1\}$；

⑥ $\{<x,y>|x\in N,y\in N,x=y+1\}$。

3. 对于集合 $A=\{a,b,c\}$，A 到 A 可以定义多少个不同的函数？

4. 对于集合 $A=\{x,y,z\}$，$A\times A$ 到 A 可以定义多少个不同的函数？

5. 对于集合 $A=\{1,2,3\}$，A 到 $A\times A$ 可以定义多少个不同的函数？

6. 对于集合 $A=\{a,b,c,d\}$ 和 $B=\{1,2,3\}$，写出 A 到 B 的所有函数。

7. 对于函数 $f:A\to B$ 和 $g:A\to B$，求证：

① 当且仅当 $f=g$ 时，$f\cup g$ 为 A 到 B 的函数；

② 当且仅当 $f=g$ 时，$f\cap g$ 为 A 到 B 的函数。

8. 下列函数哪些是单射函数、满射函数或双射函数？

① $f: Z^+\to Z^+$（Z^+ 是正整数的集合），$f(x)=3x$；

② $f: Z\to Z, f(x)=|x|$；

③ 集合 $A=\{0,1,2\}$ 到 $B=\{0,1,2,3,4\}$ 的函数 f，$f(x)=x^2$；

④ $f: R \to R, f(x)=x+1$；

⑤ $f: N \to N \times N, f(x)=\langle x, x+1 \rangle$；

⑥ $f: Z \to N, f(x)=|2x|+1$。

9. 对于集合 A 和 B，且 $|A|=m$、$|B|=n$，问：

① A 到 B 可以定义多少个不同的函数？

② A 到 B 可以定义多少个不同的单射函数？

③ A 到 B 可以定义多少个不同的满射函数？

④ A 到 B 可以定义多少个不同的双射函数？

10. 对于下列集合 A 和 B，构造一个 A 到 B 的双射函数：

① $A=N, B=N-\{0\}$；

② $A=P(\{1,2,3\}), B=\{0,1\}^3$；

③ $A=[0,1], B=[1/4,1/2]$。

11. 对于函数 $f:A \to B$ 和 $g:B \to C$，试证明如下结论：

① 如果 f 和 g 是单射函数，则 $f \circ g$ 是单射函数；

② 如果 f 和 g 是满射函数，则 $f \circ g$ 是满射函数；

③ 如果 f 和 g 是双射函数，则 $f \circ g$ 是双射函数。

12. 对于函数 $f:A \to B$ 和 $g:B \to C$，举例说明如下论断是成立的：

① 如果 f 和 g 是单(满、双)射函数，则 $f \circ g$ 是单(满、双)射函数；

② 如果 $f \circ g$ 是单射函数，则 f 是单射函数；

③ 如果 $f \circ g$ 是满射函数，则 g 是满射函数；

④ 如果 $f \circ g$ 是双射函数，则 f 是单射函数，g 是满射函数。

13. 对于函数 $f:A \to B$ 和 $g:B \to C$，举例说明如下论断是不成立的：

① 如果 $f \circ g$ 是双射函数，则 g 是单射函数，f 是满射函数；

② 如果 $f \circ g$ 是单射函数，则 g 是单射函数；

③ 如果 $f \circ g$ 是满射函数，则 f 是满射函数。

14. 对于集合 $A=\{a,b,c,d\}$，$B=\{1,2,3\}$ 和 $C=\{a,b,d\}$，计算如下函数 $f:A \to B$ 和 $g:B \to C$ 的复合函数 $f \circ g$。

① $f=\{\langle a,1\rangle,\langle b,2\rangle,\langle c,1\rangle,\langle d,3\rangle\}, g=\{\langle 1,a\rangle,\langle 2,b\rangle,\langle 3,d\rangle\}$；

② $f=\{\langle a,2\rangle,\langle b,3\rangle,\langle c,1\rangle,\langle d,3\rangle\}, g=\{\langle 1,a\rangle,\langle 2,a\rangle,\langle 3,a\rangle\}$；

③ $f=\{\langle a,3\rangle,\langle b,1\rangle,\langle c,2\rangle,\langle d,3\rangle\}, g=\{\langle 1,b\rangle,\langle 2,b\rangle,\langle 3,b\rangle\}$；

④ $f=\{\langle a,2\rangle,\langle b,1\rangle,\langle c,3\rangle,\langle d,3\rangle\}, g=(\langle 1,d\rangle,\langle 2,b\rangle,\langle 3,a\rangle\}$。

15. 对于下列实数集合上的函数 $f(x)=2x^2+1$、$g(x)=-x+7$、$h(x)=2^x$ 和 $k(x)=x+3$，求 $f \circ g$、$g \circ f$、$f \circ f$、$g \circ g$、$f \circ h$、$f \circ k$、$k \circ h$、$h \circ k$。

16. 对于集合 $A=\{a,b,c,d\}$ 和 $B=\{1,2,3,4\}$，判断如下函数 $f:A \to B$ 的逆关系是否为函数？

① $f=\{\langle a,1\rangle,\langle b,2\rangle,\langle c,3\rangle,\langle d,4\rangle\}$；

② $f=\{\langle a,2\rangle,\langle b,3\rangle,\langle c,1\rangle,\langle d,3\rangle\}$；

③ $f=\{<a,3>,<b,1>,<c,2>,<d,4>\}$；

④ $f=\{<a,4>,<b,3>,<c,2>,<d,1>\}$。

17. 设满射函数 $f:A\to A$ 满足 $f\circ f=f$，证明 $f=I_A$。

18. 对于函数 $f: Z\times Z\to Z\times Z, f(<x,y>)=<x+y,x-y>$，证明 f 是单射函数、满射函数。

19. 对于函数 $f: Z\times Z\to Z\times Z, f(<x,y>)=<x+2,x-y>$，求逆函数 f^{-1}。

20. 对于函数 $f: Z\times Z\to Z\times Z, f(<x,y>)=<x-y,x-3>$，求复合函数 $f^{-1}\circ f$ 和 $f\circ f$。

第三篇 代数系统

人们研究和考查现实世界中各种现象和过程，往往要借助某些数学工具。在普通代数中，计算的对象是数，计算的方法是加、减、乘、除。由于数学和其他学科的发展，人们需要对不是数字的事物，用类似普通计算的方法进行计算。例如，可以用正整数集合上的加法运算来描述企业产品的累计数，可以用集合之间的交、并运算来描述单位与单位之间的关系等。

由集合和集合中的运算所组成的系统，称为代数系统。研究代数系统的学科称为“近世代数”或者“抽象代数”，它是近代数学的重要分支。代数系统是一种数学结构，它由集合、关系、运算、公理、定理、定义和算法组成，我们又称它为代数结构。它在计算机科学中有着广泛的应用，对计算机科学的产生和发展有着重大的影响；反过来，计算机科学的发展对抽象代数又提出了新的要求，促进抽象代数不断涌现新概念，发展新理论。

格和布尔代数的理论成为电子计算机硬件设备和通信系统设计中的重要工具；半群理论在自动机和形式语言研究中发挥了重要作用；关系代数理论成为最流行的数据库理论基础；格论是计算机语言的形式语义的理论基础；抽象代数规范理论和技术广泛应用于计算机软件形式说明和开发，以及硬件体系结构设计；有限域的理论是编码理论的数学基础，在通信中发挥了重要的作用等。因此，我们有必要掌握代数系统的重要概念和基本方法。

第6章 代数结构

6.1 代数系统引论

如前所述，代数系统就是一种特殊的代数结构，研究的是带有运算的集合，那么什么是运算呢？可以用映射的概念来定义运算这个概念。

例如，算术中的加法 $5+3=8$，这是一个常见的二元运算，本质上是 $A\times A\rightarrow C$ 形式的映射，如果这个运算的要求是10以内自然数的加法，N 为自然数的集合，则 $A=\{x|0\leqslant x\leqslant 9,x\in N\}$，$C=\{x|0\leqslant x\leqslant 18,x\in N\}$；又如，这个运算的要求是自然数的加法，则 $A=C=N$。这两个例子中，自然数加法的结果都在原来参加运算的集 A 中，我们称具有这种特征的运算是封闭的，而10以内的自然数的加法则是不封闭的。

代数发展到现在可以以符号代替各种事物，运算也是如此，并不仅限于算术运算、逻辑运算等。我们来看这样一个例子，一架自动售货机，能接受1元和5角硬币，而对应的商品是矿泉水、可乐、橙汁。当人们投入上述任何两枚硬币时，自动售货机将按照表6-1所示供应相应的商品。表格左上角的符号 * 可以理解为一个二元运算的运算符，并且这个运算是集合{五角硬币，一元硬币}上的不封闭运算。

表6-1 * 运算表

*	五角硬币	一元硬币
五角硬币	矿泉水	可乐
一元硬币	可乐	橙汁

定义6.1 n 元运算 设 A 是一个非空集合，一个从 A^n 到 B 上的映射，称为集合 A 上的一个 n 元运算。其中，n 称为该运算的阶。如果 B 是 A 的子集，则称该 n 元运算是封闭的。

例题6.1 (1) 设 Z 是全体整数的集合，考虑映射 $*: Z\rightarrow Z$，其中对 Z 中任意的元素 a，有 $*(a)=-a$。由定义知 $*$ 是 Z 到 Z 的一元运算，就是普通意义下的取相反数运算。该运算对整数集合 Z 是封闭的。

(2) 设 Z 是全体整数的集合，考虑映射 $*: Z\times Z\rightarrow Z$，对于 Z 中的任意两个数 a 和 b，$*(a,b)=a+b$，显然，$*$ 是 $Z\times Z$ 到 Z 的二元运算，就是普通的加法运算，即 $a*b=a+b$。该运算对于整数集合 Z 是封闭的。

(3) 设 $M_n(R)$ 是全体 $M\times M$ 实数矩阵的集合，考虑映射 $*：M_n(R)\times M_n(R)\to M_n(R)$，对于任意实数矩阵 A 和 B，$*(A,B)=A\times B$，$A\times B$ 表示普通的矩阵乘法，则 $*$ 是从 $M_n(R)\times M_n(R)$ 到 $M_n(R)$ 的二元运算，也就是普通的矩阵乘法运算，记为 $C=A\times B$。该二元运算是封闭的。

当然，并非所有的运算都是封闭的，例如自然数集 N 上定义减法运算则不是封闭的。

定义 6.2 代数系统 一个非空集合 A，以及若干个定义在 A 上的运算 $f_1,f_2,\cdots,f_k$ 所组成的系统就称为一个代数系统，记作 $\langle A,f_1,f_2,\cdots,f_k\rangle$。

如正整数集合 I_+ 以及在该集合上的普通加法运算"+"组成一个代数系统 $\langle I_+,+\rangle$。又如，一个有限集 A，由 A 的幂集 $p(S)$ 以及在该幂集上的集合运算"∪""∩""～"组成一个代数系统 $\langle p(S),\cup,\cap,\sim\rangle$。虽然，有些代数系统具有不同的形式，但是，它们之间可能有一些共同的运算规律。

例如，考查代数系统 $\langle I_+,+\rangle$，这里 I_+ 是正整数集合，+是普通的加法运算。很明显，在这个代数系统中，关于加法运算，具有以下三个运算规律，即对于任意的 $x,y,z\in I_+$，有

(1) $x+y\in I_+$　　（封闭性）

(2) $x+y=y+x$　　（交换性）

(3) $(x+y)+z=x+(y+z)$　　（结合性）

容易找到与 $\langle I_+,+\rangle$ 具有相同运算规律的一些代数系统，如表 6-2 所示。

表 6-2 常见代数系统运算规律

	$\langle I,\times\rangle$	$\langle R,+\rangle$	$\langle p(S),\cup\rangle$	$\langle p(S),\cap\rangle$
集合	I 为整数集合	R 为实数集合	$p(S)$ 是 S 的幂集	$p(S)$ 是 S 的幂集
运算	× 为普通乘法	+ 为普通的加法	∪为集合的"并"	∩为集合的"交"
封闭性	$x\times y\in I$	$x+y\in R$	$A\cup B\in P(S)$	$A\cap B\in P(S)$
交换性	$x\times y=y\times x$	$x+y=y+x$	$A\cup B=B\cup A$	$A\cap B=B\cap A$
结合性	$(x\times y)\times z=x\times(y\times z)$	$(x+y)+z=x+(y+z)$	$(A\cup B)\cup C=A\cup(B\cup C)$	$(A\cap B)\cap C=A\cap(B\cap C)$

事实上，一个代数系统通常包括三个组成部分，除了集合 A（也称为代数系统的载体）以及 A 上的运算 $*$ 外，还有一个组成部分称为 S 的特异元素，也称为代数常数，在下一节讲解运算的性质时会提到。这样，一个代数系统就是通常由载体、运算和特异元素组成的 n 重组。一个代数系统 $\langle A,f_1,f_2,\cdots,f_k\rangle$ 的基数与载体 A 的基数是相同的。因此，当 A 是有限集时，代数系统 $\langle A,f_1,f_2,\cdots,f_k\rangle$ 就称为有限代数系统；否则就称为无限代数系统。

6.2 基本运算及其性质

上一节在考查几个代数系统时，已经涉及了我们熟知的某些运算性质。下面，一起来讨论一般二元运算的性质。

1. 封闭性

定义 6.3 封闭性　设 $*$ 是定义在集合 A 上的二元运算，如果对于任意 $x,y\in A$，都有 $x*y\in A$，则称二元运算 $*$ 在 A 上是封闭的。

例题 6.2　设集合 $A=\{n|n$ 和 5 互质，n 为正整数$\}$，则 A 对普通加法封闭吗？

【解】　2 与 5 互质，8 也与 5 互质，$2+8=10$，与 5 不互质，即 $2\in A,8\in A,2+8\notin A$。所以，$A$ 对 $+$ 不封闭。

例题 6.3　设 $A=\{x|x=2^n,n\in N\}$，问乘法运算是否封闭？对加法运算呢？

【解】　对于任意的 $2^r,2^s\in A,r,s\in N$，因为 $2^r\cdot 2^s=2^{r+s}\in A$，所以乘法运算是封闭的。而对于加法运算是不封闭，因为至少有 $2+2^2=6\notin A$。

2. 交换律

定义 6.4 交换律　设 $*$ 是定义在集合 A 上的二元运算，如果对于任意 $x,y\in A$，都有 $x*y=y*x$，则称二元运算 $*$ 是可交换的，也可称 $*$ 运算满足交换律。

例题 6.4　定义 Z 上的一个二元运算◎为：任意 $x,y\in Z$，有

$$x◎y=x+y-xy$$

试证明二元运算◎满足交换律。

【证明】　$x◎y=x+y-xy=y+x-yx=y◎x$，满足交换律。

3. 结合律

定义 6.5 结合律　设 $*$ 是定义在集合 A 上的二元运算，如果对于任意 $x,y,z\in A$，都有 $(x*y)*z=x*(y*z)$，则称二元运算 $*$ 是可结合的，也可称 $*$ 运算满足结合律。

对于任何二元运算 $*$，我们通常把 $a*a$ 记作 a^2，$a*a*a$ 记作 a^3，以此类推。

4. 分配律

定义 6.6 分配律　设 $*$、◎是定义在集合 A 上的二元运算，如果对于任意 $x,y,z\in A$，都有

$$x*(y◎z)=(x*y)◎(x*z),\quad (y◎z)*x=(y*x)◎(z*x),$$

则称二元运算 $*$ 对◎是可分配的，也可称运算 $*$ 对运算◎满足分配律。

例题 6.5　定义 I_+ 上的两个二元运算为：

$$a*b=a+b$$

$$a\Delta b=ab,\quad 其中\ a,b\in I_+$$

试证明 Δ 对 $*$ 是可分配的。

【证明】　$\forall a,b,c\in I_+$，有

$$a\Delta(b*c)=a(b+c)=ab+ac=a\Delta b+a\Delta c=(a\Delta b)*(a\Delta c)$$

$$(b*c)\Delta a=(b+c)a=ba+ca=b\Delta a+c\Delta a=(b\Delta a)*(c\Delta a)$$

因此，二元运算 Δ 对 $*$ 是可分配的。

5. 吸收律

定义 6.7 吸收律　设 $*$、◎是定义在集合 A 上的二元运算，如果对于任意 $x,y,z\in A$，都有

$$x*(x◎y)=x,x◎(x*y)=x$$

则称二元运算 $*$ 和◎是可吸收的，也可称运算 $*$ 和运算◎满足吸收律。

6. 幂等律

定义 6.8 幂等律 设 $*$ 是定义在集合 A 上的二元运算，如果对于任意 $x \in A$，都有 $x * x = x$，则称二元运算 $*$ 满足幂等律。若元素 $a \in A$，满足 $a * a = a$，则称 a 为等幂元。

7. 消去律

定义 6.9 消去律 设 $*$ 是定义在集合 A 上的二元运算，如果对于任意 $x, y \in A$，元素 $a \in A$，都有

(1) 若 $a * x = a * y$，则 $x = y$；

(2) 若 $x * a = y * a$，则 $x = y$。

则称 a 在 A 中关于二元运算 $*$ 是可消去的，称 a 为可消去元。仅满足(1)、(2)的元素 a 分别称为左可消去元和右可消去元。若 A 中所有元素都是可消去元，则称运算 $*$ 在 A 上是可消去的。

8. 幺元

定义 6.10 幺元 设 $*$ 是定义在集合 A 上的二元运算，如果对于任意 $x \in A$，元素 $e \in A$，都有

$$e * x = x * e = x$$

则称 e 是关于二元运算 $*$ 的幺元，也称为单位元素。

有时，我们还将单位元素进一步分成左幺元和右幺元。为此，再给出如下定义：

设 $*$ 是定义在集合 A 上的二元运算，如果存在元素 $e_l \in A$，对于任意 $x \in A$，都有

$$e_l * x = x$$

则称 e_l 为二元运算 $*$ 的左幺元；如果存在元素 $e_r \in A$，对于任意 $x \in A$，都有

$$x * e_r = x$$

则称 e_r 为二元运算 $*$ 的右幺元。

例题 6.6 设集合 $S = \{a, b, c, d\}$，在 S 上的两个二元运算 $*$ 和 Δ 如表 6-3 所示。试指出左幺元和右幺元。

表 6-3 $*$ 和 Δ 运算表

$*$	a	b	c	d
a	d	a	b	c
b	a	b	c	d
c	a	b	c	c
d	a	b	c	d

Δ	a	b	c	d
a	a	b	d	c
b	b	a	c	d
c	c	d	a	b
d	d	d	b	c

【解】 由表可知，b、d 是 S 中关于运算 $*$ 的左幺元，而 a 是 S 中关于运算 Δ 的右幺元。

定理 6.1 设 $*$ 是定义在集合 A 上的二元运算，且在 A 中有关于运算 $*$ 的左幺元 e_l 和右幺元 e_r，则 $e_l = e_r = e$；且在 A 中 e 是唯一的。

【证明】 因 e_l、e_r 分别是 A 中关于运算 $*$ 的左幺元和右幺元，所以有

$$e_l = e_l * e_r = e_r = e$$

另设 $e'=\in A$，e'为幺元，则

$$e'=e'*e=e$$

9. 零元

定义 6.11 零元　设 $*$ 是定义在集合 A 上的二元运算，如果对于任意 $x\in A$，元素 $\theta\in A$，都有

$$\theta*x=x*\theta=\theta$$

则称 θ 是关于二元运算 $*$ 的零元。

与幺元一样，我们一般也进一步将零元分成左零元和右零元。为此，再给出如下定义：

设 $*$ 是定义在集合 A 上的二元运算，如果存在元素 $\theta_l\in A$，对于任意 $x\in A$，都有

$$\theta_l*x=\theta_l$$

则称 θ_l 为二元运算 $*$ 的左零元；如果存在元素 $\theta_r\in A$，对于任意 $x\in A$，都有

$$x*\theta_r=\theta_r$$

则称 θ_r 为二元运算 $*$ 的右零元。

定理 6.2　设 $*$ 是定义在集合 A 上的二元运算，且在 A 中有关于运算 $*$ 的左零元 θ_l 和右零元 θ_r，则 $\theta_l=\theta_r=\theta$；且在 A 中 θ 是唯一的。

【证明】　因 θ_l、θ_r 分别是 A 中关于运算 $*$ 的左零元和右零元，所以有

$$\theta_l=\theta_l*\theta_r=\theta_r=\theta$$

另设 $\theta'\in A$，θ'为零元，则

$$\theta'=\theta'*\theta=\theta$$

定理 6.3　设 $<A,*>$ 为代数系统，且集合 A 的元素个数大于 1，若代数系统中存在幺元 e 和零元 θ，那么 $e\neq\theta$。

【证明】　用反证法。若 $e=\theta$，则任意 $x\in A$，有

$$x=e*x=\theta*x=\theta$$

即 A 中所有元素相同，与已知矛盾。

10. 逆元

定义 6.12 逆元　设代数系统 $<A,*>$ 中存在幺元 e，$a\in A$，若存在元素 $b\in A$，使 $a*b=e$，则称 b 为 a 的右逆元；若存在元素 $b'\in A$，使 $b'*a=e$，则称 b'为 a 的左逆元；若 b 既是 a 的左逆元又是 a 的右逆元，则称 b 为 a 的逆元，可记作 a^{-1}。同时，a 既是 b 的左逆元又是 b 的右逆元。

例题 6.7　设集合 $S=\{a,b,c,d,e\}$，定义在 S 上的一个二元运算 $*$ 如表 6-4 所示。

表 6-4　$*$ 的运算表

$*$	a	b	c	d	e
a	a	b	c	d	e
b	b	d	a	c	d
c	c	a	b	a	b
d	d	a	c	d	c
e	e	d	a	c	e

试指出代数系统 $<S,*>$ 中各个元素的左右逆元情况。

【解】 通过二元运算 $*$ 在 S 上的运算表可知，a 是幺元，a 的左、右逆元均是它本身；b 的左逆元有 c 和 d，右逆元是 c；c 的左逆元有 b 和 e，右逆元有 b 和 d；d 的左逆元是 c，右逆元是 b；e 没有左逆元，右逆元是 c。

可以看到，一个元素的左逆元不一定等于该元素的右逆元，而且，一个元素可能有左逆元而没有右逆元，也可能有多个左逆元或者右逆元。

例题 6.8 对于代数系统 $<N_k,+_k>$，这里 $N_k=\{0,1,2,\cdots,k-1\}$，$+_k$ 是定义在 N_k 上的模 k 加法运算，定义如下：

对于任意 $x,y\in N_k$，

$$x+_k y=\begin{cases}x+y & \text{若 } x+y<k\\ x+y-k & \text{若 } x+y\geqslant k\end{cases}$$

试问是否每个元素都有逆元。

【解】 很容易验证，二元运算 $+_k$ 是可结合的，N_k 中关于运算 $+_k$ 的幺元是 0，N_k 中的每一个元素都有唯一的逆元，即 0 的逆元是 0，每个非零元素 x 的逆元是 $k-x$。

定理 6.4 设代数系统 $<A,*>$ 存在幺元 e，且每个元素都有左逆元。若运算 $*$ 可结合，则左逆元必为右逆元，且每个元素的逆元都是唯一的。

【证明】 设任意 $x\in A$，存在 $y,z\in A$，且 y 是 x 的左逆元，z 是 y 的左逆元，则有

$$(y*x)*y=e*y=y$$

又运算 $*$ 可结合，从而有

$$\begin{aligned}e&=z*y\\&=z*((y*x)*y)\\&=(z*(y*x))*y\\&=((z*y)*x)*y\\&=x*y\end{aligned}$$

所以，y 也是 x 的右逆元，即 y 是 x 的逆元。

再证唯一性。设元素 $x\in A$，x 有两个逆元 y 和 z，那么有

$$y=y*e=y*(x*z)=(y*x)*z=e*z=z$$

因此，x 的逆元是唯一的。

定理 6.5 设代数系统 $<A,*>$ 存在幺元 e，零元 θ，则 θ 不存在逆元。

【证明】 用反证法。假设零元 θ 存在逆元 θ'，则有

$$\theta=\theta*\theta'=\theta'*\theta=e$$

与定理 6.3 相矛盾。

例题 6.9 代数系统 $<N,\times>$ 中仅有 1 有逆元；$<R,\times>$ 中除 0 外皆有逆元；$<Z,+>$ 中所有元素皆有逆元。

定理 6.6 设代数系统 $<A,*>$ 满足结合律，若 $a\in A$，a 有逆元 $a^{-1}\in A$，则下式成立：

(1) 若 $a*x=a*y$，则 $x=y$；

(2) 若 $x*a=y*a$，则 $x=y$。

【证明】 设任意 $x,y\in A$，

(1) 若 $a*x=a*y$，因为 a 存在逆元 a^{-1}，所以有

$$a^{-1}*(a*x)=a^{-1}*(a*y)$$

即

$$(a^{-1}*a)*x=(a^{-1}*a)*y$$

所以有 $x=y$。

(2) 同理可证。

反之未必成立，如上例，$<N,\times>$ 中每个元素皆为可约元，但除了1以外都是不可逆的。

例题 6.10 设 S 是一个集合，定义幂级 $\rho(S)$ 上关于集合的 $\cap$、$\cup$ 运算，则

(1) 对任意 $X,Y\in\rho(S)$，有

$$X\cap Y\in\rho(S)$$
$$X\cup Y\in\rho(S)$$

则 $\cap$、$\cup$ 运算在集合 $\rho(S)$ 上是封闭的。

(2) 对任意 $X,Y,Z\in\rho(S)$，由集合运算的性质可知：

$$(X\cap Y)\cap Z=X\cap(Y\cap Z)$$
$$(X\cup Y)\cup Z=X\cup(Y\cup Z)$$

由结合律定义，我们可以知道 $\cap$、$\cup$ 运算都满足结合律。

(3) 对任意 $X,Y\in\rho(S)$，有

$$X\cap Y=Y\cap X$$
$$X\cup Y=Y\cup X$$

由交换律定义，我们可以知道 $\cap$、$\cup$ 运算都满足交换律。

(4) 对任意 $X,Y,Z\in\rho(S)$，有

$$X\cap(Y\cup Z)=(X\cap Y)\cup(X\cap Z)$$
$$(Y\cup Z)\cap X=(Y\cap X)\cup(Z\cap X)$$

则 $\cap$ 对 $\cup$ 满足分配律，同理可证 $\cup$ 对 $\cap$ 也满足分配律。

(5) 对任意 $X\in\rho(S)$，有

$$X\cup X=X$$
$$X\cap X=X$$

所以，$\cap$、$\cup$ 运算在 $\rho(S)$ 上满足幂等律。

(6) 对任意 $X,Y\in\rho(S)$，有

$$X\cap(X\cup Y)=X$$
$$X\cup(X\cap Y)=X$$

所以，$\cap$、$\cup$ 运算在 $\rho(S)$ 上满足吸收律。

(7) 对任意 $X\in\rho(S)$，显然 $S,\varnothing\in\rho(S)$，有

$$S\cup X=X\cup S=S, X\cup\varnothing=\varnothing\cup X=X$$
$$X\cap\varnothing=\varnothing\cap X=\varnothing, S\cap X=X\cap S=X$$

所以，$\cup$ 运算在 $\rho(S)$ 上的幺元是 $\varnothing$，零元是 S。$\cap$ 运算在 $\rho(S)$ 上的幺元是 S，零元是 $\varnothing$。

(8) 对任意 $X,Y\in\rho(S)$，S、$\varnothing\in\rho(S)$，有

若 $S\cap X=S\cap Y$，则 $X=Y$；若 $X\cap S=Y\cap S$，则 $X=Y$。所以 S 为 $\rho(S)$ 上的关于 $\cap$ 运算的可消去元。

若 $\varnothing\cup X=\varnothing\cup Y$，则 $X=Y$；若 $X\cup\varnothing=Y\cup\varnothing$，则 $X=Y$。所以 $\varnothing$ 为 $\rho(S)$ 上的关于 $\cup$ 运算的可消去元。

可以指出：$<A, *>$ 是一个代数系统，$*$ 是 A 上的一个二元运算，那么该运算的有些性质可以从运算表中直接看出。那就是：

(1) 运算 $*$ 具有封闭性，当且仅当运算表中的每个元素都属于 A。

(2) 运算 $*$ 具有可交换性，当且仅当运算表关于主力角线是对称的。

(3) 运算 $*$ 具有等幂性，当且仅当运算表的主对角线上的每一元素与它所在行(列)的表头元素相同。

(4) A 关于 $*$ 有零元，当且仅当该元素所对应的行和列中的元素都与该元素相同。

(5) A 中关于 $*$ 有幺元，当且仅当该元素所对应的行和列依次与运算表的行和列相一致。

(6) 设 A 中有幺元，a 和 b 互逆，当且仅当位于 a 所在行、b 所在列的元素以及 b 所在行、a 所在列的元素都是幺元。

6.3 半群与独异点

半群和独异点是最简单的代数系统之一，它在时序线路、形式语言理论、自动机理论中均有很广泛的应用。

定义 6.13 广群 $<S, *>$ 是一个二元运算的代数系统，S 为非空集合，若二元运算 $*$ 满足封闭性，则称代数系统 $<S, *>$ 为广群。

定义 6.14 半群 设有二元代数 $<S, *>$，S 为非空集合，若二元运算 $*$ 满足封闭性和结合律，则称 $<S, *>$ 为半群，特别地，若半群 $<S, *>$ 中的二元运算 $*$ 满足交换律，则称 $<S, *>$ 为可交换的半群。

若 S 是有限集，则称半群 $<S, *>$ 为有限半群，否则称为无限半群。

例题 6.11 对于正整数集合 I_+，以及在正整数集合上的普通加法运算 $+$ 和普通乘法运算 $\cdot$，因为加法运算和乘法运算在 I_+ 上都是封闭的，也都是可结合的，因此，$<I_+, +>$ 和 $<I_+, \cdot>$ 都是半群。

定理 6.7 设 $<S, *>$ 是一个半群且 S 是一个有限集，则 S 中必有元素 g，使得 $g*g=g$。

【证明】 对于任意的元素 $a\in S$，由 $*$ 的封闭性可知，$a*a\in S$，若记 $a^2=a*a$，即有 $a^2\in G$。

由 $*$ 的可结合性，有

$$a^2*a=(a*a)*a=a*(a*a)=a*a^2\in S$$

若记 $a^3=a^2*a=a*a^2$，即有 $a^3\in S$。

⋮

由于 S 是一个有限集，所以必有正整数 i,j 存在，且满足 $j>i$，使得 $a^i=a^j$。

令 $p=j-i$，就有 $a^i=a^p*a^i$。

所以，对于 $q\geqslant i$，都有

$$a^q=a^p*a^q$$

因为 $p\geqslant 1$，所以总存在正整数 $k>1$，使得 $kp\geqslant i$，显然 $a^{kp}\in S$，便有

$$\begin{aligned}a^{kp}&=a^p*a^{kp}\\&=a^p*(a^p*a^{kp})\\&=(a^p*a^p)*a^{kp}\\&=a^{2p}*(a^p*a^{kp})\\&=(a^{2p}*a^p)*a^{kp}\\&\vdots\\&=a^{kp}*a^{kp}\end{aligned}$$

因此，有 $g=a^{kp}\in S$，使得 $g*g=g$。

定义 6.15 独异点　设$<S,*>$为半群，若 S 中存在关于运算 $*$ 的幺元 e，则称此半群为独异点，也可称为含幺半群，可记为$<S,*,e>$。

由定义我们可以知道，$<S,*>$是半群要求二元运算 $*$ 在 S 上既是封闭的，又是可结合的；而独异点除满足上述条件外，还应该含有幺元。

例题 6.12　设 $N=\{0,1,2,\cdots,n-1\}$，定义 N 上的运算 $+_n$ 如下：

$$\forall x,y\in N, x+_n y=x+y(\bmod n)$$

证明$<N,+_n>$是独异点。

【证明】（1）封闭性：$\forall x,y\in N$，令 $x+_n y=x+y(\bmod n)=k$

$$0\leqslant k\leqslant n-1, k\in N$$

所以 $*$ 在 N 上是封闭的。

（2）结合律。$\forall x,y,z\in N$，有

$$(x+_n y)+_n z=x+y+z(\bmod n)=x+_n(y+_n z)$$

所以 $*$ 在 N 上满足结合律。

（3）幺元 e。设 $e\in N$，$\forall x\in N$，有

$$e+_n x=x+_n e=e+x(\bmod n)=x$$

$$e=0\in N$$

综上可知，$<N,+_n>$是独异点。

定理 6.8　设$<S,*,e>$是独异点，则在 $*$ 的运算表中不可能有两行或两列相同。

【证明】 当 $a,b\in A$，且 $a\neq b$ 时，至少有

$$a*e=a\neq b=b*e$$

和

$$e*a=a\neq b=e*b$$

所以，在 $*$ 运算表中不可能有两行或两列相同。

实际上，该定理还可以推广到一般的代数系统，即对于含幺元的任何一个代数系统，其对应运算的运算表中不可能有两行或两列是相同的。

定义 6.16 子半群 如果$<S,*>$是半群，T是S的非空子集，且T对运算$*$是封闭的，则称$<T,*>$是半群$<S,*>$的子半群；如果$<S,*,e>$是独异点，T是S的非空子集，$e\in T$，且T对运算$*$是封闭的，则称$<T,*,e>$是独异点$<S,*,e>$的子独异点。

6.4 群与子群

6.3节中我们讨论了半群和独异点，可以看出，独异点是在半群的基础上增加一限制而得到的。现在，我们再将在独异点的基础上加一限制，即每一个属于S的元素都存在逆元，结果就得到称为群的代数系统。群论是抽象代数中发展得很完善的一个分支，它广泛应用于自然科学各个领域及计算机科学中。

定义 6.17 群 设$<G,*>$是一个代数系统，如果G上的二元运算$*$满足下列条件，就称$<G,*>$是一个群：

(1) $*$在G中是可结合的，即$\forall x,y,z\in G$，都有$(x*y)*z=x*(y*z)$；

(2) G中存在关于$*$的幺元e，即$\exists e\in G$，使得$\forall x\in G$，都有$e*x=x*e=x$；

(3) G中每个元素x都有逆元x^{-1}，即$\forall x\in G$，都$\exists x^{-1}\in G$，使得，$x*x^{-1}=x^{-1}*x=e$。

从定义得，一个群必须是一个二元代数系统，因此群G中的运算$*$还必须满足封闭性。进而群的定义可以概括为：运算满足封闭性和结合律，存在幺元和每个元素都有逆元。

例题 6.13 (1)代数系统$<Z,+>$，$<Q,+>$，$<R,+>$关于数的普通加法运算"+"均可作为群，其中，幺元均为"0"，对任意元素"a"，其逆元为"$-a$"；

(2) 代数系统$<Z,\times>$，$<Q,\times>$，$<R,\times>$关于数的普通乘法运算"×"均不能作为群，因为，它们虽然有幺元"1"存在，但是元素"0"无逆元；

(3) 代数系统$<Q-\{0\},\times>$，$<R-\{0\},\times>$关于数的普通乘法运算"×"均可作为群，其中，幺元均为"1"存在，对任意元素"a"，其逆元为"$1/a$"；

(4) 代数系统$<\rho(A),\cup>$，$<\rho(A),\cap>$关于集合的求并运算"∪"和求交运算"∩"均不能作为群，因为，它们虽然分别有幺元"∅"和"A"，但对于任意集合$x\neq\varnothing$和$x\neq A$，都无逆元，其中A是任意的集合。

(5) 代数系统$<A,\vee>$，$<A,\wedge>$关于集合的求析取运算"∨"和求合取运算"∧"均不能作为群，因为，它们虽然分别有幺元"F"和"T"，但对于任意集合$x\neq F$和$x\neq T$，都无逆元，其中A是全体命题的集合。

例题 6.14 证明例题6.11的$<N,+_n>$是群。

【证明】 由上节可知$<N,+_n>$是独异点，因此只需证明每个元素均存在逆元即可。

设$\forall x\in N$，若$x=0$，有$0+_n0=0$，所以$0^{-1}=0$；

若$x\neq 0$，则有$n-x\in N$，显然有

$$x+_n(n-x)=(n-x)+_nx=0$$

所以$x^{-1}=n-x$，因此$\forall x\in N$，x均有逆元。

综上所述，$<N,+_n>$是群。

例题 6.15 设$<A,*>$是半群，e是左幺元且对每一个$x\in A$，存在$\tilde{x}\in A$，使得

$\tilde{x} * x = e$

(1) 证明：对于任意的 $a,b,c \in A$，如果 $a * b = a * c$，则 $b = c$。

(2) 通过证明 e 是 A 中的幺元，证明 $<A, *>$ 是群。

【证明】

(1) 因为每一个 $x \in A$，存在 $\tilde{x} \in A$，使得 $\tilde{x} * x = e$，对于任意 $a \in A$，存在 $\tilde{a} \in A$，使得 $\tilde{a} * a = e$。又因为 $a * b = a * c$，则有

$$\tilde{a} * a * b = \tilde{a} * a * c$$

即

$$e * b = e * c$$

又 e 是左幺元，所以有 $b = c$。

(2) e 是左幺元，要证明 e 是 A 中的幺元，只需证明 e 也是右幺元即可，即证明 $x * e = x$。

$$e = e * e$$

即

$$\tilde{x} * x = \tilde{x} * x * e \Rightarrow x = x * e$$

所以，e 是 A 中的幺元。

又 $<A, *>$ 是半群，$\tilde{x}$ 是 x 的左逆元，只需证明 $\tilde{x}$ 也是 x 的右逆元，即 $x * \tilde{x} = e$，则可证明 $<A, *>$ 是群。

$$\tilde{x} * e = e * \tilde{x} \Rightarrow \tilde{x} * e = \tilde{x} * x * \tilde{x} \Rightarrow e = x * \tilde{x}$$

即 $\tilde{x}$ 是 x 的逆元，$<A, *>$ 是群。

至此，我们可以概括地说：广群仅仅是一个具有封闭二元运算的非空集合；半群是一个具有结合运算的广群；独异点是具有幺元的半群；群是每个元素都有逆元的独异点。即有

$$\{群\} \subset \{独异点\} \subset \{半群\} \subset \{广群\}$$

亦可由图 6.1 进行说明。

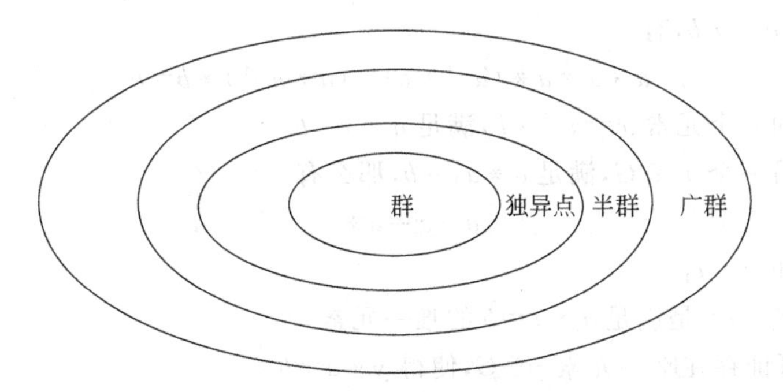

图 6.1 各代数系统之间的关系

定义 6.18 有限群的阶数 设 $<G, *>$ 是群，G 为有限集，则称 $<G, *>$ 为有限群，G 中元素的个数称为有限群的阶数。记为 $|G| = n$；如果 G 是无限集，则称 $<G, *>$ 为无限群。

定理 6.9 (1) 群 G 中的每个元素都是可消去的，即运算满足消去律。

(2) 群 G 中除幺元 e 外无其他等幂元。

(3) 阶大于 1 的群 G 不可能有零元。

(4) 群 G 中的任意两个元素 a,b,都有 $(a*b)^{-1}=b^{-1}*a^{-1}$。

(5) 群 G 的运算表中任意一行(列)都没有两个相同的元素。

【证明】

(1) 由于群 G 中每个元素都有逆元,由定理 6.6 可知,任何元素都是可消去的,即运算满足消去律。

(2) 用反证法。假设 a 是群 G 中非幺元的等幂元,即 $a*a=a$,且 $a\neq e$。因此 $a*a=a*e$,由(1)可知 $a=e$,矛盾。

(3) 由定理 6.5 可知阶大于 1 的代数系统中,零元不存在逆元,所以阶大于 1 的群 G 不可能有零元。

(4) 由于群 G 中的运算满足结合律,则有

$$(a*b)*(b^{-1}*a^{-1})=a*(b*b^{-1})*a^{-1}=a*e*a^{-1}=e$$

同理可得

$$(b^{-1}*a^{-1})*(a*b)=e$$

即

$$(a*b)^{-1}=b^{-1}*a^{-1}$$

(5) 用反证法。假设群 G 的运算表中某一行(列)有两个相同的元素,设为 a,并设它们所在的行(列)表头为 b,列(行)表头元素分别为 c_1,c_2,这时显然有 $c_1\neq c_2$。而 $a=b*c_1=b*c_2$,由(1)得 $c_1=c_2$,矛盾。

定理 6.10 设 $<G,*>$ 是群,则对于任意的 $a,b\in G$,有

(1) 存在唯一的元素 $x\in G$,使得 $a*x=b$;

(2) 存在唯一的元素 $y\in G$,使得 $y*a=b$。

【证明】

(1) 取 $x=a^{-1}*b$,有

$$a*x=a*(a^{-1}*b)=(a*a^{-1})*b=b$$

所以存在这样的一个元素 $x=a^{-1}*b$,满足 $a*x=b$。

若还存在另一个 $x_1\in G$,满足 $a*x_1=b$,那么有

$$a*x=a*x_1$$

由定理 6.9 可知 $x=x_1$

因此,$x=a^{-1}*b$ 是满足 $a*x=b$ 的唯一元素。

(2) 同理可证存在唯一元素 $y\in G$,使得 $y*a=b$。

定义 6.19 子群 设 $<G,*>$ 是群,$H\subseteq G$,且 $<H,*>$ 也是群,则称 $<H,*>$ 是 $<G,*>$ 的一个子群。如果 $H=\{e\}$,或 $H=G$,则称 $<H,*>$ 是 $<G,*>$ 的平凡子群。

例题 6.16 $<Z_6,+_6>$ 是 6 阶群,令 $H=\{[0],[2],[4]\}$,则 $<H_6,+_6>$ 为 $<Z_6,+_6>$ 的子群。

【证明】 $\forall\ [x],[y]\in H,[x]+_6[y]\in H$,$H$ 中结合律成立,$[0]$ 为单位元,$[2]^{-1}=[4],[4]^{-1}=[2]$,从而 $<H,+_6>$ 是群,所以,$<H,+_6>$ 为 $<Z_6,+_6>$ 的子群。

定理 6.11　设$<G,*>$是群，$H\subseteq G$，且$H\neq\varnothing$，若H为有限集，则只要运算$*$在H上封闭，就有$<H,*>$是$<G,*>$的子群。

【证明】　因为$H\subseteq G$，且$H\neq\varnothing$，要证明$<H,*>$是$<G,*>$的子群，只需证明$<H,*>$是群。

(1) 已知运算$*$在H上封闭。

(2) 运算$*$具有结合律。

(3) 幺元$e\in H$。设任意元素$a\in H$，由$*$的封闭性可知，$a*a\in H$，即$a^2\in H$。

又由结合性可得，$a^3\in H$，……

由于H是一个有限集，所以必有正整数i,j存在，且满足$j>i$，使得$a^i=a^j$。

从而有$a^i=a^{j-i}*a^i=a^i*a^{j-i}$，从而$e=a^{j-i}$，为$H$中的单位元。

(4) 任何元素均存在逆元。若$j-i>1$，则a的逆元为$a^{j-i-1}\in H$，若$j-i=1$，则a的逆元是a。

综上所述，$<H,*>$是$<G,*>$的子群。

例题 6.17　设$<G,*>$是一个群，对于任意的$a\in G$，令$S=\{a^n\mid n\in Z, Z\text{是整数}\}$，证明$S$是$G$的子群。

【证明】　因为$a\in G$，显然S是G的非空子集。对任意$a^m,a^n\in S$，有$a^n*a^m=a^{n+m}\in S(n+m\text{是整数})$。由定理6.11可知，$S$是$G$的子群。

定理 6.12　设$<G,*>$是群，$H\subseteq G$，且$H\neq\varnothing$，若$\forall x,y\in H$，有$x*y^{-1}\in H$，则$<H,*>$是$<G,*>$的子群。

【证明】

(1) 幺元$e\in H$。$\forall a\in H\subseteq G, e=a*a^{-1}\in H$；

(2) a的逆元$a^{-1}\in H$。$\forall a\in H, e\in H$，则有$a^{-1}=e*a^{-1}\in H$；

(3) 封闭性。$\forall a,b\in H$可得$b^{-1}\in H$，则有$a*b=a*(b^{-1})^{-1}\in H$；

$*$在H上满足结合律，所以$<H,*>$是$<G,*>$的子群。

例题 6.18　设$<H,*>$，$<K,*>$是$<G,*>$的子群，则$<H\cap K,*>$也是$<G,*>$的子群。

【证明】　$\forall a,b\in H\cap K\Rightarrow a,b\in H\cap a,b\in K$，因为$<H,*>$，$<K,*>$是$<G,*>$的子群$\Rightarrow a*b^{-1}\in H, a*b^{-1}\in K\Rightarrow a*b^{-1}\in H\cap K$。由定理6.12可知，$<H\cap K,*>$也是$<G,*>$的子群。

定理 6.13　设S是G的非空子集，S是群$<G,*>$的子群的充要条件是：

(1) $\forall a,b\in S$，都有$a*b\in S$。

(2) $\forall a\in S$，都有$a^{-1}\in S$。

【证明】　充分性：要证明$<S,*>$是群，需要证明$*$运算在S上是封闭的，$*$运算满足结合律，S有单位元和S中的任意元都有逆元。

封闭性：由已知(1)知道$*$在S上是封闭的；

结合律：$<G,*>$是群，$*$满足结合律；

单位元：$\forall a\in S$，又已知(2)可知$a^{-1}\in S$；结合已知(1)，则$e=a*a^{-1}\in S$。

逆元：由条件(2)可知，任何元素均有逆元。

综上所述，可知$<S,*>$是群，是$<G,*>$的子群。

必要性：即证明$<S,*>$是$<G,*>$的子群时，条件(1)和(2)成立。

如果$<S,*>$是$<G,*>$的子群，必然满足封闭性，则条件(1)成立。

要证明条件(2)，只需证明群S中的逆元等于群G中的逆元即可。

设群S的幺元为e'，群G的幺元为e，$\forall a\in S$，a'为a在群S中的逆元，则有$a*a'=e'$。$a*a^{-1}=e$，只需证明$e=e'$，即可证明a'等于a'^{-1}。

$e'*e'=e'$，显然$e'\in G$，即e'是群G的等幂元，而幺元是群的唯一等幂元，所以$e'=e$。即条件(2)成立。

推论 6.1 设S是G的子群，则S的单位元是G的单位元，S中任意元a在S中的逆元也是a在G中的逆元。

6.5 阿贝尔群与循环群

目前研究的比较透彻和使用比较广泛的还有一些特殊的群，主要有三类：阿贝尔群、循环群和置换群。这节我们主要介绍阿贝尔群和循环群，下一节我们介绍置换群。

6.5.1 阿贝尔群(交换群)

定义 6.20 阿贝尔群 若群$<G,*>$中的运算“$*$”满足交换律，则称该群$<G,*>$是一个阿贝尔群，也叫交换群。

例题 6.19 群$<Z,+>$，$<Q,+>$，$<R,+>$都是交换群。

例题 6.20 群$<Mn(R),\times>$不是阿贝尔群。

定理 6.14 设$<G,*>$是群，则$<G,*>$是阿贝尔群的充分必要条件是：对$\forall a,b\in G$，有$(a*b)^2=a^2*b^2$。

【证明】 充分性：$\forall a,b\in G$，若有$(a*b)^2=a^2*b^2$。则有

$$(a*b)*(a*b)=(a*a)*(b*b),\quad a*(b*a)*b=a*(a*b)*b$$

由消去律知，$b*a=a*b$。则群$<G,*>$是阿贝尔群。

必要性：群$<G,*>$是阿贝尔群，则$\forall a,b\in G$，有$b*a=a*b$，则

$$\begin{aligned}(a*b)^2&=(a*b)*(a*b)=a*(b*a)*b=a*(a*b)*b\\&=(a*a)*(b*b)=a^2*b^2\end{aligned}$$

6.5.2 循环群

定义 6.21 循环群 在群G中，若存在一个元素$g\in G$，使得对任意$a\in G$，都能表示为g^i的形式，其中i为整数，则称G为循环群，记为$G=<g>$，并称g为该循环群的一个生成元。G的所有生成元的集合称为G的生成集。

定理 6.15 每个循环群都是阿贝尔群。

【证明】 设$a\in G$，且a是G的生成元，对$\forall n,m\in G$，有$n=a^x$，$m=a^y$成立，则

$$n*m=a^x*a^y=a^{x+y}=a^{y+x}=a^y*a^x=m*n$$

所以，循环群G是阿贝尔群。

例题 6.21 证明正整数加法群$<Z_+,+>$是一个循环群，并求其生成元。

【证明】 设正整数 a 是生成元，则对于$\forall n\in Z_+$，存在 $k\in Z_+$，有

$$n=a^k=ka$$

取 $n=1$，则有 $1=ak$，又 a、k 都是正整数，所以 $a=1$。

下面来验证 $a=1$ 是生成元。

对于$\forall n\in G$，有 $n=1^n$。

所以群$<Z_+,+>$是一个循环群，1 是它的生成元。

例题 6.22 证明例题 6.12 中的群$<N,+_n>$是循环群，并求出 $n=4$ 的生成集。

【证明】 $\forall n\in N$，都有 $n=1^n$，所以 1 是生成元，群$<N,+_n>$是循环群。

方法一：当 $n=4$ 时，1 仍然是生成元，又 $0=3^0$，$1=3^3$，$2=3^2$，$3=3^1$。

所以$\{1,3\}$是 $n=4$ 时该循环群的生成集。

方法二：当 $n=4$ 时，设 a 是群$<N,+_4>$的生成元，则对于任意元素 n，存在整数 k，使得

$$n=a^k=ka(\text{mod }4)$$

特别取 $n=1$，则有

$$1=ka(\text{mod }4)$$

即存在整数 s，使得

$$4s+ka=1$$

所以有$(a,4)=1$，即如果 a 是生成元，则 a 与 4 互质。

反之，如果$(a,4)=1$，则有整数 s,k，使得

$$4s+ka=1$$

则

$$1=ka(\text{mod }4)=a^k(\text{mod }4)$$

所以，a 是生成元。

综上所述，a 是生成元的充要条件是$(a,4)=1$。所以群$<N,+_4>$的生成集为$\{1,3\}$。

定义 6.22 元素的阶 设 e 是群 G 的幺元，$a\in G$，使得 $a^n=e$ 成立的最小正整数 n 称为 a 的周期，也称为阶，记为$|a|$。若不存在这样的正整数 n，则称 a 的周期是无限的。

应该注意，在一个群中，元素的阶与群的阶是两个不同的概念。例如，在群$<\{1,-1,i,-i\},\cdot>$中，幺元 1 的阶是 1，-1 的阶是 2，而元素 i 和 $-i$ 的阶都是 4。该群的阶是 4。

推论 6.2 (1) 群$<N,+_n>$是一个循环群，其生成集为

$$M=\{a\mid(a\in N)\wedge(n,a)=1\}$$

(2) 素数阶的循环群$<N,+_n>$，除幺元以外的一切元素都是群$<N,+_n>$的生成元。通常将$<N,+_n>$称为 n 阶剩余类群。

定理 6.16 当 $G=\langle g\rangle$ 是循环群时，群 G 的阶和元素 g 的周期一致。由此可得到两类循环群：

(1) 当生成元 g 的周期无限时，$\langle g\rangle$是一个无限阶循环群，这时

$$<g>=\{g^k \mid k\in Z;\quad 若\ i\neq j,则\ g^i\neq g^j\}$$

(2) 当生成元 g 的周期有限时，$\langle g\rangle$是一个有限阶循环群，这时$|g|=n$，则有

$$<g>=\{e,g,g^2,g^3,\cdots,g^{n-1}\}$$

显然，整数加法群是无限阶循环群，而 n 阶剩余类加群是 n 阶循环群。

例题 6.23 证明任意一个群必然有循环子群。

【证明】 设$<G,*>$是任意一个群，其中 G 为非空集合，取 $a\in G$，令 $S=\{a^n \mid n\in Z$，Z 是整数$\}$，则显然有$<S,*>$是 G 的子群(见例题 6.17)，而且由 S 的定义可得 a 是子群$<S,*>$的生成元，故$<S,*>$是群$<G,*>$的循环子群。

上例中，若 a 是群$<G,*>$中的 k 阶元素，则 $S=\{e,a^1,a^2,\cdots,a^{k-1}\}$是$<G,*>$的 k 阶子群。

例题 6.24 设平面上有一个正 n 边形，该正 n 边形可以绕中心在平面内进行逆时针方向的旋转，每次可旋转的角度为 $k\cdot\dfrac{2\pi}{n}$，$k=0,1,2,\cdots,n-1$，这种旋转称为平面上正 n 边形的正规旋转。证明平面上正 n 边形的所有正规旋转所构成的群是一个由元素 $2\pi/n$ 生成的 n 阶循环群。

【证明】 给定平面上一个正 n 边形，且给每个顶点标以 $1,2,3,\cdots,n$ 的编号，如图 6.2 所示。

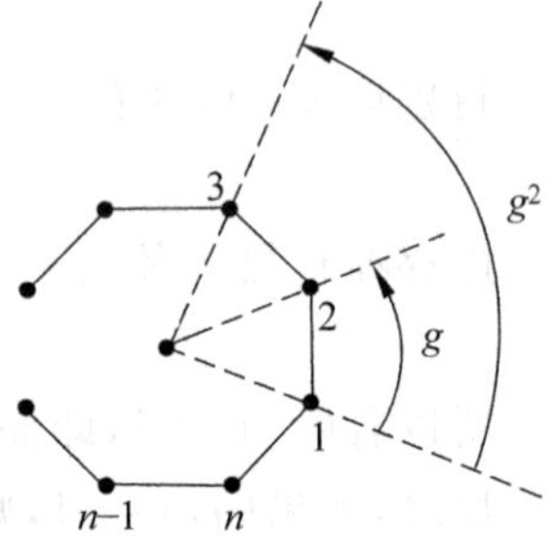

图 6.2 正 n 边形

正 n 边形的中心是固定的。由图形的对称性，可设定顶点 1，显然地，顶点 1 可以旋转到 n 个顶点中的任何一个顶点，这些不同的旋转正好是所有正规旋转的全体，而旋转 2π 角度回到原点，可认为是没有旋转。记所有正规旋转所组成的集合为 C_n，对于 C_n 中的任意两个元素 g_1、g_2，定义一个二元运算$\circ$，$g_1\circ g_2$ 表示先旋转 g_2 再旋转 g_1 的总旋转角，当这个总旋转角大于等于 2π 时，就在总旋转角上减去 2π 作为该二元运算的结果，即

设 $g_1=k_1\cdot\dfrac{2\pi}{n}$，$g_2=k_2\cdot\dfrac{2\pi}{n}$，则 $g_1\circ g_2=(k_1+k_2)\dfrac{2\pi}{n}\bmod 2\pi$

显然，运算$\circ$在 C_n 上是封闭的，并且是可结合的，“旋转 0 度”这个元素是 C_n 中的幺元 e，对于任意的元素 $g_i=k_i\dfrac{2\pi}{n}\in C_n$，总有 $g_i^{-1}=(n-k_i)\dfrac{2\pi}{n}\in C_n$，使得 $g_i\circ g_i^{-1}=g_i^{-1}\circ g_i=2\pi$，根据旋转 2π 角度认为是没有旋转，所以 2π 就相当于 C_n 中的幺元。至此，证明了$<C_n,\circ>$是一个群。

设 g 是正 n 边形逆时针旋转 $2\pi/n$，那么，由于

$$g^n=\overbrace{g\circ g\circ\cdots\circ g}^{n个}=e$$

且 $g^m\neq e$，$1\leqslant m<n$，所以 g 是 n 阶的。由定理 6.16 可知，该群$<C_n,\circ>$是 n 阶循环群，我们可记为 $C_n=\{e,g,g^2,\cdots,g^{n-1}\}$。

定理 6.17 如果群$<G,*>$中的一个元素 a 具有阶 r，当且仅当 k 是 r 的倍数时，有 $a^k=e$。

【证明】

(1) 由已知条件,设 $k=mr$,其中 m 是正整数,则

$$a^k=a^{mr}=(a^r)^m=e^m=e$$

(2) 若 $a^k=e$,而 k 不是 r 的倍数,设 $k=mr+n(0\leqslant n<r)$,又

$$a^n=a^{k-mr}=a^k*a^{-mr}=e*e^{-m}=e*e=e$$

但是 r 是使得 $a^r=e$ 的最小正整数,故 $n=0$,即 $k=mr$。

定理 6.18 设 $<G,*>$ 是一个群,a 是 G 中的任意一个元素,则 a 的阶与 a 的逆元素 a^{-1} 的阶相同。

【证明】 设 a 具有有限阶 r,即 $a^r=e$,因此

$$(a^{-1})^r=(a^r)^{-1}=e^{-1}=e$$

所以 a^{-1} 必有有限阶,设为 r',从而 $r'\leqslant r$。又

$$a^{r'}=((a^{-1})^{r'})^{-1}=e^{-1}=e$$

此时有 $r\leqslant r'$,所以 $r=r'$。

6.6 置 换 群

在第5章中我们已经了解了置换的概念。一般来讲,n 个元素的一个置换就是从该 n 个元素的集合到它自身的一个双射。

设集合 $X=\{1,2,\cdots,n\}$,那么,集合 X 中 n 个元素的任一种排列,对应着一个从 X 到它自身的双射,由于 n 个元素的不同排列的个数为 $n!$,所以,共有 $n!$ 个置换。我们把全部这些置换组成的集合记作 S_n,便有 $|S_n|=n!$。

在 S_n 上定义两种二元运算$\circ$和 $*$,使得 $\forall \pi_1,\pi_2\in S_n$,$\pi_1\circ\pi_2$ 和 $\pi_2*\pi_1$ 均表示对 S 的元素先应用置换 π_2,接着再应用置换 π_1 所得到的置换。二元运算$\circ$和 $*$ 分别称为左复合和右复合,即

$$\pi_1\circ\pi_2(x)=\pi_1(\pi_2(x)),\quad 而\ \pi_1*\pi_2(x)=\pi_2(\pi_1(x))$$

例题 6.25 设 $S=\{1,2,3,4\}$,S_4 中取 $\pi_1=\begin{pmatrix}1&2&3&4\\1&4&2&3\end{pmatrix}$,$\pi_2=\begin{pmatrix}1&2&3&4\\2&1&3&4\end{pmatrix}$,则 $\pi_1\circ\pi_2=\begin{pmatrix}1&2&3&4\\4&1&2&3\end{pmatrix}$,$\pi_1*\pi_2=\begin{pmatrix}1&2&3&4\\2&4&1&3\end{pmatrix}$。

为研究方便,以下只对左复合进行讨论。

定理 6.19 $<S_n,\circ>$ 是一个群,其中$\circ$是置换的左复合运算。

【证明】 $\forall \pi_1,\pi_2\in S_n$,由双射的性质可知,$\pi_1\circ\pi_2$ 仍为 S 上的双射,即 $\pi_1\circ\pi_2\in S_n$,$\forall \pi_1,\pi_2,\pi_3\in S_n$,由于它们都为双射,所以 $(\pi_1\circ\pi_2)\circ\pi_3=\pi_1\circ(\pi_2\circ\pi_3)$。

将 S 中所有元素映照到它自身的那个置换记为 π_e,则 π_e 为 S_n 的单位元。$\forall \pi\in S_n$,若 $\pi(x)=y$,则记 $\pi^{-1}(y)=x$,从而有 $\pi\circ\pi^{-1}=\pi^{-1}\circ\pi=\pi_e$,所以 $<S_n,\circ>$ 是一个群。

我们将 $<S_n,\circ>$ 的任何一个子群,称为集合 S 上的一个置换群。特别地,将 $<S_n,\circ>$ 本身称为集合 S 的对称群。

例题 6.26 设 $S=\{1,2,3,4\}$,$G=\{\pi_e,\pi_1,\pi_2,\pi_3\}$,其中 $\pi_e=\begin{pmatrix}1&2&3&4\\1&2&3&4\end{pmatrix}$,$\pi_1=$

$\begin{pmatrix}1&2&3&4\\2&1&3&4\end{pmatrix}$，$\pi_2=\begin{pmatrix}1&2&3&4\\1&2&4&3\end{pmatrix}$，$\pi_3=\begin{pmatrix}1&2&3&4\\2&1&4&3\end{pmatrix}$，则$<G,\circ>$是 S 的一个置换群。而由$<G,\circ>$诱导的 S 上的二元关系 $R=\{<1,1>,<2,2>,<3,3>,<4,4>,<1,2>,<2,1>,<3,4>,<4,3>\}$。

定理 6.20 由置换群$<G,\circ>$诱导的 S 上的二元关系是一个等价关系。

【证明】 $<G,\circ>$诱导的 S 上的二元关系为 $R=\{<a,b>|\pi(a)=b,\pi\in G\}$，由于 $\pi_e\in G$，故 $\forall x\in S$，$<x,x>\in R$，满足自反性；设$<x,y>\in R$，则必有 $\pi\in G$，使 $y=\pi(x)\Rightarrow\exists\pi^{-1}\in G,\pi^{-1}(y)=x\Rightarrow<y,x>\in R$，满足对称性；设$<x,y>\in R,<y,z>\in R\Rightarrow\exists\pi_1,\pi_2\in G$，使 $y=\pi_1(x),z=\pi_2(y)\Rightarrow z=\pi_2(\pi_1(x))=\pi_2\circ\pi_1(x)$，而 $\pi_2\circ\pi_1\in G\Rightarrow<x,z>\in R$，满足传递性。

综上可知，R 是 S 上的一个等价关系。

6.7 陪集与拉格朗日定理

群的子群反映了群的结构和性质，因此需要研究群和子群的关系和子群的性质。这里，我们要用子群对群做一个划分，从而得到关于群和子群的一个重要的定理：拉格朗日定理。

6.7.1 陪集

定义 6.23 模同余关系 设$<G,*>$是群，$<H,*>$是$<G,*>$的任一子群，对 $\forall a,b\in G$，如果有 $a*b^{-1}\in H$，则称 a,b 为模 H 同余关系，此时记为 $a\equiv b(\mathrm{mod}\ H)$。

定理 6.21 证明模 H 同余关系是一个等价关系。

【证明】

(1) 自反性：$\forall a\in G$，由于 G 是群，有 $a^{-1}\in G$，则

$$a*a^{-1}=e\in H(H\text{ 是 }G\text{ 的子群},e\in H)$$

即 $a\equiv a(\mathrm{mod}\ H)$，满足自反关系。

(2) 对称性：$\forall a,b\in G$，如果有 $a\equiv b(\mathrm{mod}\ H)$，即 $a*b^{-1}\in H$，因为 H 是群，所以有

$$b*a^{-1}=(b^{-1})^{-1}*a^{-1}=(a*b^{-1})^{-1}\in H,\text{即 }b\equiv a(\mathrm{mod}\ H)$$

所以模 H 同余关系是对称关系。

(3) 传递性：$\forall a,b,c\in G$，如果有 $a\equiv b(\mathrm{mod}\ H)$，$b\equiv c(\mathrm{mod}\ H)$，即 $a*b^{-1}\in H$，$b*c^{-1}\in H$，因 H 是群，满足结合律，则有 $a*c^{-1}=(a*b^{-1})*(b*c^{-1})\in H$，

即 $a\equiv c(\mathrm{mod}\ H)$，所以模 H 同余关系是传递关系。

综上所述，模 H 同余关系是等价关系。

由此，根据此等价关系可以定义其等价类，由等价类可产生集合的商集，该商集可构成集合 G 的划分。为此，首先考虑其等价类：设同余关系为 R，对 $a\in G$，由等价类的定义有

$$[a]_R=\{x|(\forall x\in G)\wedge(x\equiv a(\mathrm{mod}\ H))\}=\{x|(\forall x\in G)\wedge(x*a^{-1}\in H)\}$$

由于 $x*a^{-1}\in H$ 当且仅当 $x\in\{h*a|\ \forall h\in H\}$，所以

$$[a]_R=\{h*a\mid\forall h\in H\}$$

即 $Ha=\{h*a\mid\forall h\in H\}=[a]_R$。

此时，称 Ha 为 H 在 $<G,*>$ 中的一个右陪集。

从以上的分析可以看出，右陪集 Ha 表示集合 $\{h*a\mid\forall h\in H\}$，而这个集合刚好是同余关系 R 的一个等价类 $[a]_R$。也就是说，右陪集是从同余关系（也是等价关系）R：

$$aRb，当且仅当\ a*b^{-1}\in H$$

出发而得到的等价关系。

同理，如果我们定义另外一种关系 Q：

$$aQb，当且仅当\ b^{-1}*a\in H$$

可以证明 Q 是等价关系，从 Q 出发我们可以得到 Q 的等价类 $[a]_Q=\{a*h\mid\forall h\in H\}=aH$，称集合 aH 为左陪集。

定义 6.24 左(右)陪集 设群 $<H,*>$ 是 $<G,*>$ 的子群，a 是 G 上任意一个元素，称集合：

$$aH=\{a*h\mid\forall h\in H\}为子群\ H\ 在群\ G\ 中的一个左陪集$$

$$Ha=\{h*a\mid\forall h\in H\}为子群\ H\ 在群\ G\ 中的一个右陪集$$

a 称为左陪集 aH（或右陪集 Ha）的代表元。特别地，当运算 $*$ 为加法（或可交换）时，左(右)陪集应为 $a+H(H+a)$。

例题 6.27 设 $G=R\times R$，R 为实数集，G 上二元运算 $+$，$<x_1,y_1>+<x_2,y_2>=<x_1+x_2,y_1+y_2>$，则 $<G,+>$ 为阿贝尔群。令 $H=\{<x,y>\mid y=2x\}$，则 $H\leqslant G$。试求 H 的左陪集表达式。

【解】 $\forall<x_0,y_0>\in G$，$<x_0,y_0>+H=\{<x_0,y_0>+<x,y>\mid<x,y>\in H\}=\{<x_0+x,y_0+y>\mid<x,y>\in H\}$。

其几何意义为表示平行于过原点直线 $y=2x$ 的直线簇。

例题 6.28 $<I,+>$ 是一个群，$<E,+>$ 是 $<I,+>$ 的一个子群，这里，E 是偶数集合。因为偶数＋偶数＝偶数，而偶数＋奇数＝奇数，所以，I 中 E 的所有右陪集只有两个，一个就是 E 本身，一个就是奇数集合 O。

例题 6.29 $<S_3,\circ>$ 是一个群，其中 $S_3=\{(1),(12),(13),(23),(123),(132)\}$，设 $T_3=\{(1),(123),(132)\}$，则 $<T_3,\circ>$ 就是 $<S_3,\circ>$ 的一个子群。试求出 S_3 中关于 T_3 的所有右陪集。

【解】 T_3 本身就是一个右陪集，即 T_3 关于(1)的右陪集，$T_3(1)=T_3$。

取不属于 T_3 而属于 S_3 的任一元素，比如(12)，那么，另一个右陪集是 $T_3(12)=\{(1)\circ(12),(123)\circ(12),(132)\circ(12)\}=\{(12),(13),(23)\}$。

容易验证，$T_3=T_3(123)=T_3(132)$ 和 $T_3(12)=T_3(13)=T_3(23)$，所以，T_3 的右陪集仅有两个。

例题 6.30 由平面上正 12 边形的正规旋转所构成的群是一个由 $g=2\pi/12$ 作为生成元的 12 阶循环群 $C_{12}=\{e,g,g^2,\cdots,g^{11}\}$，$H=\{e,g^4,g^8\}$ 是 C_{12} 的一个子群。试求出 H 的所有右陪集。

【解】 H 自身就是一个右陪集。

H 关于 g 的右陪集为 $Hg=\{e,g^5,g^9\}$。

因为 $g^2\notin H\cup Hg$，所以第三个右陪集为 $Hg^2=\{g^2,g^6,g^{10}\}$。

因为 $g^3\notin H\cup Hg\cup Hg^2$，所以第四个右陪集为 $Hg^3=\{g^3,g^7,g^{11}\}$。

由于 $C_{12}=H\cup Hg\cup Hg^2\cup Hg^3$，所以，$H$ 的所有右陪集就是 H、Hg、Hg^2 和 Hg^3。

定理 6.22 设$<G,*>$是一个群，$<H,*>$是$<G,*>$的一个子群，那么，在 G 中 H 的任何两个右陪集之间存在着一个双射。

【证明】 设 Ha 是 G 中 H 关于 a 的右陪集，只要能证明在 Ha 和 H 之间存在着一个双射，也就证明了任意两个右陪集之间存在着一个双射。

设$\varnothing$：$H\to Ha$，使得对于任意的 $h\in H$，有$\varnothing(h)=h*a$。显然$\varnothing$是一个满射。

对于 $h_1,h_2\in H$，如果$\varnothing(h_1)=\varnothing(h_2)$，就有 $h_1*a=h_2*a$，在此等式的两边都右乘 a^{-1}。即得 $h_1=h_2$，所以，$\varnothing$又是一个单射。

因此，$\varnothing$正是 H 到 Ha 的一个双射。

6.7.2 拉格朗日定理

在例题 6.30 中，每一个陪集中都会有 3 个元素，而不同陪集的个数 4 正好是 C_{12} 中元素的个数 12 除以 3 的结果。事实上，这不是偶然现象，对于有限群，有以下重要定理：

定理 6.23 （拉格朗日定理）设$<H,*>$是群$<G,*>$的一个子群，那么

(1) $R=\{<a,b>|a\in G,b\in G,且\ a^{-1}*b\in H\}$是 G 的一个等价关系。$\forall a\in G,[a]_R=\{x|x\in G且<a,x>\in R\}$，则$[a]_R=aH$。

(2) 若 G 是有限群，$|G|=n$，$|H|=m$，则 $m|n$。

【证明】

(1) $\forall a\in G$，由于 $a^{-1}*a=e\in H\Rightarrow aRa$，满足自反性；$\forall a,b\in G$，若 aRb，即 $a^{-1}*b\in H\Rightarrow(a^{-1}*b)^{-1}=b^{-1}*a\in H\Rightarrow bRa$，满足对称性；$\forall a,b,c\in G$，若 $aRb,bRc\Rightarrow a^{-1}*b\in H,b^{-1}*c\in H\Rightarrow(a^{-1}*b)*(b^{-1}*c)=a^{-1}*c\in H\Rightarrow aRc$，满足传递性。因此 R 是 G 中的一个等价关系。

$\forall a\in G,b\in[a]_R\Leftrightarrow a^{-1}*b\in H\Leftrightarrow b\in aH$。因此$[a]_R=aH$。

(2) 因 R 是 G 中的一个等价关系，所以它将 G 划分成不同的等价类$[a_1]_R,[a_2]_R,\cdots,[a_k]_R$，使得 $G=\bigcup\limits_{i=1}^{k}[a_i]_R=\bigcup\limits_{i=1}^{k}a_iH$，由消去律知 $|a_iH|=|H|=m,i=1,2,\cdots,k$。

故 $n=|G|=\left|\bigcup\limits_{i=1}^{k}a_iH\right|=\sum\limits_{i=1}^{k}|a_iH|=mk$，即 $m|n$。

一般称 H 在 G 中不同的左陪集个数为 H 在 G 的指数，记为$[G:H]$，则定理 6.23(2)的结论可改为$|G|=[G:H]|H|$。

例题 6.31 设$<Z_6,+_6>$，$H=\{[0],[3]\}$，则$[Z_6:H]=3$，$|Z_6|=6$，$|H|=2$。

拉格朗日定理可得到以下三个推论：

推论 6.3 设 a 是有限群$<G,*>$中的一个元素，那么，元素 a 的阶一定是群$<G,*>$的阶的一个因子。

【证明】 设 a 的阶是 k，由定理 6.16 知 $H=\{e,a,a^2,\cdots,a^{k-1}\}$是 G 中的一个 k 阶子

群。因此，由拉格朗日定理可知，a 的阶是群$<G,*>$的阶的一个因子。

推论 6.4 如果 a 是有限群$<G,*>$中的一个元素，那么 $a^{|G|}=e$。

【证明】 设 a 的阶是 n，那么必存在正整数 k，使得$|G|=n\cdot k$，因此，$a^{|G|}=a^{n\cdot k}=(a^n)^k=e$。

推论 6.5 如果$<G,*>$是质数阶的群，则$<G,*>$一定是循环群，且 G 中每一个非幺元都是 G 的生成元。

【证明】 设$|G|=p$ 为一个质数，由推论 6.3 可知，G 中的每一个元素的阶只可能是 1 或者 P，只有幺元的阶是 1，其他元素的阶都是 P，而由于$|G|=p\geqslant 2$，所以至少有一个元素，它的阶是 P，由定理 6.16 可知，$<G,*>$必是循环群，且 G 中每一个非幺元都是 G 的生成元。

前面，我们有了右陪集与左陪集的概念。我们很容易通过具体例子来说明，关于同一个元素的左陪集和右陪集不一定是相等的。

例题 6.32 在例题 6.29 中，计算过 T_3 的右陪集，现在再来计算 T_3 的左陪集。可得左陪集有两个，一个是 T_3，另一个是$(12)T_3=\{(12),(23),(13)\}$。这与求得的右陪集是相等的。

然而，对于 S3 的另一个子群 $H=\{(1),(12)\}$，就有右陪集为 $H=\{(1),(12)\}$，$H(13)=\{(13),(132)\}$，$H(23)=\{(23),(123)\}$。左陪集为 $H=\{(1),(12)\}$，$(13)H=\{(13),(123)\}$，$(23)H=\{(23),(132)\}$。这就表明，H 的右陪集和左陪集并不是都相同的。

定义 6.25 正规子群 设$<G,*>$是一个群，$<H,*>$是$<G,*>$的一个子群，如果对于任一个 $g\in G$，都有 $Hg=gH$，则称该子群$<H,*>$是$<G,*>$的一个正规子群。今后，对于正规子群 H 来说，就不必区别右陪集和左陪集，简称为 H 的陪集。

下面的定理可用来验证一个群的子群是否是正规子群。

定理 6.24 设$<G,*>$是一个群，$<H,*>$是$<G,*>$的一个子群，$<H,*>$是正规子群当且仅当对所有的 $g\in G$ 和 $h\in H$，有 $g^{-1}*h*g\in H$。

【证明】 设 $Hg=gH$，那么，对于任意的 $h\in H$，$h*g\in Hg=gH$，必存在 $h_1\in H$，使得 $h*g=g*h_1$，所以 $g^{-1}*h*g=g^{-1}*g*h_1=h_1\in H$。

反之，设对所有的 $g\in G$ 和 $h\in H$，有 $g^{-1}*h*g\in H$，那么，对于任意的 $h*g\in Hg$，由于 $g^{-1}*h*g\in H$，所以有 $h_1\in H$，使得 $g^{-1}*h*g=h_1$，即 $h*g=g*h_1\in gH$，所以 $Hg\subseteq gH$。同样地，对于任意的 $g*h\in gH$，由 $g*h*g^{-1}=(g^{-1})^{-1}*h*g^{-1}\in H$，必有 $h_2\in H$，使得 $g*h*g^{-1}=h_2$，由此得 $g*h=h_2*g\in Hg$，所以 $gH\subseteq Hg$。因此，$Hg=gH$。

定理 6.25 交换群的任何一个子群必定是正规子群。

【证明】 设$<H,*>$是交换群$<G,*>$的一个子群，那么，对于所有的 $g\in G$ 和 $h\in H$，都有 $g^{-1}*h*g=h*g^{-1}*g=h\in H$。因此，$<H,*>$是$<G,*>$的正规子群。

例题 6.33 设$<G_1,*>$和$<G_2,*>$是群$<G,*>$的两个正规子群，则$<G_1\cap G_2,*>$也是群$<G,*>$的正规子群。

【解】 对于任意的 $a,b\in G_1\cap G_2$，因为$<G_1,*>$和$<G_2,*>$都是群，所以 $b^{-1}\in$

$G_1 \cap G_2$，根据运算 $*$ 的封闭性，便有 $a * b^{-1} \in G_1$ 和 $a * b^{-1} \in G_2$，所以 $a * b^{-1} \in G_1 \cap G_2$，由子群定理可知 $<G_1 \cap G_2, *>$ 是群 $<G, *>$ 的子群。

对于任意的 $g \in G$ 和任意的 $a \in G_1 \cap G_2$，由于 $<G_1, *>$ 和 $<G_2, *>$ 是群 $<G, *>$ 的两个正规子群，根据本章定理 6.24 可知 $g^{-1} * a * g \in G_1$ 且 $g^{-1} * a * g \in G_2$，所以 $g^{-1} * a * g \in G_1 \cap G_2$。因此，$<G_1 \cap G_2, *>$ 也是群 $<G, *>$ 的正规子群。

6.8 同构与同态

这一节，我们将讨论两个代数之间的联系，并着重研究两个代数系统之间的同构关系和同态关系。

6.8.1 同构

怎样的两个代数系统在结构上是一致的呢？一般来说，两个代数系统在结构上一致应该有以下三个方面的要求：

(1) 两个代数系统有相同的构成成分；

(2) 两个代数系统的载体必须有相同的基数；

(3) 两个代数系统的运算和常数必须遵循相同的规则。

如果两个代数系统具有这三个条件，说明这两个代数系统在结构上是一致的。这种具有在结构上一致的两个代数系统，数学上称为同构。

我们用双射函数来刻画同构的概念。为简单化，我们主要以二元代数系统 $<A, *>$ 为例来讨论。

定义 6.26 同构 设 $<A, *>$ 和 $<B, \circ>$ 为两个二元代数系统，f 是从 A 到 B 的一个双射。对任意 $x, y \in A$，都有

$$f(x * y) = f(x) \circ f(y)$$

则称 f 是从 $<A, *>$ 到 $<B, \circ>$ 的同构映射。如图 6.3 所示，称 $<A, *>$ 与 $<B, \circ>$ 同构，记作 $A \cong B$。

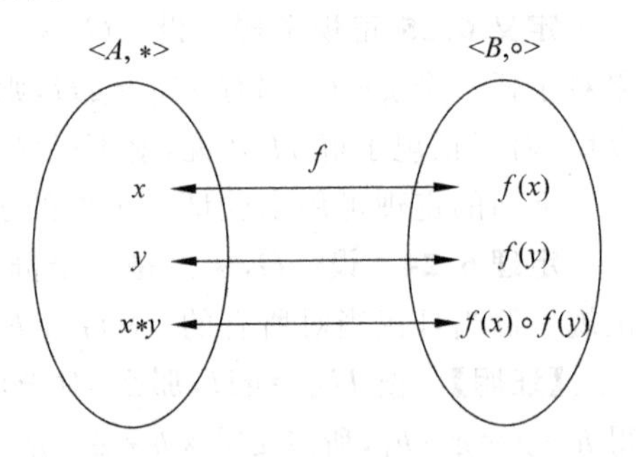

图 6.3 同构映射 f

例题 6.34 设两个代数系统 $<R, +>$ 和 $<R_+, \cdot>$，其中，R 是实数集合，$+$ 是普通加法，R_+ 是正实数集合，$\cdot$ 是普通乘法。定义 $R \to R_+$ 的函数 f 为：对于每一个 $x \in R$，有

$$f(x) = e^x$$

则 f 是从 R 到 R_+ 的双射，并且对于任意 $x, y \in R$，有

$$f(x+y) = e^{x+y} = e^x \cdot e^y = f(x) \cdot f(y)$$

所以，f 是从 R 到 R_+ 的一个同构映射。f 的逆映射 f^{-1} 为：

$$f^{-1}(x) = \ln x$$

由于这个同构关系，使我们能够利用对数表来做两个正实数 a 和 b 的乘法运算，即 $z = a \cdot b = e^{\ln(a \cdot b)} = e^{\ln a + \ln b}$，因此，可现查对数表得到 $\ln a$ 和 $\ln b$，将它们相加后的结果再查

反对数表,便得 $z=a\cdot b$。这个例子说明了在正实数之间的乘法运算,可以利用查对数表并通过加法运算来实现。

例题 6.35 设 $A=\{a,b,c\}$,$B=\{\alpha,\beta,\gamma\}$,在 A 和 B 上分别定义二元运算 $*$ 和 $\cdot$,如表 6-5 和表 6-6 所示。

表 6-5 $*$ 运算表

$*$	a	b	c
a	a	c	b
b	b	a	b
c	c	b	a

表 6-6 $\cdot$ 运算表

$\cdot$	α	β	γ
α	α	γ	β
β	β	α	β
γ	γ	β	α

定义一个从 A 到 B 的映射 f,使得

$$f(a)=\alpha, f(b)=\beta, f(c)=\gamma$$

显然,f 是一个从 A 到 B 的双射。由表 6.1 和表 6.2,容易验证

$$f(a*b)=f(c)=\gamma=\alpha\cdot\beta=f(a)\cdot f(b)$$

$$f(b*a)=f(b)=\beta=\beta\cdot\alpha=f(b)\cdot f(a)$$

等等,即对于任意 $x,y\in A$,都有

$$f(x*y)=f(x)\cdot f(y)$$

所以,f 是从$<A,*>$到$<B,\cdot>$的同构映射,即$<A,*>$和$<B,\cdot>$是同构的。

两个代数系统$<A,*>$和$<B,\cdot>$是同构的,意味着这两个代数系统具有完全相同的性质,从代数角度来看,它们是一样的。

例题 6.36 设集合 $A=\{1,2,3,4\}$,而 $f:A\to A$ 由下式给出:

$$f=\{<1,2>,<2,3>,<3,4>,<4,1>\}$$

若 f^0 表示 A 上的恒等函数,即

$$f^0=\{<1,1>,<2,2>,<3,3>,<4,4>\}$$

我们构造以下复合函数:

$$f^1=f, f^2=f\circ f, f^3=f^2\circ f, f^4=f^3\circ f。$$

显然有 $f^4=f^0$,则代数系统$<F,\circ,f^0>$与$<Z_4,+_4,0>$同构,其中 $F=\{f^0,f^1,f^2,f^3\}$。

【解】 集合 $Z_4=\{0,1,2,3\}$,运算$+_4$ 表示模 4 加法。对于任意 $i,j\in Z_4$,可得

$$i+_4 j=(i+j)(\bmod 4)$$

即如表 6-7 所示。显然,集合 Z_4 对于运算$+_4$ 是封闭的。

表 6-7 $+_4$ 运算表

$+_4$	0	1	2	3
0	0	1	2	3
1	1	2	3	0
2	2	3	0	1
3	3	0	1	2

做一函数 $h:F\to Z_4$，如下：

$$h(f^i)=i(i=0,1,2,3)$$

再做出代数系统 $<F,\circ,f^0>$ 的运算，如表 6-8 所示。

表 6-8 ∘运算表

$\circ$	f^0	f^0	f^0	f^0
f^0	f^0	f^1	f^2	f^3
f^1	f^1	f^2	f^3	f^0
f^2	f^2	f^3	f^0	f^1
f^3	f^3	f^0	f^1	f^2

比较表 6-7 和表 6-8，可以看出函数 $h(f^i)=i(i=0,1,2,3)$ 使得 $h:\{f^0,f^1,f^2,f^3\}\to\{0,1,2,3\}$。所以，代数系统 $<F,\circ,f^0>$ 与 $<Z_4,+_4,0>$ 是同构的。

例题 6.37 设 S 是不含零的有理数集，在 S 上施行普通乘法 $*$，构成代数系统 $<S,*>$。问 $<Q,+>$（$+$ 是 Q 上的普通加法）和 $<S,*>$ 之间有无同构函数存在？

【解】 设 $<Q,+>$ 和 $<S,*>$ 之间有同构函数 f，即

$$f:Q\to S$$

(1) 在函数 f 作用下，元素 $0\in Q$ 的像设为 a_0，即 $f(0)=a_0$。对任意一元素 $a\in Q$，在 f 的作用下的像为 a'，即 $f(a)=a'$。

因为 f 为同构函数，那么就有

$$f(a+0)=f(a)*f(0)=a'*a_0$$

另一方面，

$$f(a+0)=f(a)=a'$$

则

$$a'*a_0=a'$$

故 a_0 是 S 中的单位元素，即 $a_0=1$，也就是 $f(0)=1$。

(2) 设有 $x\in Q$ 且 $x\neq 0$，使得 $f(x)=-1\in S$。由于 f 是同构函数，所以有

$$f(x+x)=f(2x)=f(x)*f(x)=(-1)*(-1)=1$$

即 $f(2x)=1$。

由(1)可知，$2x=0$，即 $x=0$，与假设矛盾。

综上可知，从 $<Q,+>$ 到 $<S,*>$ 无同构函数存在。

6.8.2 同态

为了对不同的代数系统进行比较，考查它们之间在某种函数作用下其运算发生的联系，就要利用下面将要讨论的同态的概念。

定义 6.27 同态 设有两个代数系统 $<A,*>$ 和 $<B,\circ>$，如果存在一个映射 $f:A\to B$，使得对于每一个 $x,y\in A$，都有

$$f(x*y)=f(x)\circ f(y)$$

则称 f 是从 $<A,*>$ 到 $<B,\circ>$ 的同态映射。如图 6.4 所示。这时称 $<A,*>$ 与 $<B,\circ>$ 同态,记作 $A \sim B$。

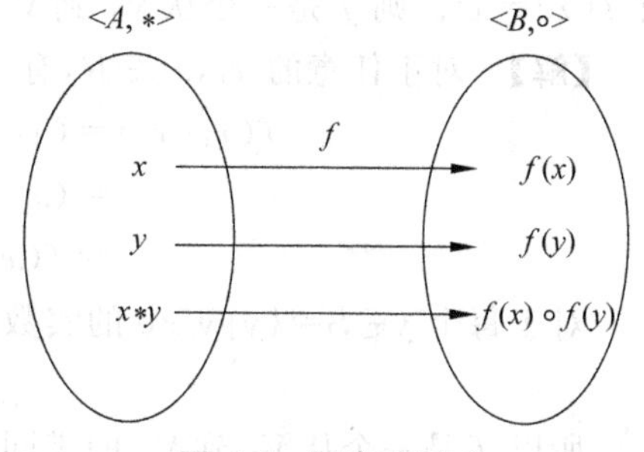

图 6.4 同态映射 f

由于映射 f 可以是从 A 到 B 的一个单射,也可以是从 A 到 B 的一个满射,还可以是从 A 到 B 的一个双射,因此,下面分三种情况分别进行讨论。

(1) 若上述映射 f 是一个从 A 到 B 的满射,则称 f 是从 $<A,*>$ 到 $<B,\circ>$ 的满同态映射,称 $<A,*>$ 与 $<B,\circ>$ 是满同态的。

(2) 若上述映射 f 是一个从 A 到 B 的单射,则称 f 是从 $<A,*>$ 到 $<B,\circ>$ 的单一同态映射,称 $<A,*>$ 与 $<B,\circ>$ 是单一同态的。

(3) 若上述映射 f 是一个从 A 到 B 的满射,则称 f 是从 $<A,*>$ 到 $<B,\circ>$ 的同构映射,称 $<A,*>$ 与 $<B,\circ>$ 是同构的。

由于单射、满射和双射存在一定的关系,故单一同态、满同态和同构之间也存在一定的关系。同构一定是满同态和单一同态,满同态和单一同态一定是同态。

特别地,当代数系统 $<A,*>=<B,\circ>$ 时,对于 $<A,*>$ 到自身的同态映射 f 称为 $<A,*>$ 上的自同态映射,简称自同态。当 f 分别为单射、满射、双射时,分别称 f 是单一自同态、满自同态、自同构。

下面,我们通过例子进一步说明同态和满同态的概念。

例题 6.38 设有两个代数系统 $<I,+,\cdot>$ 和 $<Z_6,+_6,\cdot_6>$,其中 $Z_6=\{0,1,2,3,4,5\}$;$+$ 与 $\cdot$ 分别是普通的加法和乘法;$+_6$ 和 $\cdot_6$ 分别表示模 6 加法与模 6 乘法,定义如下:

$$x_1 +_6 x_2=(x_1+x_2) \bmod 6, \quad x_1 \cdot_6 x_2=(x_1 \cdot x_2) \bmod 6$$

令函数 $h: I \to Z_6$ 为:对任意 $i \in I$,有 $h(i)=i \bmod 6$。则 h 是一个从 $<I,+,\cdot>$ 到 $<Z_6,+_6,\cdot_6>$ 的同态。

【解】 对于所有的 $i_1, i_2 \in I$,设

$$i_1=6q_1+r_1 (0 \leqslant r_1<6)$$
$$i_2=6q_2+r_2 (0 \leqslant r_2<6)$$

则

$$i_1+i_2=6q_1+r_1+6q_2+r_2=6(q_1+q_2)+(r_1+r_2)$$

所以

$$h(i_1)+_6 h(i_2)=r_1+_6 r_2=h(r_1+r_2)$$

因此可得

$$h(i_1+i_2)=h(i_1)+_6 h(i_2)$$

同理可得

$$h(i_1 \cdot i_2)=h(i_1) \cdot_6 h(i_2)$$

综上可得,h 是一个从 $<I,+,\cdot>$ 到 $<Z_6,+_6,\cdot_6>$ 的同态。

例题 6.39 设 S 是 R 的子集,即 $S \subseteq R$,R 上的运算 $\cdot$ 是普通意义下的乘法,构成两

个代数系统 $V_1=<R,\cdot>$ 和 $V_2=<S,\cdot>$。令函数 $f: R\to S$ 为：对任意的 $x_1,x_2\in R$，有 $f(x)=x^2$。则 f 是一个从 V_1 到 V_2 的满同态映射。

【解】 对于任意的 $x_1,x_2\in R$，有

$$\begin{aligned}f(x_1\circ x_2)&=(x_1\cdot x_2)^2=(x_1\cdot x_2)\cdot(x_1\circ x_2)\\&=(x_1\cdot x_1)\cdot(x_2\circ x_2)\\&=f(x_1)\cdot f(x_2)\end{aligned}$$

对于每个 $y\in S=\{y|y\geqslant 0$ 的实数$\}$，存在 x，使

$$f(x)=x^2=y$$

所以 f 是一个从 V_1 到 V_2 的满同态映射。

定理 6.26 设 f 是从代数系统 $<A,*>$ 到代数系统 $<B,\circ>$ 的同态映射，则

(1) 若 $<A,*>$ 为半群，则 $<f(A),\circ>$ 为半群；

(2) 若 $<A,*>$ 为独异点，则 $<f(A),\circ>$ 为独异点；

(3) 若 $<A,*>$ 为群，则 $<f(A),\circ>$ 为群。

【证明】

(1) 设若 $<A,*>$ 为半群，则 $<B,\circ>$ 为代数且 f 为同态映射，则 $f(A)\subseteq B$。

$\forall a,b\in f(A)$，必有 $x,y\in A$，使得 $a=f(x)$，$b=f(y)$，则

$$a\circ b=f(x)\circ f(y)=f(x*y)\in f(A)$$

$\forall a,b\in f(A)$，必有 $x,y,z\in A$，使得 $a=f(x)$，$b=f(y)$，$c=f(z)$，则

$$\begin{aligned}(a\circ b)\circ c&=(f(x)\circ f(y))\circ f(z)=f(x*y)\circ f(z)\\&=f(x*y*z)=f(x*(y*z))=f(x)\circ f(y*z)\\&=f(x)\circ(f(y)\circ f(z))=a\circ(b\circ c)\end{aligned}$$

因此，$<f(A),\circ>$ 为半群。

(2) 设若 $<A,*>$ 为独异点，e 是 A 中的单位元，$\forall a\in f(A)$，必有 $x\in A$ 使得 $a=f(x)$，

$$\begin{aligned}a\circ f(e)&=f(x)\circ f(e)=f(x*e)=f(x)=a=f(e*x)\\&=f(e)\circ f(x)=f(e)\circ a\end{aligned}$$

所以，$f(e)$ 为 $f(A)$ 中的单位元。故 $<f(A),\circ>$ 为独异点。

(3) 设 $<A,*>$ 为群，$\forall a\in f(A)$，必有 $x\in A$ 使得 $a=f(x)$，因 $<A,*>$ 为群，故 x 有逆元 x^{-1}，且 $f(x^{-1})\in f(A)$，而

$$f(x)\circ f(x^{-1})=f(x*x^{-1})=f(e)=f(x^{-1}*x)=f(x^{-1})\circ f(x)$$

所以 $f(x^{-1})$ 为 $f(z)$ 的逆元，即 $f(x)^{-1}=f(x^{-1})$。

因此，$<f(A),\circ>$ 为群。

定理 6.27 设 f 是由群 $<G,*>$ 到群 $<G',\circ>$ 的同态映射，e,e' 分别为 G,G' 的单位元，则

(1) $<f(G),\circ>$ 为 $<G',\circ>$ 的子群。

(2) 记 $\mathrm{Ker}(f)=\{x|f(x)=e',x\in G\}z$，则 $<\mathrm{Ker}(f),*>$ 为 $<G,*>$ 的子群，称之为同态映射 f 的同态核，简称为 f 的同态核。

【证明】

(1) 易知 $f(G)\subseteq G'$，由定理 6.26 可知，$<f(G),\circ>$ 为群，所以，$<f(G),\circ>$ 为 $<G',\circ>$ 的子群。

(2) $\forall x,y\in \mathrm{Ker}(f)\Rightarrow f(x)=f(y)=e'$，有

$$f(x*y^{-1})=f(x)\circ f(y^{-1})=f(x)\circ f(y)^{-1}=e'\circ e'^{-1}=e'\Rightarrow x*y^{-1}\in \mathrm{Ker}(f)。$$

因此，$<\mathrm{Ker}(f),*>$ 为 $<G,*>$ 的子群。

定理 6.28　令 f 为一个代数系统 $<A,*>$ 到代数系统 $<B,\circ>$ 的同态映射，则 f 可诱导出 A 上的等价关系 R：$<a,b>\in R\Leftrightarrow f(a)=f(b)$。

【证明】

(1) $\forall a\in A,f(a)=f(a)\Rightarrow aRa$，满足自反性；

(2) $\forall a,b\in A$，若 aRb，则有 $f(a)=f(b)\Rightarrow f(b)=f(a)\Rightarrow bRa$，满足对称性；

(3) $\forall a,b,c\in A$，若 aRb 且 bRc，则有 $f(a)=f(b),f(b)=f(c)\Rightarrow f(a)=f(c)\Rightarrow aRc$，满足传递性；

综上所述，R 是 A 上的等价关系。

定义 6.28 同余关系　设 $<A,*>$ 是一个代数系统，并设 R 是 A 上的一个等价关系。如果当 a_1Ra_2,b_1Rb_2，蕴含着 $a_1*b_1Ra_2*b_2$，则称 R 为 A 上关于 $*$ 的同余关系。由这个同余关系将 A 划分成的等价类就称为同余类。

例题 6.40　整数集 Z 上的"模 k 同余"关系关于加法运算为同余关系($k\in N$)。

【解】　首先，整数集 Z 上的"模 k 同余"关系是等价关系；

其次，设 $\forall a,b,c,d\in A$，若 $a\equiv b(\mathrm{mod}\ k),c\equiv d(\mathrm{mod}\ k)$，则

$$a-b=nk,c-d=mk\Rightarrow(a+c)-(b+d)=(n+m)k\Rightarrow a+c\equiv b+d(\mathrm{mod}\ k)$$

因此，"模 k 同余"关系关于加法运算为同余关系。

定理 6.29　设 f 是由群 $<G,*>$ 到群 $<G',\circ>$ 的同态映射，如果在 G 上定义二元关系 R 为：$aRb\Leftrightarrow f(a)=f(b)$，则 R 是 G 上的一个同余关系。

【证明】　由定理 6.28 可知 R 是一个 G 上的等价关系。设 $\forall a,b,c,d\in G$，则

$$\begin{aligned}aRb,cRd&\Rightarrow f(a)=f(b),f(c)=f(d)\\&\Rightarrow f(a*c)=f(a)\circ f(c)=f(b)\circ f(c)=f(b*d)\\&\Rightarrow a*cRb*d\end{aligned}$$

所以，R 是 G 上的同余关系。

6.9　环　与　域

前面我们研究的都是具有一个二元运算的代数系统，下面我们来讨论具有两个二元运算的代数系统 $<R,*,\circ>$，$*$ 和 $\circ$ 为 R 上的两个二元运算。这里，我们主要讨论两个二元关系 $*$ 和 $\circ$ 之间的联系。

6.9.1　环

定义 6.29 环　设 $<R,*,\circ>$ 是一个代数系统，如果满足：

(1) $<R,*>$ 是阿贝尔群；

(2) $<R,\circ>$是半群；

(3) 运算$\circ$对运算$*$是可分配的。

则称$<R,*,\circ>$是环。

一般地，称运算$*$为“加法”，运算$\circ$为“乘法”，即为环。称$<R,*>$是加法群，将$<R,*>$中元素a的逆元a^{-1}写成$-a$，单位元记为0。根据定义可知，$<R,+,\times>$，$<Z,+,\times>$分别为实数环、整数环，其中运算“+”与“×”分别是普通加法和乘法。常见的环还有，多项式环$<R[x],+,\times>$，其中$R[x]$为实系数多项式；矩阵环$<M_n(R),+,\times>$，$M_n(R)$为实数n阶方阵；剩余类环$<Z_m,+_m,\times_m>$，Z_m为模m剩余类。

例题 6.41 $<Q(\sqrt{2}),+,\times>$是环，其中$Q(\sqrt{2})=\{a+b\sqrt{2}\mid a,b\in Q,Q$为有理数集合$\}$。

【解】 $\forall a+b\sqrt{2},c+d\sqrt{2},e+f\sqrt{2}\in Q\sqrt{2}$，有

$(a+b\sqrt{2})+(c+d\sqrt{2})=(a+c)+(b+d)\sqrt{2}\in Q\sqrt{2}$，满足封闭性；

$((a+b\sqrt{2})+(c+d\sqrt{2}))+(e+f\sqrt{2})=(a+c+e)+(b+d+f)\sqrt{2}=(a+b\sqrt{2})+((c+d\sqrt{2})+(e+f\sqrt{2}))$，满足结合性；

$(a+b\sqrt{2})+0=0+(a+b\sqrt{2})=(a+b\sqrt{2})$，0为单位元；

$(a+b\sqrt{2})+(-a+(-b\sqrt{2}))=0$，均存在逆元；

$(a+b\sqrt{2})+(c+d\sqrt{2})=(c+d\sqrt{2})+(a+b\sqrt{2})$，满足交换律。

所以，$<Q(\sqrt{2}),+>$为阿贝尔群。

$(a+b\sqrt{2})\times(c+d\sqrt{2})=(ac+2bd)+(ad+bc)\sqrt{2}\in Q\sqrt{2}$，满足封闭性；

$((a+b\sqrt{2})\times(c+d\sqrt{2}))\times(e+f\sqrt{2})=(a+b\sqrt{2})\times((c+d\sqrt{2})\times(e+f\sqrt{2}))$，满足结合性；

所以，$<Q(\sqrt{2}),\times>$为半群。

$(a+b\sqrt{2})\times((c+d\sqrt{2})+(e+f\sqrt{2}))=(a+b\sqrt{2})\times(c+d\sqrt{2})+(a+b\sqrt{2})\times(e+f\sqrt{2})$，×对+可分配。

综上所述，$<Q(\sqrt{2}),+,\times>$是环。

定义 6.30 含幺环 设$<R,+,\cdot>$是环，如果乘法半群$<R,\cdot>$具有乘法幺元1，则称$<R,+,\cdot>$是含幺环。

由于半群中的幺元的唯一性，含幺环中的幺元也是唯一的。上例中$<Q(\sqrt{2}),+,\times>$是含幺环。

定理 6.30 设$<R,+,\cdot>$是一个环，那么，对于任意$a,b\in R$，有

(1) $a\cdot 0=0\cdot a=0$；

(2) $a\cdot(-b)=(-a)\cdot b=-(a\cdot b)$；

(3) $(-a)\cdot(-b)=a\cdot b$

【证明】

(1) $a\cdot 0=a\cdot(0+0)=a\cdot 0+a\cdot 0$，两边同时加$-(a\cdot 0)$，则可得$0=a\cdot 0$。

同理可证 $0 \cdot a=0$。

(2) $a \cdot(-b)+a \cdot b=a \cdot(-b+b)=a \cdot 0=0$，所以 $a \cdot(-b)=-(a \cdot b)$，同理可证 $(-a) \cdot b=-(a \cdot b)$。

今后，可记 $a+(-b)=a-b$。

(3) $(-a) \cdot(-b)=-((-a) \cdot b)=-(-(a \cdot b))=a \cdot b$。

定义 6.31 子环　设 $<R,+,\cdot>$ 是一个环，$S \subseteq R$ 且 $S \neq \varnothing$，对 $a, b \in S$，满足条件

(1) $a+b \in S$；

(2) $-a \in S$；

(3) $a \cdot b \in S$。

则称 $<S,+,\cdot>$ 是 $<R,+,\cdot>$ 的子环。

很显然，如果 $<S,+,\cdot>$ 是环 $<R,+,\cdot>$ 的子环，那么 $<S,+,\cdot>$ 必定是环。

例题 6.42　设 $<A,+,\cdot>$ 是一个含幺环，构造集合 $B=\{x \mid x \in A, a \cdot x=x \cdot a, a \in A\}$，试证明 $<B,+,\cdot>$ 是 $<A,+,\cdot>$ 的一个子环。

【解】　由 B 的构造可知 $B \subset A$，

因为 $1 \cdot a=a \cdot 1, a \in A$，所以 $1 \in B$，可得 $B \neq \varnothing$。

设 $b_1, b_2 \in B$，则对于任意的 $a \in A$，都有

$$(b_1+b_2) \cdot a=b_1 \cdot a+b_2 \cdot a=a \cdot b_1+a \cdot b_2=a \cdot(b_1+b_2)$$

$$(b_1 \cdot b_2) \cdot a=b_1 \cdot(b_2 \cdot a)=b_1 \cdot(a \cdot b_2)=(a \cdot b_1) \cdot b_2=a \cdot(b_1 \cdot b_2)$$

$$(-b_1) \cdot a=-(b_1 \cdot a)=-(a \cdot b_1)=a \cdot(-b_1)$$

所以，$b_1+b_2 \in B,(b_1 \cdot b_2) \in B,-b_1 \in B$。

所以，$<B,+,\cdot>$ 是 $<A,+,\cdot>$ 的一个子环。

定理 6.31　设 $<R,+,\cdot>$ 是环，$<S,+,\cdot>$ 是它的子代数，$<S,+,\cdot>$ 是 $<R,+,\cdot>$ 的子环 $\Leftrightarrow \forall a, b \in S$，都有 $a-b \in S$ 且 $ab \in S$。

【证明】　$<S,+>$ 是 $<R,+>$ 的子群 $\Leftrightarrow \forall a, b \in S$，都有 $a-b \in S$。

$<S,\cdot>$ 是半群 $\Leftrightarrow \forall a, b \in S$，都有 $ab \in S$。

所以，$<S,+,\cdot>$ 是 $<R,+,\cdot>$ 的子环 $\Leftrightarrow \forall a, b \in S$，都有 $a-b \in S$ 且 $ab \in S$。

定义 6.32 环同态　设 $<A,+,\cdot>$ 和 $<B,*,\circ>$ 是两个环，若有一个映射 $f: A \rightarrow B$，对于所有的 $a, b \in A$ 都有

(1) $f(a+b)=f(a) * f(b)$；

(2) $f(a \cdot b)=f(a) \circ f(b)$。

则称 f 是 $A \rightarrow B$ 的一个环同态映射，简称环同态。与 6.8 节一致，若 f 是双射，则称 f 是 $A \rightarrow B$ 的一个环同构。

例题 6.43　设两个环 $<I,+,\cdot>$ 和 $<I_k,+_k,\cdot_k>$，对于任意的 $n \in I$，映射 $\varphi(n)=[n]$，试证明 φ 是 $I \rightarrow I_k$ 的环同态。

【解】　对于任意的 $n, m \in I$，

$$\varphi(n+m)=[n+m]=[n]+_k[m]=\varphi(n)+_k\varphi(m)$$

$$\varphi(n \cdot m)=[n \cdot m]=[n] \cdot_k[m]=\varphi(n) \cdot_k \varphi(m)$$

因此，φ 是 $I \rightarrow I_k$ 的环同态。

例题 6.44 设 E 是偶整数的全体，在 E 上的加法是普通的加法，另外，在 E 上定义乘法运算 $*$ 如下：对于任意的 $a,b\in E$，

$$a*b=\frac{a\cdot b}{2}$$

容易验证 $<E,+,*>$ 是一个交换环。试证明 $<I,+,\cdot>$ 与 $<E,+,*>$ 这两个环是同构的。

【解】 作映射 $f: I\rightarrow E$ 如下，对于任意的 $n\in I$，

$$f(n)=2n$$

那么，对于任意的 $n,m\in I$，都有

$$f(m+n)=2(m+n)=2m+2n=f(m)+f(n)$$

$$f(m\cdot n)=2(m\cdot n)=\frac{(2m)\cdot(2n)}{2}=f(m)*f(n)$$

所以，f 是 $I\rightarrow E$ 的环同态。

另外，$f(n)$ 是双射函数，所以，f 是 $I\rightarrow E$ 的环同构。

因此，$<I,+,\cdot>$ 与 $<E,+,*>$ 这两个环是同构的。

例题 6.45 设 $<Q(\sqrt{2}),+,\times>$ 是环。定义映射 φ：$Q(\sqrt{2})\rightarrow Q(\sqrt{2})$ 如下：对于任意的

$$a+b\sqrt{2}\in Q(\sqrt{2})$$

$$\varphi(a+b\sqrt{2})=a-b\sqrt{2}$$

则 φ 是 $Q(\sqrt{2})\rightarrow Q(\sqrt{2})$ 的环同构。

【解】 对于任意 $a+b\sqrt{2},c+d\sqrt{2}\in Q\sqrt{2}$，有

$$\begin{aligned}\varphi((a+b\sqrt{2})+(c+d\sqrt{2}))&=\varphi((a+c)+(b+d)\sqrt{2})\\&=a+c-(b+d)\sqrt{2}\\&=(a-b\sqrt{2})+(c-d\sqrt{2})\\&=\varphi(a+b\sqrt{2})+\varphi(c+d\sqrt{2})\end{aligned}$$

$$\begin{aligned}\varphi((a+b\sqrt{2})\cdot(c+d\sqrt{2}))&=\varphi((ac+2bd)+(ad+bc)\sqrt{2})\\&=ac+2bd-(ad+bc)\sqrt{2}\\&=(a-b\sqrt{2})\cdot(c-d\sqrt{2})\\&=\varphi(a+b\sqrt{2})\cdot\varphi(c+d\sqrt{2})\end{aligned}$$

另外，很明显，这个映射 φ 是 $Q(\sqrt{2})\rightarrow Q(\sqrt{2})$ 的一个双射。

因此，φ 是 $Q(\sqrt{2})\rightarrow Q(\sqrt{2})$ 的一个环同构。通常称这种同构映射为环自同构映射，简称为环自同构。

6.9.2 域

通常，在环中，元素间一般可作的运算为＋、－、×三种，其中减法运算为加法运算的逆运算。特别地，若 $<R,\times>$ 是可交换的，则称 $<R,+,\times>$ 是可交换环。

这节将继续介绍一些特殊的环，包括整环和域。

定义 6.33 有零因子环　在交换环$<A,+,\times>$中，若存在非零元素 a 和 b，使得 $a\times b=0$，则 a 和 b 都称为环$<A,+,\times>$中零因子，并称$<A,+,\times>$是有零因子的环。否则，就是无零因子环。

定义 6.34 整环　非平凡的交换环，如果它是含幺环和无零因子环，则称它为整环。

在整环中，对于任意两个元素 a、b，如果 $a\times b=0$，则必有 a 和 b，使得 $a=0$ 或 $b=0$。

例题 6.46　$<Z,+,\times>$是整环。

【解】　$<Z,+,\times>$是环，$<Z,\times>$为独异点，$\times$运算满足交换律。且任意的 $n,m\in Z$，$n\neq 0$，$m\neq 0$，必有 $mn\neq 0$，故$<Z,+,\times>$是整环。

例题 6.47　$<Z_6,+_6,\times_6>$不是整环。

【解】　$[0]$为$<Z_6,+_6>$的单位元，而$[2]\neq[0]$，$[3]\neq[0]$，但$[2]\times_6[3]=[0]$。

定理 6.32　在整环$<R,+,\times>$中的无零因子条件等价于乘法消去律成立，即对于 $c\neq 0$ 和 $c\times a=c\times b$，必有 $a=b$。

【证明】　若无零因子，并设 $c\neq 0$ 和 $c\times a=c\times b$，则有

$$c\times a-c\times b=c\times(a-b)=0\Rightarrow a-b=0\Rightarrow a=b$$

反之，若消去律成立，设 $a\neq 0$，$a\times b=0$，则 $a\times b=a\times 0$，由消去律知，$b=0$。

定义 6.35 域　设$<F,+,\times>$是一个代数系统，如果满足：

(1) $<F,+>$是阿贝尔群；

(2) $<F-\{0\},\times>$是阿贝尔群；

(3) 运算$\times$对于运算$+$是可分配的。

则称$<F,+,\times>$是域。

例如$<Q,+,\times>$，$<R,+,\times>$，$<C,+,\times>$都是域，分别称为有理数域、实数域、复数域。

例题 6.48　$<Q(\sqrt{2}),+,\times>$是域。

【解】　$<Q(\sqrt{2}),+,\times>$是环，$<Q(\sqrt{2}),\times>$的幺元为 1，$\times$运算可交换，$\forall\, a+b\sqrt{2}\neq 0$，有

$$(a+b\sqrt{2})\times(c+d\sqrt{2})=1$$

则 $c=\dfrac{a}{a^2-2b^2}$，$d=\dfrac{-b}{a^2-2b^2}$，$c,d\in Q$。

因此，$<Q(\sqrt{2}),+,\times>$是域。

域中至少含有加法单位元 0，乘法单位元 1。最小的域即由这两个元素所组成。域中的运算为$+$、$-$、$\times$、$\div$四则运算，其中$-$为$+$的逆运算，$\div$为$\times$的逆运算，$a-b=a+(-b)$，$a\div b=a\times b^{-1}$。

定理 6.33　域必为整环。

【证明】　设$<F,+,\times>$是一个域，则$<F-\{0\},\times>$是阿贝尔群，则满足交换律，存在幺元 1，满足消去律，因此，$<F,+,\times>$是一个整环。

注意，整环未必是域。例如，$<Q(\sqrt{2}),+,\times>$既是整环，又是域；$<Z,+,\times>$是整

环,但不是域,$\langle Z,\times\rangle$中除了幺元以外,其他元素不存在逆元。

例题 6.49 证明$\langle N_7,+_7,\times_7\rangle$是一个域。

【解】 我们已经知道$\langle N_7,+_7,\times_7\rangle$是一个环,因此要证明$\langle N_7,+_7,\times_7\rangle$是一个域,只需要证明$\langle N_7-\{0\},\times_7\rangle$是一个交换群。为了简便,我们记$a\times_7 b$为$ab$。

(1) 封闭性:对于任意的$a,b\in N_7-\{0\}$,假设$ab=0$,则设$k\in Z$,有

$$ab=7k$$

则有 7 整除ab,即$7|ab$

因为 7 是素数,则有$7|a$或者$7|b$;又$a,b\in N_7-\{0\}$,则 7 不能整除a和b,矛盾。所以$ab\neq 0$,故$\times_7$在$N_7-\{0\}$是封闭的;

(2) $\times_7$在$N_7-\{0\}$上是满足结合律和交换律的;

(3) 单位元:$1\in N_7-\{0\}$,对于任意的$a\in N_7-\{0\}$,有

$$a\times_7 1=a=1\times_7 a$$

(4) 逆元:对于任意的$a\in N_7-\{0\}$,因为$(7,a)=1$,设$n,m\in Z$,使得$7n+ma=1$,则

$$1=ma(\text{mod } 7)$$

则存在$p\in Z$,使得$t=m+7p$,其中$t\in N_7-\{0\}$,有

$$1=ma(\text{mod } 7)=ka(\text{mod } 7)=k\times_7 a=a\times_7 k$$

即k是a的逆元。

综上所述,$\langle N_7-\{0\},\times_7\rangle$是一个交换群。所以$\langle N_7,+_7,\times_7\rangle$是一个域。

通过上面的方法,可以得到下面的推广:

推论 6.6 如果p是素数,则$\langle N_p,+_p,\times_p\rangle$是一个域。

6.10 代数结构的应用

一百多年来,随着科学的发展,抽象代数越来越显示出它在数学的各个分支、物理学、化学、力学、生物学等科学领域的重要作用。抽象代数的概念和方法也是研究计算科学的重要数学工具。有经验和成熟的计算科学家都知道,除了数理逻辑处,对计算科学最有用的数学分支学就是代数,特别是抽象代数。抽象代数是关于运算的学问,是关于计算规则的学问。

在许多实际问题的研究中都离不开数学模型,而构造数学模型就要用到某种数学结构,而抽象世代数研究的中心问题就是一种很重要的数学结构——代数系统:半群、群、格与布尔代数,等等。计算科学的研究也离不开抽象代数的应用:半群理论在自动机理论和形式语言中发挥了重要作用;有限域理论是编码理论的数学基础,在通信中起着重要的作用;至于格和布尔代数则更不用说了,是电子线路设计、电子计算机硬件设计和通信系统设计的重要工具。另外描述机器可计算的函数、研究算术计算的复杂性、刻画抽象数据结构、描述作为程序设计基础的形式语义学,都需要抽象代数知识。

6.10.1 计数问题

在算法分析和设计中,要对算法的复杂性进行分析,即对算法进行时间复杂性和空间

复杂性的分析，其中最主要的是时间复杂性的分析，常用的分析方法是 O 方法，其实质就是计算算法中基本操作(如在排序算法中元素比较操作)的个数，因此算法时间复杂性的分析就是一个计数问题。计数问题在算法分析中十分重要，我们可以利用群的知识，尤其是置换群的知识来讨论计数。

1. 理论基础

设 $X=\{1,2,3,\cdots,n\}$，G 是 X 上的一个置换群，任取 $g\in G$ 和 $x\in X$，称 $g(x)$ 为群元素 g 对 x 的作用，并称 G 作用在集合 X 上，X 称为目标集。可以把置换群对目标集的作用的概念推广到一般群上。

定义 6.36 G 作用在 Ω 上 设 G 是一个群，Ω 是一个集合，若任意 $g\in G$ 都对应 Ω 上一个双射 $\bar{g}:\Omega\to\Omega$ 满足：

(1) 对幺元 $e\in G$ 和任意 $x\in\Omega$，有 $\bar{e}(x)=x$；

(2) 任意 $g_1,g_2\in G$，有 $\overline{g_1g_2}(x)=\overline{g_1}(\overline{g_2}(x))$。

则称 G 作用在 Ω 上，并简记为 $\bar{g}(x)$，在不致混淆的情况下，进一步简记为 $g(x)$。

例题 6.50 (1) 设 G 是一个群，$\Omega=G$，定义 $g\in G$ 对 $x\in\Omega$ 的作用为 $g(x)=gx$。显然满足定义中的条件。可将其称为 G 对它本身的左平移作用。

(2)设 G 是一个群，$\Omega=G$，定义 $g\in G$ 对 $x\in\Omega$ 的作用为 $g(x)=gxg^{-1}$。显然这是 Ω 上的一个双射，满足定义中的条件(1)。且任意 $g_1,g_2\in G$，有

$$g_1g_2(x)=g_1g_2x(g_1g_2)^{-1}=g_1(g_2xg_2^{-1})g_1^{-1}=g_1(g_2(x))$$

故满足定义中的条件(2)。

(3) 设 G 是一个群，Ω 为 G 的全体子群的集合，定义 $g\in G$ 对 $H\in\Omega$ 的作用为

$$g(H)=gHg^{-1}$$

则由 $g(H_1)=g(H_2)\Rightarrow gH_1g^{-1}=gH_2g^{-1}\Rightarrow H_1=H_2$ 知 g 是 Ω 上的单射，显然是满射。故是双射。

用类似于(2)的方法容易证明它满足定义中的条件(2)。

定义 6.37 轨迹 设 X 为目标集，群 G 作用于 X 上，$a\in X$，则集合

$$\Omega_a=\{g(a)\mid g\in G\}$$

称为 X 在 G 作用下的一个轨迹，a 称为此轨道的代表元。

有轨道定义可以得到以下性质：

(1) 若在 X 上定义二元关系～为：$a\sim b\Leftrightarrow\exists g\in G$ 使得 $g(a)=b$，则～是 X 上的一个等价关系，且每一个等价类就是一个轨迹 Ω_a。

(2) $b\in\Omega_a\Leftrightarrow\Omega_a=\Omega_b$，即轨道上的任一元素都有资格作为代表元。

(3) $\{\Omega_a\mid a\in X\}$ 构成 X 的一个划分，因而有

$$|x|=\sum_{a\in X}|\Omega_a|$$

其中，和式是对轨道的代表元求和。

上面可以看到目标集 X 在群 G 的作用下被划分为轨道的并，反过来，可用轨道来研究群 G 的结构，并解决轨道长度与轨道数的问题。

设 $g\in G,a\in X$，若 $g(a)=a$，则称 a 为 g 的一个不动点。以 a 为不动点的所有群元

素的集合记为

$$G_a=\{g \mid g\in G, g(a)=a\}$$

$\forall g_1,g_2\in G_a$，有 $g_1(a)=a$，$g_2(a)=a$，及 $g_2^{-1}(a)=a$，因而 $g_1g_2^{-1}(a)=g_1(a)=a$，即 $g_1g_2^{-1}(a)\in G_a$，所以 G_a 是 G 的子群。

定义 6.38 稳定子群 设群 G 作用于集合 X 上，$a\in X$，则子群

$$G_a=\{g \mid g\in G, g(a)=a\}$$

称为 a 的稳定子群，记为 $StabG$。

关于稳定子群及其轨道的关系有以下性质：

(1) 轨道公式：$|\Omega_a|=[G:G_a]$；

(2) 由轨道公式和拉格朗日定理可得

$$|G|=|\Omega_a|\cdot|G_a|$$

$$|X|=\sum_{a\in X}[G:G_a]$$

其中，和式是对轨迹的代表元求和。

利用性质(2)可以确定某个置换群 G 的元素个数，由于 G_a 是 G 的子群，阶数比 G 的阶数小，容易确定，例如在确定某个几何体的旋转群时，保持某点 a 不动的所有旋转比较容易确定，如果Ω_a 也可确定，则$|G|$就可求出。

例题 6.51 求正四面体的旋转群。

【解】 对一个初学者来说，往往不容易把所有的群元素找全，如果能确定旋转群元素的一个任取正四面体的一个顶点 a，很容易知道$|G_a|=3$，而 a 可旋转到其他任何一点的位置，故$|\Omega_a|=4$，所以得$|G|=|\Omega_a|\cdot|G_a|=12$，由此不难找出所有的旋转。

下面解决如何计算集合在群作用下的轨道数目问题。

定理 6.34 (Burnside 引理)设有限群 G 作用于有限集合 X 上，则 X 在 G 作用下的轨道数目为

$$N=\frac{1}{|G|}\sum_{g\in G}\chi(g)$$

其中 $\chi(g)$为元素 g 在 X 上的不动点数目，和式是对每一个群元素求和。

2. 图的计数问题

下面我们来看如何计算具有 n 个结点的不同构的简单无向图的数目。

设 $V=\{1,2,\cdots,n\}$是结点的集合，$Y=\{(i,j) \mid i,j\in V, i\neq j\}$是 V 中结点可能构成的所有边的集合，$A=\{0,1\}$，则每一个映射

$$\psi: Y\rightarrow A$$

对应一个图 $G=\langle V,E\rangle$，其中

$$E=\{(i,j) \mid (i,j)\in V, \text{且 } \psi((i,j))=1\}$$

Y 到 A 的所有映射的集合

$$\Omega=\{\psi \mid \psi: Y\rightarrow A\}=A^Y$$

我们用 Ω 同时表示 n 个结点的全部图的集合，则

$$|\Omega|=|A|^{|Y|}=2^{C_n^2}=2^{n(n-1)/2}$$

Ω 中的图的结点都是有标号的。

设 S_n 是 n 次对称群，定义 S_n 对 Ω 的作用为：$\forall \sigma \in S_n, \forall G = <V,E> \in \Omega$，$\sigma$ 对 G 的作用为

$$\sigma(G) = <V, \sigma(E)>$$

其中

$$\sigma(E) = \{(\sigma(v_i), \sigma(v_j)) \mid (V_i, V_j) \in E\}$$

显然 $\sigma(G)$ 与 G 是同构的，它们在同一轨道上。因而不同构的图的数目，就是 S_n 作用于 Ω 上的轨道数，可用 Burnside 引理求得。

例题 6.52 求具有 4 个结点的不同构的图的个数。

【解】 设 $\Omega = \{<V,E> \mid |V| = 4\}$，考虑 S_4 对 Ω 的作用，计算 S_4 中每一个元素的不动点数：

对元素 e，$\chi(e) = |\Omega| = 2^{4(4-1)/2} = 2^6 = 64$

对 $1^2 2^1$ 型元素，例如 $\sigma = (1\ 2)(3)(4)$，若 G 是 σ 的不动点：$\sigma(G) = G$，则 G 所对应的映射 $\psi: Y \to A$ 应有以下限制：

$$\psi((1,3)) = \psi((2,3))$$
$$\psi((1,4)) = \psi((2,4))$$

因而 Y 中元素可自由选择函数值的个数为 4，即为 $(1,2)$，$(1,3)$，$(1,4)$，$(3,4)$。所以 $\chi(\sigma) = 2^4$。

对 $1^1 3^1$ 型元素：例如 $\tau = (1\ 2\ 3)(4)$，若 G 是 σ 的不动点：$\tau(G) = G$，则 G 所对应的映射 $\psi: Y \to A$ 应有以下限制：

$$\psi((1,3)) = \psi((2,3)) = \psi((3,1))$$
$$\psi((1,4)) = \psi((2,4)) = \psi((3,4))$$

故 Y 中的元素可自由选择函数值的个数为 2 个。所以 $\chi(\tau) = 2^2$

对 2^2 型元素：例如 $\sigma = (1\ 2)(3\ 4)$，同理可得 $\chi(\sigma) = 2^4$。

对 4^1 型元素：例如 $\sigma = (1\ 2\ 3\ 4)$，同理可得 $\chi(\beta) = 2^2$。

由 Burnside 引理得

$$\begin{aligned} N &= \frac{1}{24}(2^6 + 6 \times 2^4 + 8 \times 2^2 + 3 \times 2^4 + 6 \times 2^2) \\ &= \frac{2^3}{24}(2^3 + 6 \times 2 + 4 + 3 \times 2 + 3) \\ &= 11 \end{aligned}$$

6.10.2 群码与纠错码

我们知道，在现代计算机系统中，往往都具有电话和通信线路的装置。而由发送设备发送出来的二进制的信息经这些装置后，由于外界存在着各种噪声的干扰，可能产生所谓失真的现象，即在传送信号的过程中，二进制信号的 0 可能会变成 1，而 1 也可能变成 0，如图 6.5 表示了一个二进制数据通信系统的模型。

现假定信息从发射器发出的信号串为 $X = x_1 x_2 \cdots x_n$，经传递介质，如数据信息通道或

图 6.5　二进制数据通信系统模型

存储介质后至接收器。由于噪声对传递介质干扰的缘故，接收器接收的二进制信号串 $X'=x_1'x_2'\cdots x_n'$ 中的 x_i' 可能与 x_i 不同，这样就产生二进制信息传递的错误。

在计算机系统中，二进制信息的传递是极其频繁的。因此，如何防止信息的传递错误在计算机科学中是一个很重要的课题。在这一节中，我们就群论应用于纠错码的观点来讨论这个问题。

1. 纠错码的基本概念

如何减少噪声对信息传递时的干扰，采取一种最优的方式来接收由发送装置发送的信息，这是系统工程师的任务。编码器就是一个能够改善通信通道效率的装置，该装置能将进入的信息加以转换，使得所转换后的信息在噪声的环境中能被检查出来。另外一个设备就是译码器，它是用来把被编码的信息转换为接收器能够接收的原来形式，这是一种从物理角度解决信息传递失真的办法。它的工作原理如图 6.6 所示。这里我们关心的是下面所述的第二种办法。

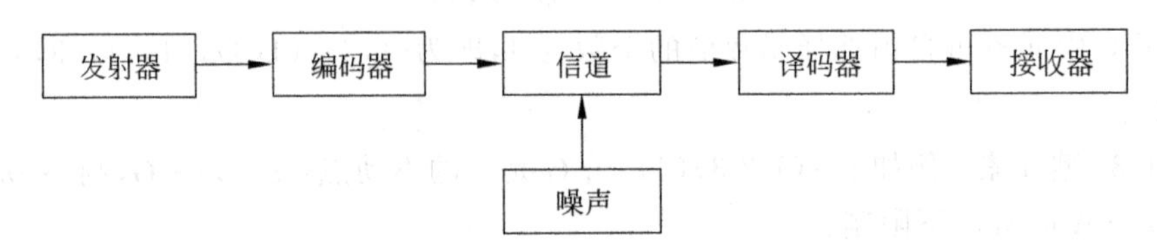

图 6.6　从物理角度解决信息传递失真的工作原理

解决信息传递失真的第二种办法就是采用所谓的纠错码方法。这种方法是采用传递信息的编码，使得一个二进制的数码在传递的过程中一旦出错，接收器的纠错码装置就能够立刻发现其错误，并加以纠正。该方法的传递模型如图 6.7 所示。

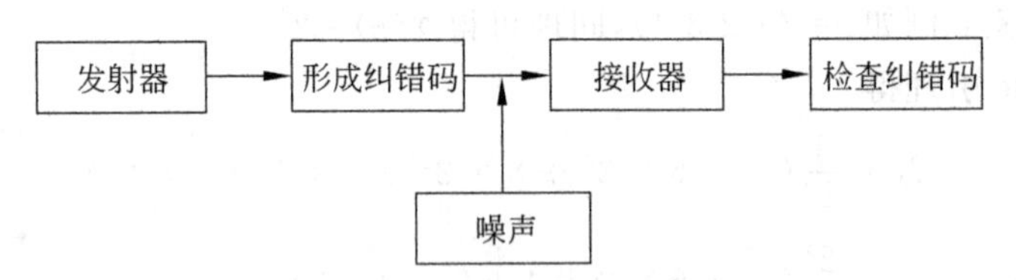

图 6.7　纠错码方法的传递模型

下面我们就来讨论纠错码。

设现有由 0 和 1 组成的字符串，我们称它们为“字”，一些字的集合称为码，码中的字称为码字，而不在码中的字称为废码，码中的每个二进制信号 0 和 1 称为码元。

为了便于理解，我们先举例说明关于纠错码的一些基本概念。比如，有一种可能的编码如表 6-9 所示。这个表是有 8 个符号的字母表编码。其中，每一个字母可用三个二进制数字的序列表示，现在给出的这张表是其中的一种可能的码。如果在信号的传递过程中，由于噪声的干扰信号被改变了，比如，在一个信号序列中，字母 A 的码序列为 000 而被噪声干扰改变为100，那么这个码序列就被译成字母E了。这种现象的产生，就会使得接收器接收到一个不可识别错误的码序列，当然这种现象是我们不希望产生的。现在将上述的码做一下修改，即在原来三位数字序列的基础上再加上一位二进制字，我们称它为冗余数字。这个字增加的原则是：如果原来码的三位数字之和是奇数时，那么这个增加的数字就是1，否则就为0。字母的码经这样修改后，就可以识别出接收的信号序列是否错码。例如，字母A的冗余码序列是0000，这个序列码在传递的过程中，可能被噪声的干扰而变成为0001，0010，0100或1000这4个不同的错码。但我们知道，这4个码不可能出现在表6-9中，即不属于原码的序列。所以由此就可以立刻检查出错误来，这也就是说码的冗余数字使得我们能够检查每一个码序列的一个数字错误。然而它却不能够指出正确的原码应该是什么，就是说它不能够纠正这个错误。例如，码序列0001可能是A、B、C或E的序列中一个单个数字错误而产生的，因此不能纠正这个错误。我们可以通过引入更多的冗余数字，就能够检查和纠正每个码序列的一个或多个错误。下面就最简单的二元码的研究来分析一下纠错码是如何实现的。

表6-9　8个字符的字母表编码

符号	原码			有冗余的码			
A	0	0	0	0	0	0	0
B	0	0	1	0	0	1	1
C	0	1	0	0	1	0	1
D	0	1	1	0	1	1	0
E	1	0	0	1	0	0	1
F	1	0	1	1	0	1	0
G	1	1	0	1	1	0	0
H	1	1	1	1	1	1	1

一个由两个数字序列组成的二元码，共有$2^2=4$个这样的序列。因此，可以给4个不同的字母进行编码。设这个由4个字母集合而成的字母表为(A,B,C,D)，它们的编码为

$$A=00,\quad B=01,\quad C=10,\quad D=11$$

我们用图6.8(a)来表示这4个元素的编码情况。从图上可以看出，两个数字都不相同的那些编码是位于图形的对角线的两个相反的端点上，而且只有一个数字不同的那些编码是位于图形的一条边的两个端点上。

图6.8(b)给出了一个八个元素编码的类似表示的情况。从图6.8(b)可以看出。若编码只是在一个数字位置上不同的序列都在同一条边的两个端点上，而有两个数字位置上不同的序列是位于一个正方形侧面的对角线上的两个端点上，具有三个数字互不相同的序列位于立方体的对角线的两端上。总而言之，一般来说，一个由n个二进制数字组成的2^n个元素的编码可以用一个n方体表示，其中各个元素的编码分布在n方体的各个顶点上，使得在d个数字上互不相同的那些序列中可以从其中一个沿着d条棱边到达另一

个序列。这也就是说，它们之间的距离是 d，这个距离的意思是指所通过的棱边数。显然，在这样形成的编码中，是不能检查出错误的，因为一个码字的任何数字的单个错误都会得到另一个码字。现在我们来说明如何利用这种编码方式，使得错码可以检查出来并且可以纠正错码。

例如，由编码为 000 和 111 为两个元素组成的二元码。它们的信号在传递的过程中，一个或两个码字的传递错误是可以检查出来的，同时，当一个编码中单个数字被噪声改变了时，也同样可以纠正这个错误。如图 6.8(b)中，编码 111 若有一个数位上的单个错误，会产生像 011、101 或 110 的错码，而编码 000 若有一个数位上的单个错误，会产生像 100、010 或 001 的错误，但这两类的错码没有共同的元素，所以，对于这样的编码，当只有一个数位上的单个错误时，在检查出一个错误时也能纠正它。同时，我们也可以看出，为了检查和纠正每个码字中仅一个错误。就得有至少三个数位上彼此不同的码。综上分析可知，如果我们选择长度为 3 的字，它们一共可组成 $2^3=8$ 个不同的字。设它们组成的字集为 S_3，则 $S_3=\{000,001,010,011,100,101,110,111\}$。我们从中选取编码 $C_3=\{000,111\}$。则利用此编码不仅可以发现信号在传递过程中，任一码元因噪声干扰产生的错码，同时也可以纠正此错码。

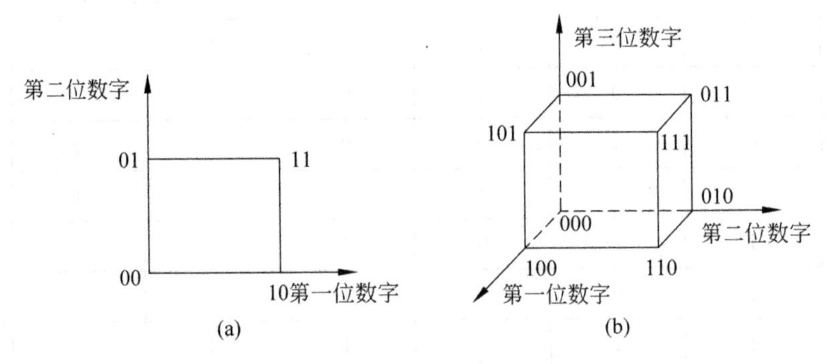

图 6.8　4 个元素和 8 个元素的编码情况

计算机中的信号传递是大量地频繁地进行的，这些由 0 和 1 组成的信号的符号被连贯地通过传递介质送到接收器中，从概率统计的角度分析，设 p 是给定的符号被传递介质正确地传递的概率，那么 $q=1-p$ 则是由于传递过程中由于噪声干扰而产生的错误概率，如图 6.9 所示。

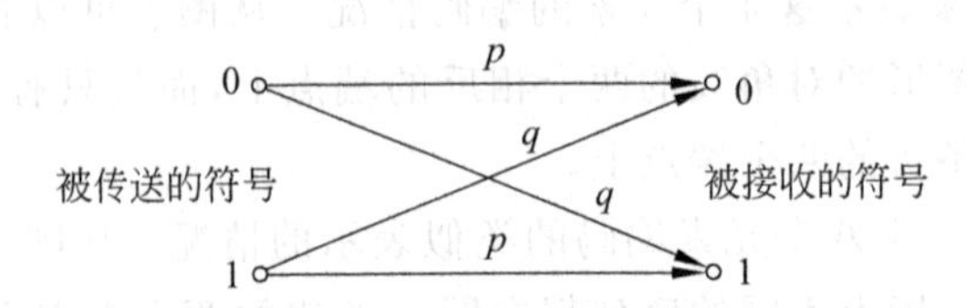

图 6.9　传递过程中正确与错误概率统计示意图

因此，在一个由三位数字组成的编码传送一个符号时，不发生错误的概率为 p^3，三位数字中的一个刚好发生一次错误的概率为 $3p^2q$，发生两次错误的概率为 $3pq^2$，而三个数字都被传送错误的概率为 q^3。

一般说来，对于 n 个二进制数字的一个序列刚好接收 $n\sim r$ 个正确的数字，或者说刚好接收 r 个错误的数字的概率是：

$$P=\binom{n}{r}p^{n-r}q^{r}$$

其中，$\binom{n}{r}=\frac{n!}{(n-r)!\ r!}$。

对于一个求编码来说要解决的主要问题是：

(1) 寻找能够纠正错误的码；

(2) 寻找实用的编码方法；

(3) 寻找纠错的方法。

2. 纠错码

海明码(Hamming code)是 R. W. Hamming 在 1950 年发展起来的第一个能完整发现错误且能自动校正一位错误的代码。

海明码是由增加了奇偶性数字的冗余数字构成的，在一个字长为 n 的代码中，其中用 r 位($r<n$)作为奇偶性校验位，而 $n-r$ 位为信号的信息部分。

海明码的一位错误检验码可以叙述为：信号的信息部分包含在前 $n-1$ 个数字中，而最后 1 位数字则是奇偶校验位，它是 0 或者 1。校验位是置 0 还是置 1 则由信号部分的为 1 的个数而定，若是采取偶校验，则使整个信号包含偶数个 1，若是采取奇校验则使整个信号包含奇数个 1。如信号 00,01,10,11，当为偶校验时，加上一个校验位，使整个信号包含偶数个 1，就变成 000,011,101,110；当采取奇校验时，加上一个校验位，使整个信号包含奇数个 1，就变成 001,010,100,111。

下面从群论的角度来讨论海明码。在上一个问题中，我们曾讨论过一个由 n 个数字组成的编码看成一个 n 维空间中的一个点，对于二进制的代码来说，这个空间中的点或者用 0 或者用 1 来作为它们的坐标。

令 S_n 为所有 n 个数字序列的集合，$\oplus$是 S_n 上的一个二元运算，使得对于任意的 x，$y\in S_n$，当 $x=<x_1,x_2,\cdots,x_n>$，$y=<y_1,y_2,\cdots,y_n>$时，有

$x\oplus y=<x_1\bar{\vee}y_1,x_2\bar{\vee}y_2,\cdots,x_n\bar{\vee}y_n>$

其中$\{0,1\}$上$\bar{\vee}$运算是按位加运算，如表 6-10 所示。

表 6-10 $\bar{\vee}$的运算表

$\bar{\vee}$	0	1
0	0	1
1	1	0

显然，任意的 x,y 经$\oplus$运算后，$x\oplus y\in S_n$，即是封闭的。因此，代数系统$<S_n,\oplus>$是一个群。其中$<0,0,\cdots,0>$是单位元素，且每个元素都有它自己的逆元。

一般来说，任何一个在上面所定义的运算$\oplus$下是一个群的码就称为群码。

下面进一步讨论海明距离。

令 $x=\langle x_1,x_2,\cdots,x_n\rangle$ 和 $y=\langle y_1,y_2,\cdots,y_n\rangle$ 分别表示信号 $x_1x_2\cdots x_n$ 和 $y_1y_2\cdots y_n$ 的 n 元组。其中 $x_i,y_i\in\{0,1\}$，对所有的 i，x 和 y 之间的海明距离（用 $H(x,y)$ 表示）就是所有 x_i 和 y_i 不相同的坐标的个数，即

$$H(x,y)=\sum_{i=1}^{n}(x_i\ \bar{\vee}\ y_i)$$

例如，$\langle 0,0,0\rangle$ 和 $\langle 0,1,1\rangle$ 的海明距离是 2。$\langle 1,1,1,0,1\rangle$ 和 $\langle 0,1,1,1,0\rangle$ 之间的海明距离是 3。

由海明距离的定义，我们有海明距离的性质，即对于 $x,y,z\in S_n$ 有

(1) $H(x,y)\geqslant 0$；

(2) $H(x,y)=0\Leftrightarrow x=y$；

(3) $H(x,y)=H(y,x)$；

(4) $H(x,y)+H(y,z)\geqslant H(x,z)$。

一群 n 元组码字中，所有码字之间的海明距离的最小值，被称为这群 n 元组码字的最小距离，记为 $d_{\min}$。

例如：令 $x=\langle 1,0,0,1\rangle$，$y=\langle 0,1,0,0\rangle$，$z=\langle 1,0,0,0\rangle$，那么，所有不同码字的海明距离为

$$H(x,y)=3,\quad H(y,z)=2,H(x,z)=1$$

这三个海明距离中最小者为 1，即 $d_{\min}=1$。

下面讨论两个定理，这两个定理具体地说明了编码方式与纠错能力之间的关系。

定理 6.35 当且仅当一个码的任意两个码字之间的最小距离至少是 $k+1$ 时，该码能够检查出不超过 k 个错误，即

$$d_{\min}\geqslant k+1$$

【证明】 先证充分性，设 $d_{\min}\geqslant k+1$，又设码字经传送将 x 变成 x'，如传递过程中产生错误且错误位数 $r\leqslant k$，则有 $H(x,x')=r\leqslant k$ 且 $x\neq x'$，又对代码中任一不为 x 的码字 y，我们有

$$H(x,y)\geqslant d_{\min}\geqslant k+1>H(x,x')$$

可见 x' 不是编码之一的码字，而是废码，充分性获证。

再证必要性。设编码能检查出不超过 k 个错误，这表示与一码字的海明距离不超过 k（且 $k>0$）的所有字都是废码。故可知，编码中任两码字的海明距离至少为 $k+1$，故有

$$d_{\min}\geqslant k+1$$

例如令 $n=3$，取码字 $\langle 0,0,0\rangle$ 和 $\langle 1,1,1\rangle$，最小距离 $d_{\min}=3$。由定理可知，这个码可以检查出两个或一个错误的任何组合。

下面再讨论纠错问题，当一个错误被检查出来并想要采取纠正措施时，我们就要考虑用什么样的准则去纠正的问题，采取的准则被称为最小距离译码原则。那就是一个被干扰了的信号要被译成按海明距离与它最靠边的码字。也就是，译码原则是将根据发生最可能的错误，也就是发生最少单个错误，来选取最可能的码字。

定理 6.36 当且仅当任意两个码字之间的最小距离至少是 $2k+1$ 时，这种码就能够纠正 k 个或少于 k 个错误的所有组合。

【证明】 略。

这两个定理在编码中是十分重要的定理，它们给出了最小距离大小与检错、纠错能力的关系，为设计一种有效的码起着指导作用。接下来，将进一步讨论纠错码的设计方法，一个好的码应该包含尽可能多的码字，这些码字中对要求选定的码都应该满足最小距离原则。

事实上，码的设计有许多方法。在这里仅就一种基本的有效的方法即群论原理码的设计加以讨论。

根据对码的设计要求，我们要形成一个最大的子集 C，使得它是所有 n 个数字序列的集合 S_n 的一个子群，并且满足所规定的最小距离，现在通过一个例子来进行说明。对于一个长为 m 的任意给定的字 $<x_1,x_2,\cdots,x_m>$ 来说，其奇偶校验数字设为 $<x_{m+1},x_{m+2},\cdots,x_n>$。这样，传递整个码字为 $<x_1,x_2,\cdots,x_m,x_{m+1},x_{m+2},\cdots,x_n>$，这样的一种码的设计可以归结为两个方面：一是如何找出奇偶校验数字 $<x_{m+1},x_{m+2},\cdots,x_n>$；二是寻找确定码字 $<x_1,x_2,\cdots,x_m,x_{m+1},x_{m+2},\cdots,x_n>$ 中任何可能错位纠正的方法。

设有一种编码 $S_4=<x_1,x_2,x_3,x_4>$，在其后再增加三位校验位 $<x_5,x_6,x_7>$，从而形成一个长度为 7 的码字 $<x_1,x_2,x_3,x_4,x_5,x_6,x_7>$，按照我们编码设计原则，这三位校验数字应满足下列方程：

$$\begin{cases}x_1\oplus x_2\oplus x_3\oplus x_5=0\pmod 2\\ x_1\oplus x_2\oplus x_4\oplus x_6=0\pmod 2\\ x_1\oplus x_3\oplus x_4\oplus x_7=0\pmod 2\end{cases}$$

这三个方程事实上定义了所要求的码，解这三个齐次联立方程组，将不独立的变量 x_5,x_6,x_7 用独立变量 x_1,x_2,x_3,x_4 表示就可得到这个码，即

$$\begin{cases}x_5=x_1+x_2+x_3\pmod 2\\ x_6=x_1+x_2+x_4\pmod 2\\ x_7=x_1+x_3+x_4\pmod 2\end{cases}$$

因此，一旦 x_1,x_2,x_3,x_4 确定，由上述结果可知，x_5,x_6,x_7 也就唯一确定了。这样就由 S_4 得到一个长为 7 的编码 C，如表 6-11 所示。

表 6-11　码 C 的编码

x_1	x_2	x_3	x_4	x_5	x_6	x_7
0	0	0	0	0	0	0
0	0	0	1	0	1	1
0	0	1	0	1	0	1
0	0	1	1	1	1	0
0	1	0	0	1	1	0
0	1	0	1	1	0	1
0	1	1	0	0	1	1

续表

x_1	x_2	x_3	x_4	x_5	x_6	x_7
0	1	1	1	0	0	0
1	0	0	0	1	1	1
1	0	0	1	1	0	0
1	0	1	0	0	1	0
1	0	1	1	0	0	1
1	1	0	0	0	0	1
1	1	0	1	0	1	0
1	1	1	0	1	0	0
1	1	1	1	1	1	1

从表 6-9 可以看出,表中任意两个码字之间的海明距离都满足大于或等于 3。我们说这种编码 C 可以发现一个错误并且也能纠正一个错误。编码 C 可以发现一个错误是比较好理解的,考查方程组中的三个方程,无疑对任意的一组正确信号,这三个方程都满足。如果信号中 7 个二进制的数字中任何一个在传递的过程中出现单字错误,那么方程组中就会有一个或两个或三个方程不满足,这种方程不满足的情况可以组合成相异的 7 种,即{1,2,3},{1,2},{1,3},{2,3},{1},{2}和{3}:

对于 x_1,方程 1,方程 2 和方程 3 不满足;

对于 x_2,方程 1 和方程 2 不满足;

对于 x_3,方程 1 和方程 3 不满足;

对于 x_4,方程 2 和方程 3 不满足;

对于 x_5,方程 1 不满足;

对于 x_6,方程 2 不满足;

对于 x_7,方程 3 不满足。

这样,这 7 种不同的情况清楚地指出单错发生的位置,下面我们再深入研究一下如何用这种思想来确定单错发生的位置。为此,我们建立三个谓词,即

$$P_1(x_1,x_2,\cdots,x_7):x_1 \oplus x_2 \oplus x_3 \oplus x_5 = 0$$

$$P_2(x_1,x_2,\cdots,x_7):x_1 \oplus x_2 \oplus x_4 \oplus x_6 = 0$$

$$P_3(x_1,x_2,\cdots,x_7):x_1 \oplus x_3 \oplus x_4 \oplus x_7 = 0$$

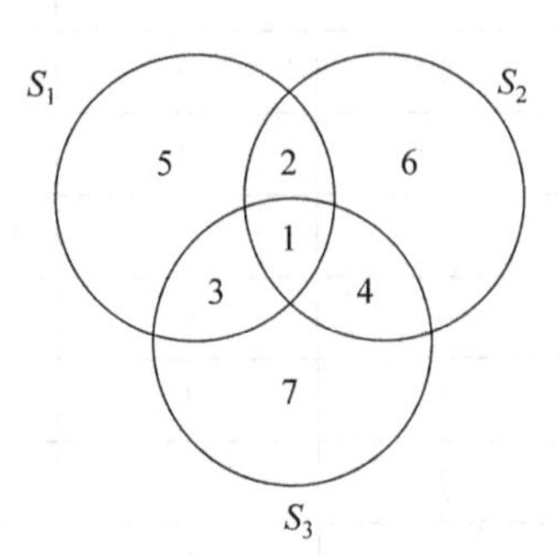

图 6.10 S_1,S_2 和 S_3 三个集合之间的关系

这三个谓词分别描述了上述方程中,各个变量之和为偶数这个命题。再建立与命题 P_1、P_2 和 P_3 相对应的外延集合 S_1,S_2 和 S_3,即

$$S_1 = \{x_1,x_2,x_3,x_5\}$$

$$S_2 = \{x_1,x_2,x_4,x_6\}$$

$$S_3 = \{x_1,x_3,x_4,x_7\}$$

这三个集合可用图 6.10 表示,其中有 7 个不相交的非

空集合，它们分别对应着7个变量 x_i，即

$$S_1 \cap S_2 \cap S_3 = \{x_1\}, S_1 \cap S_2 \cap \overline{S}_3 = \{x_2\}$$
$$S_1 \cap \overline{S}_2 \cap S_3 = \{x_3\}, \overline{S}_1 \cap S_2 \cap S_3 = \{x_4\}$$
$$S_1 \cap \overline{S}_2 \cap \overline{S}_3 = \{x_5\}, \overline{S}_1 \cap S_2 \cap \overline{S}_3 = \{x_6\}$$
$$\overline{S}_1 \cap \overline{S}_2 \cap S_3 = \{x_7\}$$

从这7个集合可以确定出错位置。例如 $\overline{S}_1 \cap S_2 \cap S_3 = \{x_4\}$，即表示 $x_4 \notin S_1$，$x_4 \in S_2$，$x_4 \in S_3$，也就是 x_4 出错时，谓词 P_1 为真，P_2 和 P_3 均为假，其余亦然。这种码的译码规则反映在表6-12中，其中第 $i(i \leqslant 3)$ 列上的0表示命题 P_i 为假，1表示命题 P_i 为真。

表6-12　译码规则

命题			出错对应的数字
P_1	P_2	P_3	
1	1	1	无
1	1	0	x_7
1	0	1	x_6
1	0	0	x_4
0	1	1	x_5
0	1	0	x_3
0	0	1	x_2
0	0	0	x_1

例题6.53　有一代码1000011被接收，该码字对应为：$x_1=1, x_2=x_3=x_4=x_5=0, x_6=1, x_7=1$，于是

$$P_1: x_1 \oplus x_2 \oplus x_3 \oplus x_5 = 1$$
$$P_2: x_1 \oplus x_2 \oplus x_4 \oplus x_6 = 0$$
$$P_3: x_1 \oplus x_3 \oplus x_4 \oplus x_7 = 0$$

所以谓词条件 P_1 为真，P_2 和 P_3 为假，可以判定是 x_4 处有错，正确码应为1001011。

例题6.54　又如有一代码0111111被接收，该码字对应为：$x_1=0, x_2=x_3=x_4=x_5=x_6=x_7=1$，于是

$$P_1: x_1 \oplus x_2 \oplus x_3 \oplus x_5 = 1$$
$$P_2: x_1 \oplus x_2 \oplus x_4 \oplus x_6 = 1$$
$$P_3: x_1 \oplus x_3 \oplus x_4 \oplus x_7 = 1$$

故所有的谓词条件均为假，因而可判定为 x_1 处出错，而正确的码应为1111111。

从以上分析可以看出，这种编码 C 是能够纠正一个错误的，这是因为集合 S_1、S_2 和 S_3 共有7个不相交的非空子集，而这每一个子集是与谓词的真假是一一对应的。

上述是通过对一个 $m=4, n=7$ 的单错纠错码的分析，来说明纠错码的设计过程。在前述的讨论基础上，采用群论来设计一个单错纠错码。

在前面定义的群码$<X_n,\oplus>$中，目的是要寻找S_n中满足最小距离要求的那个最大子群C。往下我们会看到，一个子群码的纠错能力取决于每个码字所具有的1的个数。我们称一个码字中1的个数为该码字的权，并用$W(x)$表示。例如字$<1,1,0,0,1>$和$<0,1,1,0,0>$的权分别为3和2，码字$<0,0,\cdots,0>$的权为0，这样，$W(x)=H(x,0)$，所以有：

定理6.37 可以用两个字间的海明距离表示它们的权关于群运算的和，即$H(x,y)=H(x\oplus y,0)=W(x\oplus y)$。

【证明】 略。

定理6.38 一个群码中非零码的最小权等于该群码的最小距离。

【证明】 略。

这个定理明确地指出了群码C的最小距离与最小数之间的关系。

下面利用矩阵来研究编码问题。把方程组改写成矩阵形式：

$$\boldsymbol{x}\cdot\boldsymbol{H}^{\mathrm{T}}=\boldsymbol{0}$$

其中，向量$\boldsymbol{x}=(x_1,x_2,\cdots,x_7)$，系数矩阵$\boldsymbol{H}$为

$$\boldsymbol{H}=\begin{bmatrix}1&1&1&0&1&0&0\\1&1&0&1&0&1&0\\1&0&1&1&0&0&1\end{bmatrix}$$

$\boldsymbol{H}^{\mathrm{T}}$表示$\boldsymbol{H}$的转置。而(*)中右端0是一个包含三个零的行向量。即

$$(x_1,x_2,x_3,x_4,x_5,x_6,x_7)\begin{bmatrix}1&1&1\\1&1&0\\1&0&1\\0&1&1\\1&0&0\\0&1&0\\0&0&1\end{bmatrix}=(0,0,0)$$

定理6.39 设$\boldsymbol{H}$是一个具有k行n列的矩阵，则属于集合

$$C=\{\boldsymbol{x}\mid\boldsymbol{x}\cdot\boldsymbol{H}^{\mathrm{T}}=0\ (\mathrm{mod}\ 2)\}$$

的字$x=(x_1,x_2,\cdots,x_n)$的集合在$\oplus$运算下是一个群码。

【证明】 略。

群码$C=\{\boldsymbol{x}|\boldsymbol{x}\cdot\boldsymbol{H}^{\mathrm{T}}=\boldsymbol{0}\}$称为由$\boldsymbol{H}$生成的群码，而$C$中每一码字则称为由$\boldsymbol{H}$生成的码字，矩阵$\boldsymbol{H}$称为奇偶校验矩阵。

设奇偶校验矩阵$\boldsymbol{H}$是一个$m\times n$的矩阵，形如

$$\boldsymbol{H}=\begin{bmatrix}h_{11}&h_{12}&\cdots&h_{1n}\\h_{21}&h_{22}&\cdots&h_{2n}\\\vdots&\vdots&\vdots&\vdots\\h_{m1}&h_{m2}&\cdots&h_{mn}\end{bmatrix}$$

用$\boldsymbol{h}_1,\boldsymbol{h}_2,\cdots,\boldsymbol{h}_n$代表$\boldsymbol{H}$的列，而$\boldsymbol{h}_i\oplus\boldsymbol{h}_j$就表示第$i$列$\boldsymbol{h}_i$和第$j$列$\boldsymbol{h}_j$两列元素的和，即

$$h_i \oplus h_j = \begin{bmatrix} h_{1i} \oplus h_{1j} \\ h_{2i} \oplus h_{2j} \\ \vdots \\ h_{mi} \oplus h_{mj} \end{bmatrix}$$

定理 6.40　奇偶校验矩阵 H 生成一个权为 p 的码字的充分必要条件是在 H 中存在 p 个列向量，它们按位加，和为 0。

【证明】　略。

由定理 6.40，可得到下面的重要定理：

定理 6.41　由 H 生成的群码的最小距离等于 H 中列向量按位加为 0 的最小列向量数。

这个定理说明了最小距离与列向量数之间的联系。前面我们讨论过，一个码的纠错能力是由最小距离来决定的。因此，由这个定理可知，一个群码的纠错能力可由奇偶校验矩阵 H 中列向量按位加为 0 的最小列向量数来决定。例如，前面已谈到的海明码，它的矩阵 H 为

$$H = \begin{bmatrix} 1 & 1 & 1 & 0 & 1 & 0 & 0 \\ 1 & 1 & 0 & 1 & 0 & 1 & 0 \\ 1 & 0 & 1 & 1 & 0 & 0 & 1 \end{bmatrix}$$

H 中无零列向量。其中第 2 列、第 3 列和第 4 列向量元素模 2 加之和为 0，按定理可知，这个码的最小距离为 3，且此群码可以纠正单错。

下面，就前面讨论的 $m=4$，$n=7$ 的海明码加以推广到一般情况。设码 C 的每一个码字 x 是由数字 $x_1, x_2, \cdots, x_m$ 及外延的校验位 $x_{m+1}, x_{m+2}, \cdots x_{m+k}$ 组成的，其形式为

$$x = x_1 x_2 \cdots x_m x_{m+1} x_{m+2} \cdots x_{m+k}$$

x 中的信息位与校验位之间的关系由下面式子来决定：

$$x_{m+i} = q_{i1}x_1 + q_{i2}x_2 + \cdots + q_{im}x_m \,(i = 1,2,\cdots,k) = \sum_{j=1}^{m} q_{ij}x_j \,(\text{mod } 2)$$

其中，$q_{ij} \in \{0,1\}(j=1,2\cdots,m)$。由此，作矩阵 H，令 $n=m+k$，

$$H = (Q_{k\times m}, I_{k\times k})$$

其中，分割的 Q 块为

$$Q = \begin{bmatrix} q_{11} & q_{12} & \cdots & q_{1m} \\ q_{21} & q_{22} & \cdots & q_{2m} \\ \vdots & \vdots & \vdots & \vdots \\ q_{k1} & q_{k2} & \cdots & q_{km} \end{bmatrix}$$

I 为单位阵，即

$$I = \begin{bmatrix} 1 & \cdots & 0 \\ \vdots & \ddots & \vdots \\ 0 & \cdots & 1 \end{bmatrix}$$

码 C 中任一码字满足方程

$$x \cdot H^{\mathrm{T}} = 0$$

于是，一旦选好矩阵 $\boldsymbol{Q}$，就可以对每个 m 元的信息位从这些方程中求出校验位。对于 m 位信息，最多可有 $2^m=2^{n-k}$ 个码位，我们称这种码为 (n,m) 码。

要使码 C 能纠正单个错误，由前面定理可知，只要对 $\boldsymbol{H}$ 矩阵作适当的赋值，使 $\boldsymbol{H}$ 的列向量均不相同且无零向量，这样可保证 C 的最小距离 >2。

$\boldsymbol{Q}$ 的列向量是 k 维的，故可形成 2^k 个不同的列向量，而这 2^k 个列向量中，有 k 个 $e_i(i=1,2,\cdots,k)$ 列向量和一个零列向量是要消除掉的。其中 e_i 列向量是第 i 个元素为 1，其余的 $k-1$ 个元素全为零的，故供 $\boldsymbol{Q}$ 选择的列向量实际上只有 2^k-k-1 个。这样，就要在这 2^k-k-1 个列向量中任意选出 m 个列向量组成 $\boldsymbol{Q}$，所以必有关系 $m\leqslant 2^k-k-1$，即

$$2^k \geqslant (m+k)+1=n+1$$

从而 $\log_2 2^k\geqslant\log_2(n+1)$，即

$$k\geqslant\log_2(n+1)$$

所以，只要码 C 中校验位位数 k 满足 $k\geqslant\log_2(n+1)$，总可以在 2^k-k-1 个列向量中任选出 m 个组成 $\boldsymbol{Q}$，而使得 $\boldsymbol{H}$ 具有纠正单个错误的能力。

在前面的例子中，由 $n=7$，得 $k\geqslant\log_2(7+1)=\log_2 8=3$。因而校验位的最小个数为 3。

例题 6.55 设 $n=9$，$k\geqslant\log_2(9+1)=\log_2 10>3$。取 $k=4$，则 $m=n-k=9-4=5$。所以奇偶校验矩阵 $\boldsymbol{H}$ 中 Q 应有 5 个向量，而 $2^k-k-1=11$，所以 Q 可以有 $C_{11}^5=462$ 个不同的构成，如下面给出 $\boldsymbol{H}$ 矩阵的其中两个：

$$\boldsymbol{H}=\begin{bmatrix}1&0&1&1&0&1&0&0&0\\1&1&0&0&1&0&1&0&0\\0&1&0&1&1&0&0&1&0\\0&0&1&1&1&0&0&0&1\end{bmatrix}$$

$$\boldsymbol{H}=\begin{bmatrix}0&1&0&1&0&1&0&0&0\\0&1&1&1&1&0&1&0&0\\1&0&1&1&1&0&0&1&0\\1&0&0&0&1&0&0&0&1\end{bmatrix}$$

由此可知一码字长为 5 位可外延 4 位奇偶校验位，而校验位的值可按上面结定的 $\boldsymbol{H}$ 生成，从而构成一个长为 9 位的纠错码，这个纠错码至少可以纠正单个错误。

例题 6.56 设 $n=7$，则 $k\geqslant\log_2(7+1)=\log_2 8=3$，故取 $k=3$，那么 $m=n-6=4$。奇偶校验矩阵 H 中 Q 应有 4 个列向量，而 $2^k-k-1=4$，$C_4^4=1$，故 $\boldsymbol{Q}$ 的 4 个列向量是唯一确定的。它们是：

$$\begin{bmatrix}0\\1\\1\end{bmatrix},\begin{bmatrix}1\\0\\1\end{bmatrix},\begin{bmatrix}1\\1\\0\end{bmatrix},\begin{bmatrix}1\\1\\1\end{bmatrix}$$

而 $\boldsymbol{H}$ 矩阵为

$$\boldsymbol{H}=\begin{bmatrix}0&1&1&1&1&0&0\\1&0&1&1&0&1&0\\1&1&0&1&0&0&1\end{bmatrix}$$

3. 群码中错误的纠正

在上节中,我们讨论了如何设计一个纠错码,如何识别码在接收时是否有错,以及若有错,发生错误的位置,如何识别。在这一节里,我们将进一步讨论怎样知道接收了错误码,又如何纠正错误码的问题,我们仍采用群论中的一些基本理论来解决这个所谓译码的问题。

设有一海明码集合 C,它的元素的二进制字长为 n,其中信息部分长为 m,而后有 $k(k+m=n)$个奇偶校验位。设 S_n 是所有 n 元组的集合,因为并不是所有的 n 元组都是码字,所以 C 是 S_n 的一个子集。同时,群码$<C,\oplus>$是$<S_n,\oplus>$的一个子群。令 $x\in C$,假设 x 在传递过程中第 i 位发生了错误而变成 x'。令权为 1 的所有码字为

$$e_1=100\cdots0,e_2=0100\cdots0,\cdots,e_n=00\cdots01$$

我们把 $e_1,e_2,\cdots,e_n$ 看成是由发生错误的数位上置 1 而构成的 n 元组,因此,有

$$x'\oplus e_i=x \quad 或者 \quad x\oplus e_i=x'$$

由 x'恢复成 x 的一个方法是首先将 x 所有可能出现单错的码字全部列出来,即对所有的 $x\in C$,列出所有的 $e_i(i=1,2,\cdots,n)$:

$$x\oplus e_i=x'$$

将它们构造成一张表。然后,当出现了单错 x 变成 x'时,就用 x'查上述构造的表,查到 x'后再用公式

$$x'\oplus e_i=x$$

将它们恢复成 x,从而完成了纠正单错的工作。

现在介绍具体实现上述工作的方法。

(1) 我们知道 $e_i\in S_n$,因为 $W(e_i)=1$,C 是可纠正的单错,所以对任意 $x\in C$ 有 $W(x)>3$。故

$$e_i\notin C$$

(2) 正因为 $e_i\notin C$,我们就可以构造群$<S_n,\oplus>$的子群$<C,\oplus>$关于 e_i 的左陪集 $e_i\oplus C$。这种左陪集共有 n 个,即

$$e_1\oplus C,e_2\oplus C,\cdots,e_n\oplus C$$

(3) C 是 S_n 的真子集,即 $C\subset S_n$。故 S_n 中还可以构造一个集合 C。

(4) 由拉格朗日定理知道 C 在 S_n 中的左陪集个数有 $2^{n-m}=2^k$ 个。我们知道 $2^k\geqslant n+1$,所以当 $2^k=n+1$ 时,由上述构造的 n 个左陪集之间是互不相交且完全覆盖 S_n 的。当 $2^k>n+1$ 时,则还要继续作左陪集。个数为 $2^k-(n+1)=p$ 个。构造的方法是选取一个 $z_1\in S_n$,使得 $z_1\notin C$ 且 $z_1\notin e_i\oplus C(i=1,2,\cdots,n)$。可构造左陪集 $z_1\oplus C$,再依次选取 $z_2\in S_n$,使得 $z_2\notin C$ 且 $z_2\notin e_i\oplus C(i=1,2,\cdots,n)$;同样构造左陪集 $z_3\oplus C$,按照此方法依次作下去,可构造 p 个左陪集,它们是

$$z_1\oplus C,z_2\oplus C,\cdots,z_p\oplus C$$

而左陪集 $e_i\oplus C(i=1,2,\cdots,n)$,$z_j\oplus C\ (j=1,2,\cdots,p)$和 C 共有 2^k 个,它们是互不相交的且完全覆盖了 S_n。

(5) C 中共有 2^m 个元素，故按上述方法构造的每个左陪集的元素个数也是 2^m 个。设 C 中的元素为 $c_1,c_2,\cdots,c_{2^m}$，则左陪集的元素分别为

$$e_i \oplus c_1, e_i \oplus c_2, e_i \oplus c_3, \cdots, e_i \oplus c_{2^m} \quad (i=1,2,\cdots,n)$$

$$z_j \oplus c_1, z_j \oplus c_2, z_j \oplus c_3, \cdots, z_j \oplus c_{2^m} \quad (j=1,2,\cdots,p)$$

(6) 最后将所有构造成的 e_i 和 z_j 列成表，这张表称为译码表，如表 6-13 所示。

表 6-13 译码表

C	c_1	c_2	c_3	…	c_{2^m}
$e_1 \oplus C$	$e_1 \oplus c_1$	$e_1 \oplus c_2$	$e_1 \oplus c_3$	…	$e_1 \oplus c_{2^m}$
$e_2 \oplus C$	$e_2 \oplus c_1$	$e_2 \oplus c_2$	$e_2 \oplus c_3$	…	$e_2 \oplus c_{2^m}$
$e_3 \oplus C$	$e_3 \oplus c_1$	$e_3 \oplus c_2$	$e_3 \oplus c_3$	…	$e_3 \oplus c_{2^m}$
⋮	⋮	⋮	⋮	…	⋮
$e_n \oplus C$	$e_n \oplus c_1$	$e_n \oplus c_2$	$e_n \oplus c_3$	…	$e_n \oplus c_{2^m}$
$z_1 \oplus C$	$z_1 \oplus c_1$	$z_1 \oplus c_2$	$z_1 \oplus c_3$	…	$z_1 \oplus c_{2^m}$
$z_2 \oplus C$	$z_2 \oplus c_1$	$z_2 \oplus c_2$	$z_2 \oplus c_3$	…	$z_2 \oplus c_{2^m}$
$z_3 \oplus C$	$z_3 \oplus c_1$	$z_3 \oplus c_2$	$z_3 \oplus c_3$	…	$z_3 \oplus c_{2^m}$
⋮	⋮	⋮	⋮	…	⋮
$z_p \oplus C$	$z_p \oplus c_1$	$z_p \oplus c_2$	$z_p \oplus c_3$	…	$z_p \oplus c_{2^m}$

(7) 译码表构造好以后，就可以通过查译码表来校正单错了。设有码字 $x \in C$ 经传递后出现单错变成 x'，经查表 x' 在表中的第 i 行第 j 列。这时可将错码 x' 校正为 e_j，即表中第 j 行的首列，而 x' 中的单错码值为 i，其中 e_i 为第 i 行中的首位；因为 $e_i \oplus c_1 = e_i$（因 c_1 为零码字）。若 x' 在译码表中不出现，说明此码字没有传递错误发生。

例题 6.57 令 $m=3, n=6$，奇偶校验矩阵为

$$\boldsymbol{H} = \begin{bmatrix} 1 & 1 & 0 & 1 & 0 & 0 \\ 1 & 0 & 1 & 0 & 1 & 0 \\ 1 & 1 & 1 & 0 & 0 & 1 \end{bmatrix}$$

由奇偶校验矩阵，可以得到相应的方程组：

$$\begin{cases} x_4 = x_1 \oplus x_2 \pmod 2 \\ x_5 = x_1 \oplus x_3 \pmod 2 \\ x_6 = x_1 \oplus x_2 \oplus x_3 \pmod 2 \end{cases}$$

$\boldsymbol{H}$ 的各列向量中无零向量，且各不相同，

$$\boldsymbol{h}_1 \oplus \boldsymbol{h}_2 \oplus \boldsymbol{h}_5 = 0$$

故 $\boldsymbol{H}$ 所生成的群码 C 可以纠正单错，生成的 C 为

$$C=\{<0,0,0,0,0,0>,<0,0,1,0,1,1>,<0,1,0,1,0,1>,<0,1,1,1,1,0>,$$
$$<1,0,0,1,1,1>,<1,0,1,1,0,0>,<1,1,0,0,1,0>,<1,1,1,0,0,1>\}$$

它的译码表如表 6-14 所示。

表 6-14 译码表

C	000000	001011	010101	011110	100111	101100	110010	111001
$e_1 \oplus C$	100000	101011	110101	111110	000111	001100	010010	011001
$e_2 \oplus C$	010000	011011	000101	001110	110111	111100	100010	101001
$e_3 \oplus C$	001000	000011	011101	010110	101111	100100	111010	110001
$e_4 \oplus C$	000100	001111	010001	011010	100011	101000	110110	111101
$e_5 \oplus C$	000010	001001	010111	011100	100101	101110	110000	111011
$e_6 \oplus C$	000001	001010	010100	011111	100110	101101	110011	111000
$z \oplus C$	000110	001101	010011	011000	100001	101010	110100	111111

若有某一个 $x'=100110$，在译码中查找这个错码字。它位于第 6 行第 5 列。故它的正确码字在第 5 列的首行，即 100111。其 e_6 在第 6 行的首列，即 000001，也就是

$$x = e_6 \oplus x' = 000001 \oplus 100110 = 100111$$

事实上，译码表还可以纠正有两个错误码的码字，它们所对应的陪集首先是 000110，然而，并不能够对所有的两个错误码的码字进行纠正。

由陪集确定哪一行可以确定能够纠正的错误类型，在二元信道的情形中，可以得到一个传送的字能正确译出的概率，办法是把由陪集优先确定给出的错误出现的概率相加即可。

在上例中，正确地传送一个 6 元组字的概率是 $p^6+6p^5q+p^4q^2$，它包括有一个码字的正确传递和所有单个错误和一个二重错误的纠正。

6.11 本章总结

1. 本章主要知识点

本章主要知识点如下：

(1) 一元运算、二元运算及 n 元运算的概念及本质(即运算的封闭性)。

(2) 运算所具有的性质及判定。特殊元素：幺元、零元、逆元和等幂元。二元运算的主要性质：交换律、结合律、分配律、吸收律、幂等律、消去律等。

(3) 广群、半群、子半群、独异点概念及判定。

(4) 群、子群、群的阶数的概念及性质，代数系统是群、半群是群的判定，子群的判定。

(5) 阿贝尔群、循环群、置换群的概念及判定。

(6) 左陪集、右陪集、陪集和正规子群的概念及判定，拉格朗日定理。

(7) 同态、同构和同余关系的概念及判定。

(8) 环、环的同态和域的概念及判定。

(9) 代数结构的应用。

2. 本章主要习题类型及解答方法

本章主要习题类型及解答方法如下：

(1) 基本概念题：包括半群、含幺半群、子半群、半群中的零元和幺元的判定，群、阿贝尔群、子群、正规子群、同态(同构)等的判定，以及环、含幺环、有零因子环、整环、域、环同态等的判定。

这部分内容看起来比较烦琐，其实只要概念清楚，一步步验证有关条件。只要相应条件均满足，就是相应形式的代数系统(如半群、群、环、域等)，否则就不是。

关于子半群、子群、同态(同构)的判定直接利用定义或判定定理即可。

半群、群的同态(同构)是代数系统同态(同构)的特例。

(2) 判断题：判断运算所具有的性质，如二元运算的交换律、结合律、分配律、幂等律和吸收律等。

这类题目，一般可根据所给的二元运算及其有关性质的定义来判断。特别要注意的是当判断二元运算的结合律及分配律时，当结合律、分配律成立时，要考虑所有可能的组合情况；而当相应的性质不成立时，只需举一个反例即可。当运算是通过运算表给出时，通过相应运算表的比较加以判断；当二元运算是通过代数式(表达式)给出时，可通过代数式(表达式)的推导来判断运算所具有的性质。

(3) 证明题：本章的证明题基本围绕半群、含幺半群、群、子半群、子含幺半群、子群、同态与同构、环、整环、含幺环、域、左(右)陪集关系是等价关系及有关群的性质所展开。

证明非空集合连同其上的所有运算能否构成一个代数系统，主要是考查所有运算是否关于该集合具有封闭性。

有关非空集合连同其上的二元运算能否构成半群、含幺半群、群、环、整环、含幺环、域的证明过程直接利用定义，针对二元运算是否满足对应代数系统若干性质做出证明。

对于左(右)陪集关系的有关证明，其实只需明确左(右)陪集关系就是一种二元关系，完全可以按关系一章的知识进行处理。只不过在关系一章，用 R 和 S 等大写字母来表示二元关系。如果要证明左(右)陪集关系是等价关系，只要验证相应关系的自反性、对称性和传递性都是成立的即可。

当证明两个代数系统同态(构)时，应该按照如下步骤进行：

① 证明所给的两个集合连同其上的有关运算能否构成一个代数系统(即验证运算的封闭性)。

② 建立两个代数系统之间的映射(双射)关系 f。

③ 验证这种映射关系关于“所有运算都是保持”的。

若可方便地判断出两个代数系统不是同态(构)的，则只需举一个反例即可。否则应考虑所有可能的情况，如均能使所有的运算保持这种关系，则这两个代数系统是同态(构)的。

(4) 计算题：求代数系统中的特殊元素如幺元、零元、逆元、等幂元、生成元等，利用域的有关性质求解域的某些关系式。

如求代数系统中的特殊元素，则需按照这些特殊元素的定义，分别考查。

① 代数系统中是否存在那样的元素 e，使得对代数系统中任意元素 x，都有 $e*x=x*e=x$，从而 e 是代数系统中的幺元。

② 代数系统中是否存在那样的元素 θ，使得对代数系统中任意元素 x，都有 $\theta*x=$

$x*\theta=\theta$,从而 θ 是代数系统中的零元。

③ 若代数系统中有幺元 e,且对代数系统中的元素 x,存在元素 x^{-1},使 $x^{-1}*x=x*x^{-1}=e$,从而 x 有逆元 x^{-1}。

④ 若代数系统中存在元素 a,使得 $a*a=a$,则 a 是代数系统中的等幂元。

⑤ 若群中存在元素 a,使得对群中任意元素 x,都有 $x=a^i$,i 为整数,则 a 就是群中的一个生成元。

利用域的有关性质求解域的某些关系式这类问题,只要牢记域$<F,+,\times>$中的$<F,+>$是交换群,而$<F-\{0\},\times>$也是交换群,且满足×对+满足分配律,将已有关系式变换成所需的形式即可。

6.12 本章习题

1. 设集合 $A=\{1,2,3,\cdots,10\}$,问下面定义的二元运算 $*$ 关于集合 A 是否封闭?

(1) $x*y=\max(x,y)$;

(2) $x*y=\min(x,y)$;

(3) $x*y=xy \bmod 11$;

(4) $x*y=$质数 p 的个数,使得 $x\leqslant p\leqslant y$。

2. 给定代数系统$<R,*>$,其中二元运算 $*$ 的定义如下:

(1) $a*b=|a+b|$;

(2) $a*b=\dfrac{a+b}{2}$;

(3) $a*b=a|b|$;

(4) $a*b=a+2b$。

对每种情况,试确定二元运算 $*$ 是否满足交换律和结合律,是否有幺元、零元,若有幺元,每个元素是否都有逆元,并求出逆元。

3. 给定代数系统$<X,+>$,$<X,\times>$和$<X,+,\times>$,其中 $X=\{a,b\}$,运算表如表 6-15 所示。

表 6-15 +和×运算表

+	a	b
a	a	b
b	b	a

×	a	b
a	a	a
b	a	b

试确定$<X,+>$中的+和$<X,\times>$中的×是否满足交换律和结合律,是否有幺元,$<X,+,\times>$中是否满足×对+和+对×的分配律。

4. 给定可结合的代数系统$<X,*>$,且对 X 中任意元素 x_i 和 x_j,只要 $x_i*x_j=x_j*x_i$,必有 $x_i=x_j$。试证明代数系统$<X,*>$中的 $*$ 满足幂等律。

5. 设代数系统$<A,*>$,其中 $A=\{a,b,c\}$,$*$ 是 A 上的一个二元运算。对于由表 6-16所确定的运算,试分别讨论它们的交换性、等幂性以及在 A 中关于 $*$ 是否有幺元。

如果有幺元，那么 A 中的每个元素是否有逆元。

表 6-16 运算表

*	a	b	c
a	a	b	c
b	b	c	a
c	c	a	b

(a)

*	a	b	c
a	a	b	c
b	b	a	c
c	c	c	c

(b)

*	a	b	c
a	a	b	c
b	a	b	c
c	a	b	c

(c)

*	a	b	c
a	a	b	c
b	b	b	c
c	c	c	b

(d)

6. 设 $S=Q\times Q$，其中 Q 是有理数集合，在 S 上定义二元运算 $*$，$\forall <x,y>,<w,z>\in S$，

$$<x,y>*<w,z>=<xw,xz+y>$$

求 $<S,*>$ 的幺元以及逆元。

7. 实数集 R 上的下列二元运算

(1) $\forall r_1, r_2\in R, r_1*r_2=r_1+r_2-r_1r_2$；

(2) $\forall r_1, r_2\in R, r_1\circ r_2=\frac{1}{2}(r_1+r_2)$

运算 $*$、$\circ$ 是否有单位元和幂等元？若有单位元，哪些元素有逆元？

8. 代数系统 $A=<\{a,b,c\},*>$，由表 6-17 定义，试找出幺元、零元，如果有幺元，指出每个元素的逆元。

表 6-17 运算表

*	a	b	c
a	a	b	c
b	b	b	c
c	c	c	b

9. 设 $<S,*>$ 是一个半群，$a\in S$，在 S 上定义 $\circ$ 运算如下：$x\circ y=x*a*y$，$\forall x,y\in S$。证明 $<S,\circ>$ 也是一个半群。

10. 设半群 $<S,\circ>$ 中消去律成立，则 $<S,\circ>$ 是可交换半群当且仅当 $\forall a,b\in S$，$(a\circ b)^2=a^2\circ b^2$。

11. 设 a 是群 $<G,\circ>$ 的等幂元，则 a 一定是单位元。

12. 设 $<S,*>$ 是一个半群，对于所有 $x,y\in S$，如果有 $a*x=a*y\Rightarrow x=y$，则称元

素 a 是左可约的。试证明，如果 a,b 左可约的，则 $a*b$ 也是左可约的。

13. 如果 $<S,*>$ 是一个半群，且 $*$ 是可交换的，称 $<S,*>$ 为可交换半群。证明：如果 S 中有元素 a,b，使得 $a*a=a$ 和 $b*b=b$，则 $(a*b)*(a*b)=a*b$。

14. 在整数集 Z 上定义：$a\cdot b=a+b-2$，$\forall a,b\in Z$，证明 $<Z,\cdot>$ 是一个群。

15. 证明有限群中阶大于 2 的元素的个数必定是偶数个。

16. 设 $<G,*>$ 是一个群，对任一 $a\in G$，令 $H=\{y\mid y*a=a*y,y\in G\}$，证明：$<H,*>$ 是 $<G,*>$ 的子群。

17. 设集合 $B=\{1,2,3,4,5\}$，令 $A=\{1,4,5\}\in P(B)$，求证由 A 生成的子群 $<A',\oplus>$ 是 $<P(B),\oplus>$ 的子群，其中 $A'=\{A,\varnothing\}$，求解方程 $A\oplus X=\{2,3,4\}$。

18. S_n 是 $D=\{1,2,\cdots,n\}$ 上所有置换组成的集合。S_n 对置换乘法（函数复合）运算构成群，G 是 S_n 的子群。

(1) 在 S_n 上定义关系 R，$\forall s,t\in S_n$，$sRt\Leftrightarrow\exists g\in G,s=g^{-1}tg$，证明 R 是 S_n 上的等价关系。

(2) 取 $n=3$，列出 S_3 的所有元素，找出 S_3 的一个二阶子群 G。求上述等价关系 R 所确定的 S_3 的一个划分。

19. 设 G 是一个群，$\sim$ 是 G 的元素之间的等价关系，并且 $\forall x,y,a\in H$，有 $ax\sim ay\Rightarrow x\sim y$，证明 $H=\{x\mid x\in G,x\sim e\}$ 是 G 的子群，其中 e 是 G 的单位元。

20. 设 $G=\{1,-1,i,-i\}$，其中 i 是虚数单位，证明 $<G,\cdot>$ 是循环群。

21. 设 $<G,\circ>$ 是群，$a,b\in G$，满足 $(a\circ b)^2=a^2\circ b^2$，则 $<G,\circ>$ 是交换群。

22. 设 $<H,*>$ 是独异点，且 H 中任意 x，$x*x=e$，其中 e 为单位元，试证明：$<H,*>$ 是交换群。

23. 证明 $<Z,\otimes,\ominus>$ 是环，其中 Z 是整数集，运算 $\otimes$，$\ominus$ 定义如下：

$$a\ominus b=a+b-1,\quad a\otimes b=a+b-ab$$

24. 对于下面给定的群 G_1 和 G_2，函数 $f:G_1\to G_2$，判断 f 是不是群 G_1 和 G_2 的同态，如果是，说明是单同态，满同态，还是同构？

(1) $G_1=<Z,+>$，$G_2=<A,\cdot>$，其中 $+$，$\cdot$ 是数的加法和乘法，$A=\{x\mid x\in C\wedge|x|=1\}$，其中 C 是复数集，$f:Z\to A$，$f(x)=\cos x+i\sin x$

(2) $G_1=<R_+,\cdot>$，$G_2=<R,+>$，其中 $+$，$\cdot$ 是数的加法和乘法，$f:R_+\to R$，$f(x)=\ln x$

25. 设 f 是代数系统 $<A,\circ>$ 到 $<B,*>$ 的同态，试证明 $<f(A),*>$ 是 $<B,*>$ 的子代数系统。

26. 设 f,g 都是 $<S,*>$ 到 $<S',*'>$ 的同态，并且 $*'$ 运算均满足交换律和结合律，证明：如下定义的函数 $h:S\to S':h(x)=f(x)*'g(x)$ 是 $<S,*>$ 到 $<S',*'>$ 的同态。

27. 设 G 是群，且 $g\in G$，定义 $G\to G$ 的映射 $\hat{g}:\hat{g}(x)=gxg^{-1}$。证明：$\hat{g}$ 是 $G\to G$ 的同构映射。

28. 设 $G=\{f_{a,b}\mid a\neq 0,a,b\in Q\}$ 是有理数集 Q 上的线性变换群，其中 $f_{a,b}(x)=ax+b$，$\forall x\in Q$。$H=\{f_{1,b}\mid b\in Q\}$ 是 G 的子群，求 H 在 G 中的所有左陪集。

29. 设 H 是 G 的子群，试证明 H 在 G 中的所有陪集中有且只有一个子群。

30. 设 f 是群 $G \to G'$ 的满同态，H' 是 G' 的正规子群，令 $H=\{x \mid x \in G, f(x) \in H'\}$，求证：

(1) H 是 G 的正规子群。

(2) $G/H \cong G'/H'$。

31. 证明循环群的任何子群都是循环群。

32. 证明群 G 的子群 H 是正规子群的充要条件是 $a \cdot h \cdot a^{-1} \in H$，这里 $a \in G$，$h \in H$。

33. 设 $G=\{a,b,c,d,e,f\}$，G 上的运算 $*$ 定义如表 6-18 所示。

(1) 写出子群 $\langle a \rangle$；

(2) 证明：$\langle a \rangle * c = c * \langle a \rangle$；

(3) 找出所有 2 个元素的子群；

(4) 求出 $|G/\langle d \rangle|$；

(5) 求 $\langle d \rangle$ 的右陪集。

表 6-18 运算表

*	e	a	b	c	d	f
e	e	a	b	c	d	f
a	a	b	e	d	f	c
b	b	e	a	f	c	d
c	c	f	d	e	b	a
d	d	c	f	a	e	b
f	f	d	c	b	a	e

34. 设 $\langle G, * \rangle$ 是一个群，$a \in G$，定义函数 $f: G \to G$，$f(x)=a * x * a^{-1}$。证明：f 是 G 的自同构。

35. 令 $\langle S, +, \cdot \rangle$ 是一个环，1 是单位元。在 S 上定义运算 $\oplus$ 和 $\odot$：

$$a \oplus b = a + b + 1, \quad a \odot b = a + b + a \cdot b$$

(1) 证明是 $\langle S, \oplus, \odot \rangle$ 一个环；

(2) 给出 $\langle S, \oplus, \odot \rangle$ 加法单位元，乘法单位元。

36. (1) 设 G 为模 12 加群，求 $\langle 3 \rangle$ 在 G 中所有的左陪集；

(2) $X=\{x \mid x \in R, x \neq 0,1\}$，在 X 上定义如下 6 个函数，则 $G=\{f_1,f_2,f_3,f_4,f_5,f_6\}$ 关于函数的复合运算构成群，求子群 $\{f_1,f_2\}$ 的所有右陪集。

$$f_1(x)=x, \quad f_2(x)=\frac{1}{x}, \quad f_3(x)=1-x,$$

$$f_4(x)=\frac{1}{1-x}, \quad f_5(x)=\frac{x-1}{x}, \quad f_6(x)=\frac{x}{x-1}$$

第7章

格与布尔代数

本章讨论另外两个重要的代数系统——格和布尔代数。它们都是具有两个二元运算的代数系统，但是这两个代数系统与前面讨论的代数系统之间存在一个重要的区别：在格和布尔代数中，偏序关系具有重要意义。为了强调偏序关系的作用，我们将分别从偏序集和代数系统两个方面引入格的概念，给格附加一定的限制之后，格就转化为布尔代数，即布尔代数是特殊的格。

从数学的观点看，数学有序结构、代数结构、拓扑结构三个基本的结构，格是一种兼有序和代数的重要结构，它和拓扑学、模糊数学等现代数学有十分紧密的联系；格和布尔代数在计算机科学中具有非常重要的应用，如在保密学、计算机语义学、开关理论、计算机理论和逻辑设计以及其他一些科学和工程领域中，都直接应用了格和布尔代数。

7.1 格的定义

第4章中，我们学过了偏序集，即 $<A,\leqslant>$。A 的任一子集未必存在上、下确界。如在图7.1所示的偏序集中，$\{a,b\}$ 上确界为 c，无下确界；而 $\{e,f\}$ 下确界为 d，无上确界。又如图7.2所示的偏序集中任一子集皆有上(下)确界。特别记子集 $\{a,b\}$ 的上(下)确界为元素 a、b 的上(下)确界，分别记为 $a\vee b(a\wedge b)$。

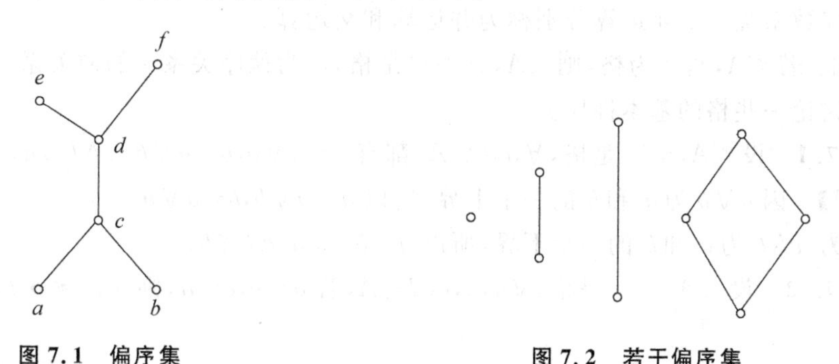

图7.1 偏序集　　图7.2 若干偏序集

定义7.1 格　设 $<A,\leqslant>$ 为偏序集，若 $\forall a,b\in A$，在 A 中存在 $a\vee b$ 及 $a\wedge b$，则称 $<A,\leqslant>$ 为格。

全序集是满足格的定义要求的，所以它们是格，但对于偏序集来说，并不是所有的偏序集都是格。

例题7.1　设 D 是正整数集合 I_+ 中的整除关系，则 $<I_+,D>$ 是格。

【解】 因为对于任意的两个正整数 $a,b\in I_+$，既存在 $a\vee b$ 又存在 $a\wedge b$，且

$$a\vee b=LCM\{a,b\}(a,b\text{ 的最小公倍数})$$

$$a\wedge b=GCD\{a,b\}(a,b\text{ 的最大公因数})$$

例题 7.2 设 n 是一正整数，S_n 是 n 的所有因子的集合，如 $S_6=\{1,2,3,6\}$，$S_8=\{1,2,4,8\}$，$S_{24}=\{1,2,3,4,6,8,12,24\}$，而 D 是整除关系，则 $<S_n,D>$ 是格。

【解】 图 7.3(a)、图 7.3(b)、图 7.3(c)分别给出了 $<S_6,D>$，$<S_8,D>$ 和 $<S_{24},D>$ 的哈斯图。从图中可以看出它们都是格。

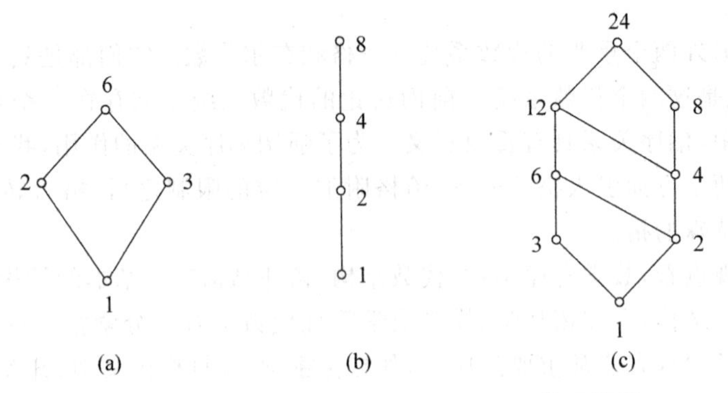

图 7.3 $<S_6,D>$，$<S_8,D>$ 和 $<S_{24},D>$ 的哈斯图

例题 7.3 设 S 是任意集合，$\rho(S)$ 是它的幂集，偏序集合 $<\rho(S),\subseteq>$ 是格。因为对于 S 的任意子集 A,B，有 $A\cup B$ 作为 A,B 的最小上界，而 $A\cap B$ 作为 A,B 的最大下界，即

$$A\vee B=A\cup B$$

$$A\wedge B=A\cap B$$

因此，$<\rho(S),\subseteq>$ 是格。

设 $<A,\leqslant>$ 为格，则 $\vee$、$\wedge$ 为 A 上的二元运算，我们称 $<A,\vee,\wedge>$ 为由格 $<A,\leqslant>$ 所诱导的代数系统。二元运算分别称为并运算和交运算。

特别地，若 $<A,\leqslant>$ 为格，则 $<A,\geqslant>$ 也是格，$\geqslant$ 为偏序关系 $\leqslant$ 的逆关系。

下面讨论一些格的基本性质。

定理 7.1 设 $<A,\leqslant>$ 是格，$\forall a,b\in A$，都有 $a\leqslant a\vee b,b\leqslant a\vee b,a\wedge b\leqslant a,a\wedge b\leqslant b$。

【证明】 因 $a\vee b$ 为 a 和 b 的一个上界，所以 $a\leqslant a\vee b,b\leqslant a\vee b$。

又因为 $a\wedge b$ 为 a 和 b 的一个下界，所以 $a\wedge b\leqslant a,a\wedge b\leqslant b$。

定理 7.2 设 $<A,\leqslant>$ 是格，$\forall a,b,c,d\in A$，若 $a\leqslant b,c\leqslant d$，则 $a\vee c\leqslant b\vee d,a\wedge c\leqslant b\wedge d$。

【证明】 因 $a\leqslant b,b\leqslant b\vee d\Rightarrow a\leqslant b\vee d$；$c\leqslant d,d\leqslant b\vee d\Rightarrow c\leqslant b\vee d$；而 $a\vee c$ 为 a 和 c 的上确界，$b\vee d$ 为 a 和 c 的一个上界，故 $a\vee c\leqslant b\vee d$；同理可证 $a\wedge c\leqslant b\wedge d$。

定理 7.3 设 $<A,\leqslant>$ 是格，$\forall a,b,c\in A$，若 $b\leqslant c$，则 $a\vee b\leqslant a\vee c,a\wedge b\leqslant a\wedge c$。

【证明】 因 $a\leqslant a\vee c,b\leqslant c,c\leqslant a\vee c\Rightarrow b\leqslant a\vee c$，从而 $a\vee b\leqslant a\vee c$；同理可证 $a\wedge b\leqslant a\wedge c$。

定理 7.4 设 $<A,\leqslant>$ 是格，又格 $<A,\leqslant>$ 所诱导的代数系统为 $<A,\vee,\wedge>$，则有以下定律成立：

(1)（交换律）$a \vee b = b \vee a$，$a \wedge b = b \wedge a$。

(2)（结合律）$(a \vee b) \vee c = a \vee (b \vee c)$；

$$(a \wedge b) \wedge c = a \wedge (b \wedge c)。$$

(3)（吸收律）$a \vee (a \wedge b) = a$，$a \wedge (a \vee b) = a$。

(4)（幂等律）$a \vee a = a$，$a \wedge a = a$。

【证明】

(1) 显然，a、b 的最小上界和 b、a 的最小上界是一致的，即 $a \vee b = b \vee a$。同理，最大下界也是无序的，有 $a \wedge b = b \wedge a$。

(2) $a \leqslant a \vee (b \vee c)$，$b \leqslant b \vee c \leqslant a \vee (b \vee c) \Rightarrow a \vee b \leqslant a \vee (b \vee c)$，$c \leqslant b \vee c \leqslant a \vee (b \vee c) \Rightarrow (a \vee b) \vee c \leqslant a \vee (b \vee c)$。同理可证 $a \vee (b \vee c) \leqslant (a \vee b) \vee c$，即 $(a \vee b) \vee c = a \vee (b \vee c)$。

同样可以证明 $(a \wedge b) \wedge c = a \wedge (b \wedge c)$。

(3) $a \leqslant a$，$a \wedge b \leqslant a \Rightarrow a \vee (a \wedge b) \leqslant a$，$a \leqslant a \vee (a \wedge b) \Rightarrow a \vee (a \wedge b) = a$。同理可证，$a \wedge (a \vee b) = a$。

(4) 显然，a 和 a 的最小上界和最大下界都是 a，即 $a \vee a = a$，$a \wedge a = a$。

例题 7.4　$<N, \leqslant>$ 是格，$\leqslant$ 为自然数集上的小于或等于关系，$a \vee b = \max(a, b)$，$a \wedge b = \min(a, b)$，诱导的代数系统 $<N, \vee, \wedge>$ 满足以上四条定律。

我们说格为特殊的偏序集，体现在下面几个定理中。

定理 7.5　设 $<A, \vee, \wedge>$ 为代数系统，其中 $\vee$，$\wedge$ 为二元运算且满足交换律、结合律、吸收律和幂等律，在 A 上定义一种关系 $\leqslant$ 如下：

$$\forall a, b \in A, \quad a \leqslant b \Leftrightarrow a \wedge b = a$$

则关系 $\leqslant$ 是偏序关系，且在此关系下的 $<A, \leqslant>$ 是一个格。

【证明】　首先证明 $\leqslant$ 为 A 上的偏序关系。

(1) 自反性：$\forall a \in A$，由幂等律 $a \wedge a = a$，则有 $a \leqslant a$。

(2) 反对称性：$\forall a, b \in A$，若 $a \leqslant b$，$b \leqslant a$ 有 $a \wedge b = a$，$a \wedge b = b \wedge a = b$，所以 $a = b$。

(3) 传递性：$\forall a, b, c \in A$，若 $a \leqslant b$，$b \leqslant c$，则有 $a \wedge b = a$，$b \wedge c = b$，由结合律知：$a \wedge c = (a \wedge b) \wedge c = a \wedge (b \wedge c) = a \wedge b = a$，所以 $a \leqslant c$。

综上可知，$<A, \leqslant>$ 是一个偏序集。

下面来证明 $<A, \leqslant>$ 是一个格，即对任意的 $a, b \in A$，a 与 b 的最大下界和最小上界存在。

(1) 最大下界存在：$\forall a, b \in A$，由于运算满足幂等律、交换律和结合律，为此有

$$a \wedge (a \wedge b) = (a \wedge a) \wedge b = a \wedge b$$

$$b \wedge (a \wedge b) = (b \wedge a) \wedge b = (a \wedge b) \wedge b = a \wedge (b \wedge b) = a \wedge b$$

结合 $\leqslant$ 定义可得：$a \wedge b \leqslant a$，$a \wedge b \leqslant b$，所以 $a \wedge b$ 是元素 a，b 的下界。

又对 $\{a, b\}$ 的任意一个下界 $c \in A$，则有 $c \leqslant a$，$c \leqslant b$，由定义可得

$$c \wedge a = c, \quad c \wedge b = c$$

由结合律知：$c \wedge (a \wedge b) = (c \wedge a) \wedge b = c \wedge b = c$，结合定义则有 $c \leqslant a \wedge b$，即 $a \wedge b$ 是最大下界。

(2) 最小上界的存在。$\forall a,b\in A$，由于运算满足吸收律，如有 $a\wedge b=a$，则

$$a\vee b=(a\wedge b)\vee b=b$$

如有 $a\vee b=b$，则

$$a\wedge b=a\wedge(a\vee b)=a$$

所以，$a\wedge b=a\Leftrightarrow a\vee b=b$，即有 $a\leqslant b\Leftrightarrow a\wedge b=a\Leftrightarrow a\vee b=b$。

对 $\forall a,b\in A$，由于运算满足幂等律、交换律和结合律，为此有

$$a\vee(a\vee b)=(a\vee a)\vee b=a\vee b$$

$$b\vee(a\vee b)=(b\vee a)\vee b=(a\vee b)\vee b=a\vee(b\vee b)=a\vee b$$

即 $a\leqslant a\vee b,b\leqslant a\vee b$，所以 $a\vee b$ 是元素 a,b 的上界。

又对 $\{a,b\}$ 的任意一个上界 $c\in A$，则有 $a\leqslant c,b\leqslant c$，由定义可得

$$a\vee c=c,\quad b\vee c=c$$

由结合律知：$(a\vee b)\vee c=a\vee(b\vee c)=a\vee c=c$，结合等价定义则有 $a\vee b\leqslant c$，即 $a\vee b$ 是最小上界。

所以，命题得证。

此外，格还有一些不等式性质。

定理 7.6 设 $<A,\leqslant>$ 是一个格，$\forall a,b,c\in A,a\vee(b\wedge c)\leqslant(a\vee b)\wedge(a\vee c),(a\wedge b)\vee(a\wedge c)\leqslant a\wedge(b\vee c)$。

【证明】 $a=a\wedge a\leqslant(a\vee b)\wedge(a\vee c),b\wedge c\leqslant(a\vee b)\wedge(a\vee c)\Rightarrow a\vee(b\wedge c)\leqslant(a\vee b)\wedge(a\vee c)$。

同理可证 $(a\wedge b)\vee(a\wedge c)\leqslant a\wedge(b\vee c)$。

定理 7.7 设 $<A,\leqslant>$ 是一个格，$\forall a,b,c\in A$，有 $a\leqslant c\Leftrightarrow a\vee(b\wedge c)\leqslant(a\vee b)\wedge c$。

【证明】 先证充分性。

由定理 7.6，有 $a\vee(b\wedge c)\leqslant(a\vee b)\wedge(a\vee c)$，又 $a\leqslant c\Leftrightarrow a\vee c=c$，所以可得 $a\vee(b\wedge c)\leqslant(a\vee b)\wedge c$。

再证必要性。

因为 $a\vee(b\wedge c)\leqslant(a\vee b)\wedge c$，则 $a\leqslant a\vee(b\wedge c)\leqslant(a\vee b)\wedge c\leqslant c$，即 $a\leqslant c$。

综上所述，当 $<A,\leqslant>$ 是一个格时，有 $a\leqslant c\Leftrightarrow a\vee(b\wedge c)\leqslant(a\vee b)\wedge c$。

由定理 7.4 和定理 7.5 可以得出，格的定义能够从代数系统观点给出。

定义 7.2 格 设 $<A,\vee,\wedge>$ 为代数系统，其中 $\vee,\wedge$ 为二元运算且满足交换律、结合律、吸收律和幂等律，则称 $<A,\vee,\wedge>$ 为格。

把格定义为代数系统，就可以利用代数系统的方法来讨论格。从代数系统的观点来看，格要求满足交换律、结合律、吸收律和幂等律。这些定律如果在集合 A 上满足，则也一定在 A 的任何非空子集上满足，因此，在考虑格的子格时，如同一般的代数系统一样，只需考虑子集的非空性和运算关于子集的封闭性。因此，有如下关于子格的定义。

定义 7.3 子格 设代数系统 $<A,\vee,\wedge>$ 是一个格，非空集合 $S\subseteq A$，若运算 $\vee,\wedge$ 对子集 S 都是封闭的，则称 $<S,\vee,\wedge>$ 是 $<A,\vee,\wedge>$ 的子格。

例题 7.5 在正整数集合 Z_+ 中规定 $\vee$，$\wedge$ 为：对任意 $a,b\in A$，

$$a\vee b=[a,b]，其中[a,b]表示 a,b 的最小公倍数$$

$$a\wedge b=(a,b)，其中(a,b)表示 a,b 的最大公因数$$

则 $\vee$、$\wedge$ 是 Z_+ 上的二元运算，且满足交换律、结合律、吸收律和幂等律，于是 $<Z_+,\vee,\wedge>$ 是格。取非空子集 $S=\{3k\mid k\in Z_+\}$，因为对任意 $3m,3n\in S$，都有

$$3m\vee 3n=[3m,3n]=3[m,n]\in S,3m\wedge 3n=(3m,3n)=3(m,n)\in S$$

所以 S 是 $<Z_+,\vee,\wedge>$ 的子格。

例题 7.6 设 $<A,\leqslant>$ 是一个格，其中 $A=\{a_1,a_2,\cdots,a_8\}$，S_1、S_2 和 S_3 是 A 的子集，且 $S_1=\{a_1,a_2,a_4,a_6\}$，$S_2=\{a_3,a_5,a_7,a_8\}$ 和 $S_3=\{a_1,a_2,a_4,a_8\}$。$<A,\leqslant>$ 的哈斯图由图 7.4 给出。

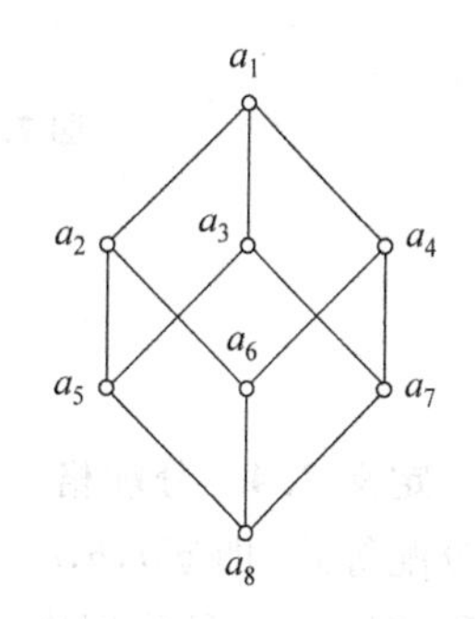

图 7.4 $<A,\leqslant>$ 的哈斯图

从图 7.4 可看出，$<S_1,\leqslant>$ 和 $<S_2,\leqslant>$ 是 $<A,\leqslant>$ 的子格，而 $<S_3,\leqslant>$ 却不是 $<A,\leqslant>$ 的子格。这是因为 $a_2,a_4\in S_3$，但 $a_2\wedge a_4=a_6\notin S_3$。即对运算不封闭，但是 $<S_3,\leqslant>$ 仍然是一个格。

设 $<A,*,\oplus>$ 和 $<S,\wedge,\vee>$ 是两个格，代数系统 $<A\times S,\circ,+>$ 称为格 $<A,*,\oplus>$ 和 $<S,\wedge,\vee>$ 的直积。其中 $A\times S$ 上的二元运算 $\circ$ 和 $+$ 使得对 $A\times S$ 中任意的 (a_1,b_1) 和 (a_2,b_2) 有

$$(a_1,b_1)\circ(a_2,b_2)=(a_1*a_2,b_1\wedge b_2)$$

$$(a_1,b_1)+(a_2,b_2)=(a_1\oplus a_2,b_1\vee b_2)$$

因为 $A\times S$ 上的二元运算 $\circ$ 和 $+$ 是利用 A 上的运算 $*$ 和 $\oplus$ 及 S 上的运算 $\wedge$ 和 $\vee$ 定义的，所以运算 $\circ$ 和 $+$ 满足交换律、结合律、吸收律和幂等律。因此，直积本身是一个格。

由于 $<A\times S,\circ,+>$ 是一个格，那么它又可以和别的格形成直积。这样，我们可以借助于格的直积用较小的格构造出较大的格，但反过来，却不能把较大的格表示成较小格的直积。

例题 7.7 设 $L=\{0,1\}$，而格 $<L,\leqslant>$ 的自身的直积表示为

$$<L^2,\leqslant_2>,<L^3,\leqslant_3>,\cdots,<L^n,\leqslant_n>$$

其中 $\leqslant$ 是通常意义下的"小于或等于"。一般地，格 $<L^n,\leqslant_n>$ 中，对任意 $a,b\in L^n$，$a=(a_1,a_2,\cdots,a_n)$，$b=(b_1,b_2,\cdots,b_n)$，有以下形式：

$$a\leqslant_n b\Leftrightarrow(a_1\leqslant b_1)\wedge(a_2\leqslant b_2)\wedge\cdots\wedge(a_n\leqslant b_n)$$

这里 a_i,b_i 是 0 或 $1(i=1,2,\cdots,n)$。

L^n 上的运算 $*$ 和 $\oplus$ 也很容易定义出来，具有这种形式的格称为由 0 和 1 形成的 n 元组格，简称 0-1 n 重组格。

图 7.5 给出了格 $<L,\leqslant>$，$<L^2,\leqslant_2>$ 和 $<L^3,\leqslant_3>$ 的哈斯图。一般说来，格 $<L^n,\leqslant_n>$ 的哈斯图是一个 n 维的立方体。

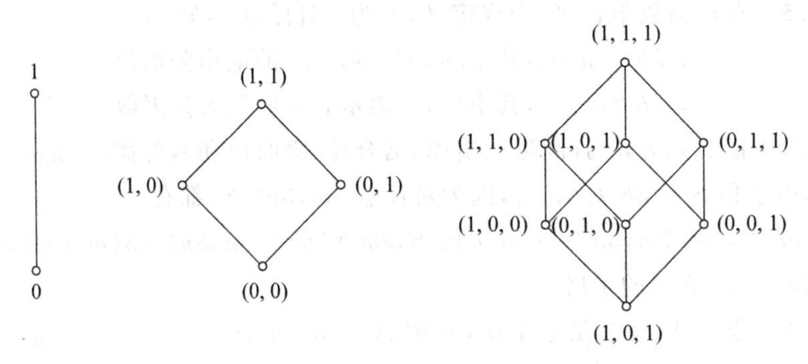

图 7.5 $<L,\leqslant>$、$<L^2,\leqslant_2>$和$<L^3,\leqslant_3>$的哈斯图

7.2 分配格

定义 7.4 分配格 设在格$<L,\leqslant>$中,由它所诱导的代数系统$<L,\vee,\wedge>$,若满足分配等式,即$\forall a,b,c\in L,a\vee(b\wedge c)=(a\vee b)\wedge(a\vee c),a\wedge(b\vee c)=(a\wedge b)\vee(a\wedge c)$,则称$<L,\leqslant>$是分配格。

例题 7.8 $<\rho(S),\subseteq>$是格,$S=\{a,b,c\}$,则$<\rho(S),\cup,\cap>$为由$<\rho(S),\subseteq>$诱导的代数系统且$<\rho(S),\subseteq>$为分配格。

例题 7.9 图 7.6 表示的三个格,哪个是分配格?哪个不是分配格?

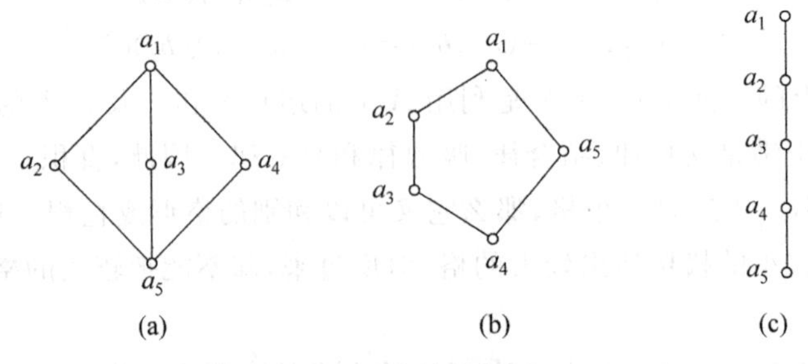

图 7.6 格的哈斯图

【解】 图 7.6(a)中,

$$a_3\wedge(a_1\vee a_2)=a_3\wedge a_1=a_3$$
$$(a_3\wedge a_1)\vee(a_3\wedge a_2)=a_3\vee a_5=a_3$$

但是

$$a_2\wedge(a_3\vee a_4)=a_2\wedge a_1=a_2$$
$$(a_2\wedge a_3)\vee(a_2\wedge a_4)=a_5\vee a_5=a_5$$

因此,这个格不是分配格。

同理可证,图 7.6(b)也不是分配格。

图 7.6(c)中,在 L 上任取三个节点,如 a_2、a_3 和 a_4,则

$$a_2\wedge(a_3\vee a_4)=a_2\wedge a_3=a_3$$

$$(a_2 \wedge a_3) \vee (a_2 \wedge a_4) = a_3 \vee a_4 = a_3$$

若任取其他三个节点，也会得到$(a \wedge b) \vee (a \wedge c) = a \wedge (b \vee c)$。故这个格是一个分配格。

定理 7.8 如果在一个格中交运算对于并运算可分配，则并运算对交运算也一定可分配。反之亦然。

【证明】 设$<L, \leqslant>$是格，对任意的$a,b,c \in L$，若$a \wedge (b \vee c) = (a \wedge b) \vee (a \wedge c)$，则

$$\begin{aligned}(a \vee b) \wedge (a \vee c) &= ((a \vee b) \wedge a) \vee ((a \vee b) \wedge c)\\ &= a \vee (a \wedge c) \vee (b \wedge c)\\ &= a \vee (b \wedge c)\end{aligned}$$

类似地可以证明：若$a \vee (b \wedge c) = (a \vee b) \wedge (a \vee c)$，则$a \wedge (b \vee c) = (a \wedge b) \vee (a \wedge c)$。

下面的定理说明了哪些格是分配格。

定理 7.9 所有的链都是分配格。

【证明】 设$<L, \leqslant>$是一个链，则$<L, \leqslant>$是格。对任意的$a,b,c \in L$，考查下面两种可能情况。

(1) 若$a \leqslant b$或$a \leqslant c$，则

$$(a \wedge b) \vee (a \wedge c) = a$$
$$a \wedge (b \vee c) = a$$

说明此情况下，$a,b,c \in L$，$\wedge$对$\vee$满足分配律。

(2) 若$a \geqslant b$且$a \geqslant c$，则

$$(a \wedge b) \vee (a \wedge c) = b \vee c$$
$$a \wedge (b \vee c) = b \vee c$$

说明此情况下，$a,b,c \in L$，$\wedge$对$\vee$满足分配律。

综上所述，说明$<L, \leqslant>$是一个链时，$\wedge$对$\vee$满足分配律。由定理 7.8 可知，所有的链都是分配格。

定理 7.10 设$<L, \leqslant>$是一个分配格，那么$\forall a,b,c \in L$，若$a \wedge b = a \wedge c$，$a \vee b = a \vee c$，则必有$b = c$。

【证明】 $c = (a \wedge c) \vee c = (a \wedge b) \vee c = (a \vee c) \wedge (b \vee c) = (a \vee b) \wedge (b \vee c) = b \vee (a \wedge c) = b \vee (a \wedge b) = b$。

定理 7.11 任意两个分配格的直积是分配格。

这个定理可以直接从直积的定义获得。

定义 7.5 模格 设$<L, \leqslant>$是一个格，由它诱导的代数系统为$<L, \vee, \wedge>$，若对于$\forall a,b,c \in L$，当$c \leqslant a$时，有$a \wedge (b \vee c) = (a \wedge b) \vee c$，则称$<L, \leqslant>$为模格。

定理 7.12 分配格是模格。

【证明】 设$<L, \leqslant>$是一个分配格，$\forall a,b,c \in L$，若$c \leqslant a$，则$a \wedge (b \vee c) = (a \wedge b) \vee (a \wedge c) = (a \wedge b) \vee c$。

例题 7.10 例题 7.9 中哪些是模格，哪些不是？

【解】 (a) a_1、a_5分别为最大、最小元素，$a_2 \leqslant a_1$，则$a_1 \wedge (a_5 \vee a_2) = a_5 \vee a_2 = (a_1 \wedge a_5) \vee a_2$。类似地可验证其他等式，故图 7.6(a)是模格。

(b) $a_3 \leqslant a_2$，有$a_2 \wedge (a_5 \vee a_3) = a_2 \vee a_1 = a_2$，而$(a_2 \wedge a_5) \vee a_3 = a_4 \vee a_3 = a_3$，故图 7.6

(b)不是模格。

(c) 是分配格,所以是模格。

7.3 有补格

定义 7.6 全上(下)界 设$<L,\leqslant>$是一个格,$\forall x\in L$,若$\exists a\in L$,使$a\leqslant x$,则称a为格$<L,\leqslant>$的全下界,记为0;若$\exists b\in L$,使$x\leqslant b$,则称b为格$<L,\leqslant>$的全上界,记为1。

定理 7.13 一个格$<L,\leqslant>$中,若有全上(下)界,则是唯一的。

【证明】 如果在格$<L,\leqslant>$中,有两个全上界a和b,则$a\leqslant b,b\leqslant a$,从而$a=b$。同理可证全下界情形。

例题 7.11 在格$<\rho(S),\subseteq>$中,S为有限集,S为全上界,$\varnothing$为全下界。

例题 7.12 如图 7.6 所示的格中,图 7.6(a)的全上界为a_1,全下界为a_5。图 7.6(b)的全上界为a_1,全下界为a_4。图 7.6(c)的全上界为a_1,全下界为a_5。

定义 7.7 有界格 如果格$<L,\leqslant>$中存在全上、下界,则称其为有界格。仍分别用0、1 表示全下(上)界。

定理 7.14 任何有限格$<L,\leqslant>$必为有界格。

【证明】 设$L=\{a_1,a_2,\cdots,a_n\}$,取$a=\wedge_{i=1}^{n}a_i$,$b=\vee_{i=1}^{n}a_i$,则a、b分别为$<L,\leqslant>$的全下、上界。

例题 7.13 $<[3,5],\leqslant>$为格,且 5 为全上界,3 为全下界。

定理 7.15 设$<L,\leqslant>$为有界格,$\forall a\in L$,则有$a\wedge 0=0,a\wedge 1=a,a\vee 0=a,a\vee 1=1$。

【证明】 因为$<L,\leqslant>$为有界格,记 0、1 分别为全下,上界,$\forall a\in L$,则$0\leqslant a\leqslant 1$,故$a\wedge 0=0,a\wedge 1=a,a\vee 0=a,a\vee 1=1$。

作为有界格$<L,\leqslant>$诱导的代数系统$<L,\vee,\wedge>$,全下界 0 为$\vee$运算的单位元,为$\wedge$运算的零元;全上界 1 为$\wedge$运算的单位元,为$\vee$运算的零元。

定义 7.8 补元 在有界格$<L,\leqslant>$中,$\forall a\in L$,若存在$b\in L$,使$a\vee b=1$,且$a\wedge b=0$,则称b为a的补元。同时a亦为b的补元,即补元是互补的。

例题 7.14 如图 7.6 所示的有界格中,分别求出各自元素的补元。

【解】 图 7.6(a)中,a_1的补元为a_5;a_2的补元为a_3、a_4;a_3的补元为a_2、a_4;a_4的补元为a_2、a_3;a_5的补元为a_1。

图 7.6(b)a_1的补元为a_4;a_2的补元为a_5;a_3的补元为a_5;a_4的补元为a_1;a_5的补元为a_2,a_3。

图 7.6(c)a_1的补元为a_5;a_2、a_3、a_4无补元;a_5的补元为a_1。

定义 7.9 有补格 对于有界格$<L,\leqslant>$,若L中的每个元素都至少有一个补元素,则称有界格$<L,\leqslant>$为有补格。

例题 7.15 如图 7.7 所示的有界格为有补格。

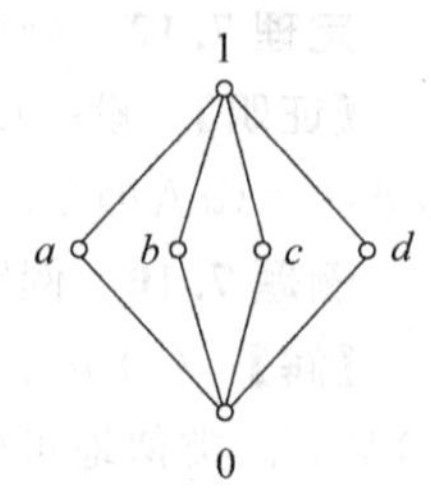

图 7.7 有界格

定理 7.16 在有界分配格中,若有一个元素有补元素,则必是唯一的。

【证明】 设$<L,\leqslant>$是有界分配格,$a\in L$,设a有两个补元素

b、c，则有 $a \wedge b=0, a \vee b=1, a \wedge c=0, a \vee c=1$，由定理 7.10 可知 $b=c$。所以 a 的补元素是唯一的。

定义 7.10 有补分配格 若一个格既是有补格，又是分配格，则称它为有补分配格。而有补分配格中任一元素 a 的唯一补元，可记为 $\bar{a}$。

有补分配格 $\langle L, \leqslant \rangle$ 诱导的代数系统 $\langle L, \vee, \wedge, {}^{-} \rangle$，其中 $\vee$、$\wedge$ 为二元运算，${}^{-}$ 为一元运算，习惯上称此代数系统为布尔代数。记为 $\langle B, \vee, \wedge, {}^{-}, 0, 1 \rangle$。

定理 7.17 在有补分配格 $\langle L, \leqslant \rangle$ 中，对于每一个 $a \in L$，都有

$$\bar{\bar{a}}=a$$

【证明】 由于 $a \wedge \bar{a}=0, a \vee \bar{a}=1$，以及

$$\bar{\bar{a}} \wedge \bar{a}=0, \bar{\bar{a}} \vee \bar{a}=1$$

又补元是唯一的，所以得出 $\bar{\bar{a}}=a$。

定理 7.18 在有补分配格 $\langle L, \vee, \wedge, {}^{-}, 0, 1 \rangle$ 中，对于所有 $a, b \in L$，有

(1) $\overline{a \vee b}=\bar{a} \wedge \bar{b}$；

(2) $\overline{a \wedge b}=\bar{a} \vee \bar{b}$。

这个定理也称为德·摩根定律。

【证明】 因为

$$(a \vee b) \wedge (\bar{a} \wedge \bar{b})=(a \wedge \bar{a} \wedge \bar{b}) \vee (b \wedge \bar{a} \wedge \bar{b})=0$$

$$(a \vee b) \vee (\bar{a} \wedge \bar{b})=(a \vee b \vee \bar{a}) \wedge (a \vee b \vee \bar{b})=1$$

这两个式子满足元素补元的条件，同时补元是唯一的，所以有

$$\overline{a \vee b}=\bar{a} \wedge \bar{b}$$

同理可证 $\overline{a \wedge b}=\bar{a} \vee \bar{b}$。

定理 7.19 在有补分配格 $\langle L, \vee, \wedge, {}^{-}, 0, 1 \rangle$ 中，对任意 $a, b \in L$，有

$$a \leqslant b \Leftrightarrow a \wedge \bar{b}=0 \Leftrightarrow \bar{a} \vee b=1$$

【证明】 由于 $a \leqslant b \Leftrightarrow a \wedge b=a \Leftrightarrow a \vee b=b$，根据德·摩根定律有

$$a \leqslant b \Leftrightarrow \bar{a} \wedge \bar{b}=\bar{b} \Leftrightarrow \bar{a} \vee \bar{b}=\bar{a}$$

因此，若 $a \leqslant b$，则

$$a \wedge \bar{b}=a \wedge (\bar{a} \wedge \bar{b})=(a \wedge \bar{a}) \wedge \bar{b}=0$$

$$\bar{a} \vee b=(\bar{a} \vee \bar{b}) \vee b=\bar{a} \vee (\bar{b} \vee b)=1$$

反之，若 $a \wedge \bar{b}=0$，则

$$b=b \vee (a \wedge \bar{b})=(b \vee a) \wedge (b \vee \bar{b})=b \vee a$$

因而，$a \leqslant b$。

若 $\bar{a} \vee b=1$，则

$$a=a \wedge (\bar{a} \vee b)=(a \wedge \bar{a}) \vee (a \wedge b)=(a \wedge b)$$

因此，$a \leqslant b$。

综上所述，可知 $a \leqslant b \Leftrightarrow a \wedge \bar{b}=0 \Leftrightarrow \bar{a} \vee b=1$。

7.4 布尔代数

7.4.1 布尔代数的一般概念

上节我们讨论了有补分配格,在这一节,将进一步讨论作为有补分配格诱导的代数系统——布尔代数。布尔代数在计算机科学中的应用主要在于如逻辑电路和时序电路的设计等。

布尔代数一般用$<B,\vee,\wedge,\bar{},0,1>$来表示,其中,$<B,\vee,\wedge>$是一个格,具有二元运算$\vee$和$\wedge$分别称为并运算与交运算。相应地,偏序集用$<B,\leqslant>$表示,格的界用0和1表示。其中0是$<B,\leqslant>$中的最小元,1是$<B,\leqslant>$中的最大元,因为$<B,\vee,\wedge>$是有补分配格,所以$B$中每一个元素有唯一的补元,用$\bar{}$表示求补的一元运算。

定义 7.11 布尔代数 设$<B,\vee,\wedge>$是一个代数系统,$\vee$和$\wedge$是B上的二元运算,如果对于任意的$a,b,c\in B$,满足:

(1) $a\vee b=b\vee a,a\wedge b=b\wedge a$;

(2) $a\wedge(b\vee c)=(a\wedge b)\vee(a\wedge c),a\vee(b\wedge c)=(a\vee b)\wedge(a\vee c)$;

(3) B中存在两个元素0和1,对B中任意的元素a,满足

$$a\wedge 1=a,\quad a\vee 0=a$$

(4) 对B中每一元素a都存在一个元素$\bar{a}$,满足

$$a\wedge\bar{a}=0,a\vee\bar{a}=1$$

则称$<B,\vee,\wedge>$为布尔代数。

例题 7.16 设$B=\{0,1\}$是一个集合,B上的运算$\vee$、$\wedge$、$\bar{}$由表7-1给出。可验证代数系统$<B,\vee,\wedge,\bar{},0,1>$满足定义要求,所以它是一个布尔代数。

表 7-1 运算表

$\wedge$	0	1
0	0	0
1	0	1

x	0	1
$\bar{x}$	1	0

$\vee$	0	1
0	0	1
1	1	1

例题 7.17 设S是一非空集合,$\rho(S)$是它的幂集,代数系统$<\rho(S),\cap,\cup,\bar{},\varnothing,S>$能满足定义要求,所以它是一个布尔代数。若$S$有$n$个元素,则$\rho(S)$就有$2^n$个元素,该布尔代数的图形是$n$维立方体。图7.8给出了$S=\{a\}$,$S=\{a,b\}$和$S=\{a,b,c\}$时的布尔代数的图形。若$S$是空集,则$\rho(S)$仅有一个元素$\varnothing$,于是$\varnothing=0=1$,这是一个退化了的布尔代数。在这里,我们仅研究非退化的布尔代数。

例题 7.18 设S代表有n个语句变量的语句公式的集合。代数系统$<S,\vee,\wedge,\neg,F,T>$是一个布尔代数,其中$\vee$、$\wedge$、$\neg$分别代表合取、析取和否定运算,F和T分别表示矛盾和重言式,两个语句公式相互等价时就看作相等。

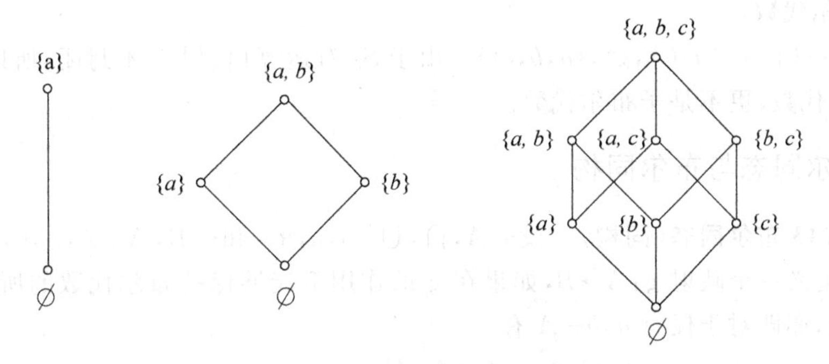

图 7.8　布尔代数的哈斯图

7.4.2　子代数

我们容易从子集的概念，给出子代数的概念。

定义 7.12 子代数　设 $<B, \vee, \wedge, ^{-}, 0, 1>$ 是布尔代数，而且 $S \subseteq B$，如果 $<S, \vee, \wedge, ^{-}, 0, 1>$ 也是布尔代数，则称它是 $<B, \vee, \wedge, ^{-}, 0, 1>$ 的子代数。

要使 $<S, \vee, \wedge, ^{-}, 0, 1>$ 也是布尔代数，需要具备以下两个条件：

(1) $0, 1 \in S$；

(2) $x, y \in S \Rightarrow x \wedge y, x \vee y, \bar{x} \in S$。

事实上，只需要验算 $\vee$、$^{-}$ 或者 $\wedge$、$^{-}$ 的封闭性就够了，它完全可以保证 S 是一个子代数。我们可以从布尔代数中这两种运算的完备性得到论证。

因为对任意的 $a, b \in B$，有

$$a \wedge b = \overline{\bar{a} \vee \bar{b}}$$

又 $1 = \bar{a} \vee a$ 和 $0 = \overline{\bar{a} \vee a}$，所以对 $\vee$、$^{-}$ 的封闭性保证了对 $\wedge$ 的封闭性，以及子代数中 0 和 1 的存在。同样，通过证明运算 $\wedge$、$^{-}$ 的封闭性，也可以保证对 $\vee$ 的封闭性。

子布尔代数是一个布尔代数，布尔代数的子集可以是一个布尔代数，也可以不是一个子布尔代数，因为它可能对 B 中的运算不封闭。

例题 7.19　考查例题 7.17 中 $S = \{a, b, c\}$ 时布尔代数 $<\rho(S), \cap, \cup, ^{-}, \varnothing, S>$ 的几个不同子代数。

(1) $S_1 = \{\{a, b\}, \{c\}, \varnothing, \{a, b, c\}\}$。由于包含有 $\varnothing$ 和 S，且对运算 $\cap$、$\cup$、$^{-}$ 是封闭的，所以 $<S_1, \cap, \cup, ^{-}, \varnothing, S>$ 是 $<\rho(S), \cap, \cup, ^{-}, \varnothing, S>$ 的子布尔代数。

(2) $S_2 = \{\{a, c\}, \{b\}, \varnothing, \{a, b, c\}\}$。由于包含有 $\varnothing$ 和 S，且对运算 $\cap$, $\cup$, $^{-}$ 是封闭的，所以 $<S_2, \cap, \cup, ^{-}, \varnothing, S>$ 是 $<\rho(S), \cap, \cup, ^{-}, \varnothing, S>$ 的子布尔代数。

(3) $S_3 = \{\{b\}, \{b, c\}, \{a, b\}, \{a, b, c\}\}$。由于 S_3 中不包含有 $\varnothing$，但对运算 $\cap$、$\cup$、$^{-}$ 是封闭的，所以 $<S_3, \cap, \cup, ^{-}, \varnothing, S>$ 是布尔代数，但却不是 $<\rho(S), \cap, \cup, ^{-}, \varnothing, S>$ 的子布尔代数。

(4) $S_4 = \{\{b\}, \{b, c\}, \{c\}, \varnothing\}$。由于 S_4 中不包含有 $\{a, b, c\}$，但对运算 $\cap$、$\cup$、$^{-}$ 是封闭的，所以 $<S_4, \cap, \cup, ^{-}, \varnothing, S>$ 是布尔代数，但却不是 $<\rho(S), \cap, \cup, ^{-}, \varnothing,$

S>的子布尔代数。

(5) $S_5=\{\{a\},\{a,b\},\varnothing,\{a,b,c\}\}$。由于 S_5 对运算∩、∪、$^-$不封闭，所以它不能构成一个布尔代数，更不是子布尔代数。

7.4.3 布尔同态与布尔同构

定义 7.13 布尔同态（同构） 设 $<A,\cap,\cup,\neg,\alpha,\beta>$ 和 $<B,\wedge,\vee,^-,0,1>$ 是两个布尔代数，定义一个映射 $g:A\to B$，如果在 g 的作用下能够保持布尔代数的所有运算，且常数相对应，亦即对于任意 $a,b\in A$ 有

$$g(a\cap b)=g(a)\wedge g(b)$$
$$g(a\cup b)=g(a)\vee g(b)$$
$$g(\neg a)=\overline{g(a)},\quad g(\alpha)=0,\quad g(\beta)=1$$

若 g 是一个双射函数，则 $g:A\to B$ 是一个布尔同构。

与子代数一样，事实上，只要同态 $g:A\to B$ 能保持运算∩、¬或者∪、¬的上述性质，就可以保证 g 是一个布尔同态。

如果映射 $g:A\to B$ 仅仅只能保持运算∩和∪的上述性质，那么 g 是一个格同态而不是布尔同态。

我们先引进有关布尔代数的一些概念，然后推出一条重要的定理，即任何布尔代数与集合 S 的幂集代数 $<\rho(S),\cap,\cup,^-,\varnothing,S>$ 同构。

定义 7.14 原子 设 $<B,\wedge,\vee,^-,0,1>$ 是布尔代数，如果元素 $a\neq 0$，且对于每一个 $x\in B$，有

$$x\wedge a=a \quad 或 \quad x\wedge a=0$$

则称 a 是该布尔代数的一个原子。

由原子的定义可知，若 a 是一布尔代数的原子，则不存在任何元素 c，使得 $0<c,c<a$，即原子 a 是仅仅比 0 元素“大”的元素。在 B 的哈斯图上，表现为原子 a 是从节点 0 出发只经过一条边就能到达的那些节点。

例题 7.20 设 $S=\{a,b,c\}$，则布尔代数 $<\rho(S),\cap,\cup,^-,\varnothing,S>$ 中，元素 $\{a\}$，$\{b\}$，$\{c\}$ 都是原子。

下面是关于原子存在的定理。

定理 7.20 设 $<B,\wedge,\vee,^-,0,1>$ 是一个有限布尔代数，则对于每一个非零 $x\in B$，一定存在一个原子 a，使得 $x\wedge a=a$。

【证明】 若 x 是原子，则 $x\wedge x=x$，此 x 就是所求的原子 a。

若 x 不是原子，因为 $x\geqslant 0$，所以从 x 下降到 0 有一条路径，又由于 B 是有限的，此路径所经过的节点是有限的，不妨设为

$$x\geqslant a_1\geqslant a_2\geqslant a_3\geqslant\cdots\geqslant a_k\geqslant 0$$

则 a_k 覆盖 0，而 $x\wedge a_k=a_k$，此 a_k 就是所求的原子 a。

定理 7.21 如果元素 a_1 和 a_2 是布尔代数中的两个原子，且 $a_1\wedge a_2\neq 0$，则 $a_1=a_2$。

【证明】 由原子定义

当把 a_1 作原子时，$a_2\in B$，则 $a_2\wedge a_1=a_1$；

当把 a_2 作原子时，$a_1 \in B$，则 $a_1 \wedge a_2 = a_2$；

所以 $a_1 = a_2$。

本定理的逆反定理如下。

定理 7.22　若 $a_1 \neq a_2$，则 $a_1 \wedge a_2 = 0$。

下面进一步讨论 B 中除了 0 以外的每一个元素 x，都可以唯一地表示成原子的并运算。

定理 7.23　设 $<B, \wedge, \vee, ^{-}, 0, 1>$ 是有限布尔代数，x 是 B 中任意非 0 元素，a_1，$a_2, \cdots, a_k$ 是满足 $a_i \leqslant x$ 的所有原子$(i=1,2,,k)$，则

$$x = a_1 \vee a_2 \vee \cdots \vee a_k$$

【证明】　记 $a_1 \vee a_2 \vee \cdots \vee a_k = y$。因为 $a_i \leqslant x(i=1,2,,k)$，所以，$y \leqslant x$。下面如果能够证明 $x \leqslant y$，那么命题得证。由有补分配格定理，只需证明 $x \wedge \bar{y} = 0$ 就可以了。用反证法。

设 $x \wedge \bar{y} \neq 0$，于是必有一原子 a，使 $a \leqslant x \wedge \bar{y}$，又因 $x \wedge \bar{y} \leqslant x$ 和 $x \wedge \bar{y} \leqslant \bar{y}$，所以，由传递性得

$$a \leqslant x \text{ 和 } a \leqslant \bar{y}$$

因为 a 是一原子，且满足 $a \leqslant x$，所以 a 必是 $a_1, a_2, \cdots, a_k$ 中的一个，因此 $a \leqslant y$，但这与 $a \leqslant \bar{y}$ 矛盾。故 $x \wedge \bar{y} = 0$，即 $x \leqslant y$。命题得证。

定理 7.24　设 $<B, \wedge, \vee, ^{-}, 0, 1>$ 是有限布尔代数，x 是 B 中任意非 0 元素，a_1，$a_2, \cdots, a_k$ 是满足 $a_i \leqslant x$ 的所有原子$(i=1,2,,k)$，则

$$x = a_1 \vee a_2 \vee \cdots \vee a_k$$

表达式是唯一的。

【证明】　若还有另一种表达式，设为

$$x = b_1 \vee b_2 \vee \cdots \vee b_m$$

其中，$b_1, b_2, \cdots, b_m$ 是 B 中不同的原子集合。显然，因为 x 是 $b_1, b_2, \cdots, b_m$ 的最小上界，所以有

$$b_1 \leqslant x, b_2 \leqslant x, \cdots, b_m \leqslant x$$

即 $\{b_1, b_2, \cdots, b_m\} \subseteq \{a_1, a_2, \cdots, a_k\}$。

对于任一原子 $a_i(1 \leqslant i \leqslant k)$，因为 $a_i \leqslant x$，所以 $a_i \wedge x = a_i$。即

$$a_i \wedge (b_1 \vee b_2 \vee \cdots \vee b_m) = (a_i \wedge b_1) \vee (a_i \wedge b_2) \vee \cdots \vee (a_i \wedge b_m) = a_i$$

则，必有某一个 $b_j(1 \leqslant j \leqslant m)$，使得 $a_i \wedge b_j \neq 0$。

有 $a_i = b_j$，即 $a_i \in \{b_1, b_2, \cdots, b_m\}$。因此有

$$\{a_1, a_2, \cdots, a_k\} \subseteq \{b_1, b_2, \cdots, b_m\}$$

综上可得，$\{a_1, a_2, \cdots, a_k\} = \{b_1, b_2, \cdots, b_m\}$。即 $x = a_1 \vee a_2 \vee \cdots \vee a_k$ 表达式是唯一的。

定理 7.25　设 $<B, \wedge, \vee, ^{-}, 0, 1>$ 是一个有限布尔代数，S 是代数中的所有原子的集合，则 $<B, \wedge, \vee, ^{-}, 0, 1>$ 同构于幂集代数 $<\rho(S), \cap, \cup, \sim, \varnothing, S>$。

【证明】　作映射 $g: B \rightarrow \rho(S)$，

$$g(x)=\begin{cases}\varnothing, & x=0 \text{ 时}\\ \{a \mid (a\in S)\wedge(a\leqslant x)\}, & x\neq 0 \text{ 时}\end{cases}$$

首先证明 $g(x)$ 是一个双射函数。

(1) 由于 B 对运算 $\vee$ 是封闭的，对 S 的任一子集 $S_1=\{a_1,a_2,\cdots,a_k\}$ 都存在 $a_1\vee a_2\vee\cdots\vee a_k=x\in B$，使 $g(x)=S_1$，所以 g 是满射。

(2) 设 x 和 y 是 B 的任意两个元素，$x\neq y$，不妨设 $x\leqslant y$ 不成立，于是 $x\wedge\bar{y}\neq 0$，则存在一原子 a，使 $a\leqslant x\wedge\bar{y}$。由于 $x\wedge\bar{y}\leqslant x$，$x\wedge\bar{y}\leqslant\bar{y}$，所以 $a\leqslant x$ 和 $a\leqslant\bar{y}$，得

$$a\in g(x),\quad a\notin g(y)$$

所以，$g(x)\neq g(y)$。即 g 是一个单射函数。

再证明 g 是布尔同态。

(1) 设 x 和 y 是 B 的任意两个元素，$x\neq y$，记其原子表示为 $x=a_1\vee a_2\vee\cdots\vee a_k$，$y=b_1\vee b_2\vee\cdots\vee b_m$，则

$$x\vee y=a_1\vee a_2\vee\cdots\vee a_k\vee b_1\vee b_2\vee\cdots\vee b_m$$

于是 $g(x)=\{a_1,a_2,\cdots,a_k\}=S_1$，$g(y)=\{b_1,b_2,\cdots,b_m\}=S_2$，

$$g(x\vee y)=g(a_1\vee a_2\vee\cdots\vee a_k\vee b_1\vee b_2\vee\cdots\vee b_m)=S_1\cup S_2$$

即 g 保持了 $\vee$ 运算。

(2) 设 a 是 $<B,\wedge,\vee,^-,0,1>$ 的任意原子，x 是 B 的任意元素，由于

$$\begin{aligned}a\in g(\bar{x})&\Leftrightarrow a\leqslant\bar{x}\\&\Leftrightarrow\neg(a\leqslant x)\\&\Leftrightarrow a\notin g(x)\\&\Leftrightarrow a\in\sim g(x)\end{aligned}$$

所以，$g(\bar{x})=\sim g(x)$。即 g 保持了补运算。

综上所述，g 是双射函数，g 是布尔同态，所以 g 是布尔同构。

这个定理表明可以用一个集合代数 $<\rho(S),\cap,\cup,\sim,\varnothing,S>$ 来表示每一个有限的布尔代数 $<B,\wedge,\vee,^-,0,1>$，这个结论的一个直接推论就是 $|B|=2^M$。由这个推论还可推出下面的结果：如果两个有限布尔代数 $<B_1,\wedge,\vee,^-,0,1>$ 和 $<B_2,\wedge,\vee,^-,0,1>$ 的域有相同的基数，则它们的原子集合也有相同的基数 $M_1=M_2$。于是相应的集合代数 $<B_1,\wedge,\vee,^-,0,1>$ 和 $<B_2,\wedge,\vee,^-,0,1>$ 同构。据此，可得出下面的定理。

定理 7.26 每一个有限布尔代数的域都是 2 的幂，域具有相同基数的布尔代数必同构。

例题 7.21 设 $A_1,A_2,\cdots,A_n$ 是某一全集 E 的不同子集，如果用 S 表示由 $A_1,A_2,\cdots,A_n$ 所生成的集合的集合，则 $<S,\cap,\cup,\sim,\varnothing,E>$ 是一个布尔代数。由 $A_1,A_2,\cdots,A_n$ 所生成的极小项或包含在 S 的一个元素中，或与该元素形成空相交。因此，由 $A_1,A_2,\cdots,A_n$ 生成的极小项，恰是 $<S,\cap,\cup,\sim,\varnothing,E>$ 的各原子。设 M 是由 $A_1,A_2,\cdots,A_n$ 生成的极小项集合，根据定理 7.25，布尔代数 $<S,\cap,\cup,\sim,\varnothing,E>$ 同构于 $<\rho(M),\cap,\cup,\sim,\varnothing,M>$。

7.5　布尔代数表达式

$<B,\wedge,\vee,^{-},0,1>$是一个布尔代数，下面讨论 B^n 到 B 的函数。

定义 7.15 常(变)元　设$<B,\wedge,\vee,^{-},0,1>$是一个布尔代数，B 中的固定元素称为布尔常元，常以 a，b 表示；取值可为 B 中任意一个元素的变元称为布尔变元，常以 x，y 表示。

定义 7.16 布尔表达式　设$<B,\wedge,\vee,^{-},0,1>$是一个布尔代数，在 B 上的布尔表达式定义如下：

(1) B 中任何一个布尔常元是布尔表达式；

(2) B 中任何一个布尔变元是布尔表达式；

(3) 如果 e_1 和 e_2 是布尔表达式，则 $e_1\wedge e_2$、$e_1\vee e_2$、$\bar{e}_1$ 也是布尔表达式；

(4) 只有有限次使用(1)、(2)、(3)以及括号构造的符号串才是布尔表达式。

例题 7.22　设$<B,\wedge,\vee,^{-},0,1>$是一个布尔代数，$B=\{0,1,a,b\}$，则 $0,1,a,b,a\wedge b,a\vee b,\bar{a},((a\wedge b)\vee 0),(a\vee b)\wedge(\overline{x\vee b}\vee y\vee z)$等都是布尔表达式，其中 x,y,z 是布尔变元。

定义 7.17 *n* 元布尔表达式　设$<B,\wedge,\vee,^{-},0,1>$是一个布尔代数，B 的一个含有 n 个相异布尔变元的布尔表达式称为 n 元布尔表达式，记为 $f(x_1,x_2,\cdots,x_n)$，其中 $x_1,x_2,\cdots,x_n$ 是布尔变元。

定义 7.18 布尔表达式的值　布尔代数$<B,\wedge,\vee,^{-},0,1>$上的一个含有 n 元的布尔表达式 $E(x_1,x_2,\cdots,x_n)$的值是指：将 A 中的元素用变元 $x_i(i=1,2,\cdots,n)$的值来代替表达式中相应的变元(即对变元赋值)，从而计算出表达式的值。

例题 7.23　设布尔代数$<\{0,1\},\wedge,\vee,^{-},0,1>$上的布尔表达式为

$$E(x_1,x_2,x_3)=(x_1\vee x_2)\wedge(\bar{x}_1\vee\bar{x}_2)\wedge(\overline{x_2\vee x_3})$$

如果变元的一组赋值为 $x_1=1,x_2=0,x_3=1$，那么便可求得

$$E(1,0,1)=(1\vee 0)\wedge(\bar{1}\vee\bar{0})\wedge(\overline{0\vee 1})=1\wedge 1\wedge 0=0$$

定义 7.19 布尔表达式等价　设布尔代数$<B,\wedge,\vee,^{-},0,1>$上的两个 n 元的布尔表达式为 $E_1(x_1,x_2,\cdots,x_n)$和 $E_2(x_1,x_2,\cdots,x_n)$，如果对于 n 个变元的任意赋值 $x_i=\tilde{x}_i$，$\tilde{x}_i\in B$ 时，均有

$$E_1(\tilde{x}_1,\tilde{x}_2,\cdots,\tilde{x}_n)=E_2(\tilde{x}_1,\tilde{x}_2,\cdots,\tilde{x}_n)$$

则称这两个布尔表达式是等价的。记作

$$E_1(x_1,x_2,\cdots,x_n)=E_2(x_1,x_2,\cdots,x_n)$$

例题 7.24　在布尔代数$<\{0,1\},\wedge,\vee,^{-}>$上的两个布尔表达式如下：

$$E_1(x_1,x_2,x_3)=(x_1\wedge x_2)\vee(x_1\wedge\bar{x}_3)$$

$$E_2(x_1,x_2,x_3)=x_1\wedge(x_2\vee\bar{x}_3)$$

容易验证，它们是等价的，如表 7-2 所示。

表 7-2 布尔表达式真值表

x_1	x_2	x_3	$E_1(x_1,x_2,x_3)$	$E_2(x_1,x_2,x_3)$
0	0	0	0	0
0	0	1	0	0
0	1	0	0	0
0	1	1	0	0
1	0	0	1	1
1	0	1	0	0
1	1	0	1	1
1	1	1	1	1

事实上，由于布尔代数是有补分配格，所以当对布尔表达式赋值后，表达式中运算$\vee$对运算$\wedge$是可分配的，运算$\wedge$对运算$\vee$也是可分配的。因此，上例中，如果将布尔表达式中的变元看作是已经赋值的，$E_1(x_1,x_2,x_3)$和$E_2(x_1,x_2,x_3)$的等价性可以直接写成

$$E_2(x_1,x_2,x_3)=x_1\wedge(x_2\vee\bar{x}_3)=(x_1\wedge x_2)\vee(x_1\wedge\bar{x}_3)=E_1(x_1,x_2,x_3)$$

对于布尔代数$<B,\wedge,\vee,^-,0,1>$上的任何一个布尔表达式$E(x_1,x_2,\cdots,x_n)$，由于运算$\wedge,\vee,^-$在B上的封闭性，所以对于任何一个有序n元组$<x_1,x_2,\cdots,x_n>$，$x_i\in B$，可以对应着一个表达式$E(x_1,x_2,\cdots,x_n)$的值，这个值必属于B。由此可见，我们可以说布尔表达式$E(x_1,x_2,\cdots,x_n)$确定了一个由B^n到B的函数。

定义 7.20 布尔函数 设$<B,\wedge,\vee,^-,0,1>$是一个布尔代数，一个从B^n到B的函数，如果它能够用$<B,\wedge,\vee,^-,0,1>$上的n元布尔表达式来表示，那么，这个函数就称为布尔函数。

例题 7.25 下面是布尔代数$<\{0,a,b,1\},\wedge,\vee,^-,0,1>$上由$x,y$产生的一个有两个变量的布尔函数：

$$f(x,y)=(b\wedge\bar{x}\wedge y)\vee[b\wedge x\wedge\overline{x\vee\bar{y}}]\vee[a\wedge(x\vee(\bar{x}\wedge y))]$$

运算规则见表 7-3。表 7-4 则列出了对所有变量$(x,y)\in B^2$算出的函数$f(x,y)$的值。

表 7-3 运算表

$\wedge$	0	a	b	1
0	0	0	0	0
a	0	a	0	a
b	0	0	b	b
1	0	a	b	1

$\vee$	0	a	b	1
0	0	a	b	1
a	a	a	1	1
b	b	1	b	1
1	1	1	1	1

x	$\bar{x}$
0	1
a	b
b	a
1	0

表7-4　真值表

x	y	$f(x,y)$	x	y	$f(x,y)$
0	0	0	b	0	0
0	a	a	b	a	a
0	b	b	b	b	0
0	1	1	b	1	a
a	0	a	1	0	a
a	a	a	1	a	a
a	b	1	1	b	a
a	1	1	1	1	a

定义7.21 极小项　布尔代数 $<B,\wedge,\vee,^{-},0,1>$ 上由 n 个布尔变元 $x_1,x_2,\cdots,x_n$ 产生的形如

$$\tilde{x}_1\wedge\tilde{x}_2\wedge\cdots\wedge\tilde{x}_n$$

的布尔表达式称为由 $x_1,x_2,\cdots,x_n$ 产生的极小项，其中 $\tilde{x}_i$ 表示 x_i 或者 $\bar{x}_i$。

例如，$x_1\wedge x_2\wedge x_3\wedge x_4$，$x_1\wedge\bar{x}_2\wedge\bar{x}_3\wedge x_4$，$x_1\wedge\bar{x}_2\wedge x_3\wedge x_4$ 等均是由 x_1,x_2,x_3,x_4 产生的极小项。

通常用记号 m_j 来表示一个具体的极小项，这里 j 是二进制数 $\delta_1,\delta_2,\cdots,\delta_n$ 的十进制表示，其中

$$\delta_i=\begin{cases}1, & \text{当}\tilde{x}_i=x_i\\ 0, & \text{当}\tilde{x}_i=\bar{x}_i\end{cases}(i=1,2,\cdots,n)$$

例如，上述 x_1,x_2,x_3,x_4 产生的极小项为

$$x_1\wedge x_2\wedge x_3\wedge x_4: m_{1111}=m_{15}$$

$$x_1\wedge\bar{x}_2\wedge\bar{x}_3\wedge x_4: m_{1001}=m_9$$

$$x_1\wedge\bar{x}_2\wedge x_3\wedge x_4: m_{1011}=m_{11}$$

对于由 n 个变元产生的不同的极小项一共有 2^n 个，它们之间满足如下关系：

$$m_i\wedge m_j=0(i\neq j)$$

$$\bigvee_{i=0}^{2^n-1}m_i=1$$

定义7.22 主析取范式　一个在 $<B,\wedge,\vee,^{-},0,1>$ 上的布尔表达式，如果它能表示成如下形式的布尔表达式：

$$(\alpha_0\wedge m_0)\vee(\alpha_1\wedge m_1)\vee(\alpha_2\wedge m_2)\vee\cdots\vee(\alpha_{2^n-1}\wedge m_{2^n-1})$$

则我们就称这个布尔表达式为主析取范式。这里的 α_i 是布尔常元，m_i 是极小项($i=1,2,\cdots,2^n-1$)。

因为每个 α_i 有 $|B|$ 种取法，故具有 n 个布尔变元的不同的主析取范式有 $|B|^{2^n}$ 个。特别地，$B=\{0,1\}$ 时有 2^{2^n} 个。

2^n 个极小项最多只能构造出$|B|^{2^n}$个不同的主析取范式，所以，一个 n 元布尔表达式必等价于这$|B|^{2^n}$个主析取范式之一。又由于任何两个不同的主析取范式显然是不等价的，所以一个 n 元布尔表达式都唯一等价于一个主析取范式。

把一个 n 元布尔表达式化成等价的主析取范式，主要应用德·摩根律等，其方法与《数理逻辑》中化成主析取范式的方法完全一致。

定理 7.27 对于两个元素的布尔代数$<\{0,1\},\wedge,\vee,^{-},0,1>$，任何一个从$\{0,1\}^n$到$\{0,1\}$的函数都是布尔函数。

【证明】 对于一个从$\{0,1\}^n$ 到$\{0,1\}$的函数，先用那些使函数值为 1 的有序 n 元组分别构造极小项$\tilde{x}_1 \wedge \tilde{x}_2 \wedge \cdots \wedge \tilde{x}_n$，其中

$$\tilde{x}_i = \begin{cases} x_i, & \text{若 } n \text{ 元组中第 } i \text{ 个分量为 } 1 \\ \tilde{x}_i, & \text{若 } n \text{ 元组中第 } i \text{ 个分量为 } 0 \end{cases}$$

然后，再由这些极小项组成主析取范式，该主析取范式就是原来函数所对应的布尔表达式。

例题 7.26 求表 7-5 所给的函数 f 的主析取范式。

表 7-5 f 的真值表

x_1	x_2	x_3	f
0	0	0	1
0	0	1	1
0	1	0	0
0	1	1	0
1	0	0	1
1	0	1	0
1	1	0	1
1	1	1	1

【解】 函数值为 1 所对应的有序三元组分别为$<0,0,0>$，$<0,0,1>$，$<1,0,0>$，$<1,1,0>$，$<1,1,1>$，分别构造极小项为$\bar{x}_1 \wedge \bar{x}_2 \wedge \bar{x}_3$，$\bar{x}_1 \wedge \bar{x}_2 \wedge x_3$，$x_1 \wedge \bar{x}_2 \wedge \bar{x}_3$，$x_1 \wedge x_2 \wedge \bar{x}_3$，$x_1 \wedge x_2 \wedge x_3$。因此，函数 f 所对应的主析取范式为

$$(\bar{x}_1 \wedge \bar{x}_2 \wedge \bar{x}_3) \vee (\bar{x}_1 \wedge \bar{x}_2 \wedge x_3) \vee (x_1 \wedge \bar{x}_2 \wedge \bar{x}_3) \vee (x_1 \wedge x_2 \wedge \bar{x}_3) \vee (x_1 \wedge x_2 \wedge x_3)$$

类似地，我们可以继续讨论极大项和主合取范式的问题。

定义 7.23 极大项 布尔代数$<B,\wedge,\vee,^{-},0,1>$上由 n 个布尔变元 $x_1,x_2,\cdots,x_n$ 产生的形如

$$\tilde{x}_1 \vee \tilde{x}_2 \vee \cdots \vee \tilde{x}_n$$

的布尔表达式称为由 $x_1,x_2,\cdots,x_n$ 产生的极大项，其中$\tilde{x}_i$ 表示 x_i 或者$\bar{x}_i$。

例如，$x_1 \vee x_2 \vee x_3 \vee x_4$，$x_1 \vee \bar{x}_2 \vee \bar{x}_3 \vee x_4$，$x_1 \vee \bar{x}_2 \vee \dot{x}_3 \vee x_4$ 等均是由 x_1,x_2,x_3,x_4 产生的极大项。

通常用记号 M_j 来表示一个具体的极大项，这里 j 是二进制数 $\delta_1,\delta_2,\cdots,\delta_n$ 的十进制表示，其中

$$\delta_i=\begin{cases}1, & 当\tilde{x}_i=\bar{x}_i \\ 0, & 当\tilde{x}_i=x_i\end{cases}(i=1,2,\cdots,n)$$

对于由 n 个变元产生的不同的极大项一共有 2^n 个，它们之间满足如下关系：

$$m_i \vee m_j = 1(i \neq j)$$

$$\bigwedge_{i=0}^{2^n-1} M_i = 0$$

定义 7.24 主合取范式　一个在 $<B,\wedge,\vee,^-,0,1>$ 上的布尔表达式，如果它能表示成如下形式的布尔表达式：

$$(\alpha_0 \vee M_0) \wedge (\alpha_1 \vee M_1) \wedge (\alpha_2 \vee M_2) \wedge \cdots \wedge (\alpha_{2^n-1} \vee M_{2^n-1})$$

则我们就称这个布尔表达式为主合取范式。这里的 α_i 是布尔常元，M_i 是极大项($i=1,2,\cdots,2^n-1$)。

因为每个 α_i 有 $|B|$ 种取法，故具有 n 个布尔变元的不同的主合取范式有 $|B|^{2^n}$ 个。特别地，$B=\{0,1\}$ 时有 2^{2^n} 个。

2^n 个极大项最多只能构造出 $|B|^{2^n}$ 个不同的主合取范式，所以，一个 n 元布尔表达式必等价于这 $|B|^{2^n}$ 个主合取范式之一。又由于任何两个不同的主合取范式显然是不等价的，所以一个 n 元布尔表达式都唯一等价于一个主合取范式。

例题 7.27　将布尔代数 $<\{0,a,b,1\},\wedge,\vee,^-,0,1>$ 上的布尔表达式 $f(x_1,x_2)=((a\wedge x_1)\wedge(x_1\vee\bar{x}_2))\vee(b\wedge x_1\wedge x_2)$ 化为主析取范式和主合取范式。

【解】　主析取范式：

$$\begin{aligned}
f(x_1,x_2) &= ((a\wedge x_1)\wedge(x_1\vee\bar{x}_2))\vee(b\wedge x_1\wedge x_2)\\
&= (a\wedge(x_1\wedge(x_1\vee\bar{x}_2)))\vee(b\wedge x_1\wedge x_2)\\
&= (a\wedge x_1)\vee(b\wedge x_1\wedge x_2)\\
&= (a\wedge x_1\wedge(x_2\vee\bar{x}_2))\vee(b\wedge x_1\wedge x_2)\\
&= (a\wedge x_1\wedge x_2)\vee(a\wedge x_1\wedge\bar{x}_2)\vee(b\wedge x_1\wedge x_2)\\
&= (a\wedge x_1\wedge\bar{x}_2)\vee((a\vee b)\wedge(x_1\wedge x_2))\\
&= (a\wedge x_1\wedge\bar{x}_2)\vee(x_1\wedge x_2)\\
&= (a\wedge m_2)\vee m_3
\end{aligned}$$

主合取范式：

$$\begin{aligned}
f(x_1,x_2) &= ((a\wedge x_1)\wedge(x_1\vee\bar{x}_2))\vee(b\wedge x_1\wedge x_2)\\
&= (a\wedge(x_1\wedge(x_1\vee\bar{x}_2)))\vee(b\wedge x_1\wedge x_2)\\
&= (a\wedge x_1)\vee(b\wedge x_1\wedge x_2)\\
&= (a\vee(b\wedge x_1\wedge x_2))\wedge(x_1\vee(b\wedge x_1\wedge x_2))\\
&= (a\vee b)\wedge(a\vee x_1)\wedge(a\vee x_2)\wedge x_1\\
&= (a\vee x_2)\wedge x_1\\
&= (a\vee x_2\vee(x_1\wedge\bar{x}_1))\wedge(x_1\vee(x_2\wedge\bar{x}_2))
\end{aligned}$$

$$
\begin{aligned}
&=(a\vee x_1\vee x_2)\wedge(a\vee\bar{x}_1\vee x_2)\wedge(x_1\vee x_2)\wedge(x_1\vee\bar{x}_2)\\
&=(a\vee\bar{x}_1\vee x_2)\wedge(x_1\vee x_2)\wedge(x_1\vee\bar{x}_2)\\
&=M_0\wedge M_1\wedge(a\vee M_2)
\end{aligned}
$$

定理 7.28 设 $E(x_1,x_2,\cdots,x_n)$是布尔代数$<B,\wedge,\vee,^-,0,1>$上的任意一个布尔表达式，则它一定能写成主析取范式。

【证明】 令 $E(x_i=a)=E(x_1,x_2,\cdots,x_{i-1},a,x_{i+1},\cdots,x_n)$，$a\in B$。表达式 $E(x_1,x_2,\cdots,x_n)$的长度定义为该表达式中出现的 B 的元素个数、变元的个数以及$\wedge,\vee,^-$的个数的总和。记 $E(x_1,x_2,\cdots,x_n)$的长度为$|E|$。

利用归纳法证明：$\forall x_i$，必有

$$E(x_1,x_2,\cdots,x_n)=(\bar{x}_i\wedge E(x_i=0))\vee(x_i\wedge E(x_i=1))$$

若$|E|=1$，则 $E=a$ 或 $E=x_j$，如果 $E=a$，则有

$$E(x_i=0)=E(x_i=1)=a$$

所以

$$
\begin{aligned}
E&=a=(\bar{x}_i\vee x_i)\wedge a=(\bar{x}_i\wedge a)\vee(x_i\wedge a)\\
&=(\bar{x}_i\wedge E(x_i=0))\vee(x_i\wedge E(x_i=1))
\end{aligned}
$$

如果 $j=i$，有

$$E(x_i=0)=0,\quad E(x_i=1)=1$$

所以

$$
\begin{aligned}
E&=x_j=(\bar{x}_i\wedge 0)\vee(x_i\wedge 1)\\
&=(\bar{x}_i\wedge E(x_i=0))\vee(x_i\wedge E(x_i=1))
\end{aligned}
$$

如果 $j\neq i$，有

$$E(x_i=0)=E(x_i=1)=x_j$$

所以

$$
\begin{aligned}
E&=x_j=(\bar{x}_i\vee x_i)\wedge x_j=(\bar{x}_i\wedge x_j)\vee(x_i\wedge x_j)\\
&=(\bar{x}_i\wedge E(x_i=0))\vee(x_i\wedge E(x_i=1))
\end{aligned}
$$

因此，$|E|=1$ 时，$E=(\bar{x}_i\wedge E(x_i=0))\vee(x_i\wedge E(x_i=1))$成立。

假设$|E|\leqslant n$，结论成立。当$|E|=n+1$ 时，

(1) 如果 $E=E_1\vee E_2$，则必有$|E_1|\leqslant n$，$|E_2|\leqslant n$，因此由归纳假设，就有

$$
\begin{aligned}
E_1&=(\bar{x}_i\wedge E_1(x_i=0))\vee(x_i\wedge E_1(x_i=1))\\
E_2&=(\bar{x}_i\wedge E_2(x_i=0))\vee(x_i\wedge E_2(x_i=1))
\end{aligned}
$$

所以

$$
\begin{aligned}
E&=E_1\vee E_2\\
&=(\bar{x}_i\wedge E_1(x_i=0))\vee(x_i\wedge E_1(x_i=1))\vee(\bar{x}_i\wedge E_2(x_i=0))\vee(x_i\wedge E_2(x_i=1))\\
&=[\bar{x}_i\wedge(E_1(x_i=0)\vee E_2(x_i=0))]\vee[x_i\wedge(E_1(x_i=1)\vee E_2(x_i=1))]\\
&=(\bar{x}_i\wedge E(x_i=0))\vee(x_i\wedge E(x_i=1))
\end{aligned}
$$

(2) 如果 $E=E_1\wedge E_2$，则必有$|E_1|\leqslant n$，$|E_2|\leqslant n$，同样由归纳假设，就有

$$E=E_1\wedge E_2=(\bar{x}_i\wedge E(x_i=0))\vee(x_i\wedge E(x_i=1))$$

(3) 如果 $E=\bar{E}_1$，则必有 $|E_1|=n$，由归纳假设，即有

$$
\begin{aligned}
E=\bar{E}_1&=\overline{(\bar{x}_i\wedge E_1(x_i=0))\vee(x_i\wedge E_1(x_i=1))}\\
&=(x_i\vee\overline{E_1(x_i=0)})\wedge(\bar{x}_i\vee\overline{E_1(x_i=1)})\\
&=(x_i\vee\bar{E}_1(x_i=0))\wedge(\bar{x}_i\vee\bar{E}_1(x_i=1))\\
&=[(x_i\vee\bar{E}_1(x_i=0))\wedge\bar{x}_i]\vee[(x_i\vee\bar{E}_1(x_i=0))\wedge\bar{E}_1(x_i=1)]\\
&=[(x_i\wedge\bar{x}_i)\vee(\bar{E}_1(x_i=0)\wedge\bar{x}_i)]\\
&\quad\vee[(x_i\wedge\bar{E}_1(x_i=1))\vee(\bar{E}_1(x_i=0)\wedge\bar{E}_1(x_i=1))]\\
&=(\bar{x}_i\wedge E(x_i=0))\vee(x_i\wedge E(x_i=1))\\
&\quad\vee[(x_i\vee\bar{x}_i)\wedge(E(x_i=0)\wedge E(x_i=1))]\\
&=(\bar{x}_i\wedge E(x_i=0))\vee(x_i\wedge E(x_i=1))\vee(\bar{x}_i\wedge(E(x_i=0)\wedge E(x_i=1)))\\
&\quad\vee(x_i\wedge(E(x_i=0)\wedge E(x_i=1)))\\
&=(\bar{x}_i\wedge E(x_i=0))\vee(x_i\wedge E(x_i=1))
\end{aligned}
$$

由上面的证明可知

$$E(x_1,x_2,\cdots,x_n)=(\bar{x}_i\wedge E(x_i=0))\vee(x_i\wedge E(x_i=1))$$

可得

$$
\begin{aligned}
E(x_1,x_2,\cdots,x_n)&=(\bar{x}_1\wedge E(0,x_2,\cdots,x_n))\vee(x_1\wedge E(1,x_2,\cdots,x_n))\\
&=\{\bar{x}_1\wedge[(\bar{x}_2\wedge E(0,0,x_3,\cdots,x_n))\vee[x_2\wedge E(0,1,x_3,\cdots,x_n)]\}\\
&\quad\vee\{x_1\wedge[(\bar{x}_2\wedge E(1,0,x_3,\cdots,x_n))\vee(x_2\wedge E(1,1,x_3,\cdots,x_n))]\}\\
&=\cdots\\
&=[\bar{x}_1\wedge\bar{x}_2\wedge\cdots\wedge\bar{x}_n\wedge E(0,0,\cdots,0)]\\
&\quad\vee[\bar{x}_1\wedge\bar{x}_2\wedge\cdots\wedge\overline{x_{n-1}}\wedge x_n\wedge E(0,0,\cdots,1)]\\
&\quad\vee\cdots\vee[x_1\wedge x_2\wedge\cdots\wedge x_{n-1}\wedge\bar{x}_n\wedge E(1,1,\cdots,1,0)]\\
&\quad\vee[x_1\wedge x_2\wedge\cdots\wedge x_n\wedge E(1,1,\cdots,1)]
\end{aligned}
$$

其中每个方括号里的布尔表达式可以写成统一形式

$$C_{\delta_1\delta_2\cdots\delta_n}\wedge\widetilde{x_1}\wedge\widetilde{x_2}\wedge\cdots\wedge\widetilde{x_n}$$

而 $C_{\delta_1\delta_2\cdots\delta_n}\in B$，$\widetilde{x_i}$ 是 x_i 或 $\bar{x}_i$ 中的一个。

类似地，我们可以通过证明

$$E(x_1,x_2,\cdots,x_n)=(x_i\vee E(x_i=0))\wedge(\bar{x}_i\vee E(x_i=1))$$

来证明任何布尔表达式能够写成形如

$$D_{\delta_1\delta_2\cdots\delta_n}\vee\widetilde{x_1}\vee\widetilde{x_2}\vee\cdots\vee\widetilde{x_n}$$

的交，其中 $D_{\delta_1\delta_2\cdots\delta_n}\in B$，$\widetilde{x_i}$ 是 x_i 或 $\bar{x}_i$ 中的一个。即表示成主合取范式。

例题 7.28　表 7-6 中所确定的函数 g 为从 B^2 到 B 的映射，其中

$$B=\{0,1,2,3\}$$

证明 g 不是布尔函数。

表 7-6 g 的真值表

映射	g	映射	g	映射	g	映射	g
<0,0>	1	<1,0>	1	<2,0>	2	<3,0>	3
<0,1>	0	<1,1>	1	<2,1>	0	<3,1>	0
<0,2>	0	<1,2>	0	<2,2>	1	<3,2>	2
<0,3>	3	<1,3>	3	<2,3>	1	<3,3>	2

【证明】 用反证法。

如果 g 是布尔函数，那么它的布尔表达式必可表示成主析取范式为：

$$g(x_1,x_2)=(\alpha_0 \wedge x_1 \wedge x_2) \vee (\alpha_1 \wedge x_1 \wedge \bar{x}_2) \vee (\alpha_2 \wedge \bar{x}_1 \wedge x_2) \vee (\alpha_3 \wedge \bar{x}_1 \wedge \bar{x}_2)$$

从表 7-6 中可知

$$\alpha_0=g(1,1)=1$$

$$\alpha_1=g(1,0)=1$$

$$\alpha_2=g(0,1)=0$$

$$\alpha_3=g(0,0)=1$$

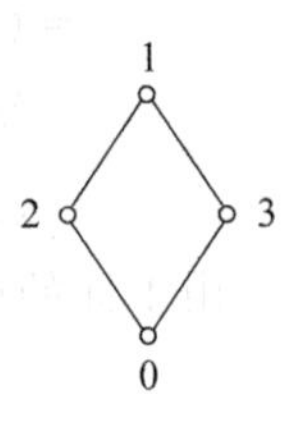

图 7.9 哈斯图

所以

$$g(x_1,x_2)=(x_1 \wedge x_2) \vee (x_1 \wedge \bar{x}_2) \vee (\bar{x}_1 \wedge \bar{x}_2)$$

对于布尔格<{0,1,2,3},≤>可用图 7.9 的哈斯图来表示。

由图 7.9 可知

$$g(3,3)=(3 \wedge 3) \vee (3 \wedge 2) \vee (2 \wedge 2)=3 \vee 0 \vee 2=1$$

这与表 7-6 中的 $g(3,3)=2$ 相矛盾，所以表 7-6 中的函数 g 不是布尔函数。

作为布尔代数的直接应用，我们可以确认：

命题逻辑可以用布尔代数<{F,T},∧,∨,¯>来描述，一个原子命题就是一个变元，它的取值为 T 或 F，因此，任一复合命题都可以用代数系统<{F,T},∧,∨,¯>上的一个布尔函数来表示。

开关代数可以用布尔代数<{断开,闭合},并联,串联,反向>来描述，一个开关就是一个变元，它的取值为“断开”或“闭合”，因此，任一开关线路都可以用代数系统<{断开,闭合},并联,串联,反向>上的一个布尔函数来表示。

7.6 格与布尔代数的应用

19 世纪 50 年代，只受过初级数学教育、自学成才的英国人乔治·布尔(George Boole)先后发表了《逻辑之数学分析》(*The Mathematical Analysis of Logic*)和《思维规律》(*The Laws of Thought*)这两部杰作。他创造出了一套符号系统，利用符号来表示逻辑中的各种概念，并且建立了一系列的运算法则，利用代数方法研究逻辑问题，初步奠定了数理逻辑的基础。布尔代数从此问世，数学史上树起了一座新的里程碑。

布尔将逻辑推理过程简化成极为容易和简单的一种代数运算。他规定在布尔代数中：

(1) 所有可能出现的数只有0和1两个；

(2) 基本运算只有"与""或""非"三种。

今天，所有的电子计算机芯片里使用的成千上万个微小的逻辑部件，都是由各种布尔逻辑元件—逻辑门和触发器组成的。由逻辑元件可以组成各种逻辑网络，这样任何复杂的逻辑关系都可以由逻辑元件经过相应的组合来实现，使其具有复杂的逻辑判断功能。

为了更好地阐述布尔代数在逻辑电路设计中的应用，我们先介绍布尔函数的几种表示方法。

7.6.1 布尔函数的表示法

我们在这里是利用布尔代数的表示方法，作为对一个逻辑电路设计过程描述的工具，针对不同的实际情况，布尔函数有许多种表示方法。我们的目的是要从中选取一种方法，使得能够对布尔函数进行简化运算，物理上实现方便。下面就将常用的几种表示方法作一介绍。

1. 方程法

如前所述，一个布尔代数 $\langle B^n, \wedge, \vee, ^-, 0, 1\rangle$，若有一映射 $f: B^n \to B$，那么此布尔函数 f 和一个 n 元布尔表达式之间就存在一一对应的关系。这样，就可以用函数所对应的任意一个布尔表达式来表达布尔函数。比如，函数

$$p = f(m,r,s,t) = m \wedge (r \vee (s \wedge \bar{t}))$$

其中，p 是输出端，而 m,r,s 和 t 表示输入端的变元。

这种表示方法是通过布尔方程的方式来表示一个布尔函数。

2. 列表法

列表法是将输入变元的所有不同的组合以及相对应的函数值列成表，这如同在第1章中介绍的真值表。用这种列表的方式来表示布尔函数使用起来比较简单、直接，不像方程法那样需要进行计算，只查表就可以了，不过在变元较多的情况下，列表法就显得十分麻烦了。

如在计算机的逻辑电路设计中，经常使用的一种模2加法器(也称半加器)。这里假定模2加法运算符用符号 $+_2$ 来表示，$\wedge$ 和 $\vee$ 是通常意义下的 $\cap$ 和 $\cup$ 运算。那么对于输入 $a,b(a,b \in \{0,1\})$ 的模2加定义为：

$$0+_2 0=0,\quad 1+_2 0=1,\quad 0+_2 1=1,\quad 1+_2 1=0$$

现用与非门来构成模2加法器，其步骤如下：

(1) 列出全部的真值表，如表7-7所示。

表7-7 真值表

A	B	f	A	B	f
0	0	0	0	1	1
1	0	1	1	1	0

(2) 写出表达式的标准形。由表达式对应的真值表，模 2 加的布尔表达式为

$$f=(A\wedge\bar{B})\vee(\bar{A}\wedge B)$$

这即是一个积和标准形。

(3) 在标准形基础上作变换，使之为与非式（与非式用符号 ↑ 表示）：

$$\begin{aligned}f&=(A\wedge\bar{B})\vee(\bar{A}\wedge B)\\&=(A\wedge\bar{B})\vee(\bar{A}\wedge A)\vee(\bar{A}\wedge B)\vee(\bar{B}\wedge B)\\&=[A\wedge(\bar{A}\vee\bar{B})]\vee[B\wedge(\bar{A}\vee\bar{B})]\\&=[A\wedge(A\uparrow B)]\vee[B\wedge(A\uparrow B)]\\&=\overline{[A\wedge(A\uparrow B)]}\uparrow\overline{[B\wedge(A\uparrow B)]}\\&=[A\uparrow(A\uparrow B)]\uparrow[B\uparrow(A\uparrow B)]\end{aligned}$$

(4) 按变换了的与非式画出模 2 加的结构图，如图 7.10 所示。

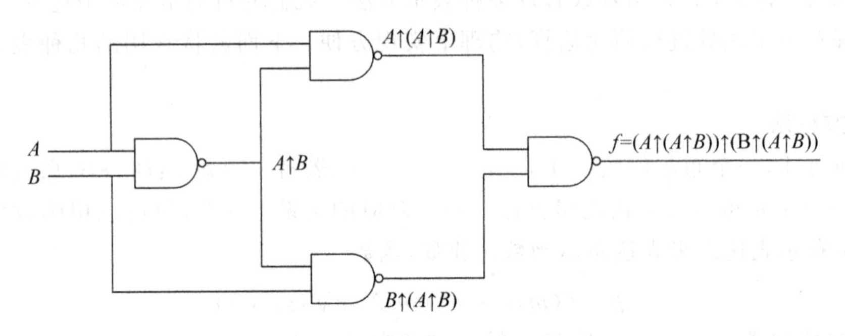

图 7.10 与非式模 2 加的结构图

3. 空间表示法

空间表示法是将一个有序的输入 n 元组，作为一个 n 维空间的一个固定点。将所有可能的输入 n 元组都集合于一个 n 维空间定义的图形上，图形的顶点对应各个不同的 n 元组。例如，有一布尔函数 $f(a,b,c)=a\cdot(b+\bar{c})$，因为函数有三个输入变元，所以共有 8 种不同的输入组合，而使函数值为 1 的输入三元组的顶点用黑点表示在图 7.11 上。

空间表示法表示布尔函数是有局限的，即当 n 超过了 4 时，空间的拓扑直观性很差，所以对于比较复杂的函数我们不使用它，但有时可以使用一种改进的方法来代替空间表示法。该方法在图中并不包含对应于函数值为 0 的顶点。例如有函数 $p=m\wedge(r\vee(s\wedge\bar{t}))$ 可表示为如图 7.12 所示。这种图形将函数为 1 的顶点间的距离值和相邻关系保留下来。

4. 立方体法

立方体法是空间表示法的变种。所谓的立方体法是采用一个 n 元组的组元，记录对应函数值为 1 的那些输入组合。如函数例子 $p=m\wedge(r\vee(s\wedge\bar{t}))$ 就可表示成{1010，1100，1101，1110，1111}，这个 n 元组的集合叫做立方体数组。这种表示方法的最大优点是便于计算机处理。

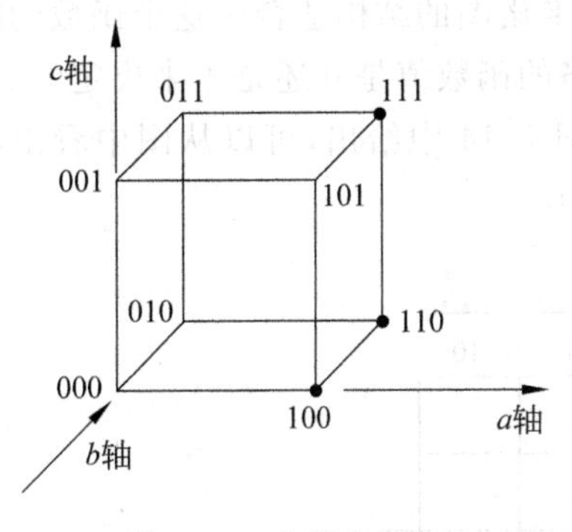

图 7.11　空间表示图

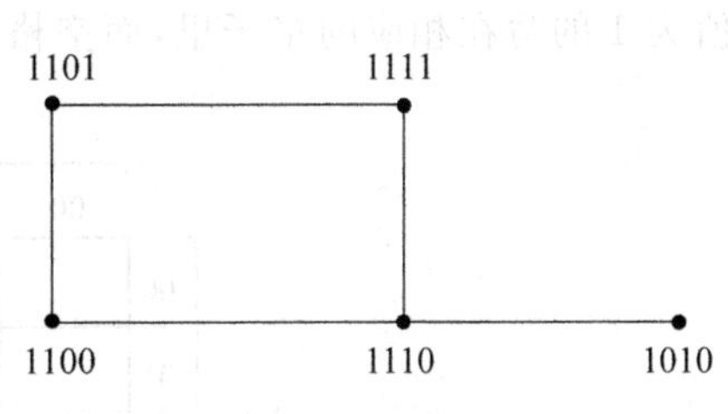

图 7.12　空间表示法

5. 卡诺图法(Karnaugh)

卡诺图是一种广泛使用的表示函数的方法。它的优点是很适用于手工简化。

对于一个具有 n 个变元的布尔函数，卡诺图的结构是分成 2^n 个方格，对函数的每种可能的输入组合对应一个方格，2^n 个方格对半分，对每个不同的变元得出不同的成对方格。

例如，一个变元的函数如 a，它的卡诺图表示为图 7.13(a)。其中标以 a 和$\bar{a}$ 的方格对分。两个变元 a、b 的布尔函数的卡诺图在图 7.13(b)中给出，其中一半方格(左列)指出 a 的输入值 0，而右列一半指出 a 的输入值为 1。可见四个方格是以两种不同的方式对半分开，每个变元用其一种分法。3 个变元的布尔函数的卡诺图在图 7.13(c)中给出，4 个变元的卡诺图在图 7.13(d)中给出，具有 5 个变元的卡诺图可以用两个 4 变元的卡诺图来表示。其中一个卡诺图对应第五个变元为 0，而另一个卡诺图对应第五个变元为 1，对于更多变元函数的卡诺图的表示方法以此类推。

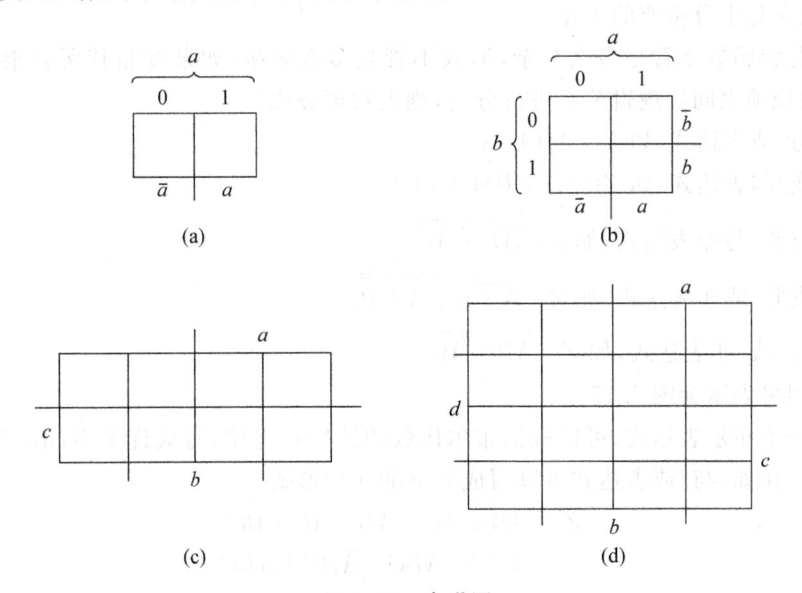

图 7.13　卡诺图

利用卡诺图来表示一个布尔函数的时候，选择卡诺图的结构适合于这个函数的描述，并且在方格中置0和1是根据输入组合有关的方格的函数值是0还是1来决定的。如有一布尔函数 $f=x_1*(x_2\oplus(x_3*x_4))$ 的卡诺图在图7.14中给出，可以从图中看出，只有函数值为1的写在相应的格子里，而空格被认为是0。

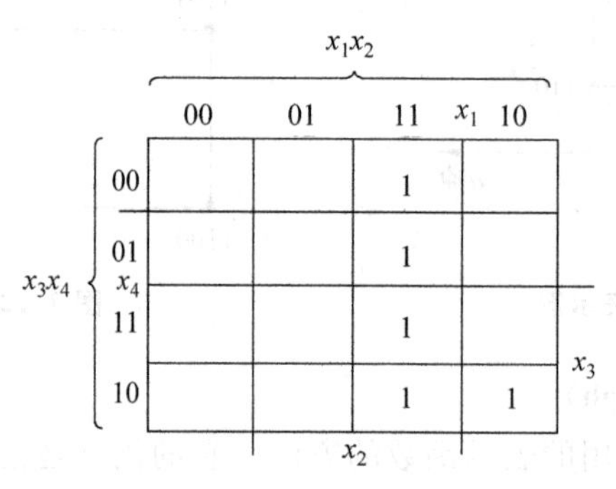

图7.14 卡诺图

7.6.2 逻辑电路设计方法

1. 布尔函数的极小化

在逻辑电路设计中，布尔代数是以输出作为输入函数的这种形式来表达电路的。正因为电路是用布尔函数来表示的，它就具有能够容易简化的特点，而这一特点是在电路图上无法做到的，这种简化工作称为极小化。

对于一个逻辑函数来说，一般如果表达式比较简单，那么实现这个逻辑表达式所需要的元件就比较少。因而既可节约器材，又可提高电路的可靠性能。所以在设计逻辑电路时，如何化简是十分重要的工作。

一个逻辑函数不管是多么复杂，形式不管是多么繁多，如果按照其所含乘积项的特点，以及乘积项之间的逻辑关系进行分类，则大致可分成：

(1) 与/或表达式，如 $Z=AB+\overline{A}C$。

(2) 或/与表达式，如 $Z=(A+B)(\overline{A}+C)$。

(3) 与非/与非表达式，如 $Z=\overline{\overline{AB}\cdot\overline{\overline{A}C}}$。

(4) 或非/或非表达式，如 $Z=\overline{\overline{A+B}+\overline{\overline{A}+B}}$。

(5) 与/或/非表达式，如 $Z=\overline{A\overline{B}+\overline{A}C}$。

如用图可表示为图7.15。

对于一个布尔表达式，可以根据布尔代数的性质和定律，写成许多不同的形式，让它们都等价。比如，与/或表达式可以写成如下的几种形式：

$$\begin{aligned}Z&=AB+\overline{A}C=AB+\overline{A}C+BC\\&=ABC+AB\overline{C}+\overline{A}BC+\overline{A}\overline{B}C\end{aligned}$$

我们知道，表达式的繁简程度不同，电路的复杂程度也不一样。表达式越简短，则所用的元件就越少，电路也越简单。

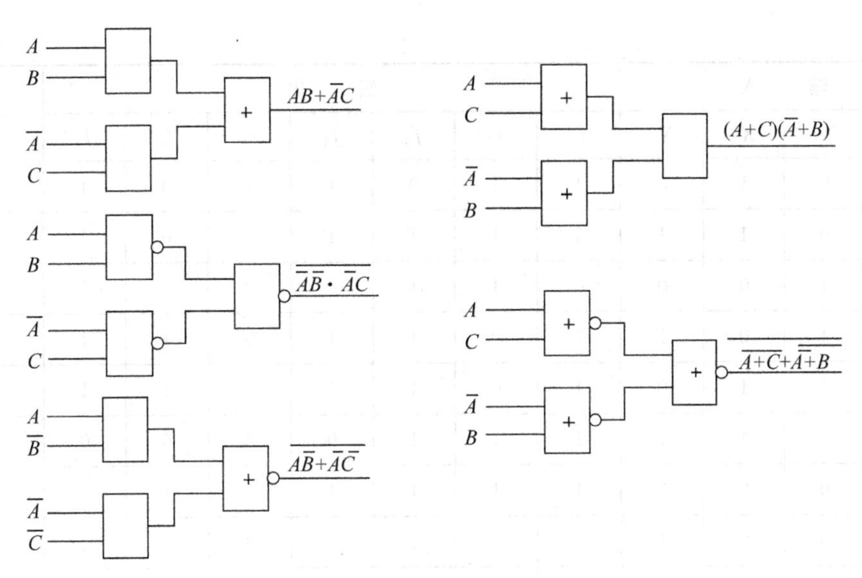

图 7.15　所有逻辑关系分类

逻辑表达式的化简方法有两种：一种是代数法；另一种是几何法。下面就通过例子来说明化简逻辑表达式进行设计的方法。

2. 代数设计法

代数设计法是将设计的问题数学化，找出问题中输入和输出的关系，列出全真值表的一种设计方法。前面举出的模 2 加法器就是代数设计法的例子。

3. 几何设计法

所谓的几何设计法，就是由所得的输入输出表利用卡诺图进行化简，求出未知的内部结构式，再按结构式画出电路图。

例题 7.29　设计七段数字显示器。

【解】　七段数字表示方法如图 7.16 所示。

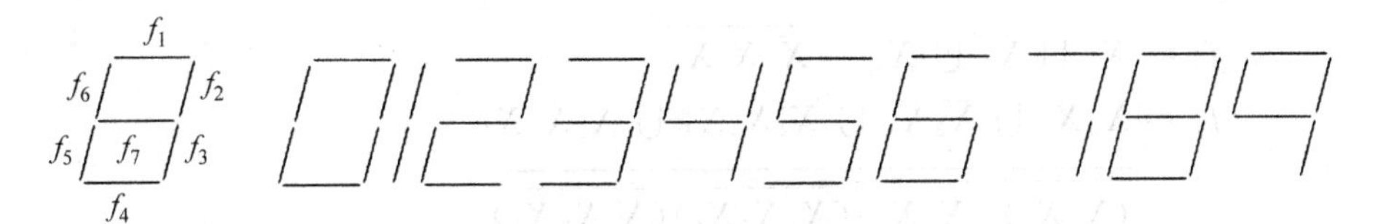

图 7.16　七段数字表示法

分析图 7.16，列出输入输出表如表 7-8 所示。

表 7-8　输入输出表

输入				输出							字形
X_4	X_3	X_2	X_1	f_1	f_2	f_3	f_4	f_5	f_6	f_7	
0	0	0	0	1	1	1	1	1	1	0	0
0	0	0	1	0	1	1	0	0	0	0	1

续表

输入				输出							字形
X_4	X_3	X_2	X_1	f_1	f_2	f_3	f_4	f_5	f_6	f_7	
0	0	1	0	1	1	0	1	1	0	1	2
0	0	1	1	1	1	1	1	0	0	1	3
0	1	0	0	0	1	1	0	0	1	1	4
0	1	0	1	1	0	1	1	0	1	1	5
0	1	1	0	1	0	1	1	1	1	1	6
0	1	1	1	1	1	1	0	0	0	0	7
1	0	0	0	1	1	1	1	1	1	1	8
1	0	0	1	1	1	1	0	0	1	1	9
1	0	1	0	*	*	*	*	*	*	*	/
1	0	1	1	*	*	*	*	*	*	*	/
1	1	0	0	*	*	*	*	*	*	*	/
1	1	0	1	*	*	*	*	*	*	*	/
1	1	1	0	*	*	*	*	*	*	*	/
1	1	1	1	*	*	*	*	*	*	*	/

再由真值表画出卡诺图如图 7.17 所示,并在其上化简。

$$f_1 = X_1 \cup X_3 \cup \bar{X}_2\bar{X}_4 \cup X_2\bar{X}_3X_4 = \overline{\bar{X}_1\bar{X}_3\,\overline{(\bar{X}_2\bar{X}_4)}\,\overline{(X_2\bar{X}_3\bar{X}_4)}}$$

$$f_2 = \bar{X}_2 \cup X_3X_4 \cup \bar{X}_3\bar{X}_4 = \overline{X_2\,\overline{X_3X_4}\,\overline{(\bar{X}_3\bar{X}_4)}}$$

$$f_3 = X_1 \cup \bar{X}_3 \cup X_4 = \overline{\bar{X}_2X_3\bar{X}_4}$$

$$f_4 = \bar{X}_2X_3 \cup \bar{X}_2\bar{X}_4 \cup X_2X_3\bar{X}_4 \cup X_2\bar{X}_3X_4$$

$$= \overline{\overline{(\bar{X}_2X_3)}\,\overline{(\bar{X}_2\bar{X}_4)}\,\overline{(X_2X_3X_4)}\,\overline{(X_2\bar{X}_3X_4)}}$$

$$f_5 = \bar{X}_2\bar{X}_4 \cup X_2X_3\bar{X}_4 = \overline{\overline{(\bar{X}_2\bar{X}_4)}\,\overline{(X_2X_3\bar{X}_4)}}$$

$$f_6 = X_1 \cup X_2\bar{X}_3 \cup X_2X_3\bar{X}_4 \cup \bar{X}_3\bar{X}_4$$

$$= \overline{\bar{X}_1\,\overline{(X_2\bar{X}_3)}\,\overline{(X_2X_3\bar{X}_4)}\,\overline{(\bar{X}_3\bar{X}_4)}}$$

$$f_7 = X_1 \cup X_2\bar{X}_3 \cup \bar{X}_2X_3 \cup \bar{X}_2\bar{X}_4 \cup X_2X_3\bar{X}_4$$

$$= \overline{\bar{X}_1\,\overline{(X_2\bar{X}_3)}\,\overline{(\bar{X}_2X_3)}\,\overline{(X_2X_3\bar{X}_4)}}$$

最后画出电路图,如图 7.18 所示。

x_4x_3 \ x_2x_1	00	01	11	10
00	1	0	1	1
01	0	1	1	0
11	1	1	*	*
10	1	1	*	*

f_1

x_4x_3 \ x_2x_1	00	01	11	10
00	1	1	1	1
01	1	0	1	0
11	*	*	*	*
10	1	1	*	*

f_2

x_4x_3 \ x_2x_1	00	01	11	10
00	1	0	1	1
01	0	1	0	1
11	*	*	*	*
10	1	0	*	*

f_3

x_4x_3 \ x_2x_1	00	01	11	10
00	1	0	1	1
01	0	1	0	1
11	*	*	*	*
10	1	0	*	*

f_4

x_4x_3 \ x_2x_1	00	01	11	10
00	1	0	0	1
01	0	1	0	1
11	*	*	*	*
10	1	0	*	*

f_5

x_4x_3 \ x_2x_1	00	01	11	10
00	1	0	0	0
01	1	1	0	1
11	*	*	*	*
10	1	1	*	*

f_6

x_4x_3 \ x_2x_1	00	01	11	10
00	0	0	1	1
01	1	1	0	0
11	*	*	*	*
10	1	0	*	*

f_7

图 7.17 七段数字显示器各段的卡诺图

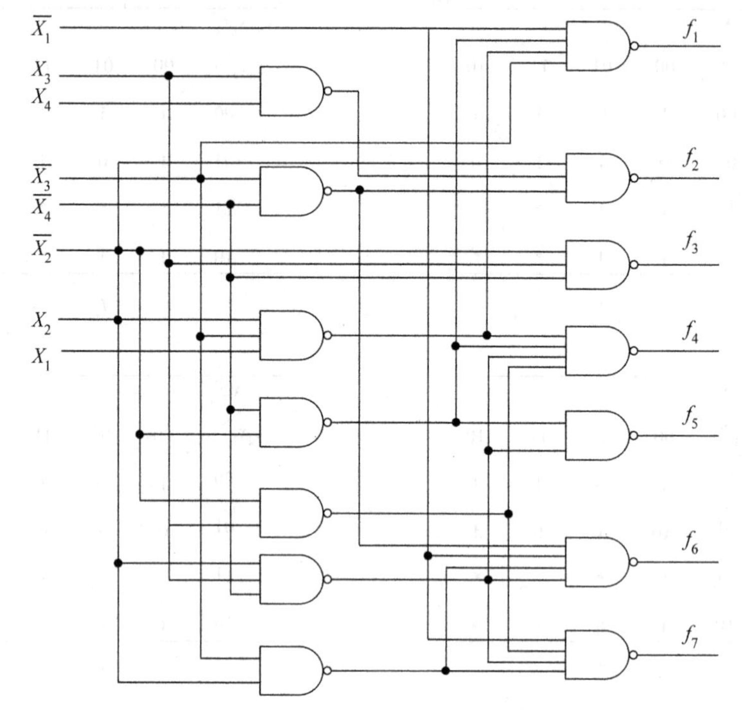

图 7.18 七段数字显示器电路图

7.6.3 时序逻辑电路的设计

前面，我们所讨论的电路是仅限于组合电路，即输出只与此时刻的输入有关，而大多数数字计算机中，许多电路要求用时序方式操作，这种时序操作是利用时钟信号而进行的。这些电路在任意给定时刻的输出是外部输入和此时刻计算机所存信息的函数，这种类型的电路称为时序电路。在计算机理论中，我们把时序电路的抽象模型称为有限自动机。

输入(输出)信号可分为电平与脉冲两种，所谓电平，就是 0 值或 1 值信号都可以持续任意长的时间；所谓脉冲，就是其 1 值信号出现后只延续一个固定的短暂时刻。

若时序电路的内部状态只能在时钟脉冲到来时才发生改变(即前者必须与后者同步)，则称为同步型时序电路；否则称为异步型时序电路。脉冲输入的同步型电路简称为脉冲同步电路，类似地还有脉冲异步电路、电子同步电路及电平异步电路。

一个时序电路的模型中，由组合电路出来经过记忆电路又返回到组合电路的导线称为反馈回路，有延迟元件的反馈回路称为反馈延迟线。

按记忆电路的不同，时序电路又分为反馈延迟电路与触发记忆电路。所谓反馈延迟电路，就是记忆电路是由反馈延迟线组成的时序电路，它是一种异步型电路，它的一般形式是门电路带反馈组成，其输入可以是电平，也可以是脉冲。所谓触发记忆电路，就是记忆电路是由触发器组成的时序电路，这种电路又分为两种，有时钟线的称为时钟型电路，无时钟线的称为脉冲型电路。

在这里，我们不讨论各种时序电路的结构以及设计，仅讨论作为时序电路抽象模型的有限自动机。

一个有限自动机是一个系统 $N=\langle I,S,O,\delta,\lambda\rangle$，其中有限集合 I，S 和 O 分别表示机器的输入、状态和输出符号的字母表。字母表 I 和 O 不一定不相交，但 $I\cap S=O\cap S=\varnothing$，字母表分别为

$$I=\{a_0,a_1,\cdots,a_n\}$$
$$S=\{S_0,S_1,\cdots,S_m\}$$
$$O=\{O_0,O_1,\cdots,O_r\}$$

δ 是一个映射：$S\times I\to S$，它代表下次状态函数；λ 是一个映射：$S\times I\to O$，它代表输出函数；S_0 作为初始状态。这样，从形式上说，有限自动机由三个字母表和两个函数组成。

如图 7.19 所示，机器从输入带上读出一串输入符号，并且把输出符号序列存放在输出带上，设机器是在某种状态 S_i 时，在它的读出头读出输入符号 a_p，然后作映射 λ，从而使得写头记录一个符号 O_k 到输出带上。接着函数 δ 使机器进入状态 S_j，机器接着读出下一个输入符号，并且继续其操作直到输入带上的符号都处理过为止。

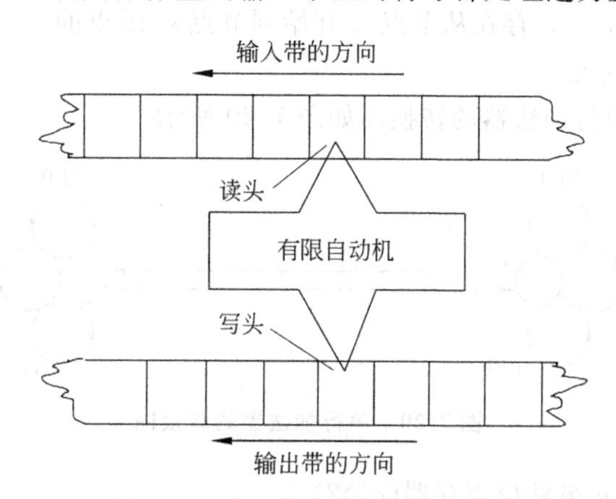

图 7.19　有限自动机输入输出过程

例题 7.30　串行二进制加法。设 $X=\{(a,b)\mid a,b\in\{0,1\}\}$，$Y=S=\{0,1\}$，

$$\delta(s,(a,b))=\begin{cases}1, & \text{当 } s,a,b \text{ 中至少有两个 1 时}\\ 0, & \text{其他}\end{cases}$$

$$\lambda(s,(a,b))=\begin{cases}1, & \text{当 } s,a,b \text{ 中 1 的个数为奇数时}\\ 0, & \text{其他}\end{cases}$$

则 $M=\langle X,Y,S,\delta,\lambda)$ 是一个有限自动机。

例题 7.31　分析类似脉冲分配器那样操作的有限自动机的构造。

【解】　脉冲分配器有一组位序列作为输入，输出也是位序列。

在时刻 t，当且仅当输入带上 1 的数目是非 0 的偶数时，有限自动机写出一个 1。

这个过程可以由表 7-9 给出。假定初始状态为 S_0，输入带上含有行 101011，机器在状态 S_0 开始，而当它读出第一个输入符号 1 时，它进入状态 S_1 并且在输出带上写上 0，当读到第二个符号 0 时，机器保持在状态 S_1，第三个符号使机器进入 S_0 且输出一个 1，这

个过程持续到读出输入带终结符为止。执行完毕后，输入字符串 101011 转换成为输出字符串 001001。

表 7-9 有限自动机输入输出过程

当前状态	δ		λ	
	输入符号		输入符号	
	0	1	0	1
S_0	S_0	S_1	0	0
S_1	S_1	S_0	0	1

在有限自动机理论中，常常把这张表用一个有向图来代替说明，用来描述有限自动机的这种有向图称为转换图。

一个有限自动机 M 的转换图是一个有向图，其中 S 中的每个状态符号对应一个节点，且每个节点用和它相关的状态符号标记，对每个有序对 $<s_i, s_j>$ 使得存在三元组 $<s_i, a_p, s_j>$ 和 $<s_i, a_p, a_k>$。存在从节点 s_i 开始到节点 s_j 结束的一个分支，而每个这样的分支用数对 a_p/a_k 来标记。

如例题 7.30 中串行加法器的转换图如图 7.20 所示。

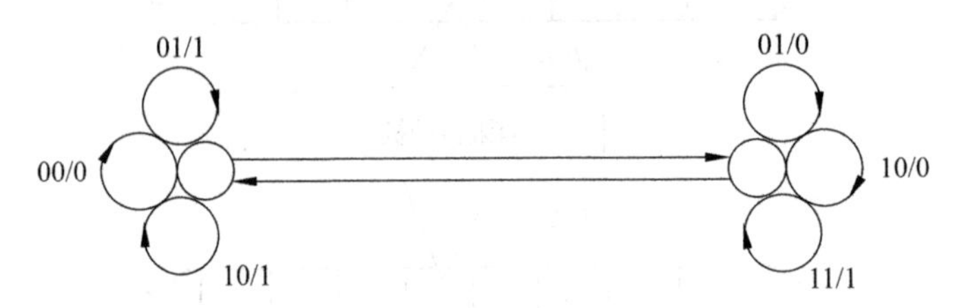

图 7.20 串行加法器的转换图

例题 7.32 q 元 n 级移位寄存器($q \geqslant 2$)。

【解】 设 F_q 是一个 q 元集合，

$X = F_q^l, l \geqslant 0$

$Y = F_q^m, m > 0$

$S = F_q^n, n \geqslant 0$

$$\delta(\{s_1, s_2, \cdots, s_n\}, \{x_1, x_2, \cdots, x_l\}) = \begin{bmatrix} s_1 \\ s_2 \\ \vdots \\ s_n \\ \delta_n(s_1, s_2, \cdots, s_n, x_1, x_2, \cdots, x_l) \end{bmatrix}$$

$$\lambda(\{s_1, s_2, \cdots, s_n\}, \{x_1, x_2, \cdots, x_l\}) = \begin{bmatrix} \lambda_1(s_1, s_2, \cdots, s_n, x_1, x_2, \cdots, x_l) \\ \vdots \\ \lambda_n(s_1, s_2, \cdots, s_n, x_1, x_2, \cdots, x_l) \end{bmatrix}$$

$s_1, s_2, \cdots, s_n, x_1, x_2, \cdots, x_l \in F_q$，其中 $\delta_n, \delta_n, \cdots, \delta_n$ 为任意 $m+1$ 个 F_q 上 $n+l$ 元单值函数，

则 $M=<X,Y,S,\delta,\lambda>$ 为一个有限自动机，并称为 q 元 n 级移位寄存器。

M 的转换图 G_M 包含 q^n 个节点，从节点 $(s_1,s_2,\cdots,s_n)$ 到节点 $(s_2,s_3,\cdots,s_{n+1})$ 有一条赋值为 $(y_1,y_2,\cdots,y_m)/(x_1,x_2,\cdots,x_l)$ 的弧。其中 $s_1,s_2,\cdots,s_n,x_1,x_2,\cdots,x_l\in F_q,s_{n+1}=\delta_n(s_1,s_2,\cdots,s_n,x_1,x_2,\cdots,x_l),y_i=\lambda_i(s_1,s_2,\cdots,s_n,x_1,x_2,\cdots,x_l),i=1,2,\cdots,m$。

例如当 $q=2,F_q=\{0,1\},l=m=1,n=3$ 且 $\delta_n(s_1,s_2,s_3,x_1)=\lambda_1(s_1,s_2,s_3,x_1)=s_1\oplus x_1$ 时，转换图 G_M 可描述成如图 7.20。

例题 7.33　模 5 计数。设

$$X=\{0,1\}$$
$$S=Y=\{0,1,2,3,4\}$$
$$\delta(s,0)=s$$
$$\delta(s,1)=s+1$$

当 $0\leqslant s<4,\delta(4,1)=0$ 且 $\lambda(s,x)=\delta(s,x),s\in S,x\in X$ 时，$M=<X,Y,S,\delta,\lambda>$ 是一个有限自助机。对任何 $a\in X^*,s\in S$，若 $\lambda(s,a)$ 的最末位为 y，则 y 为 a 中 1 的个数与 s 之和除以 5 所得的余数，它的转换图 M 如图 7.21 所示。

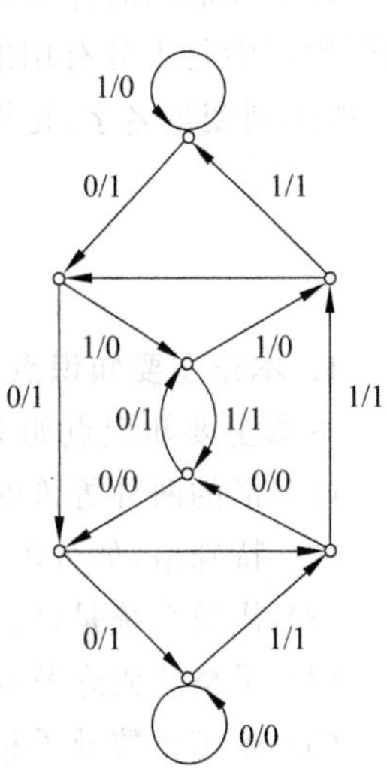

图 7.21　转换图

任何一个有限自动机可以看成是能够读输入字和生成输出字的黑盒子，这样，我们就可以把有限自动机当成把字变成字的一种设备。一般地说，如果 I^* 和 O^* 分别表示输入和输出字母表 I 和 O 上的字的集合，机器操作能够用函数 $g:I^*\to O^*$ 来描述，下面来说明函数 δ 和 λ。

考虑输入符号序列 $x=x_0x_1\cdots$，设 S_0 是初始状态，输入 x_0 时机器的状态 S_1 由下式给出：

$$s_1=\delta(s_0,x_0)=\delta_1(s_0,x_0)$$

其中 $\delta=\delta_1:S\times I\to S$。

再考虑输入第二个字符 x_1 引起的状态变化，下次状态 S_2 由下式给出：

$$s_2=\delta(s_1,x_1)=\delta(\delta_1(s_0,x_0),x_1)=\delta_2(s_0,x_0x_1)$$

其中 $\delta_2:S\times I^2\to S$。

输入 x_2 之后的下一个状态是

$$s_3=\delta(s_2,x_2)=\delta(\delta_2(s_0,x_0x_1),x_2)=\delta_3(s_0,x_0x_1x_2)$$

其中 $\delta_3:S\times I^3\to S$。

这个过程继续下去，我们可以定义出一个函数 $\delta_n:S\times I^n\to S$，使得

$$s_n=\delta_n(s_0,x_0x_1\cdots x_{n-1})=\delta(\delta_{n-1}(s_0,x_0x_1\cdots x_{n-2}),x_{n-1})$$

同样，输出符号 $O_0,O_1,\cdots$ 也可以借助于函数 λ 来说明，使得

$$O_0=\lambda(s_0,x_0)=\lambda_1(s_0,x_0)$$
$$O_1=\lambda(s_1,x_1)=\lambda(\delta_1(s_0,x_0),x_1)=\lambda_1(s_0,x_0x_1)$$
$$O_2=\lambda(s_2,x_2)=\lambda(\delta_2(s_0,x_0x_1),x_2)=\lambda_1(s_0,x_0x_1x_2)$$
$$O_{n-1}=\lambda(s_{n-1},x_{n-1})=\lambda(\delta_{n-1}(s_0,x_0x_1\cdots x_{n-2}),x_{n-1})$$
$$=\lambda_1(s_0,x_0x_1\cdots x_{n-1})$$

这样,也可以定义一个函数 $\lambda_n: S\times I^n \to O$。

设 $x=x_0x_1\cdots x_{n-1}$ 是包含有 n 个符号的任一输入序列,又设 a 是任意的输入字符,于是映射 δ 和 λ 可以这样递归:

(1) $\delta(s_i,xa)=\delta(\delta(s_i,x),a)$;

(2) $\lambda(s_i,xa)=\lambda(\lambda(s_i,a),a)$;

(3) $g(s_i,x_0x_1\cdots x_{n-1})=\lambda(s_i,x_0)\lambda(s_i,x_0x_1)\cdots\lambda(s_i,x_0x_1\cdots x_{n-1})$。

例如,分析一个当表 7-9 遇到输入序列 11011 时的脉冲分配器,从状态 s_0 开始,计算输出函数 g,我们有

$$\begin{aligned}
g(s_0,11011)&=\lambda(s_0,1)\lambda(s_0,11)\lambda(s_0,110)\lambda(s_0,1101)\lambda(s_0,11011)\\
&=\lambda(s_0,1)\lambda(\delta(s_0,1),1)\lambda(\delta(s_0,11),0)\\
&\quad\ \lambda(\delta(s_0,110),1)\lambda(\delta(s_0,1101),1)\\
&=\lambda(s_0,1)\lambda(\delta(s_0,1),1)\lambda(\delta(\delta(s_0,1),1),0)\\
&\quad\ \lambda(\delta(\delta(\delta(s_0,1),1),0),1)\lambda(\delta(\delta(\delta(\delta(s_0,1),1),0),1),1)
\end{aligned}$$

以上我们从时序电路的思想,讨论了一个有限自动机的一些基本概念,有限自动机在编译程序中是十分有用的一种数字手段,它能用于扫描工作,完成对低级语言的语法分析,如识别变量名字、运算符、常数符等。

7.7 本章总结

1. 本章主要知识点

本章主要知识点如下:

(1) 格的两种等价的定义及格的有关性质。

(2) 特殊格,如分配格、模格、有界格、有补格和有补分配格的概念。

(3) 代数系统是格、格是模格、格是分配格以及模格是分配格的判定。

(4) 子格的概念及判定。

(5) 布尔代数及子布尔代数的定义和判定。

(6) 布尔代数的同态与同构。

(7) 布尔表达式的概念。

(8) 格与布尔代数的应用。

2. 本章主要习题类型及解答方法

本章主要习题类型及解答方法如下:

(1) 基本概念题:包括利用基本概念判断给定的偏序集能否构成格,非空集合连同其上的两个不同的二元运算能否构成格,格的非空子集能否构成子格,特殊格的判定,布尔代数、子布尔代数、布尔代数的同态(同构)的判定等。这些不同的特殊的代数系统的判定,主要是利用其相应的定义来处理。所以,这类问题处理的关键在于对基本概念的掌握和运用。

(2) 判断题:如给定偏序集的哈斯图,判断它能否构成格或特殊格;含有 m 个元素的格中,哪些是模格?哪些是分配格?判断给定代数系统能否构成布尔代数等。

有关格的判定中，若是用哈斯图给出的偏序集，则只需判断是否任意两个元素均有最小上界和最大下界，若任意两个元素均存在最小上界和最大下界，则该偏序集能构成格；否则可举出某两个元素无最大下界或无最小上界的反例即可。当要判断给定的格是否为某种特殊的格时，也只需按特殊格的定义，逐一验证有关条件，若条件均满足，就是某种特殊格，否则给出反例即可。

对于含有 m 个元素的格是否是模格、分配格等的判断，一般可先画出 m 个元素所有格的哈斯图，然后一一判断每一个哈斯图是否包含有形如图 22(a)那样的子格，若有则所给的格不是模格。对于分配格的判断只需考查所给格的哈斯图是否含有图 7.22(a)或(b)那样的子格，若具有那样的子格，则所给的格不是分配格，否则，就是分配格。

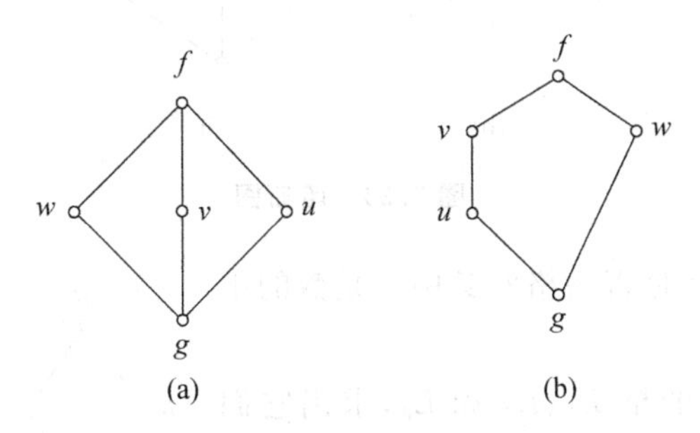

图 7.22　哈斯图

布尔代数是有补的分配格，有关代数系统是否为布尔代数的判断只需根据有补分配格的判断方法逐一验证，并可利用布尔代数的有关推论来判断。特别常用的一种判断给定哈斯图能否构成布尔代数的方法是考查该哈斯图中元素的个数是否恰好是 2^n(n 为所有原子的个数)。

(3) 证明题：主要包括有关格、特殊格、布尔代数、子格、子布尔代数等问题的证明，以及涉及有关格或布尔代数中关系式的证明。这些关系式的证明主要是利用格中对偶原理成立、用偏序集定义的格和用代数系统定义的格之间的等价性及偏序集和格的性质来证明。应注意掌握偏序集中的偏序关系是一个满足自反性、反对称性和可传递性的二元关系。格中许多关系式的证明都离不开这些性质的集成。在证明等式时，往往要利用反对称性。而对于偏序关系式的证明，往往要利用最大下界和最小上界。对于特殊格的证明，常利用特殊格的定义，逐一证明给定的对象满足特殊格的有关要求。

有关布尔代数的部分，应掌握布尔代数、子布尔代数、布尔代数的性质、判定定理及推论的有关内容，这是证明该类问题的关键所在。

有关布尔代数的同态(同构)的证明，其实是代数系统同态(同构)的特例，依然是首先确定映射(双射)f，然后考查该映射能否关于运算也保持这种映射关系，若能保证映射成立，则是布尔代数的同态。若映射是双射，则相应的同态即为同构映射。

(4) 计算题：求布尔函数的值，求主析取范式和主合取范式。主要根据定义和判定定理进行等价化简，与数理逻辑方法一致。

7.8 本章习题

1. 图 7.23 所示的哈斯图中，哪些是格，哪些不是格？为什么？

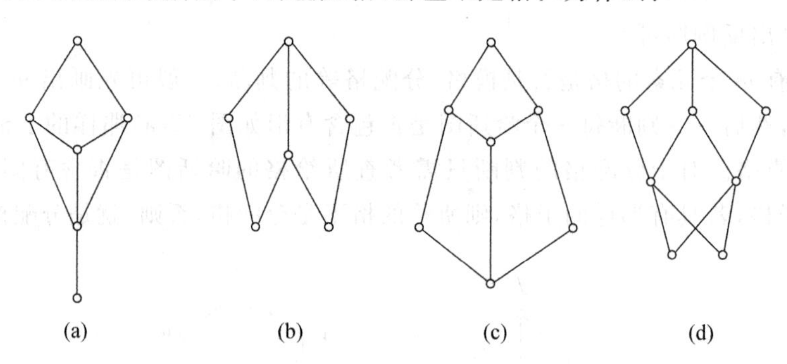

图 7.23 哈斯图

2. 试判断 $<Z,\leqslant>$ 是否为格？其中 $\leqslant$ 是数的小于或等于关系。

3. 针对图 7.24 中的格 L_1、L_2 和 L_3，求出它们的所有子格。

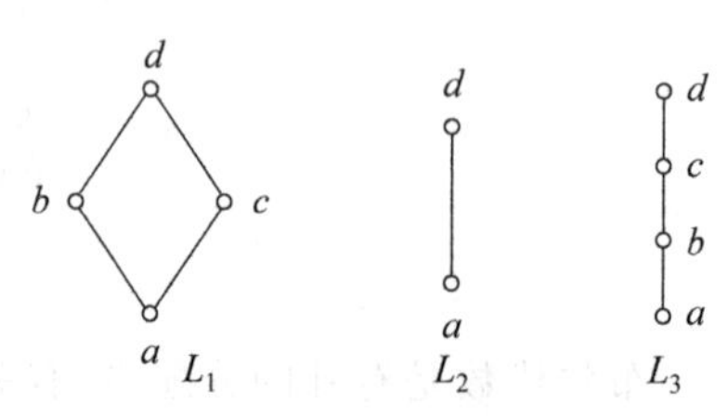

图 7.24 格的哈斯图

4. 设 f 是格 L 到 L' 的一个映射，对于任意的 $a,b\in L$，如果 $a\leqslant b$，有 $f(a)\leqslant f(b)$，则称 f 是一个保序映射。现设 g 是格 L 到 L' 的一个映射，则：

(1) 若 g 是个同态映射，则 f 是保序映射。

(2) 若 g 是双射，则 g 是同构映射的充分必要条件是任意 $a,b\in L,a\leqslant b\Leftrightarrow g(a)\leqslant g(b)$。

5. $<B,\cdot,+,^{-},0,1>$ 是布尔代数，$\forall a,b,c\in B$，化简 $abc+ab\bar{c}+bc+\bar{a}bc+\bar{a}b\bar{c}$。

6. 设 L 是分配格，$\forall a,b,c\in L$，证明：

$$a\wedge b\leqslant c\leqslant a\vee b\Leftrightarrow c=(a\wedge c)\vee(b\wedge c)\vee(a\wedge b)$$

7. 证明：具有两个或更多元素的格中不存在以自身为补元的元素。

8. 在图 7.25 给出的 L_1、L_2、L_3、L_4 四个格中，确定各个格中元素的补元，并说明哪些是有补格，哪些不是有补格？

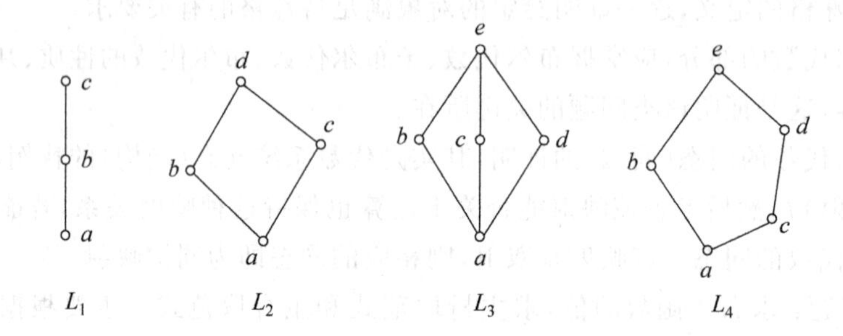

图 7.25 格的哈斯图

9. 设$<S,\vee,\wedge,^{-},0,1>$是一布尔代数，则$R=\{<a,b>\mid a\vee b=b\}$是$S$上的偏序关系。

10. 设$<L,\leqslant>$为一格，试证明$<L,\leqslant>$为分配格的充要条件是对于任意的$a,b,c\in L$，有：$(a\vee b)\wedge c\leqslant a\vee(b\wedge c)$。

11. 设$<L,\leqslant>$为一格，试证明$<L,\leqslant>$为模格的充分必要条件是对于任意的$a,b,c\in L$，有$a\vee(b\wedge(a\vee c))=(a\vee b)\wedge(a\vee c)$。

12. (1) 将格$<d_{36},\mid>$的元素填入图7.26哈斯图。

(2) d_{36}是分配格吗？

(3) d_{36}是有补格吗？

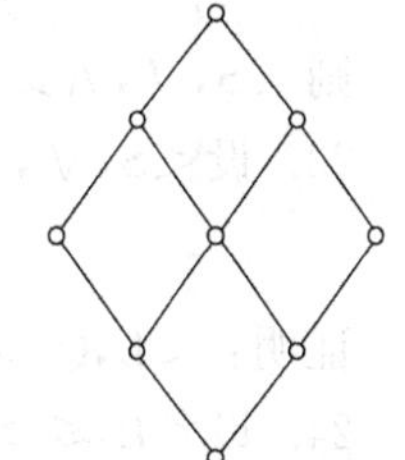

图7.26 习题12的哈斯图

13. 设$<L,\leqslant>$为一分配格，$a,b\in L$且$a<b$。令$f(x)=(x\vee a)\wedge b,\forall x\in L$。试证明：$f$是$<L,\leqslant>$到自身的格同态映射，并求同态像$f(L)$。

14. 设f是$<L,\vee_1,\wedge_1>$到$<S,\vee_2,\wedge_2>$的格同态映射。考虑商集$L/f=\{[a]\mid a\in L\}$，其中$[a]=\{x\mid x\in L$且$f(x)=f(a)\}$。在L/f上规定运算$\vee$和$\wedge$如下：对任意的$[a],[b]\in L/f$，定义$[a]\vee[b]=[a\vee_1 b]$，$[a]\wedge[b]=[a\wedge_1 b]$。证明：

(1) $\vee$和$\wedge$是L/f上的二元运算；

(2) $<L/f,\vee,\wedge>$是一个代数格；

(3) 令$f^*:[a]\rightarrow f(a),\forall[a]\in L/f$，则$f^*$是$L/f$到$f(L)$的格同构映射。

15. 设$<L,\vee,\wedge>$是一分配格，$a\in L$。设

$$f(x)=x\vee a,\forall x\in L$$
$$g(x)=x\wedge a,\forall x\in L$$

试证明：f和g都是$<L,\vee,\wedge>$到自身的格同态映射。

16. 设f是格$<L,\leqslant_1>$到格$<S,\leqslant_2>$的双射。证明：f格同构的充分必要条件是：对任意的$a,b\in L$，有$a\leqslant_1 b\Leftrightarrow f(a)\leqslant_2 f(b)$。

17. 设L是布尔格。证明：

(1) 若$x\leqslant y$，则$\bar{y}\leqslant\bar{x}$；

(2) 若$y\wedge z=0$，则$y\leqslant\bar{z}$；

(3) 若$x\leqslant y,y\wedge z=0$，则$z\leqslant\bar{x}$。

18. 设是$<B,\leqslant>$一个布尔格，它诱导的布尔代数为$<B,\vee,\wedge,^{-},0,1>$。$a\neq 0$，若$a,b_1,b_2,\cdots,b_r$是原子，试证明：$a\leqslant b_1\vee b_2\vee\cdots\vee b_r$当且仅当$\exists i,1\leqslant i\leqslant r,a=b_i$。

19. 设$<B,\vee,\wedge,^{-},0,1>$为有限布尔代数，且$a\in B,a\neq 0$。证明：必存在原子b使得$b\leqslant a$。

20. 设$<B,\vee,\wedge,^{-},0,1>$为有限布尔代数，$b_1,b_2,\cdots,b_r$是B的全体原子，对于任意的$y\in B$，证明$y=0$当且仅当对于每一个i都有$y\wedge b_i=0,i=1,2,\cdots,r$。

21. 设$<B,\vee,\wedge,^{-},0,1>$和$<S,+,*,\neg,\hat{0},\hat{1}>$是两个布尔代数，$f$是$B$到$S$的映射。证明：如果对于任意的$a,b\in B$，有

(1) $f(a\wedge b)=f(a)*f(b)$，

(2) $f(\bar{a})=\neg f(a)$。

则 f 是一个同态映射。

22. 设 $<B,+,*,^{-},0,1>$ 是一布尔代数，$<S,\vee,\wedge>$ 是一代数系统，$f:B\to S$ 是一个满射。证明：若对于任意的 $a,b\in B$，有

$$f(a+b)=f(a)\vee f(b);f(a*b)=f(a)\wedge f(b)。$$

则 $<S,\vee,\wedge>$ 也是一个布尔代数，且 f 是这两个布尔代数间的同态映射。

23. 设 $<S,\vee,\wedge,^{-}>$ 是一个布尔代数，如果在 L 上定义二元运算 $\oplus$ 为：

$$a\oplus b=(a\wedge \bar{b})\vee(\bar{a}\wedge b)$$

证明：$<L,\oplus>$ 是一个阿贝尔群。

24. 设 $<L,\leqslant>$ 是格，$a_1,a_2,\cdots,a_n\in L$。试证：$a_1\wedge a_2\wedge\cdots\wedge a_n=a_1\vee a_2,\vee\cdots\vee a_n$ 当且仅当 $a_1=a_2=\cdots=a_n$。

25. 设 $E(x_1,x_2,x_3)=(x_1\wedge x_2)\vee(x_2\wedge x_3)\vee(\bar{x}_2\wedge x_3)$ 是布尔代数 $<\{0,1\},\vee,\wedge,^{-}>$ 上的一个布尔表达式。试写出 $E(x_1,x_2,x_3)$ 的主析取范式和主合取范式。

26. 设 $E(x_1,x_2,x_3,x_4)=(x_1\wedge x_2\wedge\bar{x}_3)\vee(x_1\wedge\bar{x}_2\wedge x_4)\vee(x_2\wedge\bar{x}_3\wedge\bar{x}_4)$ 是布尔代数上的一个布尔表达式。试写出 $E(x_1,x_2,x_3,x_4)$ 的主析取范式和主合取范式。

27. 对于表 7-10 中的函数 f，试分别用主析取范式和主合取范式来表示。

表 7-10 f 的真值表

映射	f
<0,0,0>	1
<0,0,1>	0
<0,1,0>	1
<0,1,1>	0
<1,0,0>	0
<1,0,1>	1
<1,1,0>	0
<1,1,1>	1

第四篇　图　　论

在20世纪，图论作为一门学科形成并发展起来，然而它的起源却是对一些数学游戏题的研究。图论最早可以追溯到18世纪，瑞士著名的数学家欧拉提出了哥尼斯堡七桥问题及其解决思路，而欧拉所得结论中的一部分内容，现在也体现在图论的欧拉定理中。英国数学家哈密尔顿发明了在一个十二面体上实现周游世界的游戏，此问题在图论中被称为哈密尔顿问题。格思里开展工作时发现了地图均可用四种颜色着色，后来很多科学家参与了四色猜想的研究，从中得到了现在图论中的四色定理。施陶特和基尔霍夫首次提出了树的直观概念，而英国数学家凯莱实现了对树概念的引入及发展。柴卡诺乌斯基在工作中发现了最小生成树问题，后来科学家提出了很多产生最小生成树的算法，如克鲁斯卡尔算法、普里姆算法等。从图论的形成中可以发现，图论涉及的知识能用来解决很多实际问题。

图论在计算机、物理、生物、医学、工程、社会科学等各种学科中应用广泛，比如可使用图进行硬件电路设计与分析、程序模块依赖分析、通信网设计等等，现实世界很多问题都可以用图来建模。对于这样一门应用广泛的学科，其包含的内容也非常丰富。本篇介绍了图论的一些基本概念、定理及应用实例等，希望这些内容能为后续相关课程的学习打好基础。

第8章 图

本章主要介绍了图的基本概念、基本术语，以及图的表示及图的应用。图是由结点和边构成的离散结构。根据图的边是否有方向、同一对结点之间是否有多条边连接以及是否允许存在环等，图有多种不同的类型。比如，图可分为有向图、无向图和混合图；可分为简单图、多重图；也可分为简单无向图、简单有向图、无向多重图和有向多重图等。此外，还有一些特殊地简单图也应用广泛，如完全二分图、圈图和轮图等。

图的表示形式有多种，如集合表示法、图形表示法等，其中图形表示方法形象、直观。在计算机中，为了便于存储和操作，常采用邻接矩阵、关联矩阵等矩阵表示法。当以矩阵形式存储时，可有效地利用矩阵的相关运算获取图的一些性质。

图可以表示离散对象的非线性关系，因此它能为很多复杂的问题建模。图的应用广泛，如无向图、有向图、混合图等可用到社交、通信、航空、生物等众多领域，可使用各种不同类型的图为实际应用问题建模。

8.1 图的基本概念

定义 8.1 图　图 G 是由非空的结点集合 $V=\{v_1,v_2,v_3,\cdots,v_n\}$ 和连接结点的边集合 $E=\{e_1,e_2,e_3,\cdots,e_n\}$ 组成的二元组 $G=<V,E>$。

在非空结点集合 V 中，一个元素 v_i 表示图的一个结点，元素（结点）个数 n 称为图的**阶数**。如图 8.1(a)所示，a、b、c、d 和 e 都是图的结点，即图有 5 个结点，故图的阶数为 5。

在边集合 E 中，一个元素 e_i 表示图的一条边。边是连接结点的连线，分为有向边和无向边两种。如图 8.1(b)所示，v_1 和 v_2 由一条带箭头的弧线 e_1 连接，其中 v_1 是**起点**，v_2 是**终点**，这样的边称为**有向边**。如图 8.1(c)所示，v_1 和 v_3 由一条无方向的弧线 e_2 连接，这样的边称为**无向边**。一条边关联两个结点，因此边可用序偶对来表示，其中有序偶 $<v_i,v_j>$ 表示有向边，无序偶 (v_i,v_j) 表示无向边。例如，在图 8.1(b)中，有向边 e_1 用 $<v_1,v_2>$ 表示；在图 8.1(c)中，无向边 e_2 用 (v_1,v_3) 表示。

图由结点和边构成，若图的结点集为 V，边集为 E，则一个图可表示为 $G=<V,E>$。例如，设 8.1(a)所示的图为 $G_1=<V_1,E_1>$，图 8.1(b)所示的图为 $G_2=<V_2,E_2>$，则：

$$G_1=<V_1,E_1>=<\{a,b,c,d,e\},\{(a,b),(a,c),(a,d),(a,e),(b,c),(b,d),(b,e),(c,d),(c,e),(d,e)\}>$$

$$G_2=<V_2,E_2>=<\{v_1,v_2,v_3,v_4\},\{<v_1,v_2>,<v_1,v_3>,<v_2,v_4>,<v_3,v_4>,<v_4,v_1>\}>$$

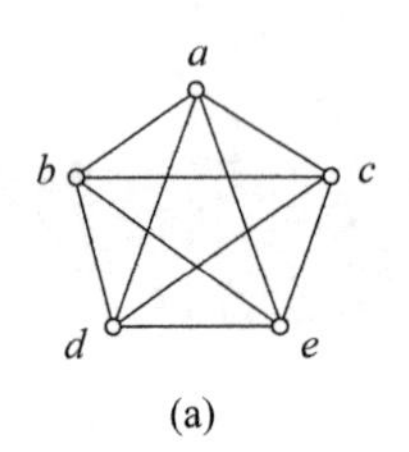

(a)

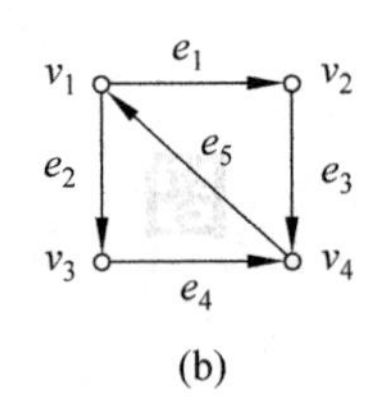

(b)

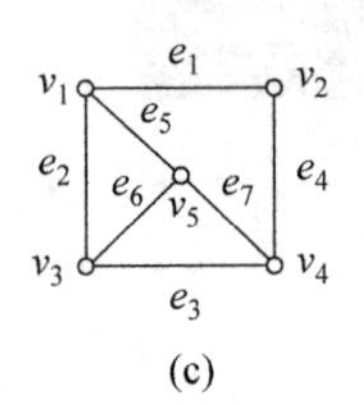

(c)

图 8.1 图的阶数示例

定义 8.2 无向图 若一个图的所有边都是无向边，则称此图为**无向图**。

定义 8.3 有向图 若一个图的所有边都是有向边，则称此图为**有向图**。

定义 8.4 混合图 若一个图既含有有向边，也含有无向边，则称此图为**混合图**。

例如，图 8.1(a)和图 8.1(c)所示的图都是无向图，因为两图中所有的边都是无向边。图 8.1(b)所示的图是有向图，因为图中所有的边都是有向边。图 8.2(a)所示的图是混合图，因为图中既存在有向边，也存在无向边。

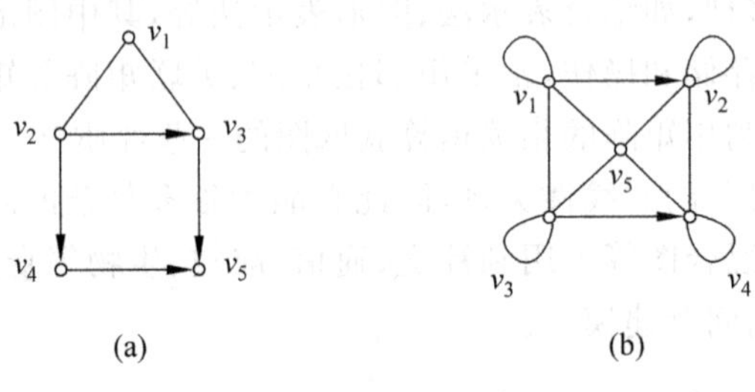

图 8.2 有限图的示例

定义 8.5 有限图 在图 $G=<V,E>$ 中，若结点集合 V 和边集合 E 的元素个数都是有限的，则称此类图为**有限图**。

定义 8.6 无限图 在图 $G=<V,E>$ 中，若结点集合 V 或边集合 E 的元素个数是无限的，则称此类图为**无限图**。

例如，图 8.1 和图 8.2 所示的各图都是有限图。这里，我们主要讨论有限图。

与一条边关联的两个结点是边的**端点**，若一条边关联的两个端点是同一个结点，则此类边为**环**。由于环连接的是同一个结点，因此它既可认为是有向的，也可认为是无向的。如图 8.3 所示，e_1 的两个端点分别是 v_1 和 v_2，e_3 的两个端点分别是 v_3 和 v_4，边 e_5 的两个端点分别是 v_2 和 v_4，而 e_8 是 v_2 的环。在图 8.2(b)所示的混合图中，除了 v_5，其余结点都有环。

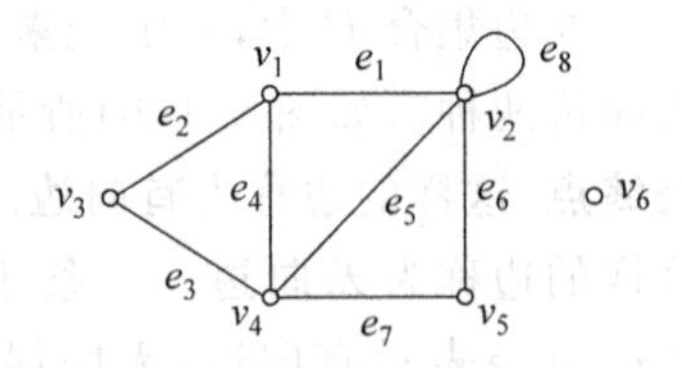

图 8.3 图的邻接点示例

定义 8.7 邻接点 与一条边关联的两个结点互为**邻接点**。

定义 8.8 邻接边 关联于同一结点的两条边称为**邻接边**。

定义 8.9 孤立结点 不与任何结点相邻接的结点称为**孤立结点**。

例如，在图 8.3 所示的图中，v_1 和 v_2 互为邻接点，v_1 和 v_3 互为邻接点，v_1 和 v_4 也互为邻接点，因此 v_2、v_3 和 v_4 都是 v_1 的邻接点。e_1 和 e_2 是关联于 v_1 的邻接边，e_2 和 e_3 是

关联于 v_3 的邻接边，e_4 和 e_5 是关联于 v_4 的邻接边，e_6 和 e_7 是关联于 v_5 的邻接边。由于 v_6 没有邻接点，因此 v_6 是孤立结点。

定义 8.10 零图　仅由孤立结点构成的图称为**零图**。

定义 8.11 平凡图　仅由一个孤立结点构成的图称为**平凡图**。

例如，图 8.4(a)所示的图为零图，图 8.4(b)所示的图为平凡图。

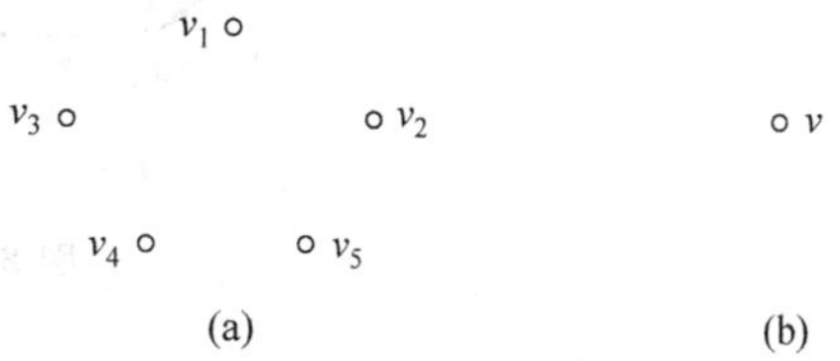

图 8.4　零图和平凡图

定义 8.12 平行边　在图 $G=<V,E>$ 中，$V=\{v_1,v_2,v_3,\cdots,v_n\}$，若从起点 v_i 到终点 v_j 的有向边有多条，则这些有向边称为**平行边**。若连接 v_i 和 v_j 的无向边有多条，这些无向边也称为**平行边**。平行边的条数为边的**重数**。

例如，在图 8.5(a)所示的图中，有向边 e_4、e_5、e_6 为平行边，重数为 3；无向边 e_8 和 e_9 为平行边，重数为 2。

定义 8.13 多重图　含有平行边的图称为**多重图**。

定义 8.14 有向多重图　含有平行边的有向图称为**有向多重图**。

定义 8.15 无向多重图　含有平行边的无向图称为**无向多重图**。

例如，在图 8.5(b)所示的图中，由于图含有平行边 e_1 和 e_2，且图中所有边都是有向边，因此该图是有向多重图。在图 8.5(c)所示的图中，由于图含有平行边 e_3 和 e_4，且图中所有边都是无向边，因此该图是无向多重图。

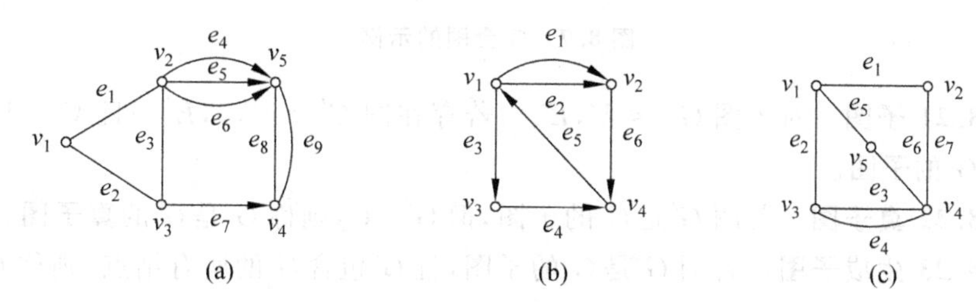

图 8.5　多重图的示例

定义 8.16 简单图　不含有平行边和环的图称为**简单图**。

定义 8.17 简单有向图　不含有平行边和环的有向图称为**简单有向图**。

定义 8.18 简单无向图　不含有平行边和环的无向图称为**简单无向图**。

例如，图 8.6(a)所示的图是一个简单有向图，图中既不包含平行边，也不包含环。图 8.6(b)所示的图是一个无向图，且图中既没有平行边，也没有环，因此该图是一个简单无向图。

定义 8.19 无向完全图　在一个具有 n 个结点的简单无向图中，若任意两个结点间都有边连接，则称此图为**无向完全图**，简称为**完全图**，记为 K_n。

定义 8.20 有向完全图　在一个简单有向图中，若任意两个结点之间都有两条方向相反的有向边连接，则称此图为**有向完全图**。

在一个具有 n 个结点的无向完全图 G 中，G 共有 $n(n-1)/2$ 条边；在一个具有 n 个结

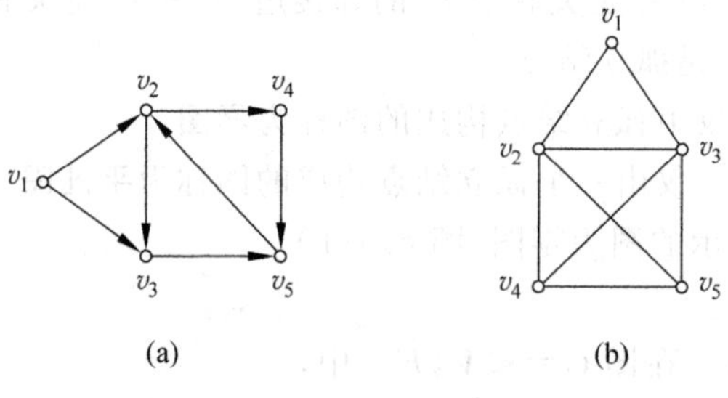

图 8.6　简单图的示例

点的有向完全图 G 中，G 共有 $n(n-1)$ 条边。例如，图 8.7(a)所示的图是一个具有 5 个结点的简单无向图，其中，图的每一对结点都有一条无向边连接，因此该图是一个无向完全图，它的无向边共有 10 条。图 8.7(b)所示的图是一个具有 3 个结点的简单有向图，它的任意两个结点都有两条方向相反的有向边连接，因此该图是一个有向完全图，图的有向边共有 6 条。

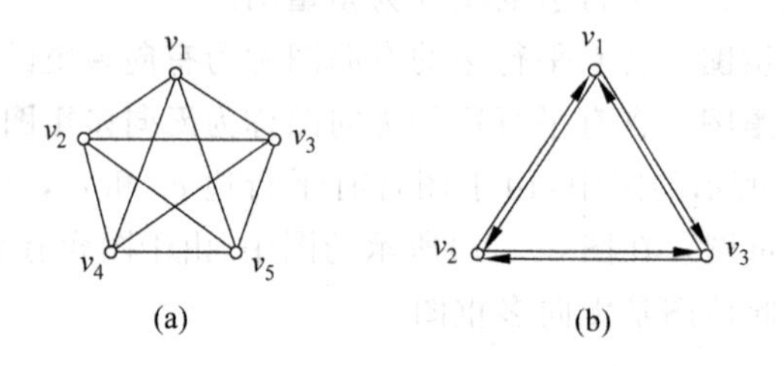

图 8.7　完全图的示例

定义 8.21 子图　对于图 $G=<V,E>$，若存在图 $G'=<V',E'>$ 且 $V'\subseteq V$，$E'\subseteq E$，则称 G' 为 G 的**子图**。

定义 8.22 真子图　若图 G' 是 G 的子图，但 $G'\neq G$，则称 G' 是 G 的**真子图**。

定义 8.23 生成子图　若图 G' 是 G 的子图，且 G' 包含 G 的所有结点，则称 G' 是 G 的**生成子图**。

例如，图 8.8(b)和图 8.8(c)都是图 8.8(a)的子图，且图 8.8(c)是图 8.8(a)的生成子图。

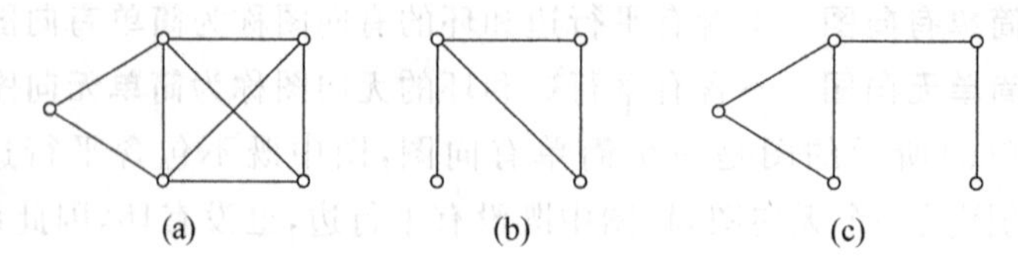

图 8.8　子图的示例

定义 8.24 补图　设图 $G_1=<V_1,E_1>$ 是图 $G=<V,E>$ 的子图，若存在图 $G_2=<V_2,E_2>$，其中 $E_2\subseteq E$ 且 $E_2=E-E_1$，$V_2\subseteq V$ 且 V_2 仅包含 E_2 中的边关联的结点，则称 G_2 是子图 G_1 相对于图 G 的**补图**。

例如，图 8.9(c)是图 8.9(b)相对于图 8.9(a)的补图，图 8.9(b)也是图 8.9(c)相对于

图 8.9(a)的补图。

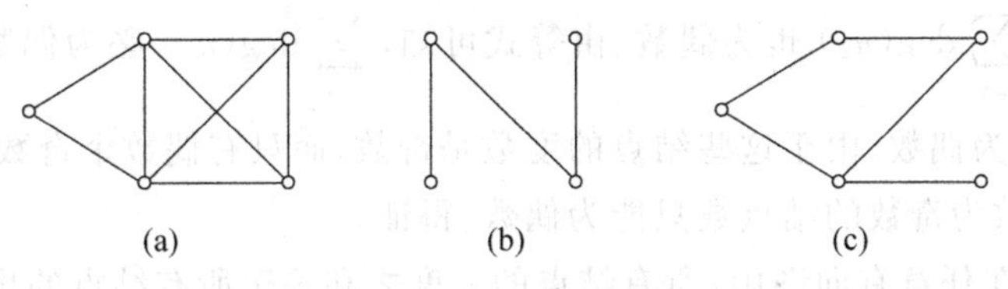

图 8.9　补图的示例

定义 8.25 结点的度　在图 $G=<V,E>$ 中，与结点 $v(v\in V)$ 关联的边的数目，称为**该结点的度数**，简称**度**，记作 $\deg(v)$。

例如，在图 8.10(a)所示的无向图中，v_1、v_2、v_3 和 v_4 的度数都是 3，而 v_5 的度数是 4。在图 8.10(b)所示的有向图中，v_1 和 v_4 的度数是 3，v_2 和 v_3 的度数是 2。

定义 8.26 出度　以 v 为起点的有向边的数目称为 v 的**出度**，记作 $\deg^+(v)$。

定义 8.27 入度　以 v 为终点的有向边的数目称为 v 的**入度**，记作 $\deg^-(v)$。

在有向图中，一个结点的度等于该结点的入度与出度之和，即 $\deg(v)=\deg^+(v)+\deg^-(v)$。例如，在图 8.10(b)所示的图中，$v_1$ 的入度为 1，v_1 的出度为 2，v_1 的度为 3；v_4 的入度为 2，v_4 的出度为 1，v_4 的度为 3。此外，由于环所关联的结点是同一个点，故该结点的度按双倍计算，即每个环在其对应结点上度数加 2。在如图 8.3 所示的无向图中，v_2 的度数为 5。

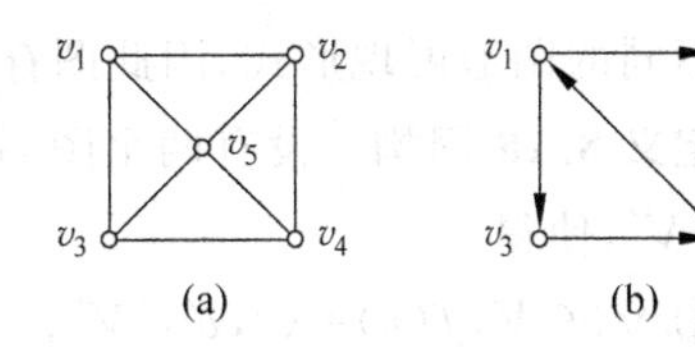

图 8.10　图的出度和入度

在图 $G=<V,E>$ 中，记 $\Delta(G)=\max\{\deg(v_i)\mid v_i\in V\}$，$\delta(G)=\min\{\deg(v_i)\mid v_i\in V\}$，称 $\Delta(G)$ 为图 G 的**最大度**，称 $\delta(G)$ 为图 G 的**最小度**。例如，设图 8.10(a)所示的图为 G_1，则 $\Delta(G_1)=4$，$\delta(G_1)=3$。设图 8.10(b)所示的图为 G_2，则 $\Delta(G_2)=3$，$\delta(G_2)=2$。

定理 8.1　在任意图中，结点度数的总和等于边数的两倍。设图 $G=<V,E>$，$v\in V$，则

$$\sum_{v\in V}\deg(v)=2\mid E\mid$$

【证明】　在图中，与一条边相关联的结点有两个。当边数加 1 时，与边关联的两个结点的度数分别加 1，即总结点度数加 2。因此，图中所有结点的度数之和等于边数的两倍。得证。

定理 8.2　在任意图中，度数为奇数的结点有偶数个。

【证明】　设图 $G=<V,E>$ 有 v 个结点，其中 n_1 为 G 中度数是奇数的结点，n_2 为 G 中度数为偶数的结点，设 $n_1\in V_1$，$n_2\in V_2$，则 $V_1\cap V_2=\varnothing$，$V_1\cup V_2=V$。因此，以下等式成立：

$$\sum_{n\in V}\deg(n)=\sum_{n_1\in V_1}\deg(n_1)+\sum_{n_2\in V_2}\deg(n_2)$$

由定理可知，在一个具有 v 个结点的图中，所有结点的度数之和等于边数的两倍，即 $\sum_{n\in V}\deg(n)=2\mid E\mid$。因此，$v$ 个结点的度数总和为偶数，即 $\sum_{n\in V}\deg(n)$ 为偶数。对于度数为

偶数的结点而言，由于偶数与偶数之和还是偶数，因此所有度数为偶数的结点的度数之和也还是偶数，即 $\sum_{n_2 \in V_2} \deg(n_2)$ 也为偶数。由等式可知，$\sum_{n_1 \in V_1} \deg(n_1)$ 必为偶数，即度数为奇数的结点度数之和为偶数。由于这些结点的度数是奇数，而只有偶数个奇数相加才能得到偶数，因此这些度数为奇数的结点数只能为偶数。得证。

定理 8.3 在任意有向图中，所有结点的入度之和等于所有结点的出度之和。

【证明】 设有向图的总边数为 n。与一条有向边关联的结点有两个，一个为起点，一个为终点。当边数加 1 时，与有向边关联的两个结点的度分别加 1，其中作为起点的结点的出度加 1，而作为终点的结点的入度加 1。因此，当有向图的边数为 n 时，图所有结点的入度之和为 n，出度之和为 n，而所有结点的度之和为 $2n$，即所有结点的入度之和等于所有结点的出度之和，且等于所有结点的度之和的二分之一，同时也等于图的边数。得证。

图形是图的一种表示形式，由于结点位置、连线长度、结点标识等可以不同，一个图可以有不同的图形展现形式，因此图存在"同构"的问题。

定义 8.28 同构 设有两个图 $G=\langle V,E\rangle$ 和 $G'=\langle V',E'\rangle$，若存在一个双射函数 $f:V\to V'$，使得

① $\forall v\in V, f(v)=v', v'\in V'$。

② $\forall e_i, e_i\in E, e_i=\langle v_i,v_j\rangle, f(\langle v_i,v_j\rangle)=\langle f(v_i),f(v_j)\rangle=\langle v_i',v_j'\rangle=e_i'(e_i'\in E')$ 或者 $e_i=(v_i,v_j), f((v_i,v_j))=(f(v_i),f(v_j))=(v_i',v_j')=e_i'(e_i'\in E')$，且 e_i 和 e_i' 的重数也相等，则称图 G 和 G' 是**同构**的，记作 $G\cong G'$。

以简单图为例，当判断两个图是否同构时，有一些必满足的条件如下：

① 图 G 中任一结点 v_i，图 G' 中都有一个唯一的结点 v_i' 与之对应；反之亦然。因此，两个同构图的结点个数应当相等。

② 图 G 中任一条边 e，图 G' 中都有一条唯一的边 e' 与之对应，且若有向边 $e=\langle v_i,v_j\rangle$，则 $e'=\langle v_i',v_j'\rangle$；若无向边 $e=(v_i,v_j)$，则 $e'=(v_i',v_j')$。其中，v_i' 为 v_i 在图 G' 中对应的结点，v_j' 为 v_j 在图 G' 中对应的结点。反之亦然。因此，当两个图同构时，两图的边数应当相等，且度数相同的结点数目也应当相等。

在图 8.11(a)和图 8.11(b)所示的图中，可建立映射关系如下：$f(v_1)=e, f(v_2)=a, f(v_3)=b, f(v_4)=d, f(v_5)=c$。$f((v_1,v_2))=(f(v_1),f(v_2))=(e,a), f((v_1,v_3))=(f(v_1),f(v_3))=(e,b)$，其他证明类似略。由同构定义可知，图 8.11(a)和图 8.11(b)所示的两个图同构。

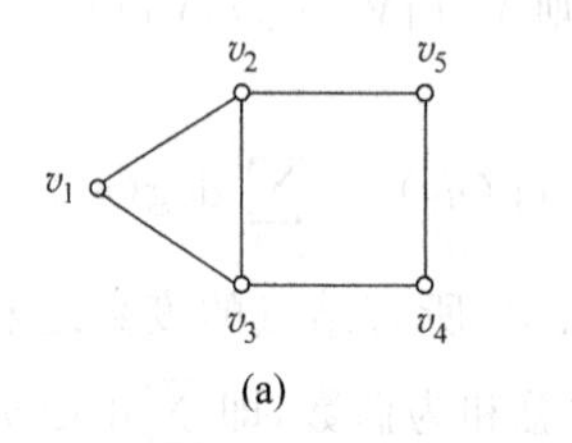

(a)

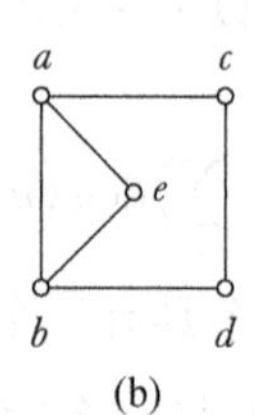

(b)

图 8.11 同构图的示例

8.2 路、回路与连通性

8.2.1 路与回路

定义 8.29 路 对于图 $G=<V,E>$，设 $V=\{v_1,v_2,v_3,\cdots,v_i,\cdots,v_n\}$，$E=\{e_1,e_2,e_3,\cdots,e_i,\cdots,e_{n-1}\}$，其中 $e_i=<v_i,v_{i+1}>$ 或 $e_i=(v_i,v_{i+1})$，结点和边的交替序列 $v_1e_1v_2e_2\cdots v_{n-1}e_{n-1}v_n$ 称为结点 v_1 到 v_n 的**路**。

在简单图中，一条从 v_1 到 v_n 的路可直接用结点序列 $v_1v_2\cdots v_{n-1}v_n$ 表示。

定义 8.30 路的长度 在一条从 v_1 到 v_n 的路中，v_1 是路的**起点**，v_n 是路的**终点**，路所包含的边的数目称为**路的长度**。

定义 8.31 通路 在一条路中，若所有的结点都不相同，则称此路为**通路**。

定义 8.32 迹 在一条路中，若所有的边均不相同，则称此路为**迹**。

例如，在图 8.12 所示的图中，$v_1e_1v_2e_3v_4e_7v_5e_8v_3e_9v_6$ 是从 v_1 到 v_6 的一条通路，路的长度为 5。$v_1e_1v_2e_4v_3e_5v_2e_6v_5e_{10}v_6$ 是从 v_1 到 v_6 的迹。

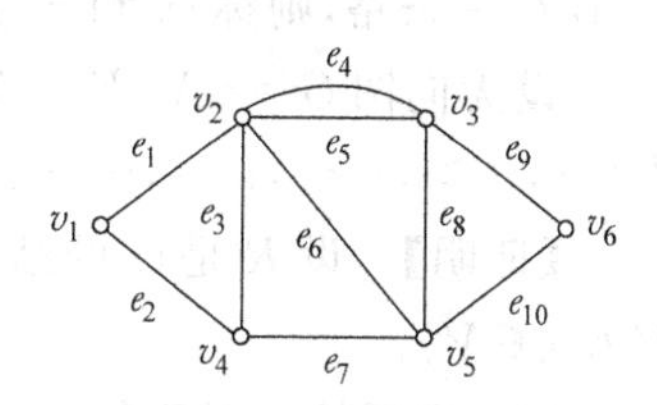

图 8.12 图的长度

定义 8.33 回路 在图 $G=<V,E>$ 中，若存在一条从 v_1 到 v_n 的路，且 $v_1=v_n$，则称此路为**回路**。

定义 8.34 圈 在一条从 v_1 到 v_n 的路中，除了 $v_1=v_n$，其余结点均不相同，则称此路为**圈**。

例如，在图 8.12 所示的图中，$v_1e_1v_2e_4v_3e_5v_2e_6v_5e_7v_4e_2v_1$ 是一条回路，$v_1e_1v_2e_4v_3e_9v_6e_{10}v_5e_7v_4e_2v_1$ 是一个圈。

定理 8.4 在 n 阶图 $G=<V,E>$ 中，$V=\{v_1,v_2,v_3,\cdots,v_i,\cdots,v_n\}$，若从 v_i 到 v_j 存在一条路，则必存在一条从 v_i 到 v_j 的长度不大于 $n-1$ 的路。

【证明】 设在阶数为 n 的图 G 中，从 v_i 到 v_j 存在一条长度为 m 的路，那么该路有两种可能存在的方式，一种该路是通路，另一种该路不是通路。

(1) 第一种情况，从 v_i 到 v_j 的路是一条通路，即路中所有的结点均不相同。由于图 G 的阶数为 n，因此从 v_i 到 v_j 的最长的通路是取满 n 个结点的路，而包含 n 个结点的通路由 $n-1$ 条边连接。故 $m\leqslant n-1$，即该路的长度不大于 $n-1$。

(2) 第二种情况，从 v_i 到 v_j 的路不是一条通路，即路中至少有一个结点重复。设从 v_i 到 v_j 的路中存在一个重复出现的结点 v_s，即路中存在一条回路，它的起点和终点均为 v_s，且长度不小于 1。设从 v_i 到 v_j 的路为 $v_ie_1\cdots v_se_{s+1}\cdots e_{s+k}v_s\cdots e_{m'}v_j$，其中路的长度为 m'，以 v_s 为端点的回路的长度为 k。若在路 $v_ie_1\cdots v_se_{s+1}\cdots e_{s+k}v_s\cdots e_{m'}v_j$ 中去掉 v_s 到 v_s 的回路，则余下的序列 $v_ie_1\cdots v_s\cdots e_{m'}v_j$ 的路依然是一条路，如图 8.13 所示，并且由于去掉了重复结点，因而 $v_ie_1\cdots v_s\cdots e_{m'}v_j$ 是一条通路，路的长度为 $m'-k(k\geqslant 1)$。因图 G 的阶数为 n，即有 n 个不同的结点，因此通路 $v_ie_1\cdots v_s\cdots e_{m'}v_j$ 最多包含 n 个结点，而 n 个结点由 $n-1$ 条边连接，因此该通路长度最大为 $n-1$，即 $m'-k\leqslant n-1$，令 $m=m'-k$，得 $m\leqslant n-1$，即

存在一条从 v_i 到 v_j 且长度为 m 的路，其中 m 不大于 $n-1$。若回路 $v_s e_{s+1} \cdots e_{s+k} v_s$ 中所包含的边更多或路中所包含的重复经过的结点更多，则 k 值就越大，而 m 也就越小。

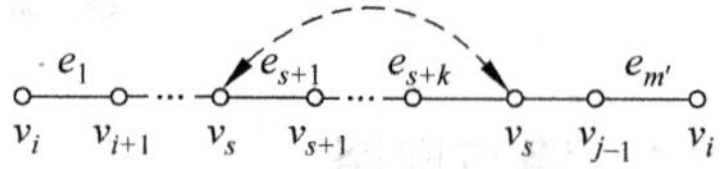

图 8.13　路的示例

综合(1)和(2)可知，若存在一条从 v_i 到 v_j 的路，则必存在一条长度不超过 $n-1$ 的路。得证。

由以上证明可得到下列推论成立。

推论　在 n 阶图 $G=<V,E>$ 中，$V=\{v_1,v_2,v_3,\cdots,v_i,\cdots,v_n\}$，若从 v_i 到 v_j 存在一条通路，则从 v_i 到 v_j 的通路长度必不大于 $n-1$。

8.2.2　无向图的连通性

定义 8.35 连通　在无向图 $G=<V,E>$ 中，$V=\{v_1,v_2,v_3,\cdots,v_i,\cdots,v_n\}$，若从 v_i 到 v_j 存在一条路，则称 v_i 和 v_j 是**连通**的。其中，约定 v_i 到 v_i 也是连通的。

设无向图 $G=<V,E>$，$V=\{v_1,v_2,v_3,\cdots,v_i,\cdots,v_n\}$，则结点集 V 上的连通关系 $R=\{<v_i,v_k>,<v_k,v_s>,\cdots,<v_s,v_j>\}$是一个等价关系。

【证明】　设 R 是 G 的结点集 V 上的二元关系，$R=\{<v_i,v_j>|v_i$ 与 v_j 连通 $\wedge v_i \in V \wedge v_j \in V\}$。

(1) 自反性。对于任意 $v_k \in V$，$<v_k,v_k> \in R$。

(2) 对称性。设 $v_p \in V$，$v_s \in V$，若$<v_p,v_s> \in R$，对无向图而言，$<v_s,v_p> \in R$。

(3) 传递性。设 $v_p \in V$，$v_s \in V$，$v_k \in V$，若$<v_p,v_s> \in R$，$<v_s,v_k> \in R$，由连通的定义可知，$<v_p,v_k> \in R$。

综上，结点之间连通的二元关系 R 具有自反性、对称性和传递性。因此，连通关系 R 是一个等价关系。

前面证明，在一个无向图 $G=<V,E>$ 中，结点之间的连通性是结点集 V 上的等价关系，对应这个等价关系，可对结点集 V 做一个划分。

定义 8.36 连通分支　在一个无向图 $G=<V,E>$ 中，设$[v_i]_R$ 是结点 $v_i(v_i \in V)$在连通关系 R 上的等价类，若 G 中各结点的等价类依次为$[v_1]_R$，$[v_2]_R$，$\cdots$，$[v_n]_R$，则这些等价类对应的非空集合 $V_1,V_2,\cdots,V_m(m \leqslant n)$是 G 结点集 V 的一个划分。子图 $G(V_1)$，$G(V_2)$，$\cdots$，$G(V_m)$称为**图 G 的连通分支**，G 的连通分支数 m 记作 $W(G)$。

定义 8.37 连通图　若无向图 G 只有一个连通分支，称 G 是**连通图**。

例如，图 8.14(a)所示的图是只有一个连通分支的连通图，图中任意两个结点之间都是连通的；图 8.14(b)是具有 2 个连通分支的非连通图，如 v_4 和 v_5 两个结点不连通，它们分别位于两个不同的连通分支。

对于连通图，删除某些边或结点后可能会使原连通图变成非连通的子图。如图 8.14(c)所示，若删除边(v_4,v_6)，则该图由原连通的图变成了 8.14(b)所示的非连通图。在删除结点的操作中，注意除了删去结点，还要将以该结点为端点的边都删除。如图 8.15(a)所示，删除结点 v_5 后，得到图 8.15(b)所示的非连通子图。当然，也可能删除边或结点后得到的图还是连通图，如在图 8.15(a)所示的图中，若删除(v_4,v_5)和(v_5,v_6)两条边，则得到图 8.15(c)所示的图，而该图还是连通图。

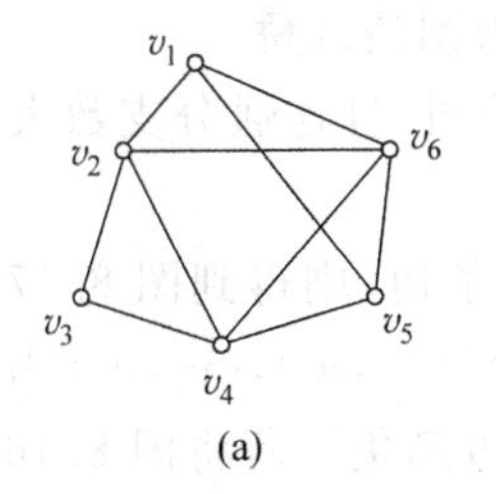

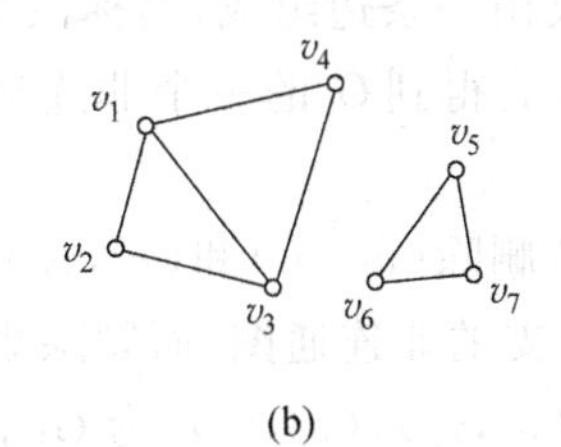

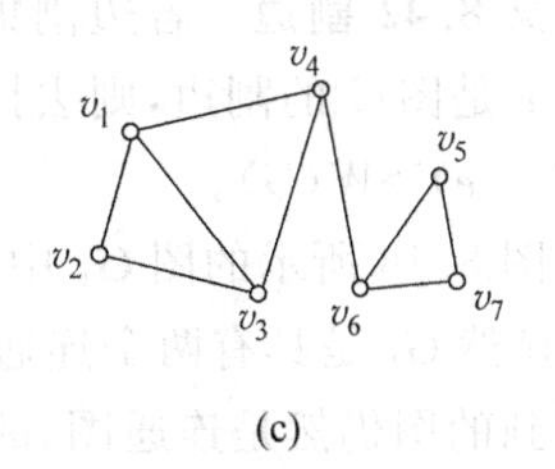

图 8.14 连通图及连通分支

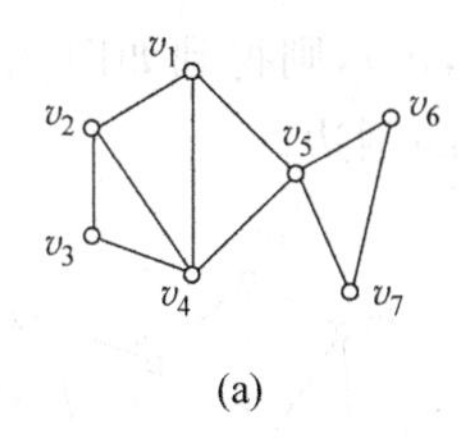

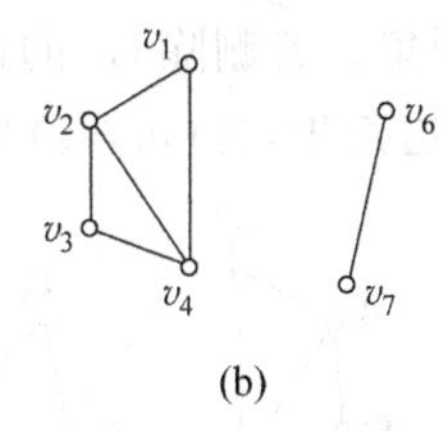

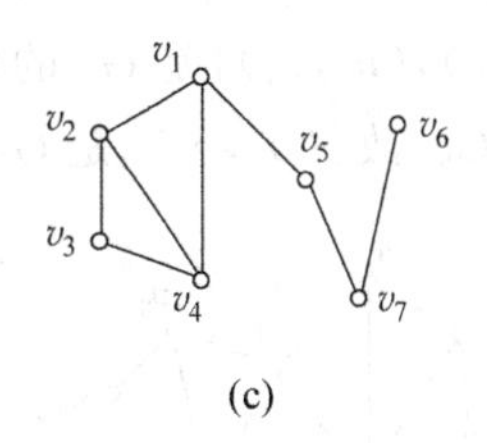

图 8.15 图的操作

定义 8.38 点割集 设无向图 $G=<V,E>$是连通图，若有结点集 $V'\subset V$，在 G 中删除 V'所有的结点后得到的子图是非连通图，而删除 V'的任何真子集后得到的子图仍是连通图，则称 V'是 G 的一个**点割集**。

定义 8.39 割点 若点割集仅由一个结点组成，则称该结点为**割点**。

例如，在图 8.16 所示的图中，有一连通无向图 G_1，若删除结点 v_5 和 v_9，则得到包含两个连通分支的非连通图 G_2，且删除集合$\{v_5,v_9\}$中任意一个结点得到的图还是连通图，故$\{v_5,v_9\}$是 G_1 的点割集。若删除 G_1 中的结点 v_8，则得到非连通图 G_3，故$\{v_8\}$也是 G_1 的点割集，且 v_8 是图 G_1 的割点。在图 8.15(a)所示的图中，$\{v_5\}$是图的点割集，且 v_5 是割点。

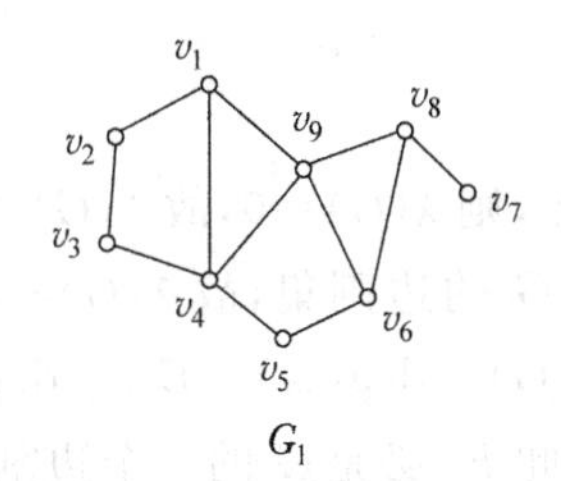

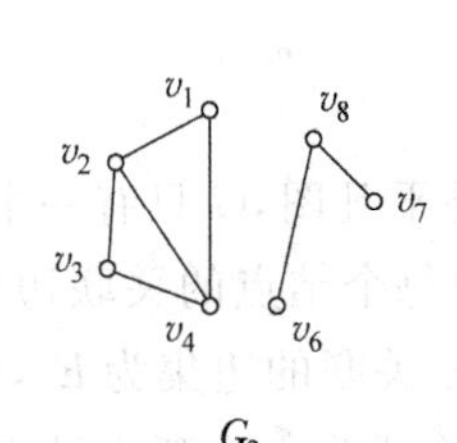

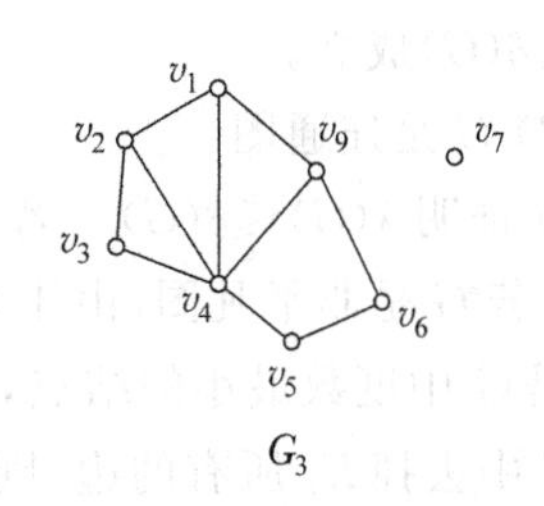

图 8.16 点割集的示例图

定义 8.40 点连通度 若无向图 G 是一个连通的非完全图，产生一个非连通子图而需要删去的最少的结点的数目称为图的**点连通度**或**连通度**，记作 $\kappa(G)$。

由定义可知，一个非连通图的连通度为 0，具有割点的连通图的连通度为 1，有 n 个结点的完全图 k_n 的连通度为 $n-1$。

定义 8.41 边割集 设无向图 $G=<V,E>$是连通图，若有边集 $E'\subset E$，在图 G 中删除了 E'的所有边后得到的子图是非连通图，而删除了 E'的任何真子集后得到的子图仍是连通图，则称 E'是 G 的一个**边割集**。

定义 8.42 割边 若边割集仅由一条边组成，则称该边为**割边**或**桥**。

若 e 是图 G 的割边，则去掉 e 后得到 G 的一个非连通子图，且连通分支数大于 1，因此 $W(G-e)>W(G)$。

在图 8.16 所示的图 G_1 中，若删除(v_4,v_5)和(v_5,v_6)两条边，则得到图 8.17 所示的图 G_4，显然 G_4 是具有两个连通分支的非连通图，而删除集合$\{(v_4,v_5),(v_5,v_6)\}$中的任一条边得到的图仍然是连通图，故$\{(v_4,v_5),(v_5,v_6)\}$为 G_1 的边割集。若将图 8.16 所示图 G_1 的三条边(v_1,v_9)、(v_4,v_9)和(v_4,v_5)都删除，则得到如图 8.17 所示的非连通图 G_5，而删除集合$\{(v_1,v_9),(v_4,v_9),(v_4,v_5)\}$的任意真子集的边得到的图仍然是连通图，故$\{(v_1,v_9),(v_4,v_9),(v_4,v_5)\}$是 G_1 的边割集。若删除 G_1 的边(v_7,v_8)，则得到如图 8.17 所示的非连通图 G_6，故$\{(v_7,v_8)\}$是 G_1 的边割集，且(v_7,v_8)为 G_1 的割边。

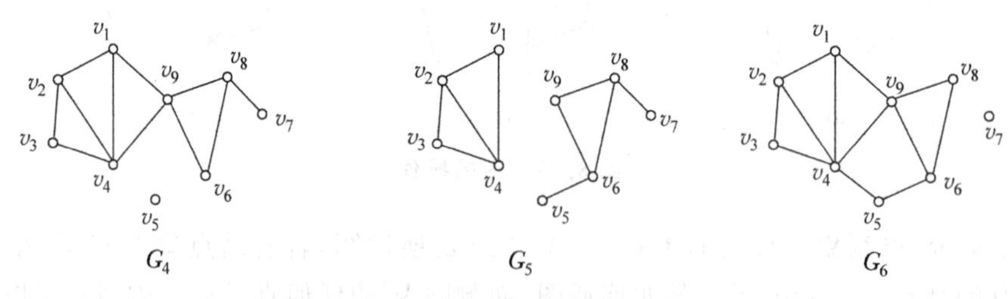

图 8.17 边割集的示例图

定义 8.43 边连通度 若无向图 G 是一个连通的非平凡图，产生一个非连通子图而需要删去的最少的边的数目称为图的**边连通度**，记作 $\lambda(G)$。

由定义可知，平凡图和非连通图的边连通度均为 0。

定理 8.5 对于无向图 G，有 $\kappa(G)\leqslant\lambda(G)\leqslant\delta(G)$。

【证明】 设无向图 $G=\langle V,E\rangle$，$V=\{v_1,v_2,v_3,\cdots,v_i,\cdots,v_n\}$。

(1) G 是非连通图。若 G 不是连通图，则 $\kappa(G)=\lambda(G)=0$，而 $\delta(G)\geqslant 0$，故 $\kappa(G)\leqslant\lambda(G)\leqslant\delta(G)$成立。

(2) G 是连通图。

① 证明 $\lambda(G)\leqslant\delta(G)$。若 G 是平凡图，G 只有一个结点，则 $\lambda(G)=0$，故 $\lambda(G)\leqslant\delta(G)$成立。若 G 是非平凡图，由于 G 中每个结点的关联边集是 G 的边割集，故 $\lambda(G)\leqslant\delta(G)$。设 v_i 是 G 中度数最小的结点，与 v_i 关联的边集为 E_i，则 $\delta(G)=\deg(v_i)$，$|E_i|=\deg(v_i)$。若在 G 中去掉 E_i 所有的边，则 v_i 将成为一个孤立结点，因此 E_i 必是 G 的一个边割集，故 $\lambda(G)\leqslant|E_i|$，而$|E_i|=\deg(v_i)=\delta(G)$，故 $\lambda(G)\leqslant\delta(G)$成立。

② 证明 $\kappa(G)\leqslant\lambda(G)$。若 $\lambda(G)=1$，即 G 有一条割边，显然与割边关联的一个结点为割点，即 $\kappa(G)=1$，故 $\kappa(G)\leqslant\lambda(G)$成立。设 $\lambda(G)=k(k\geqslant 2)$，由边连通度定义可知，在 G 中删去 k 条边后得到非连通图，而删去 $k-1$ 条边，得到的图还是连通图，但此时必存在一条割边。设删去 $k-1$ 条边后有割边 $e_{ij}=(v_i,v_j)$，对 $k-1$ 条边中的每一条边都选取一个不同于 v_i 和 v_j 的端点，把这些端点删去则必至少删去 $k-1$ 条边。若这样产生的图是非连通的，则 $\kappa(G)\leqslant k-1\leqslant\lambda(G)$；若这样产生的图是连通的，由于 e_{ij} 是割边，再删去与 e_{ij} 关联的结点 v_i 或 v_j，得到的图必为非连通图，此时 $\kappa(G)\leqslant\lambda(G)$也成立。由①②可知，

$\kappa(G)\leqslant\lambda(G)$成立。

综合上述(1)、(2)，$\kappa(G)\leqslant\lambda(G)\leqslant\delta(G)$。得证。

定理 8.6 一个连通无向图 G 的结点 v_k 是割点的充分必要条件是存在两个结点 v_i 和 v_j，结点 v_i 和 v_j 的每一条路都通过 v_k。

【证明】

(1) 充分性。设无向图 $G=<V,E>$是一个连通图，v_k 是 G 的割点。若删去 v_k，则得到连通分支数大于等于 2 的子图 G'。设 $G_1=<V_1,E_1>$，$G_2=<V_2,E_2>$是 G'的两个连通分支，任取结点 $v_i\in V_1$，$v_j\in V_2$，因 v_i和 v_j 分别来自两个不同的连通分支，因此 v_i和 v_j 是不连通的，但 G 是连通图，故 v_i和 v_j 之间必存在一条路，且该路必经过割点 v_k。因此，若 v_k 是割点，则结点 v_i 和 v_j 的每一条路都通过 v_k。

(2) 必要性。设 G 的两个结点 v_i 和 v_j 的每一条路都通过 v_k，若删去 v_k，则得到非连通的子图 G'，在图 G'中 v_i 和 v_j 是不连通的，因此 v_k 是 G 的割点。得证。

以上的连通性是针对无向图而言的，下面讨论有向图的连通性。

8.2.3 有向图的连通性

定义 8.44 可达 在有向图 $G=<V,E>$中，$V=\{v_1,v_2,v_3,\cdots,v_i,\cdots,v_n\}$，若从 v_i 到 v_j 存在一条路，则称 v_i 到 v_j 是**可达**的。其中，约定 v_i 到 v_i 也是可达的。

设有向图 $G=<V,E>$，$V=\{v_1,v_2,v_3,\cdots,v_i,\cdots,v_n\}$，若结点集 V 上的二元关系 $R=\{<v_i,v_j>|v_i$ 与 v_j 可达 $\wedge v_i\in V\wedge v_j\in V\}$，则：

(1) 自反性。对于任意 $v_k\in V$，$<v_k,v_k>\in R$。

(2) 传递性。设 $v_p\in V$，$v_s\in V$，$v_k\in V$，若$<v_p,v_s>\in R$，$<v_s,v_k>\in R$，由可达定义可知，$<v_p,v_k>\in R$。

综上，结点之间可达性是具有自反性和传递性的二元关系，但不一定满足对称性。因此，可达关系不一定是等价关系，这与连通性不同。

如果 v_i 可达 v_j，则从 v_i 到 v_j 必存在一条路，而这条路还可能不止一条。在所有这些路中，最短的路的长度称为 v_i 和 v_j 之间的**距离**(或**短程线**)，记作 $d<v_i,v_j>$，它满足下列性质：

(1) $d<v_i,v_j>\geqslant 0$。

(2) $d<v_i,v_i>=0$。

(3) $d<v_i,v_j>+d<v_j,v_k>\geqslant d<v_i,v_k>$。

若 v_i 不可达 v_j，则记 $d<v_i,v_j>=\infty$。此外，在有向图中，$d<v_i,v_j>$不一定等于 $d<v_j,v_i>$。

定义 8.45 弱连通 在一个简单有向图 G 中，若略去图中有向边的方向，所得到的无向图是连通的，则称 G 是**弱连通**的。

定义 8.46 单侧连通 在一个简单有向图 G 中，若图中的任意两个结点，至少从一个结点到另一个结点是可达的，则称 G 是**单侧连通**的。

定义 8.47 强连通 在一个简单有向图 G 中，若图中的任意两个结点是相互可达的，则称 G 是**强连通**的。

例如,图 8.18(a)所示的图是单侧连通的;图 8.18(b)所示的图是强连通的;图 8.18(c)所示的图是弱连通的。由定义可知,一个图是强连通的,那么它一定是单侧连通的,而一个图是单侧连通的,那么它也一定是弱连通的。反之则不然。

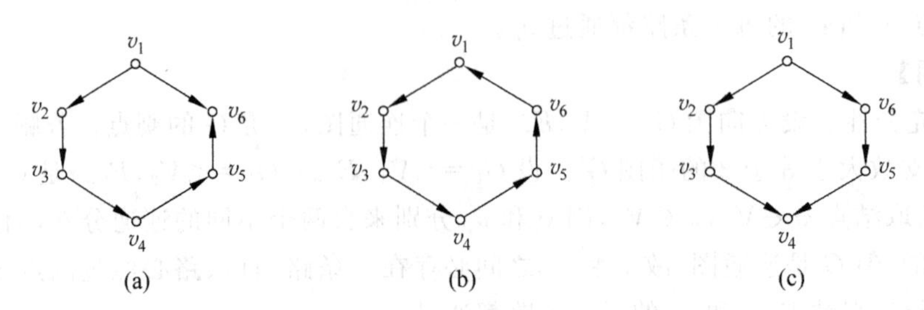

图 8.18 有向图的连通性

定理 8.7 一个有向图是强连通图的充分必要条件是图中存在一条至少包含每个结点一次的回路。

【证明】

(1) 设有向图 $G=<V,E>$ 中有一条经过每个结点至少一次的回路,由于所有结点都在回路中出现过,故任取其中两个结点一定相互可达,因此 G 是强连通的。充分性得证。

(2) 设有向图 $G=<V,E>$ 是强连通的。由强连通定义可知,G 中任意两个结点相互可达。由于任意两个结点 v_i 和 v_j 相互可达,故 v_1 可达 v_2,v_2 可达 v_3,…,v_{n-1} 可达 v_n,则必有一条经过 $v_1v_2v_3\cdots v_{n-1}v_n$ 的路,而 v_n 可达 v_1,故也有一条从 v_n 到 v_1 的路,即存在一条从 v_1 到 v_1 的回路,且该回路经过 G 中所有结点。必要性得证。

定义 8.48 强分图 在简单有向图中,具有强连通性质的最大子图称为**强分图**。

定义 8.49 单侧分图 在简单有向图中,具有单侧连通性质的最大子图称为**单侧分图**。

定义 8.50 弱分图 在简单有向图中,具有弱连通性质的最大子图称为**弱分图**。

例如,如图 8.19 所示,由 $\{v_1,v_5,v_6\}$,$\{v_2\}$,$\{v_3\}$,$\{v_4\}$ 导出的子图都是强分图;由 $\{v_1,v_2,v_3,v_4,v_5,v_6\}$ 导出的子图是单侧分图;由 $\{v_1,v_2,v_3,v_4,v_5,v_6\}$ 导出的子图是弱分图。

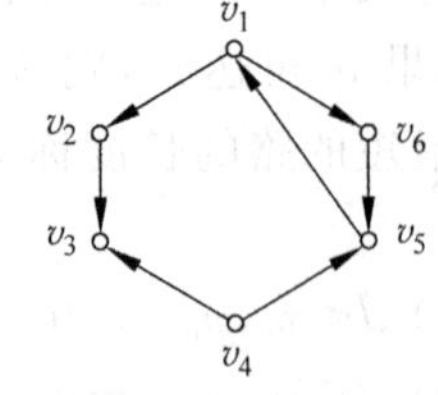

图 8.19 有向图的强连通与弱连通

定理 8.8 在有向图中,它的每一个结点位于且只位于一个强分图中。

【证明】

(1) 在有向图 $G=<V,E>$ 中,设 $v_k\in V$,$V'=\{v_i\mid v_i\in V$ 且 v_i 与 v_k 相互可达$\}$。由于 V' 是与 G 中某结点 v_k 相互可达的结点组成的集合,因此由 V' 导出的子图是 G 的强分图。显然,$v_k\in V'$,故 G 中每个结点必位于一个强分图中。

(2) 若有向图 G 有两个强分图 $G_1=<V_1,E_1>$ 和 $G_2=<V_2,E_2>$,设 v_k 同时位于这两个强分图中,即 $v_k\in V_1$ 且 $v_k\in V_2$,由强分图定义可知,v_k 与 G_1 中每个结点相互可达,且 v_k 与 G_2 中每个结点也相互可达,那么通过 v_k,G_1 中的任一结点与 G_2 中的任一结点也相互可达。这结论与假设矛盾，故 G 中的每个结点只能位于一个强分图中。得证。

8.3 图的矩阵表示

图是由结点集合 V 和边集合 E 组成的二元组，因此图的表示主要是对结点和边的表示。前面已使用过图形表示法和集合表示法来表示图，在图形表示法中，用小圆圈或圆点表示结点，用带方向的弧线表示有向边，用无方向的线段或曲线表示无向边。在计算机中，常采用图的矩阵表示法，它不仅方便存储和使用，还可以利用矩阵的相关运算实现图的一些操作。

8.3.1 邻接矩阵

定义 8.51 邻接矩阵 若 n 阶图 $G=<V,E>$ 是一个简单图，$V=\{v_1,v_2,v_3,\cdots,v_i,\cdots,v_n\}$，矩阵 $(a_{ij})_{n\times n}$ 称为 **G 的邻接矩阵**，记作 $A(G)$。其中，

$$a_{ij}=\begin{cases}1, & v_i\text{ 邻接到 }v_j\\ 0, & v_i\text{ 不邻接到 }v_j\text{ 或 }i=j\end{cases}$$

注意：v_i 邻接到 v_j 指从 v_i 到 v_j 有一条边。若 G 是无向图，则 $(v_i,v_j)\in E$；若 G 是有向图，则 $<v_i,v_j>\in E$。

例题 8.1 给出图 8.20 所示的图 G_1 和图 G_2 的邻接矩阵。

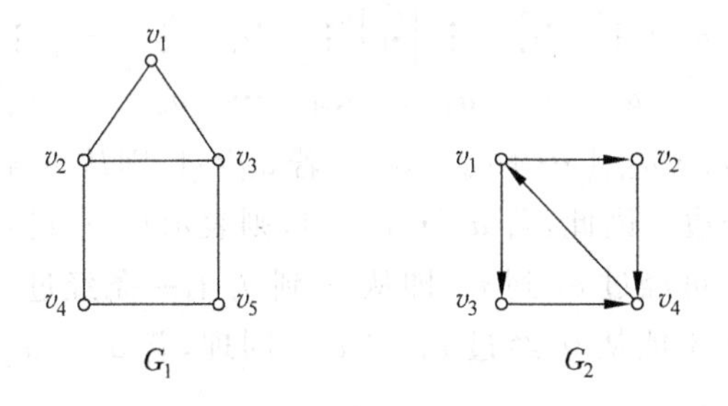

图 8.20 例题 8.1 的图示例

【解】

$$A(G_1)=\begin{bmatrix}0&1&1&0&0\\1&0&1&1&0\\1&1&0&0&1\\0&1&0&0&1\\0&0&1&1&0\end{bmatrix}\quad A(G_2)=\begin{bmatrix}0&1&1&0\\0&0&0&1\\0&0&0&1\\1&0&0&0\end{bmatrix}$$

由上例可以看出，简单图的邻接矩阵是 0－1 矩阵。在无向图中，若 v_i 和 v_j 之间有一条边，则 v_i 邻接到 v_j，v_j 也邻接到 v_i，即 $a_{ij}=a_{ji}$。在有向图中，v_i 到 v_j 有一条边，而 v_j 到 v_i 不一定有边，故有向图的邻接矩阵不一定是对称阵。如上例中，G_1 的邻接矩阵是一个对称阵，而 G_2 的邻接矩阵不是对称阵。

邻接矩阵表示图中结点之间的邻接关系，因此矩阵形式与结点的排列次序有关。在

上例中，邻接矩阵 $A(G_1)$ 的行和列是按结点 v_i 的下标 i 从小到大排列的，即结点序列为 $v_1v_2v_3v_4v_5$。若交换结点 v_1 和 v_2 在矩阵中的次序，则得到的新邻接矩阵和原邻接矩阵是不一样的，但新矩阵可以通过把原矩阵变换后得到。比如，将原矩阵的第一行和第二行互换，第一列和第二列互换，变换后即得新邻接矩阵。把一个矩阵的某些列作一些置换，再把相应的行做一些置换，得到的新矩阵和原矩阵是置换等价的。显然，置换等价是 n 阶布尔矩阵集合上的一个等价关系，故按结点不同次序所写出的邻接矩阵是置换等价的。因此，可取图的任一个邻接矩阵作为该图的矩阵表示。另外，若一个图是零图，则邻接矩阵的所有元素均为零，即零矩阵。

当使用邻接矩阵表示图时，可通过矩阵的运算得到图的一些性质。下面以简单有向图为例来讨论。

设 n 阶图 $G=\langle V,E\rangle$ 是一个简单有向图，$V=\{v_1,v_2,v_3,\cdots,v_i,\cdots,v_n\}$，图的邻接矩阵 $A(G)=(a_{ij})_{n\times n}$。

(1) 在矩阵 A 中，所有值为 1 的元素个数等于图 G 的边数。

(2) 在矩阵 A 中，第 i 行值为 1 的元素个数是以 v_i 为起点的有向边的条数，即 v_i 的出度；第 i 列值为 1 的元素个数是以结点 v_i 为终点的有向边的条数，即 v_i 的入度。

(3) 令 $A^2=A\cdot A=(a_{ij}{}^{(2)})_{n\times n}$，则在矩阵 A^2 中，元素 $a_{ij}{}^{(2)}$ 为从 v_i 到 v_j 的长度为 2 的路的数目，$a_{ii}{}^{(2)}$ 为从 v_i 到 v_i 的长度为 2 的回路的数目。

$$A^2=A\cdot A=\begin{bmatrix}a_{11} & \cdots & a_{1n}\\ \vdots & \ddots & \vdots\\ a_{n1} & \cdots & a_{nn}\end{bmatrix}\cdot\begin{bmatrix}a_{11} & \cdots & a_{1n}\\ \vdots & \ddots & \vdots\\ a_{n1} & \cdots & a_{nn}\end{bmatrix}=\begin{bmatrix}a_{11}^{(2)} & \cdots & a_{1n}^{(2)}\\ \vdots & \ddots & \vdots\\ a_{n1}^{(2)} & \cdots & a_{nn}^{(2)}\end{bmatrix}$$

其中，$a_{ij}^{(2)}=a_{i1}\cdot a_{1j}+a_{i2}\cdot a_{2j}+\cdots+a_{in}\cdot a_{nj}$。若 $a_{i1}=1$，则从 v_i 到 v_1 有一条边；若 $a_{1j}=1$，则从 v_1 到 v_j 有一条边。因此，若 $a_{i1}\cdot a_{1j}=1$，则表示从 v_i 到 v_1 有一条边，且从 v_1 到 v_j 也有一条边，故从 v_i 可经过 v_1 到 v_j，即从 v_i 到 v_j 有一条经过 v_1 的长度为 2 的路。反之，若乘积为零，则表示不能从 v_i 经过 v_1 到 v_j。同理，若 $a_{i2}\cdot a_{2j}=1$，则表示从 v_i 到 v_j 有一条经过 v_2 的长度为 2 的路。由于 $a_{ij}^{(2)}=\sum\limits_{k=1}^{n}a_{ik}\cdot a_{kj}$，故 $a_{ij}^{(2)}$ 为从 v_i 到 v_j 所有长度为 2 的路的数目。

(4) 令 $A^3=A\cdot A^2=(a_{ij}^{(3)})_{n\times n}$，则在矩阵 A^3 中，元素 $a_{ij}^{(3)}$ 为从 v_i 到 v_j 的长度为 3 的路的数目，$a_{ii}^{(3)}$ 为 v_i 到 v_i 的长度为 3 的回路的数目。

$$A^3=A\cdot A^2=\begin{bmatrix}a_{11} & \cdots & a_{1n}\\ \vdots & \ddots & \vdots\\ a_{n1} & \cdots & a_{nn}\end{bmatrix}\cdot\begin{bmatrix}a_{11}^{(2)} & \cdots & a_{1n}^{(2)}\\ \vdots & \ddots & \vdots\\ a_{n1}^{(2)} & \cdots & a_{nn}^{(2)}\end{bmatrix}=\begin{bmatrix}a_{11}^{(3)} & \cdots & a_{1n}^{(3)}\\ \vdots & \ddots & \vdots\\ a_{n1}^{(3)} & \cdots & a_{nn}^{(3)}\end{bmatrix}$$

其中，$a_{ij}^{(3)}=a_{i1}\cdot a_{1j}^{(2)}+a_{i2}\cdot a_{2j}^{(2)}+\cdots+a_{in}\cdot a_{nj}^{(2)}$。若 $a_{i1}=1$，则从 v_i 到 v_1 有一条边；若 $a_{1j}^{(2)}=t(t\neq 0)$，则从 v_1 到 v_j 有 t 条长度为 2 的路。因此，若 $a_{i1}\cdot a_{1j}^{(2)}=t(t\neq 0)$，则从 v_i 到 v_j 的有 t 条经过 v_1 的长度为 3 的路。由于 $a_{ij}^{(3)}=\sum\limits_{k=1}^{n}a_{ik}\cdot a_{kj}^{(2)}$，故 $a_{ij}^{(3)}$ 为从 v_i 到 v_j 的长度为 3 的路的数目。依此类推，可利用矩阵乘法依次求得从 v_i 到 v_j 的长度为 $4,5,\cdots,r$ 的路的数目，计算公式为：

$$A^4 = A \cdot A^3 = (a_{ij}^{(4)})_{n\times n}$$
$$A^5 = A \cdot A^4 = (a_{ij}^{(5)})_{n\times n}$$
$$\vdots$$
$$A^r = A \cdot A^{r-1} = (a_{ij}^{(r)})_{n\times n}$$

若 G 是无向图，则邻接矩阵 $A(G)$ 是一个对称阵，在计算结点的度时不再有出度和入度之分，矩阵 A 第 i 行或第 i 列值为 1 的元素个数即为 v_i 的度。

定理 8.9 若简单图 $G=\langle V,E\rangle$ 的邻接矩阵为 M，则在矩阵 $M^r=(a_{ij}^{(r)})_{n\times n}$ 中，元素 $a_{ij}^{(r)}$ 为从 v_i 到 v_j 的长度为 r 的路的数目。

【证明】 若简单图 $G=\langle V,E\rangle$，$V=\{v_1,v_2,v_3,\cdots,v_i,\cdots,v_n\}$，设 G 的邻接矩阵为 M，$M^r=(a_{ij}^{(r)})_{n\times n}$。

(1) 当 $r=2$ 时，$a_{ij}^{(2)}=\sum_{k=1}^{n} a_{ik}\cdot a_{kj}$，由前面推理可知，元素 $a_{ij}^{(2)}$ 为从 v_i 到 v_j 的长度为 2 的路的数目。

(2) 设当 $r=k$ 时，元素 $a_{ij}^{(k)}$ 为从 v_i 到 v_j 的长度为 k 的路的数目。则当 $r=k+1$ 时，$a_{ij}^{(k+1)}=a_{i1}\cdot a_{1j}^{(k)}+a_{i2}\cdot a_{2j}^{(k)}+\cdots+a_{in}\cdot a_{nj}^{(k)}$。若 $a_{i1}\cdot a_{1j}^{(k)}=t(t\neq 0)$，则表示从 v_i 到 v_1 有一条边，且从 v_1 到 v_j 有 t 条长度为 k 的路，因此，可从 v_i 先通过一条边到 v_1，再从 v_1 通过长度为 k 的路到 v_j，且长度为 k 的路有 t 条，即从 v_i 通过 v_1 到 v_j 有 t 条长度为 $k+1$ 的路。依此对余下结点 v_2、v_3、…、v_n 进行计算并按公式求和，则得到所有从 v_i 到 v_j 的长度为 $k+1$ 的路的数目。

综合上述(1)、(2)可得，在矩阵 $M^r=(a_{ij}^{(r)})_{n\times n}$ 中，元素 $a_{ij}^{(r)}$ 为从 v_i 到 v_j 的长度为 r 的路的数目。得证。

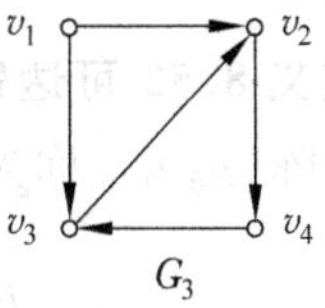

例题 8.2 给出图 8.21 所示的有向图 G_3 的邻接矩阵 A，并求 A^3。

图 8.21 例题 8.2 的图示例

【解】 设简单有向图 G_3 的邻接矩阵为 A，则：

$$A=\begin{bmatrix}0&1&1&0\\0&0&0&1\\0&1&0&0\\0&0&1&0\end{bmatrix}$$

$$A^2=\begin{bmatrix}0&1&1&0\\0&0&0&1\\0&1&0&0\\0&0&1&0\end{bmatrix}\cdot\begin{bmatrix}0&1&1&0\\0&0&0&1\\0&1&0&0\\0&0&1&0\end{bmatrix}=\begin{bmatrix}0&1&0&1\\0&0&1&0\\0&0&0&1\\0&1&0&0\end{bmatrix}$$

$$A^3=\begin{bmatrix}0&1&1&0\\0&0&0&1\\0&1&0&0\\0&0&1&0\end{bmatrix}\cdot\begin{bmatrix}0&1&0&1\\0&0&1&0\\0&0&0&1\\0&1&0&0\end{bmatrix}=\begin{bmatrix}0&0&1&1\\0&1&0&0\\0&0&1&0\\0&0&0&1\end{bmatrix}$$

由矩阵 A^2 可知，v_1 到 v_2，v_1 到 v_4，v_2 到 v_3，v_3 到 v_4，v_4 到 v_2 均有一条长度为 2 的路。由矩阵 A^3 可知，v_1 到 v_3，v_1 到 v_4，v_2 到 v_2，v_3 到 v_3，v_4 到 v_4 均有一条长度为 3 的

路，其中后三条是长度为3的回路。

此外，当图中有环和平行边时，也可用邻接矩阵来表示图。若图的结点 v_i 有环，则 a_{ii} 为1；若图中存在连接 v_i 和 v_j 的平行边，则 a_{ij} 为平行边的重数，由此，邻接矩阵也可用来表示含环和平行边的非简单图。值得注意的是，基于简单图的邻接矩阵是0-1阵，而当图 G 是含平行边的多重图时，G 的邻接矩阵不再是0-1阵，因此基于0-1矩阵运算所得到的图的性质不一定直接适用于非简单图的邻接矩阵。

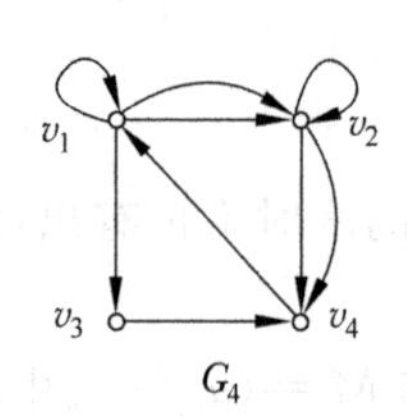

图 8.22　例题 8.3 的图示例

例题 8.3　给出图8.22所示的图 G_4 的邻接矩阵。

【解】　所求图 G_4 的邻接矩阵 A 可表示如下：

$$A(G_4)=\begin{bmatrix}1&2&1&0\\0&1&0&2\\0&0&0&1\\1&0&0&0\end{bmatrix}$$

G_4 是一个含有平行边和环的有向图，因此它的邻接矩阵 A 不是0－1阵，但通过邻接矩阵 A，同样可以得到图 G_4 的一些性质。比如，矩阵 A 的所有非零元素之和等于 G_4 的边数；第 i 行非零元素之和等于 v_i 的出度；第 i 列非零元素之和等于 v_i 的入度等等。

8.3.2　可达矩阵

定义 8.52 可达矩阵　若 n 阶简单有向图 $G=\langle V,E\rangle$，$V=\{v_1,v_2,v_3,\cdots,v_i,\cdots,v_n\}$，矩阵 $(p_{ij})_{n\times n}$ 称为图 G 的可达矩阵，记作 $P(G)$。其中，

$$p_{ij}=\begin{cases}1, & v_i\text{ 到 }v_j\text{ 可达}\\0, & v_i\text{ 到 }v_j\text{ 不可达}\end{cases}$$

由可达矩阵的定义可知，可达矩阵表示图中任意两个结点间是否至少存在一条路，以及结点是否存在回路。可达矩阵 P 可由邻接矩阵 A 得出。

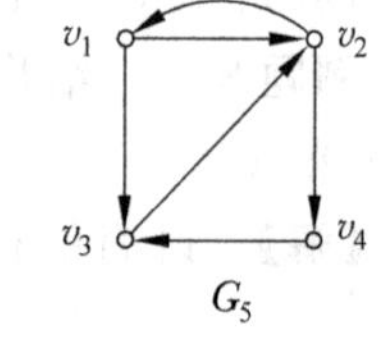

图 8.23　例题 8.4 的有向图示例

例题 8.4　求图8.23所示的有向图 G_5 的可达矩阵。

【解】　① 图 G_5 的邻接矩阵 A 为：

$$A=\begin{bmatrix}0&1&1&0\\1&0&0&1\\0&1&0&0\\0&0&1&0\end{bmatrix}$$

② 利用 A 依次求得 A^2、A^3 及 A^4 分别为：

$$A^2=\begin{bmatrix}0&1&1&0\\1&0&0&1\\0&1&0&0\\0&0&1&0\end{bmatrix}\cdot\begin{bmatrix}0&1&1&0\\1&0&0&1\\0&1&0&0\\0&0&1&0\end{bmatrix}=\begin{bmatrix}1&1&0&1\\0&1&2&0\\1&0&0&1\\0&1&0&0\end{bmatrix}$$

$$A^3=\begin{bmatrix}0&1&1&0\\1&0&0&1\\0&1&0&0\\0&0&1&0\end{bmatrix}\cdot\begin{bmatrix}1&1&0&1\\0&1&2&0\\1&0&0&1\\0&1&0&0\end{bmatrix}=\begin{bmatrix}1&1&2&1\\1&2&0&1\\0&1&2&0\\1&0&0&1\end{bmatrix}$$

$$A^4=\begin{bmatrix}0&1&1&0\\1&0&0&1\\0&1&0&0\\0&0&1&0\end{bmatrix}\cdot\begin{bmatrix}1&1&2&1\\1&2&0&1\\0&1&2&0\\1&0&0&1\end{bmatrix}=\begin{bmatrix}1&3&2&1\\2&1&2&2\\1&2&0&1\\0&1&2&0\end{bmatrix}$$

③ 累加 A、A^2、A^3 及 A^4，得：

$$A'=A+A^2+A^3+A^4=\begin{bmatrix}3&6&5&3\\4&4&4&4\\2&4&2&2\\1&2&3&1\end{bmatrix}$$

④ 用 1 置换矩阵 A'中非 0 元，得可达矩阵 P 为：

$$P=\begin{bmatrix}1&1&1&1\\1&1&1&1\\1&1&1&1\\1&1&1&1\end{bmatrix}$$

通过图的可达矩阵 P 可知，P 的所有元素均为 1，即所求图的任意两点均可达，且每个结点都有回路。由于可达矩阵是一个布尔阵，它不在意结点之间到达的路的数目，因此可将矩阵 A、A^2、A^3 及 A^4 等改为布尔矩阵，同时将矩阵运算改为布尔运算来求解。

可达矩阵的定义是针对有向图而言的，但无向图也适用，因为无向图的一条无向边可以看成两条方向相反的有向边，因此一个无向图可当作一个有向图来处理，只不过此时图的邻接矩阵是一个对称阵。在无向图中，按上述可达矩阵求解方法得到的可达矩阵称为**连通矩阵**，连通矩阵也是一个对称阵。

8.3.3 关联矩阵

定义 8.53 关联矩阵（无环无向图） 若无环无向图 $G=\langle V,E\rangle$，$V=\{v_1,v_2,v_3,\cdots,v_i,\cdots,v_n\}$，$E=\{e_1,e_2,e_3,\cdots,e_i,\cdots,e_m\}$，称矩阵 $(m_{ij})_{n\times m}$ 为图 G 的关联矩阵，记作 $M(G)$。其中：

$$m_{ij}=\begin{cases}1, & v_i \text{ 关联 } e_j\\0, & v_i \text{ 不关联 } e_j\end{cases}$$

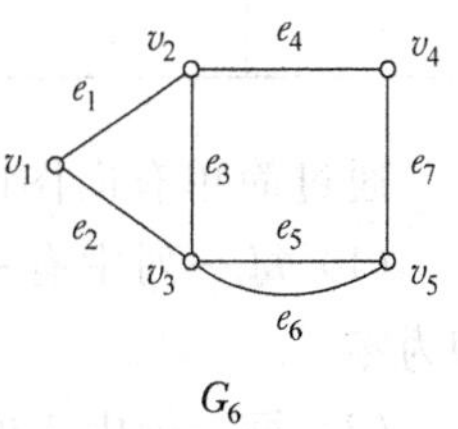

图 8.24 例题 8.5 的无向图示例

例题 8.5 求图 8.24 所示的无向图 G_6 的关联矩阵。

【解】 G_6 是一个具有 5 个结点和 7 条边的无向图，故 G_6 的关联矩阵 M 是一个 5 行 7 列的矩阵，$M(G_6)$ 可表示为：

	e_1	e_2	e_3	e_4	e_5	e_6	e_7
v_1	1	1	0	0	0	0	0
v_2	1	0	1	1	0	0	0
v_3	0	1	1	0	1	1	0
v_4	0	0	0	1	0	0	1
v_5	0	0	0	0	1	1	1

通过无向图的关联矩阵可得到如下性质：

(1) 每条边关联两个结点，因此每一列只有两个 1。

(2) 每一行中元素之和等于该行对应结点的度数。

(3) 所有元素之和等于边数的 2 倍。

(4) 两个平行边其对应的两列相同。

(5) 若某一行中元素全为 0，则此行对应结点的度数为 0，故该结点为孤立点。

(6) 同一个图，当结点或边的编号不同时，其对应的关联矩阵只有行序列序的差别。

定义 8.54 关联矩阵(简单有向图) 若简单有向图 $G=\langle V,E\rangle$，$V=\{v_1,v_2,v_3,\cdots,v_i,\cdots,v_n\}$，$E=\{e_1,e_2,e_3,\cdots,e_i,\cdots,e_m\}$，称矩阵 $(m_{ij})_{n\times m}$ 为图 G 的关联矩阵，记作 $M(G)$。其中：

$$m_{ij}=\begin{cases}1, & v_i \text{ 是 } e_j \text{ 的起点}\\ 0, & v_i \text{ 与 } e_j \text{ 不关联}\\ -1, & v_i \text{ 是 } e_j \text{ 的终点}\end{cases}$$

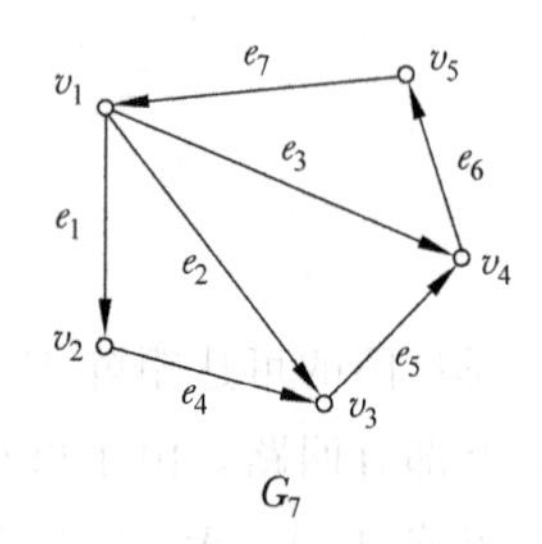

图 8.25 例题 8.6 的有向图示例

例题 8.6 求图 8.25 所示的有向图 G_7 的关联矩阵。

【解】 G_7 是一个简单有向图，它具有 5 个结点，7 条边，故 G_7 的关联矩阵 M 是一个 5 行 7 列的矩阵，$M(G_7)$ 表示如下：

	e_1	e_2	e_3	e_4	e_5	e_6	e_7
v_1	1	1	1	0	0	0	−1
v_2	−1	0	0	1	0	0	0
v_3	0	−1	0	−1	1	0	0
v_4	0	0	−1	0	−1	1	0
v_5	0	0	0	0	0	−1	1

通过简单有向图的关联矩阵可以得到图的如下性质：

(1) 每一列中有一个 1 和一个 −1，分别对应一条有向边的始点和终点，每列的元素和为零。

(2) 每一行中 1 的个数等于对应结点的出度。

(3) 每一行中 −1 的个数等于对应结点的入度。

(4) 每一行元素的绝对值之和为对应结点的度数。

8.4 图的应用

图可用来为很多复杂的关系建模，因此图在社交、计算机、生物、医学等很多学科中都有着广泛的应用。下面介绍一些有关图的应用的例子。

8.4.1　无向图的应用

1. 朋友关系

用无向图表示朋友圈里的交往关系。用结点表示朋友圈里的每个人，用一条无向边连接两个互相认识的朋友。两个人是否为认识的朋友不需要多次连接，因此图中不包含平行边。若不用表达自己是自己的朋友，则图中也没有环，否则，图中所有的结点都有环。如图8.26所示，用一个简单无向图表示"王明"朋友圈里的交往关系。

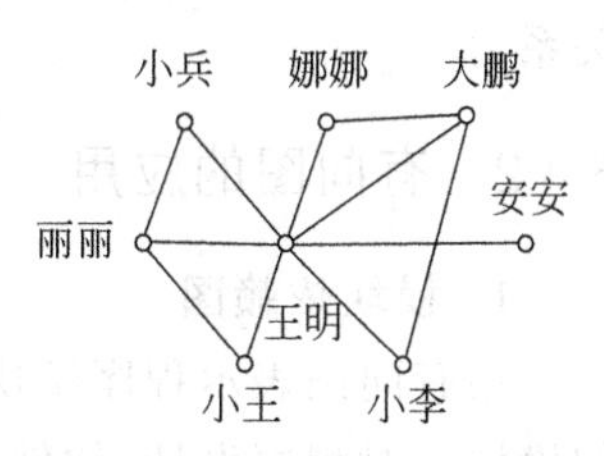

图8.26　朋友交往关系图

2. 合作关系

用无向图表示工作上的合作关系。用结点表示工作群里的人，用一条无向边连接两个存在合作关系的人。合作关系图是简单图，因为不用表达自己跟自己合作，两个人的合作关系也不用重复表达多次，因此图也不含有平行边。当然，合作关系也可以设定到某一领域，从而建立特殊领域的合作关系图。例如建立学术上的合作者关系图，如图8.27所示，某学术论文检索库提供给的关于作者 A 的合作者关系图，图中的结点表示作者，无向边连接与指定作者 A 合作过的其他作者。

3. 通信网络

用无向图表示设备之间的通信关系。用结点表示设备，用边表示所关注的某种类型的通信链接。例如，设一个网络由数据中心和计算机之间的通信链路组成，用结点表示数据中心，用边表示通信链接。如图8.28所示，用一个连通的简单无向图表示的由八个数据中心组成的网络。

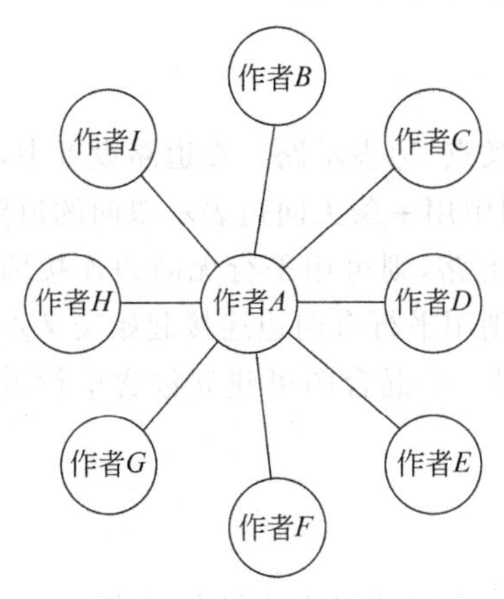

图8.27　合作者关系图

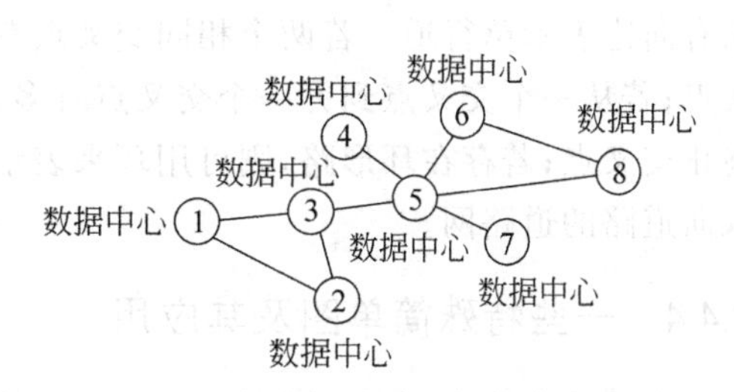

图8.28　八个结点的通信网

4. 生态网

用无向图表示一起活动的不同种类的动物之间的竞争关系。建立一个生态系统里物种之间竞争的关系网，用结点表示物种，若两个物种之间共享某些食物来源，则在两者之间加一条无向边。如图 8.29 所示，无向图展示了部分物种间的竞争关系，由于图中不存在平行边和环，因此竞争关系网是简单无向图。显然，通过此图可以很容易地找到有竞争关系和没有竞争关系的物种，如"猫头鹰"和"浣熊"存在竞争关系；而"浣熊"和"负鼠"不存在竞争关系。

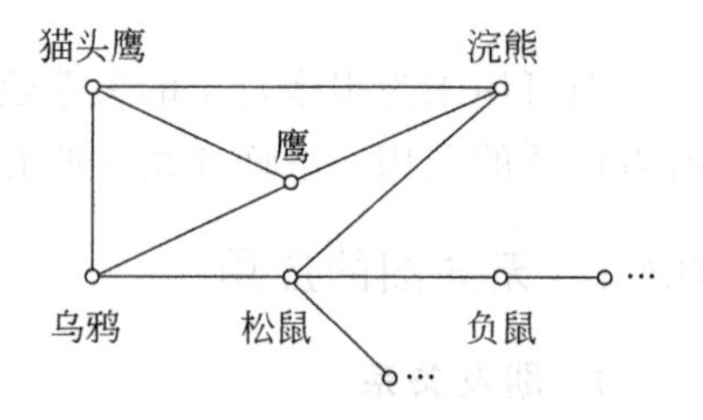

图 8.29 物种竞争关系网

8.4.2 有向图的应用

1. 模块依赖图

用有向图表示程序模块之间的依赖关系。在软件设计中，常常把一个任务分成不同的模块。对程序设计、软件测试和维护来说，掌握不同模块之间如何交互很重要，因此建立模块之间的相互依赖关系图很有必要。用结点表示模块，若一个模块 a 依赖于另一个模块 b，则以 b 为起点，a 为终点画一条有向边。例如，一个 Web 浏览器程序包含 main、display、parser、protocol、abstract syntax tree、page 及 network 七个模块，分别用 A、B、C、D、E、F 和 G 依次表示它们，则这些模块之间的依赖关系如图 8.30 所示。

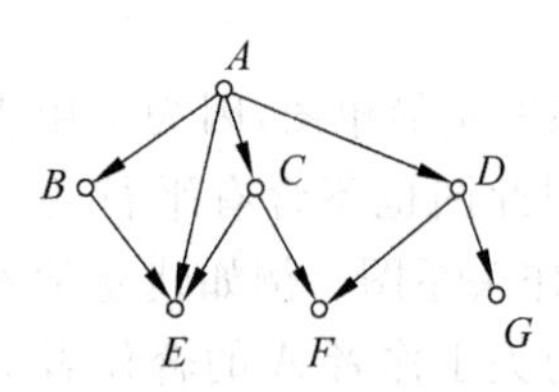

图 8.30 程序模块依赖图

2. 航线图

用有向图表示航线的航班关系。用图的结点表示机场，有向边表示航班，若从出发机场 A 到目的机场 B 有一趟航班，则从 A 到 B 画一条有向边 $\langle A,B\rangle$，如此可每天为某航线的所有航班建模。同一天，从一个机场到另一个机场可能有多个航班，因此图中有平行边存在，故此图是一个有向多重图。

8.4.3 混合图的应用

道路图 用混合图为道路网建模。用结点表示交叉点，边表示路。在道路设置中，常常存在单行道且两个交叉点存在多条道路，因此可在图中用一条无向边表示双向的道路，用有向边表示单行道。若两个相同交叉点有多条双向道路，则可用平行无向边连接两交叉点；若从一个交叉点到另一个交叉点有多条单行道，则用平行有向边连接起始交叉点和终止交叉点；若存在环形路，则可用环来表示。由此，用一个混合图可建立包含单行道和双向道路的道路网。

8.4.4 一些特殊简单图及其应用

在一栋大楼内，各种计算机、打印机等外设可以用一个局域网连接起来，如图 8.31 所示，有星形、环形及混合拓扑型三种连接方式。

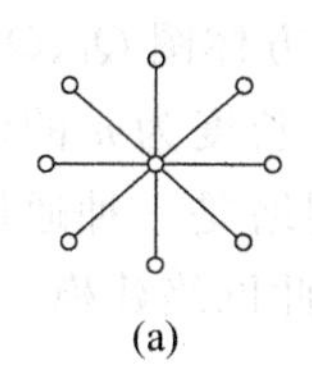

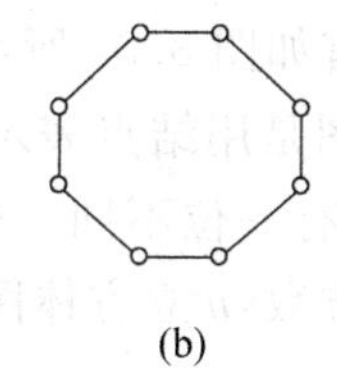

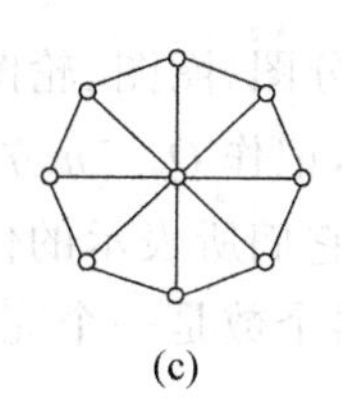

图 8.31　局域网示例

图 8.31(a)所示的图是一个基于星形拓扑的网络，其中结点为外设，所有外设都连接到一个中央控制设备，此图是一个简单无向图，也是一个完全二分图 $K_{1,8}$。

完全二分图 $K_{m,n}$ 是结点集可划分成 m 和 n 个结点的两个子集的图，并且两个结点之间有边当且仅当一个结点属于第一个子集而另一个结点属于第二个子集。如图 8.32 所示的完全二分图依次为 $K_{2,3}$、$K_{3,3}$ 及 $K_{3,5}$。完全二分图是具备一些特殊性质的简单图，后续内容还会涉及此类图。

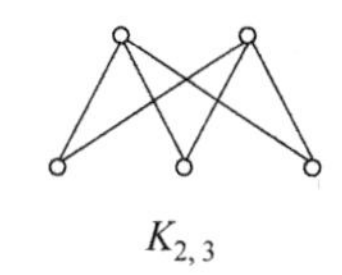

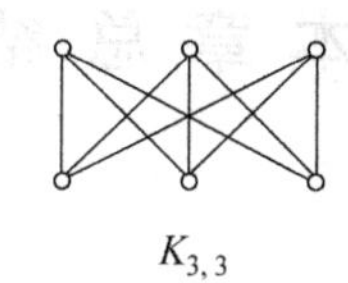

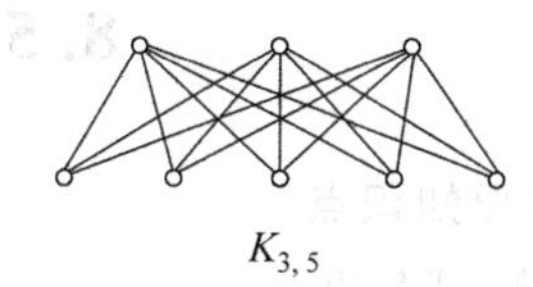

图 8.32　完全二分图示例

图 8.31(b)所示的图是一个基于环形拓扑的局域网，其中每个结点表示设备，每个设备都与其他两个设备相连，此图是一个简单无向图，也是一个圈图 C_6。

圈图 C_n $(n\geqslant 3)$是由 n 个结点 $v_1, v_2, v_3, \cdots, v_i, \cdots, v_n$ 以及边(v_1, v_2)，(v_2, v_3)，(v_3, v_4)，$\cdots$，(v_{n-1}, v_n)，(v_n, v_1)组成。如图 8.33 所示的图依次为 C_3、C_4 和 C_5。

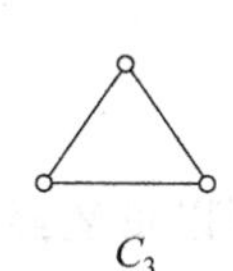

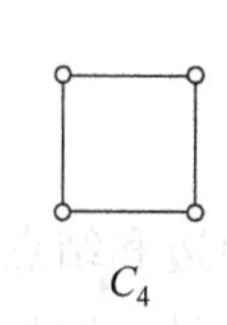

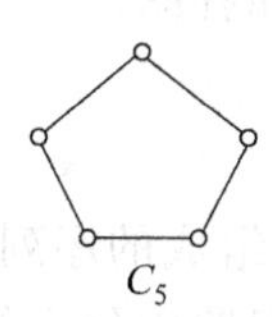

图 8.33　圈图示例

图 8.31(c)所示的图是基于星形和环形的混合网，每个设备通过绕着环或中央设备连接来传送信息，这种连接方式虽冗余但可使网络更加可靠，此图是一个简单无向图，也是一个轮图 W_6。

轮图 W_n 是当给圈图 $C_n(n\geqslant 3)$添加一个结点，并把这个结点与 C_n 中的 n 个结点逐个连接时，就得到轮图 W_n。如图 8.34 所示的图依次为 W_3、W_4 和 W_5。

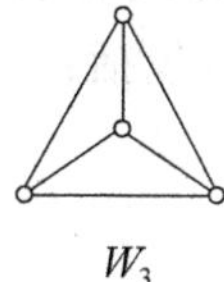

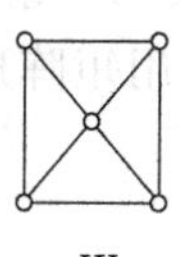

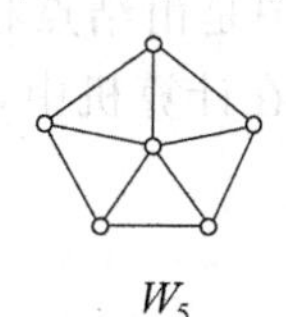

图 8.34　轮图示例

除了完全二分图、圈图、轮图，还有如图 8.35 所示的立方体图 Q_1、Q_2 和 Q_3，这类图被称为 **n 立方体图**，记作 Q_n。n 立方体图是用结点表示 2^n 个长度为 n 的位串的图，两个结点相邻当且仅当它们所表示的位串恰有一位不同。栅格网络是一种通用的互连网络，在此网络中，处理器个数是一个完全平方数，n 立方体图可为此网络建模。

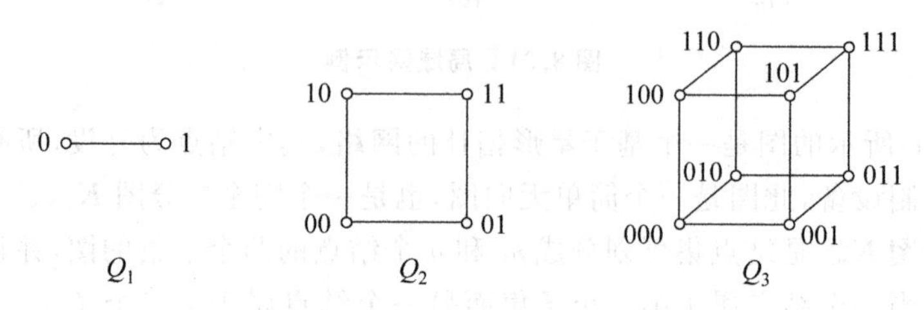

图 8.35　立方体图示例

8.5　本 章 总 结

1. 本章主要知识点

本章主要知识点如下：

(1) 图的基本概念。与图有关的概念较多，主要包括：

① 有向图、无向图和混合图。

② 简单图和多重图。

③ 简单有向图和简单无向图。

④ 无向完全图和有向完全图。

⑤ 子图、生成子图和补图。

⑥ 同构图。

(2) 路及连通性。

① 路是由结点和边组成的序列，路中边和结点都可以重复经过。

② 通路是一条路，但路中每个结点经过一次且仅一次。

③ 回路是一条起点和终点都是同一个结点的路。

④ 迹是一条路，但路中每条边经过一次且仅一次。

⑤ 圈是闭的通路，即圈是一条回路，它的起点和终点是同一结点，但除此结点外，路中其他结点只经过一次且仅一次。

⑥ 无向图的连通、点割集、边割集、割点、割边、点连通度及边连通度。

⑦ 有向图的可达、弱连通、单侧连通和强连通。

(3) 图的表示。图是由结点和边构成二元组，用某种方式表示了图的结点和边，也就实现了对图的表示。在计算机中，图常采用矩阵形式存储，包括：

① 邻接矩阵。

② 关联矩阵。

③ 可达矩阵。

本章的基本概念是后续学习的基础，但这些术语有很多不同的说法，如有的资料上将

“路”称为“通路”,“通路”称为“简单通路”等,注意加以区分。

2. 本章主要习题类型及解答方法

本章主要习题类型及解答方法如下：

(1) 图类型的判定问题。

图的类型判定问题主要依据图的相关定义,归纳如下：

① 图中的边都是有向边则为有向图;图中所有边都是无向边则为无向图;图中既有有向边也有无向边则为混合图。对于环,既可认为是有向边,也可认为是无向边,具体如何认定可根据图中其他边的类别来决定。比如,若图中除了环,其他边都是无向边,则可认为环是无向的。

② 简单图和多重图都是无环图,简单图没有平行边,多重图包含平行边。简单有向图和简单无向图都是没有环,也没有平行边的图,但简单有向图的所有边都是有向边,简单无向图的所有边都是无向边。

③ 完全图可由图的结点数与边数之间的关系判定,n 阶无向完全图的边数为 $n(n-1)/2$,而 n 阶有向完全图的边数为 $n(n-1)$。

④ 同构图按定义应存在满足条件的双射函数,但也可借助一些必要条件来判定两图不是同构图。比如,若两图是同构图,则两个图的结点总数、边数相等,且相同度数的结点数目也应相等。若这些条件不满足,则必不是同构图。

⑤ 子图、生成子图和补图由它们的定义判定,其中生成子图的结点集包含图中所有结点,其概念在树中还会用到。

(2) 度的计算问题。图的度数、边数及各结点度数的计算,归纳如下：

① 无向图。结点的度是与结点关联的边的数目。

② 有向图。结点的度有出度和入度之分。结点的出度是以该结点为起点的边的数目,结点的入度是以该结点为终点的边的数目,结点的度为两者之和。

③ 图所有结点的度数之和等于边数的两倍。

(3) 图的连通问题。有关图连通的问题,归纳如下：

① 对图中的路、通路、回路、圈和迹的查找及路的长度的计算。有关路的术语较多,它们的定义是有区别的,可依据相关定义查找,其中路的长度为路所包含的边的数目。

② 连通图的判定。连通图是针对无向图而言的,若图的连通分支只有一个则为连通图,否则图为非连通图。

③ 点割集和边割集的求解。若所求集合为点割集或边割集,那么删除它们的任意真子集的所有元素,得到的图依然是连通图。

④ 强分图、单侧分图和弱分图的判定。由有向图的强连通、单向连通和弱连通判定。

⑤ 有关连通的性质、定理及推论的证明。对于无向图,结合连通的定义及定理证明;对于有向图,结合有向图的强连通定义及定理证明。

(4) 图的表示及运算。

① 邻接矩阵。邻接矩阵的行和列都表示结点,通过邻接矩阵及其上的运算可得到：

(a) 对一个简单无向图而言,其邻接矩阵是一个对称阵,第 i 行或第 i 列的非零元素之和即为第 i 个结点的度数,而矩阵所有的非零元素之和为边数的 2 倍。

(b) 对一个简单有向图而言,其邻接矩阵不一定是对称阵,第 i 行的非零元素之和为第 i 个结点的出度,第 i 列的非零元素之和为第 i 个结点的入度,而矩阵所有的非零元素之和等于图的边数。

(c) 当图存在平行边而不是简单图时,可将表示两个结点是否存在有向或无向边的取值 0 或 1,改为两点之间存在的平行边的重数,此时依然可以用邻接矩阵来表示图,但此时邻接矩阵不再是 0-1 阵。

② 可达矩阵。利用邻接矩阵的乘法运算,可获得路径长度为指定 $n(n\geqslant 1)$ 的矩阵。对有向图而言,可以通过多次矩阵乘法运算得到图的可达矩阵。

③ 关联矩阵。矩阵的行表示结点,列表示边,通过关联矩阵及其上的运算可得到:

(a) 若图含有平行边,则矩阵中必有相同的列。

(b) 若矩阵中某一行全为 0,则此结点为孤立点。

(c) 当一个图是无环无向图时,其关联矩阵是一个 0-1 阵,第 i 行的非零元素之和为第 i 个结点的度数。

(d) 当一个图是简单有向图时,第 i 行所有 1 的个数为第 i 个结点的出度,第 i 行所有 -1 的个数是该结点的入度。

当然,也可以通过对关联矩阵的运算实现图的一些操作,如将关联矩阵的两行相加,相当于在图中把两个结点合并等。

(5) 图的应用问题。

根据题意分析所求问题的数据元素及其关系,用结点表示元素,用有向边或者无向边表示元素之间的某种特定的关系,用有向图或无向图等为应用问题建模。

8.6 本章习题

1. 判断图 8.36 所示的各图是哪种类型的图?

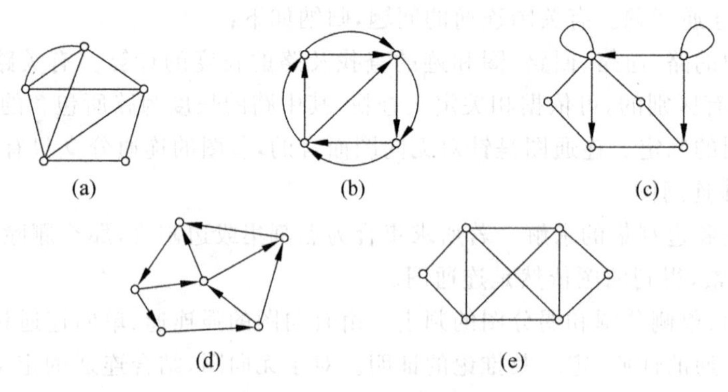

图 8.36 习题 1 的图示例

2. 求图 8.37 所示图的度数、边数及各结点的度数。

3. 求图 8.38 所示图的度数、边数及各结点的出度、入度。

4. 判断图 8.39(b)~(f)所示图是否为图 8.39(a)的生成子图?

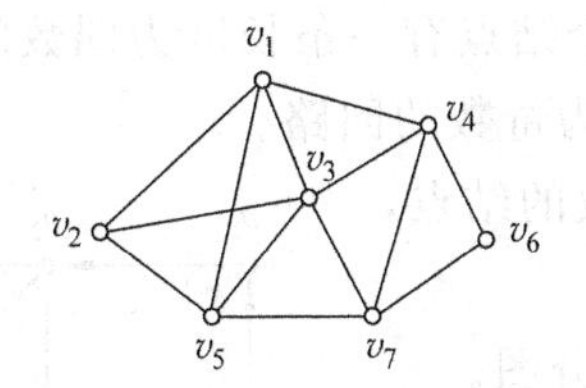

图 8.37　习题 2 的无向图示例

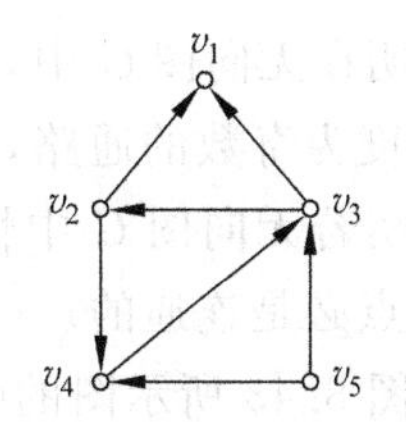

图 8.38　习题 3 的有向图示例

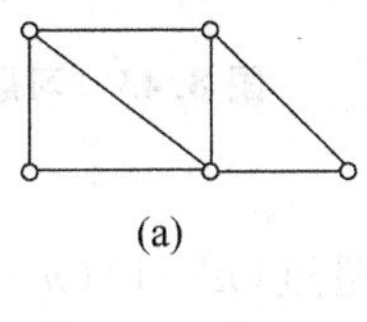

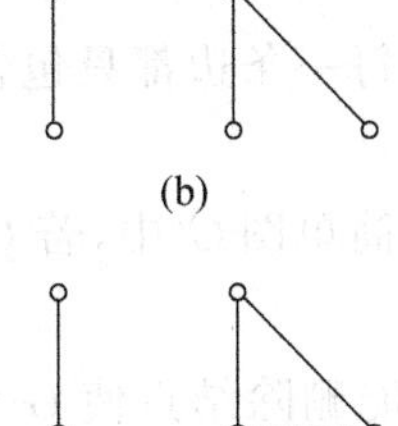

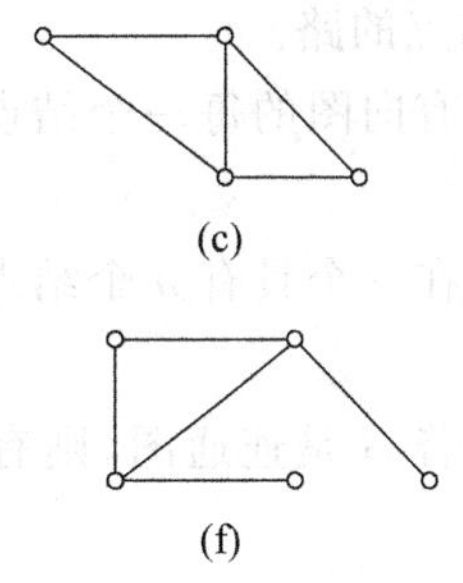

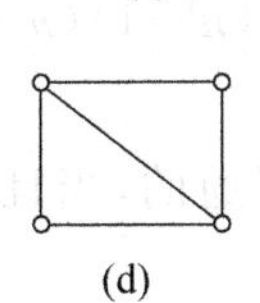

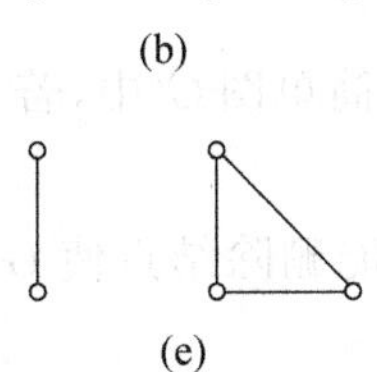

图 8.39　习题 4 的图示例

5. 画出图 8.40 所示的图相对于完全图 K_6 的补图。

6. 判断图 8.41(a)和图 8.41(b)是否同构？

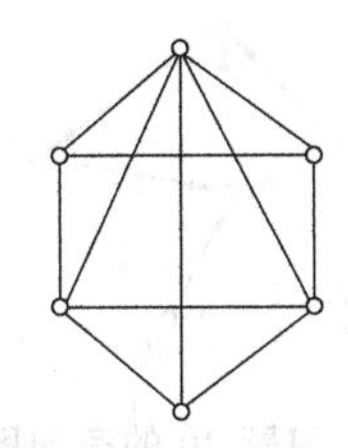

图 8.40　习题 5 的图示例

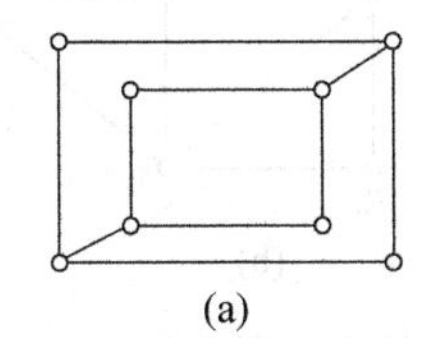

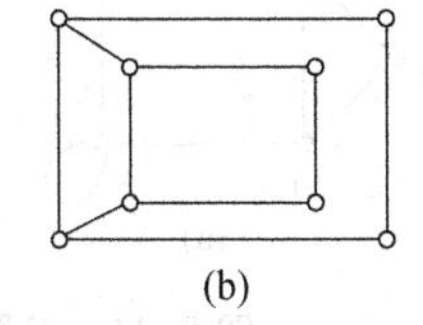

图 8.41　习题 6 的同构图示例

7. 在一个简单图中，若每个结点的度数都相等，则称该图为**正则图**。若正则图中每个结点的度数都为 n，则这个图称为 ***n* 正则图**。判断在 K_n、C_n、W_n 和 Q_n 中，哪些图是正则图？

8. 证明在任何一个有向完全图中，所有结点入度的平方之和等于所有结点出度的平方之和。

9. 在一个具有 n 个结点的简单图 G 中，证明 $\Delta(G)<n$ 成立。

10. 有一无向图 G 如图 8.42 所示。

(1) 找出一条从 v_1 到 v_6 的长度为 6 的路。

(2) 找出一条从 v_1 到 v_7 的长度为 4 的通路。

(3) 找出一条从 v_1 到 v_7 的长度为 4 的迹。

(4) 找出一条经过 v_3 且长度为 4 的圈。

(5) 求 $d<v_1,v_6>$ 和 $d<v_1,v_7>$。

(6) 求 $\Delta(G)$ 和 $\delta(G)$。

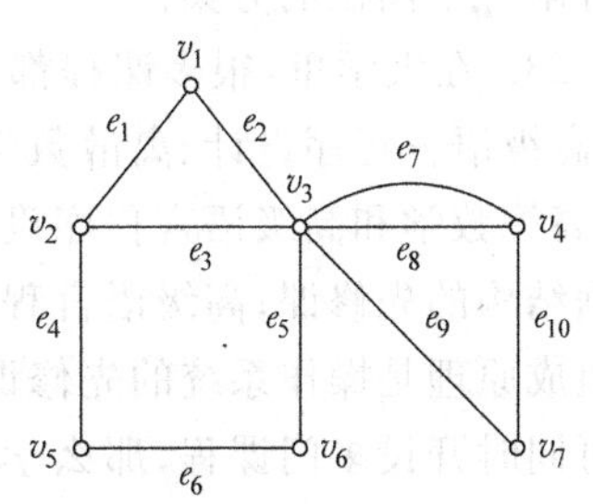

图 8.42　习题 10 的含平行边的无向图 G

11. 证明在无向图 G 中，若从一个结点到另一个结点有一条长度为偶数的通路，同时也有一条长度为奇数的通路，则 G 中必有一条长度为奇数的回路。

12. 证明若无向图 G 中恰好有两个度数为奇数的结点，则这两个结点必是连通的。

13. 求图 8.43 所示图的强分图、单侧分图和弱分图。

14. 证明一个有向图是单侧连通图的充要条件是它有一条经过每个结点的路。

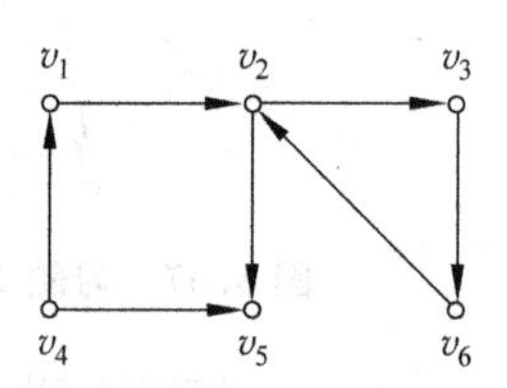

图 8.43　习题 13 的图示例

15. 证明有向图的每一个结点和每一条边都只包含于一个弱分图中。

16. 证明在一个具有 n 个结点的简单图 G 中，若 G 有超过 $(n-1)(n-2)/2$ 条边，则 G 是连通的。

17. 证明若 G 是连通图，则有可能删除结点使 G 变成不连通的，当且仅当 G 不是完全图。

18. 证明 $K_{m,n}(m\geqslant 2, n\geqslant 2)$ 没有割边。

19. 求图 8.44 所示无向图的邻接矩阵和关联矩阵。

20. 求图 8.45 所示图的关联矩阵、邻接矩阵和可达矩阵。

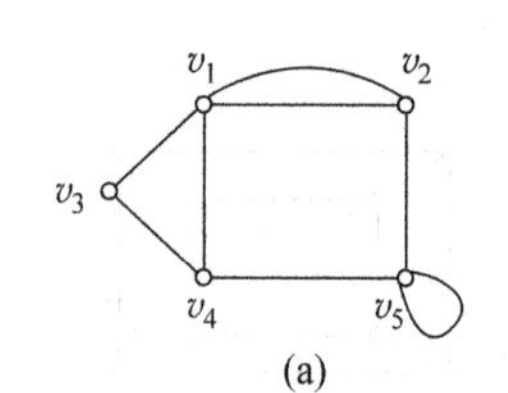

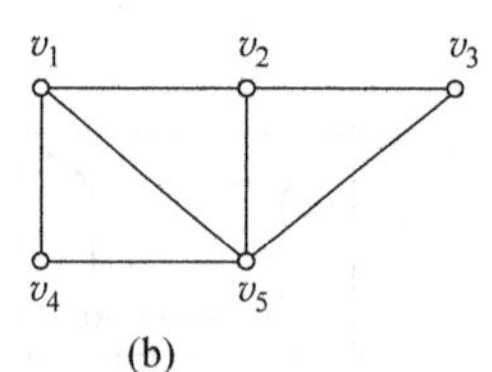

图 8.44　习题 19 的无向图示例

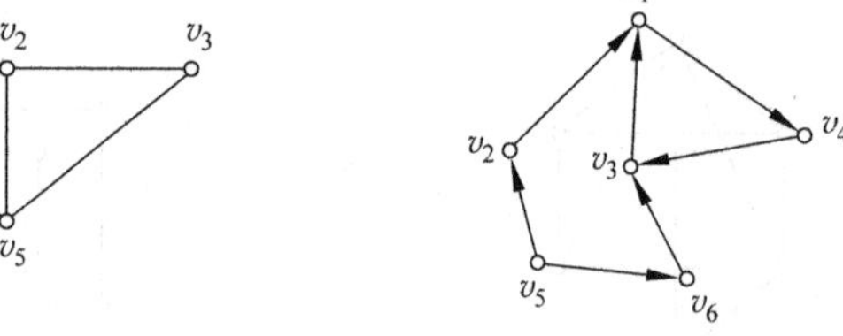

图 8.45　习题 20 的有向图示例

21. 若将一个图的各个结点的度数按非递增顺序排列成一个序列，则该序列称为一个图的**度序列**。若某图的度序列为 4,3,3,2,2，能否画出一个满足此序列的图。

22. 某公司在 G、H、I 和 J 四个岗位上各需一名员工，现招聘了 4 名员工 a、b、c 和 d，其中，a 能胜任 G、I 和 J 三个岗位；b 能胜任 H 和 I 两个岗位；c 能胜任 I 和 J 两个岗位；d 能胜任 G 和 H 两个岗位。使用图为员工和能胜任的岗位建模，并判断是否存在每个员工分配一个岗位的方案。

23. 在大学里，很多课程都有其相应的先修课。现设有七门课程，它们分别是高等数学、高级语言程序设计、离散数学、数据结构、编译技术、计算机组成原理和操作系统。其中，高等数学和高级语言程序设计是离散数学的先修课；高级语言程序设计和离散数学是数据结构的先修课；高级语言程序设计和数据结构是编译技术的先修课；数据结构和计算机组成原理是操作系统的先修课。使用图表示七门课程之间的先修关系，并判断若每学期可同时开设多门课程，那么学生修完全部课程至少需要几个学期？

24. 设计一个求图的可达矩阵的算法并采用某种程序设计语言将其实现。

25. 设计一个图同构的算法并判断最坏情况下的时间复杂度。

第9章 特殊图

本章由著名的“七桥问题”“周游世界”等图论问题引入，介绍了一些特殊图及其应用。特殊图包括欧拉图、哈密尔顿图、平面图、对偶图、树及根树，这些图具有一些特殊的性质，可广泛地应用到实际问题中。

欧拉图和哈密尔顿图是由古老的智力题引入的，欧拉图能进行边的遍历，哈密尔顿图能进行结点的遍历。平面图能够边不相交的在平面上表示，且使得欧拉公式成立。利用作图法得到一个平面图的对偶图，再对对偶图进行结点着色，可实现对地图的着色。树和根树也是一类特殊图，通过算法可得到最小生成树和最优树，它们可应用到通信网和哈夫曼编码中。

9.1 欧 拉 图

有一个著名的图论问题——七桥问题。

在普鲁士有一名为哥尼斯堡的镇，该镇被普莱格尔河分成了 A、B、C 和 D 四个部分，如图 9.1 所示，它们分别是：河对岸两个区域 A 和 B、克奈普霍夫岛河中心岛 C 以及普莱格尔河两条支流之间的区域 D。当时，有七座桥将这些区域连接起来，每逢假日，镇上的居民都会穿过这些桥在被分割的区域间散步。人们提出一个问题，能否从某个区域出发，把所有桥不重复地走过一次并返回到原地？

1736 年，著名的瑞士数学家列昂哈德·欧拉使用图论解决了哥尼斯堡的七桥问题。在七桥问题中，被分割的四个不同区域可看成图的四个结点，它们分别是 A、B、C 和 D；七座桥可当作连接四个结点的 7 条边，这样得到了图 9.2 所示的图 G。于是，人们提出的“遍游”七桥问题就转为能否从图 G 的某一结点开始找一条回路，此回路经过 G 中所有边一次且仅一次，其中，G 是一个具有平行边的无向多重图。

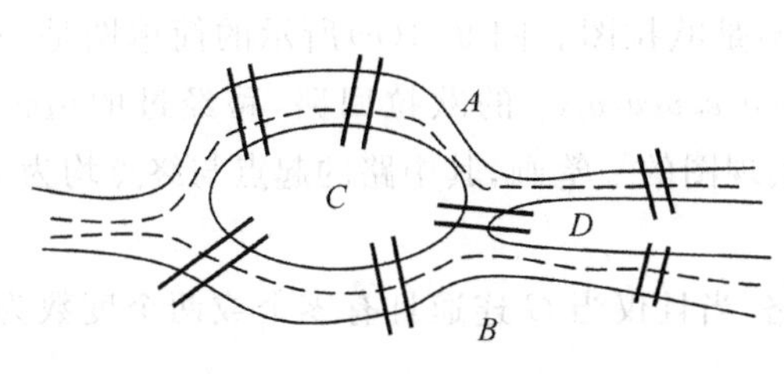

图 9.1 哥尼斯堡七桥问题

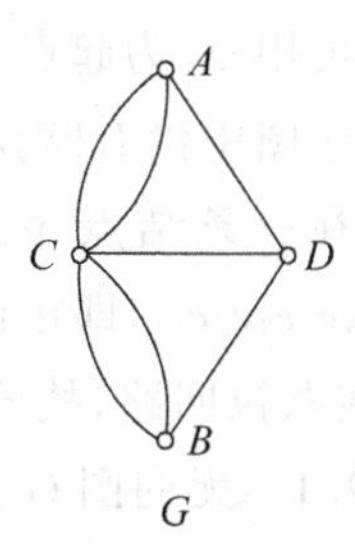

图 9.2 七桥问题的图示例

以上问题等价于对图进行一笔画问题。判定一个图是否可一笔画有两种画法：一种是从图中某一结点出发，经过图的每条边一次且仅一次到达另一结点；另一种是从图的某个结点出发，经过图的每条边一次且仅一次再回到开始结点。显然，七桥问题属于第二种一笔画问题。

当对一个图一笔画时，若从图的某个点开始画第一条边，则开始结点的边数加 1，而之后每到一个结点，只要这个结点不是终点，该结点有进去的边就必然有出来的边，故这些结点的边数每次都会加偶数条。若最后回到原点，则最后一个结点还是开始结点，故开始结点的边数再增加 1，则开始结点的边数也是偶数条。因此，若一笔画时要重回原点，则连接每个结点的边数必须是偶数条才能完成。欧拉注意到，"七桥问题"中每个结点都连接着奇数条边，因此不可能一笔画出，这也就是说不存在一次走遍七座桥，而每座桥只允许通过一次的走法。欧拉在 1736 年的论文中提出了一条简单的准则，确定了哥尼斯堡七桥问题是不能解的。

定义 9.1 欧拉路 如果无孤立结点图 G 上有一条经过 G 中每边一次且仅一次的路，则称该路为**欧拉路**。

定义 9.2 欧拉回路 如果无孤立结点图 G 上有一条经过 G 中每边一次且仅一次的回路，则称该回路为**欧拉回路**。

定义 9.3 欧拉图 具有欧拉回路的图称为**欧拉图**。

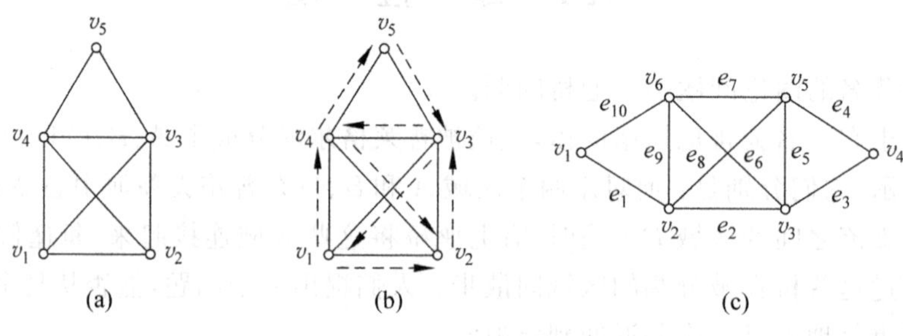

图 9.3 欧拉图的示例

在图 9.3(a)所示的简单无向图中，存在一条结点序列为 $v_1v_2v_3v_1v_4v_5v_3v_4v_2$ 的欧拉路，其中 v_1 为起点，v_2 为终点，此路共经过 9 个结点，8 条边，满足所有的边经过一次且仅一次。由于图中存在一条欧拉路，故该图能一笔画，如从 v_1 开始，按图 9.3(b)中虚线所示的顺序画边，当画完最后一条边(v_4,v_2)时，则原图被一笔画出。当然，该图的欧拉路不止一条，如可用 v_2 为起点，v_1 为终点得到其他的欧拉路。虽然图 9.3(a)所示的图存在欧拉路，但由于图中没有欧拉回路，故该图不是欧拉图。图 9.3(c)所示的简单图是一个欧拉图，它存在一条结点序列为 $v_1v_2v_3v_4v_5v_3v_6v_5v_2v_6v_1$ 的欧拉回路，路经过的边依次为 $e_1e_2e_3e_4e_5e_6e_7e_8e_9e_{10}$，即按此顺序画边可实现图的一笔画，其中路的起点与终点均为 v_1，由于图中存在欧拉回路，故该图是欧拉图。

定理 9.1 无向图 G 具有一条欧拉路，当且仅当 G 连通且有零个或两个度数为奇数的结点。

【证明】

(1) 必要性。设 n 阶无向图 $G=<V,E>$，$V=\{v_1,v_2,v_3,\cdots,v_i,\cdots,v_n\}$，$E=\{e_1,e_2,e_3,\cdots,e_i,\cdots,e_m\}$。若图 G 中存在一条欧拉路 L，由欧拉路定义可知，L 包含 G 的所有边，则 G 的每个结点至少在 L 中经过一次，因此 G 的任意两结点都可以通过 L 连通，故 G 只有一个连通分支，即 G 是连通图。

设欧拉路 L 的序列为 $v_ie_1v_s\cdots e_{k-1}v_k\,e_k\cdots e_mv_j$，其中，$v_i$ 为起点，v_j 为终点。

① 当 $v_i\neq v_j$ 时，设 v_k 是 L 中的一个结点，且 v_k 不是 L 的两个端点，则 v_k 必有两条关联边，即有进入 v_k 的边 e_{k-1}，则必有从 v_k 出去的边 e_k，故 v_k 在 L 中每经过一次，v_k 的度数都加 2，因此 v_k 的度数必是偶数。对于 v_i 而言，在起点处，由于它没有进入的边，只有从 v_i 出去的边，故 v_i 只作为起点时，其度数为 1 是奇数。若 v_i 在 L 中经过不止一次，则在非起点处，v_i 的度数是偶数，再加上作为起点的度数 1 还是奇数，因此 v_i 的度数必是奇数。同理，对于 v_j 而言，在终点处，它只有进入 v_j 的边没有出去的边，所以此处 v_j 的度数为 1 是奇数。若 v_j 在 L 中出现不止一次，则在非终点处，v_j 的度数是偶数，再加上作为终点的度数 1 还是奇数，因此 v_j 的度数也是奇数。由此可知，若图中存在一条欧拉路，而欧拉路的起点和终点是两个不同的结点时，那么这两个结点的度数是奇数，而其他结点的度数是偶数。

② 当 $v_i=v_j$ 时，即 L 的起点和终点是同一个结点 v_i(或 v_j)。在起点处，v_i 的度数加 1；在终点处，v_i 的度数也加 1，由于同时作为起点和终点，因此 v_i 的度数加 2。若 v_i 在 L 中经过不止一次，则在非起点和终点处 v_i 的度数是偶数，再加上同时作为起点和终点而增加的度数 2，得 v_i 的度数还是偶数。因此，当欧拉路的起点和终点是同一个结点时，即 L 是一条欧拉回路时，G 中所有结点的度数都是偶数，没有度数为奇数的结点。

(2) 充分性。若无向图 $G=<V,E>$ 是连通图且有零个或两个度数为奇数的结点，则通过以下步骤可构造一条欧拉路。

① 设两个度数为奇数的结点分别为 v_i 和 v_j，从 v_i 开始构造一条到达 v_i 且边不重复的路。首先从 v_i 出发经过边 e_1 到 v_s，由于 v_s 的度数是偶数，故必有一条从 v_s 出去的边 e_2，若 v_s 经过边 e_2 到 v_p，同理，由于 v_p 的度数也是偶数，则必有一条从 v_p 出去的边 e_3，如此下去，每条边取一次且仅一次。由于 G 是连通的，故必可到另一个度数为奇数的结点 v_j，从而得到一条起点为 v_i，终点为 v_j 且边不重复的路 L。如果没有度数为奇数的结点，则从任意一个结点出发，利用上述方法必可回到原结点，从而得到一条边不重复的回路 L。

② 若 L 含有 G 的所有边，则它即为欧拉路或欧拉回路。

③ 若在 G 中删除 L 上的所有边，得到子图 G'，则 G' 中的任何结点的度数都是偶数。由于 G 是连通的，所以 G'中至少存在一个 L 上的结点 v_k。在子图 G'中，以 v_k 为起始结点，重复①的构造方法，则同样可得到一条边不重复的回路 L'。

④ 将 L 和 L'合并后，若正好是 G，则得到欧拉路，否则，重复③得到边不重复的回路 L''，依次进行下去，直到得到一条经过 G 中所有边的欧拉路。得证。

推论 无向图 G 含有欧拉回路，当且仅当 G 是连通图且所有结点的度数都是偶数。

例题 9.1 判断图 9.4 所示的无向图是否为欧拉图？

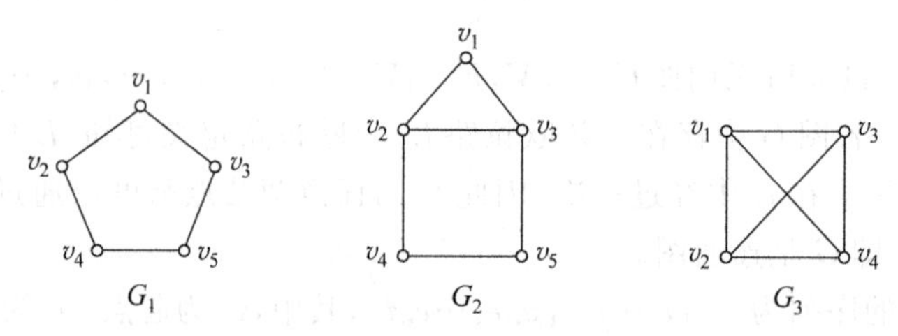

图 9.4 例题 9.1 的无向图示例

【解】 在图 G_1 中，所有结点的度数均为 2，即 G_1 中没有度数为奇数的结点，由定理知 G_1 存在一条欧拉回路，因此 G_1 是欧拉图。在图 G_2 中，v_2 和 v_3 的度数为 3，而其他结点的度数均为 2，因此 G_2 有两个度数为奇数的结点，由定理知 G_2 存在一条欧拉路，且这两个度数为奇数的结点是欧拉路的起点和终点。由于 G_2 中不存在欧拉回路，因此 G_2 不是欧拉图。在图 G_3 中，4 个结点的度数都是奇数，由定理知 G_3 没有欧拉路。同理，在前面的七桥问题中，A、B、C 和 D 四个结点的度数都是奇数，因此不存在欧拉路，即没有经过每座桥一次且仅一次的走法。

定义 9.4 单向欧拉路 通过有向图 G 中每边一次且仅一次的一条单向路，称为**单向欧拉路**。

定义 9.5 单向欧拉回路 通过有向图 G 中每边一次且仅一次的一条单向回路，称为**单向欧拉回路**。

例如，在图 9.5 所示的两个图 G_4 和 G_5 中，G_4 中存在一条单向欧拉路 $v_1v_3v_4v_1v_2v_4$，但没有单向欧拉回路，但 G_5 中存在一条单向欧拉回路 $v_1v_3v_5v_4v_2v_1$。

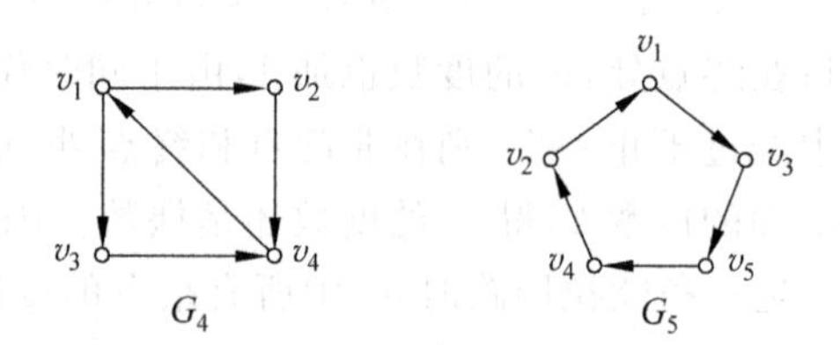

图 9.5 单向欧拉有向图的示例

定理 9.2 有向图 G 具有一条单向欧拉回路，当且仅当 G 连通且每个结点的入度等于出度。有向图 G 有单向欧拉路，当且仅当 G 连通，并且恰有两个结点的入度与出度不等，其中一个的出度比入度多 1，另一个入度比出度多 1，而其他结点入度与出度相等。

【证明】 对有向图而言，如果一个结点的入度等于出度，则此结点的度数为偶数；若一个结点的入度和出度相差为 1，则此结点的度数为奇数。利用类似无向图欧拉定理的证明方法，可得在有向图中上述定理成立。得证。

例题 9.2 判断图 9.6 所示的有向图是否存在单向欧拉路或单向欧拉回路。

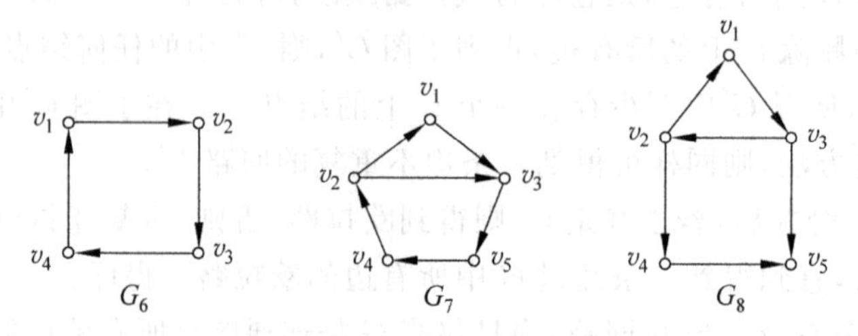

图 9.6 例题 9.2 的有向图示例

【解】 在图 G_6 中，每个结点的入度等于它的出度，由定理可知 G_6 存在一条单向欧拉回路如 $v_1v_2v_3v_4v_1$。在图 G_7 中，结点 v_2 的出度比入度多 1，v_3 的入度比出度多 1，其他结点的入度和出度相等，由定理可知 G_7 存在一条单向欧拉路如 $v_2v_3v_5v_4v_2v_1v_3$，但没有单向欧拉回路。在图 G_8 中，v_2 和 v_3 都满足出度比入度多 1，而 v_5 的入度比出度多 2，因此该图不具备满足单向欧拉路的充要条件，即 G_8 没有单向欧拉路，也没有单向欧拉回路。

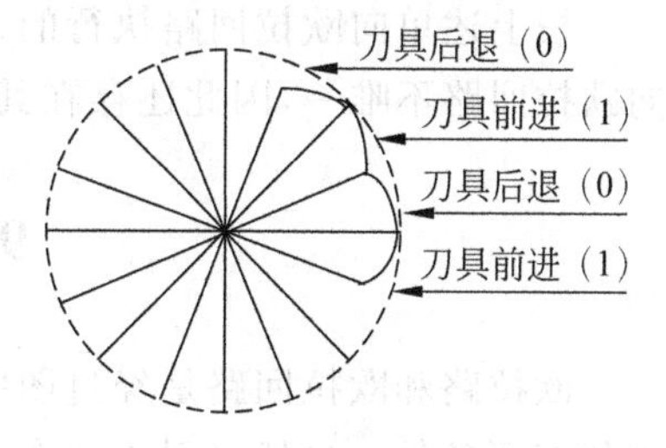

图 9.7 凸轮示意图

例题 9.3 自动车床是一种利用凸轮控制刀具进退来切削机械零件的机械设备，一般情况下，凸轮转一圈可加工一个零件。若刀具前进用二进制数“1”表示、刀具后退用二进制数“0”表示，凸轮示意如图 9.7 所示。现有某零件要求刀具连续完成 16 个前进、后退的动作，且从第一个动作开始，任意连续的 4 个动作都和其他连续 4 个动作不一样。假定前 4 个动作为“退、进、退、进”，设计一个符合要求的刀具进、退序列。

【解】 若用二进制数的“1”“0”表示刀具的前进、后退动作，16 个进退动作可以看作是一个 16 位二进制数，连续 4 个动作可以看作是一个 4 位二进制数。

若当前连续的四个动作为“退、进、退、进”(0101)，继续下一个动作时有“进”或“退”(1 或 0)两种方式，即加入第五个动作后，动作序列为“退、进、退、进、进”(01011)或“退、进、退、进、退”(01010)。在新序列中，去掉当前连续的四个动作的第一个动作“退”(0)，则得到下一个连续的四个动作为“进、退、进、进”(1011)或“进、退、进、退”(1010)。依此进行下去，可找一个线性序列，形如：0101→1011→0110→…，序列中每个元素是一个 4 位的二进制数，它表示连续的四个动作，同时，它还满足如下条件：下一个连续的四个动作(如 1011)是上一个连续四个动作(如 0101)的后三个动作(如 101)加下一个将要进行的动作(如 1)，且序列中每个元素不重复。由题意知，若能找到一个上述序列，且序列中包含 16 个 4 位二进制数即可求出所需设计的动作序列。

下面利用有向图的欧拉路来求解此问题。

设有向图 $G=\langle V,E\rangle$，$V=\{000,001,010,011,100,101,110,111\}$，$E=\{0000,0001,0010,0011,0100,0101,0110,0111,1000,1001,1010,1011,1100,1101,1110,1111\}$。以 V 中 8 个 3 位二进制数为结点，E 中 16 个 4 位二进制数为边构造如图 9.8 所示的有向图。

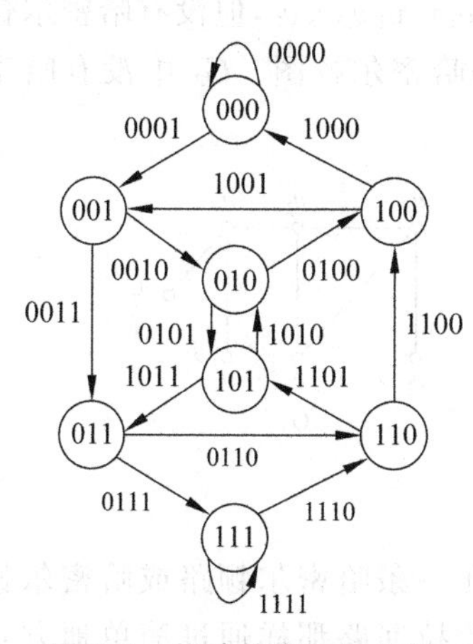

图 9.8 构造的有向图示例

在图中，每个结点表示当前连续的三个动作，当进行第四个动作时有“进”“退”两种方式，故每个结点可引出两条边，一条边表示下一个动作为“进”，另一条边表示下一个动作为“退”。例如，从结点“010”经过边“0100”到结点“100”，同时，从结点“010”也可经过边“0101”到结点“101”，按此方式可构造出图 9.8 所示的有向图。易知，图中每个结点的入度为 2，出度也为 2。由有向图的欧拉定理可知，图中每个结点的入度等于它的出度，因此存在一条单向欧拉回路。

从图的边“0101”开始找一条单向欧拉回路。其中一条可能的单向欧拉回路的边的序列为：0101→1011→0110→1101→1010→0100→1001→0011→0111→1111→1110→1100→1000→0000→0001→0010。

按上述单向欧拉回路执行的16个动作序列是：0101 1010 0111 1000(010)。由于单向欧拉回路不唯一，因此还存在其他满足条件的动作序列。

9.2 哈密尔顿图

欧拉路和欧拉回路是经过图中每边一次且仅一次，且具备判定欧拉路或回路存在与否的充要条件。自然可引入一个与之类似的问题：能否找到一条经过图中每个结点一次且仅一次的路或回路？

英国数学家威廉·罗万·哈密尔顿提出了一个游戏：有一个木质的十二面体，它有12个正五边形表面，十二面体上共有20个顶点，20个顶点代表世界上20个不同的城市，连接两个顶点的棱可看成是交通线。问从其中某一个城市开始，能否找到一条旅行线路，沿着十二面体的棱访问余下所有城市一次且仅一次，最后再回到出发的城市？这个问题被称为周游世界问题。用图的结点和边表示十二面体的顶点和棱，得到如图9.9所示的十二面体的同构图G。“周游世界”问题转换为从G的某个结点出发，找一条经过所有结点一次且仅一次的回路。

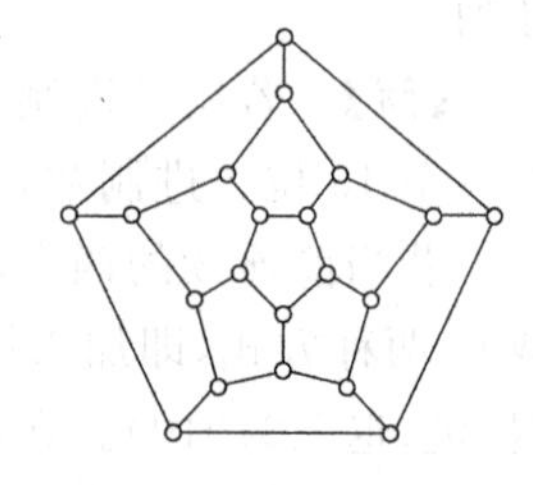

图9.9 周游世界问题

定义9.6 哈密尔顿路 对于图G，若存在一条经过G中每个结点一次且仅一次的路，则称此路为**哈密尔顿路**。

定义9.7 哈密尔顿回路 对于图G，若存在一条经过G中每个结点一次且仅一次的回路，则称此路为**哈密尔顿回路**。

定义9.8 哈密尔顿图 具有哈密尔顿回路的图称为**哈密尔顿图**。

例如，在图9.10所示的图中，G_1存在一条哈密尔顿路$v_1v_2v_4v_3v_5v_6$，但没有哈密尔顿回路。G_2中存在一条哈密尔顿回路$v_1v_2v_3v_5v_4v_1$，即G_2是哈密尔顿图。G_3中没有哈密尔顿回路，也没有哈密尔顿路。

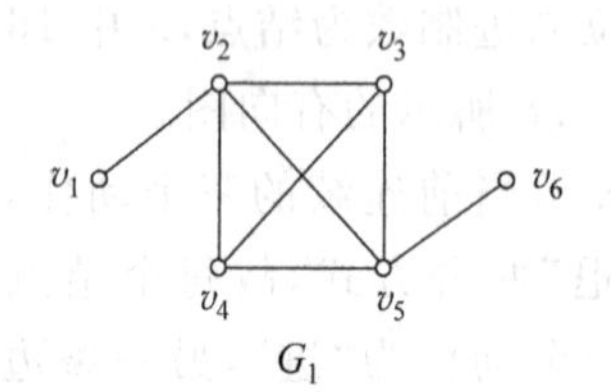

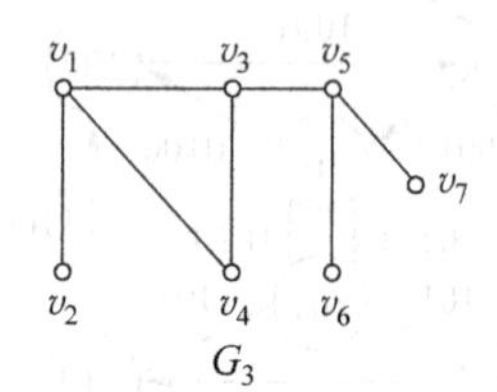

图9.10 哈密尔顿图示例

与欧拉路和欧拉回路不同，没有可以直接判定图中存在一条哈密尔顿路或哈密尔顿回路的充要条件，因此哈密尔顿路或回路不能像欧拉路或欧拉回路那样通过简单地方式来判定，但有些性质可以用来证明一个图中没有哈密尔顿回路。如若图中有度数为1的结点，则必没有哈密尔顿回路；若图中有度数为2的结点，则关联这个结点的两条边必属于任意一条哈密尔顿回路；若一条哈密尔顿回路包含某个结点及与它关联的两条边时，则此结点的其他所有边必不会出现在这条哈密尔顿回路中。

定理 9.3 若无向图 $G=<V,E>$ 具有哈密尔顿回路，则对于结点集 V 的每个非空子集 U 均有 $W(G-U)\leqslant|U|$。其中，$W(G-U)$ 是从 G 中删除 U 中所有结点及其关联边后得到的图的连通分支数。

【证明】 设图 $G=<V,E>$，$V=\{v_1,v_2,v_3,\cdots,v_i,\cdots,v_n\}$，$H$ 是 G 的一条哈密尔顿回路。

① 设 U_k 为包含 H 中 k 个结点的集合，即 $U_k\subseteq V$ 且 $|U_k|=k$。

a. 若在 H 中删去任意1个结点 v_i，则得到图 $H-U_1$。因 H 是一条哈密尔顿回路，所以无论删去哪个结点，得到的图还是连通图，因此 $H-U_1$ 只有一个连通分支，即 $W(H-U_1)=1$，而 $|U_1|=1$，故 $W(H-U_1)\leqslant|U_1|$ 成立。

b. 若在 H 中删去任意2个结点 v_i 和 v_j，则得到图 $H-U_2$。若 v_i 和 v_j 是相邻的两个结点，则 $H-U_2$ 还是连通图，即 $W(H-U_2)=1$，而 $|U_2|=2$，因此 $W(H-U_2)\leqslant|U_2|$ 成立。若 v_i 和 v_j 是两个不相邻的结点，则 $H-U_2$ 有两个连通分支，即 $W(H-U_2)=2$，因此 $W(H-U_2)\leqslant|U_2|$ 也成立。依此类推，若删去 H 中 k 个不相邻的结点，则 H 将会被分割为 k 个连通分支，即 $W(H-U_k)=k$。

总之，若在 H 中删去 V 中任意 m 个结点，得到图 $H-U$。若在 m 个结点中有 $k(k\leqslant m)$ 个结点是不相邻的，则 $W(H-U)=k$，而 $|U|=m$，$k\leqslant m$，即 $W(H-U)\leqslant|U|$ 成立。

② 由于 H 是 G 的生成子图，所以 $H-U$ 也是 $G-U$ 的生成子图，得 $W(G-U)\leqslant W(H-U)$。

由①、②得，$W(G-U)\leqslant|U|$。得证。

例题 9.4 证明图 9.11 所示的图 G_4 不是哈密尔顿图。

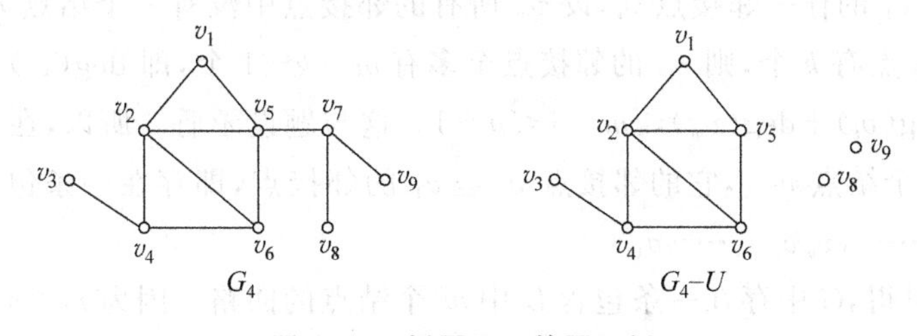

图 9.11 例题 9.4 的图示例

【解】 设 $U=\{v_7\}$，在图 G_4 中去掉 U 中的结点 v_7 后，得到如图 9.11 所示的图 G_4-U，而 G_4-U 有三个连通分支 $\{v_1,v_2,v_3,v_4,v_5,v_6\}$，$\{v_8\}$，$\{v_9\}$，因此 $W(G_4-U)=3$。由 $W(G_4-U)=3>|U|=1$，得 G_4 不是哈密尔顿图。

定理 9.4 设无向图 G 是一个具有 n 个结点的简单图，如果 G 中每一对结点度数之和大于等于 $n-1$，则 G 中存在一条哈密尔顿路。

【证明】

(1) 证明连通性。设图 $G=<V,E>$, $V=\{v_1,v_2,v_3,\cdots,v_i,\cdots,v_n\}$。若 G 不是连通图，则 G 至少包含两个或两个以上的连通分支。设 G 有两个连通分支 G_1 和 G_2，其中，G_1 有 n_1 个结点，G_2 有 n_2 个结点。由于 G 是简单图，因此对于 G_1 中任意一个结点 v_i，$\deg(v_i)\leqslant n_1-1$，同理，对于 G_2 中任意一个结点 v_j，$\deg(v_j)\leqslant n_2-1$。因此，$\deg(v_i)+\deg(v_j)\leqslant n_1+n_2-2$，而 $n=n_1+n_2$，得 $\deg(v_i)+\deg(v_j)\leqslant n-2<n-1$。这与题设矛盾，所以 G 是连通的。

(2) 证明存在一条哈密尔顿路。设 G 中有一条经过 $m(m<n)$ 个结点一次且仅一次的路 L，L 的结点序列为 $v_1v_2v_3\cdots v_m$，其中，v_1 为起点，v_m 为终点。若还有不在 L 上的其他结点 v_k 与起点 v_1 或终点 v_m 相邻，则可把 v_k 包含到 L 中，将 L 扩展成由 $m+1$ 个结点构成的路。因此，在把 L 经过的结点个数设定为 m 的情况下，v_1 和 v_m 的邻接点只可能是 L 中的结点。下面证明，存在一条包含 L 中所有结点的回路。

① 若 v_1 与 v_m 相邻，则 v_1 与 v_m 之间有一条边，因此存在一条结点序列为 $v_1v_2v_3\cdots v_mv_1$ 的回路。

② 若 v_1 与 v_m 不相邻，则 v_1 与 v_m 之间没有边连接，即两结点不互为邻接点。设 v_1 的邻接点集合为 V_1，v_m 的邻接点集合为 V_m。

a. 设 v_1 有一个邻接点 $v_i(v_i\in V_1)$，若正好 v_m 有一个邻接点为 $v_{i-1}(v_{i-1}\in V_m)$。在 L 的结点序列中，v_{i-1} 是 v_i 的直接前驱，故 v_{i-1} 到 v_i 之间有一条边，把该边去掉，可找到一条如图 9.12 所示的回路，该回路的结点序列为 $v_1v_2\cdots v_{i-1}v_mv_{m-1}\cdots v_iv_1$。

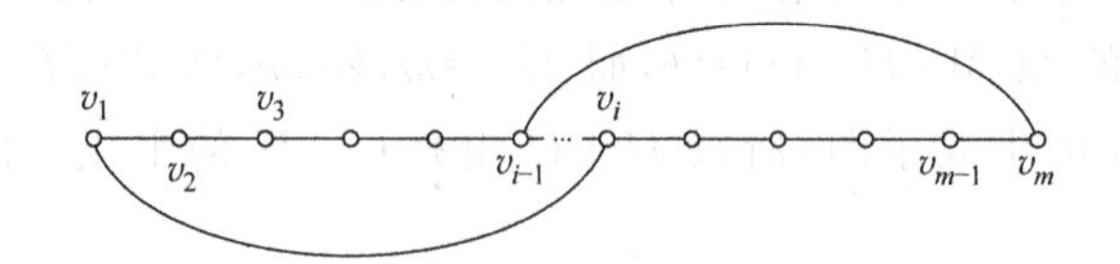

图 9.12　回路的示例

b. 若对于 v_1 的任一邻接点 v_i，设 v_m 所有的邻接点中没有一个结点为 v_{i-1}。此条件下，若 v_1 的邻接点有 k 个，则 v_m 的邻接点至多有 $m-k-1$ 个，即 $\deg(v_i)=k$，$\deg(v_m)\leqslant m-k-1$，得 $\deg(v_i)+\deg(v_m)\leqslant m-1<n-1$。这与题设矛盾。所以，在 v_m 的所有邻接点中，至少有一个结点 v_{i-1}，它的邻接点 v_i 是 v_1 的邻接点，即存在一条包含 L 中 m 个结点的回路 $v_1v_2\cdots v_{i-1}v_mv_{m-1}\cdots v_iv_1$。

由①和②可得，G 中存在一条包含 L 中 m 个结点的回路。因为 $m<n$，因此必存在一个不属于 L 的结点 v_p，而 G 是连通的，v_p 必与 L 中的某个结点相邻。如图 9.13(a)所示，设与 v_p 相邻的结点为 v_k，将 v_p 加入到 L 中得到一条包含 $m+1$ 个结点的路 L'，如图 9.13(b)所示，L' 结点序列为 $v_pv_k\,v_{k+1}\cdots v_{i-1}v_mv_{m-1}\cdots v_iv_1v_2\cdots v_{k-1}$。依此方法扩展到 n 个结点，可得到一条经过 G 中所有结点一次且仅一次的哈密尔顿路。得证。

例题 9.5　有一课程考试安排任务，要求在七天内完成七门课程的考试，且同一位教师所承担的两门课程不能安排在连续的两天中，试证明若一个教师所担任课程不多于四门，则总有符合上述要求的考试安排。

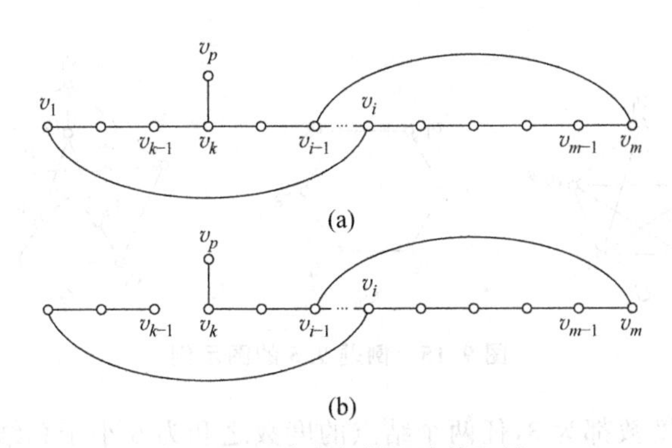

图 9.13 哈密尔顿回路的示例

【解】 以课程作为图的结点,创建一个具有 7 个结点的无向图。若两门课程之间不是同一个教师,则在表示这两门课程的两个结点之间画一条边。若同一个教师任课门数不超过 4,则与一门课程不是同一个教师的其他课程至少有三门,即每个结点的度数不小于 3,所以图中每一对结点的度之和不小于 6,因此 G 中存在一条哈密尔顿路,即总有满足上述要求的考试安排。

定理 9.5 设无向图 G 是一个具有 n 个结点的简单图,如果 G 中每一对结点度数之和大于等于 n,则 G 中存在一条哈密尔顿回路。

【证明】 前面定理证明,若任意两个结点的度数之和大于等于 $n-1$,则 G 中必存在一条哈密尔顿路,设此路 L 为 $v_1v_2v_3\cdots v_n$。

① 若 v_1 与 v_n 相邻,在 L 中加入 v_n 到 v_1 的边,即得回路 $v_1v_2v_3\cdots v_n v_1$。

② v_1 与 v_n 不相邻。对于 v_1 的任一邻接点 $v_i(2\leqslant i\leqslant n-1)$,若 v_n 所有的邻接点中没有一个结点为 v_{i-1},此种情况下,设 v_1 的邻接点有 k 个,则 v_n 的邻接点至多为 $n-k-1$ 个,即 $\deg(v_1)=k$,$\deg(v_n)\leqslant n-k-1$,故 $\deg(v_1)+\deg(v_n)\leqslant n-1$,这与题设矛盾。因此,在 v_1 的所有邻接点中,至少存在一个结点 v_i,它的邻接点 v_{i-1} 邻接到 v_n。如图 9.14 所示,G 中存在一条结点序列为 $v_1v_2\cdots v_{i-1}v_nv_{n-1}\cdots v_iv_1$ 的哈密尔顿回路。得证。

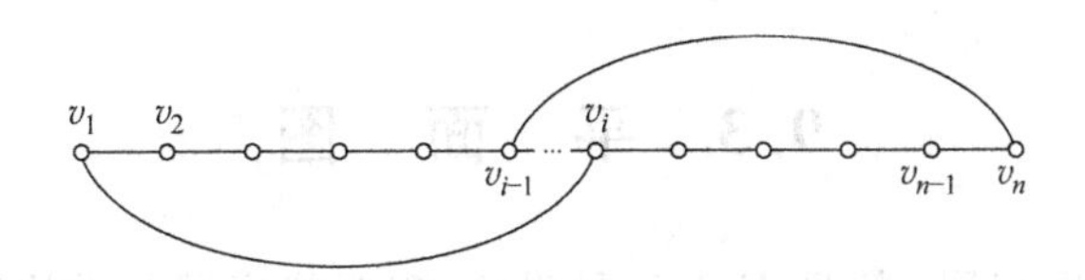

图 9.14 定理 9.5 的哈密尔顿回路示例

例题 9.6 判断图 9.15 示的各图是否为哈密尔顿图?

【解】 在图 9.15 所示的图中,G_5 是一个具有 5 个结点的简单无向图,图中所有结点的度数都是 4,因此任一对结点的度数之和大于 5,由哈密尔顿定理可知图中存在一条哈密尔顿回路,即 G_5 是哈密尔顿图。在 G_6 中,存在一条哈密尔顿回路 $v_1v_2v_3v_4v_5v_6v_1$,因此 G_6 是哈密尔顿图。然而,G_6 共具有 6 个结点,而它所有结点的度数都是 2,即任一对结点的度数之和小于总结点数 6,即 G_6 并不具备哈密尔顿图的充分条件。然而,G_6 是一个哈密尔顿图,因为图中存在哈密尔顿回路。同样,G_7 是一个具有 10 个结点的简单无向

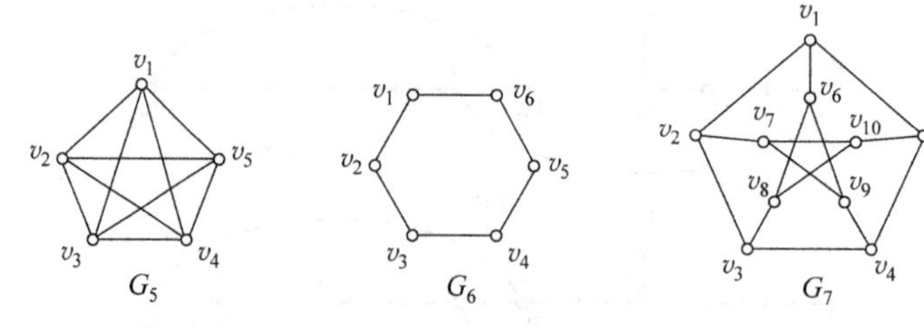

图 9.15　例题 9.5 的图示例

图，其中每个结点的度数都为 3，任两个结点的度数之和为 6 小于总结点数 10，因此 G_6 也不具备存在哈密尔路的充分条件，但 G_7 存在一条哈密尔顿路 $v_1v_2v_3v_4v_5v_{10}v_8v_6v_9v_7$。另外，若去掉 G_7 结点集 V 的任意子集 U，则 $W(G-U)\leqslant|U|$ 成立，即满足是哈密尔顿图的必要条件，但 G_7 却不是哈密尔顿图，因为图中虽然存在一条哈密尔顿路，但却不存在哈密尔顿回路。由于哈密尔顿图没有对应的充要条件，因此哈密尔顿图的判定不能像欧拉图那样直接判定。

定义 9.9 图闭包　设图 $G=\langle V,E\rangle$ 有 n 个结点，若将图 G 中度数之和至少是 n 的非邻接结点连接起来得图 G'，对图 G' 重复上述步骤，直到不再有这样的结点对存在为止，所得到的图称为是原图 **G 的闭包**，记作 $C(G)$。

定理 9.6　当且仅当一个简单图的闭包是哈密尔顿图时，这个简单图是哈密尔顿图。

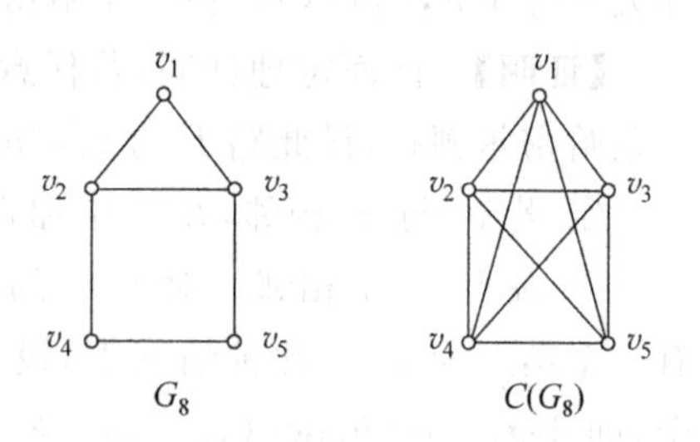

图 9.16　定理 9.6 的图示例

例如，构造图 9.16 所示的图 G_8 的闭包，加入 (v_2,v_5)、(v_3,v_4)、(v_1,v_4) 和 (v_1,v_5) 四条边，得到如图 9.16 所示的图 $C(G_8)$。可以看出，G_8 的闭包 $C(G_8)$ 是一个具有 5 个结点的完全图，它的任意两结点的度数之和大于总结点数，因此该图存在一条哈密尔顿回路，即 $C(G_8)$ 是一个哈密尔顿图。由定理可知，原图 G_8 也是一个哈密尔顿图。

9.3　平　面　图

设有 A、B、C 三间房屋，有 D、E、F 三种设施，现要将房屋与设施连接起来，能否做到在连接时连线不发生交叉？房屋和设施的连接可用图 9.17 所示的完全二分图 $K_{3,3}$ 表示，而能否在连接时不发生交叉的问题可转化为：在平面上画出 $K_{3,3}$ 图，能否使得图中任意两条边不相交。图形是图的一种表示方式，一个图形往往有多种画法，能否在平面上画出边不相交的一个图？这种问题是图的平面表示问题。

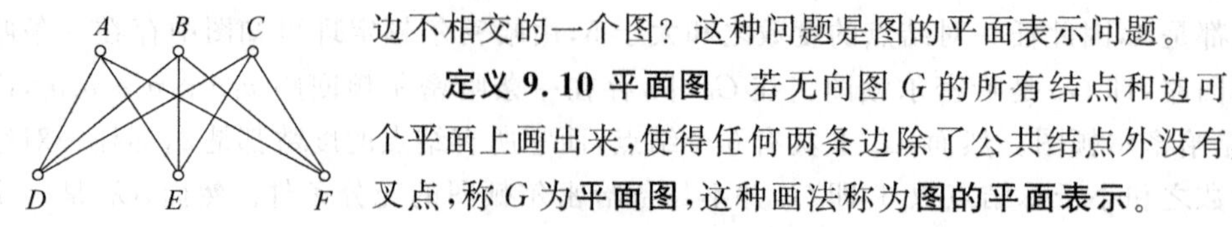

图 9.17　完全二分图 $K_{3,3}$

定义 9.10 平面图　若无向图 G 的所有结点和边可以在一个平面上画出来，使得任何两条边除了公共结点外没有其他交叉点，称 G 为**平面图**，这种画法称为**图的平面表示**。

从表面上看，有些图形有几条边是相交的，但实际上它却是一个平面图。例如,如图 9.18(a)所示,图中有两条边相交,但把它画成图 9.18(b)所示的图,则可看出它是一个平面图。当然,有些图形不论怎样改画,除去结点外,总有边相交,这种图就是**非平面图**。如图 9.18(c)所示,无论怎么改图的画法,总有一条边与其他边相交,因此该图是一个非平面图。

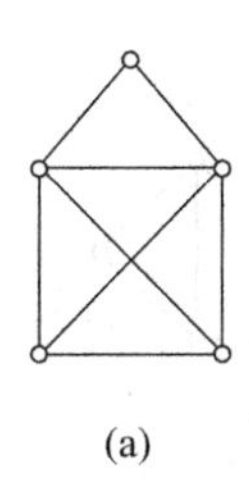
(a)

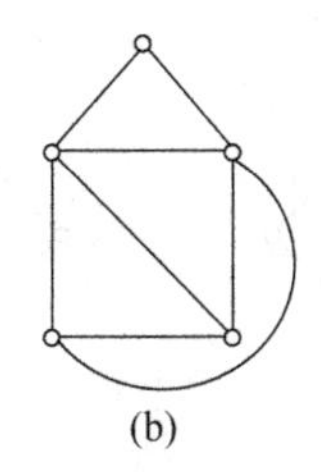
(b)

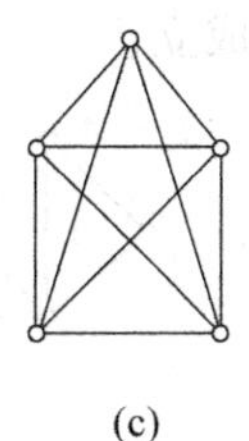
(c)

图 9.18 平面图

定义 9.11 面 设 G 是一个连通平面图,由图中的边所包围的区域,在区域内既不包含图的结点,也不包含图的边,这样的区域称为 G 的一个**面**。

定义 9.12 边界 包围一个面的各边所构成的回路称为这个面的**边界**。

定义 9.13 面的次数 一个面 r 的边界的回路长度称为该**面的次数**,记为 $\deg(r)$。

定义 9.14 无限面 在图形之外,不受边界约束的面称为**无限面**。

例题 9.7 给出图 9.19 所示的图 G_1 的面、各面的边界及对应的次数。

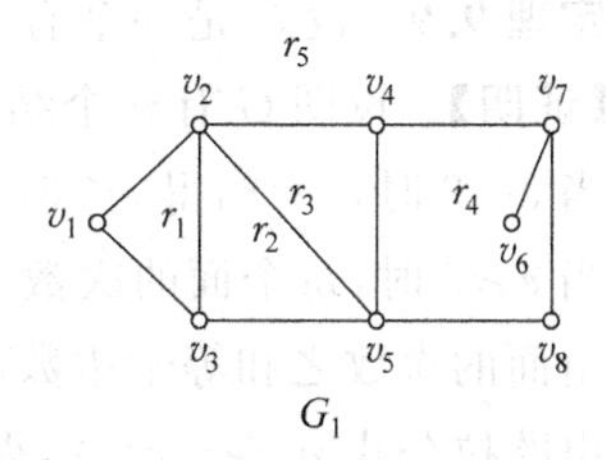

图 9.19 例题 9.7 的平面图示例

【解】 在图 G_1 中,一共有 5 个面 r_1、r_2、r_3、r_4 和 r_5。面 r_1 的边界可看成由回路 $v_1v_2v_3v_1$ 构成,$\deg(r_1)=3$;面 r_2 的边界可看成由回路 $v_2v_3v_5v_2$ 构成,$\deg(r_2)=3$;面 r_3 的边界可看成由回路 $v_2v_4v_5v_2$ 构成,$\deg(r_3)=3$;面 r_4 的边界可看成由回路 $v_4v_7v_6v_7v_8v_5v_4$ 构成,$\deg(r_4)=6$;r_5 为无限面,$\deg(r_5)=7$。

定理 9.7 一个有限平面图,面的次数之和等于其边数的两倍。

【证明】 在一个平面图中,对于图的任何一条边,它要么是两个面的公共边,要么出现在一个面中作为边界被重复计算两次,所以,面的次数之和等于边数的两倍。如例题 9.7 中,面的次数之和为 22,边数为 11。

定理 9.8 设 G 是一个连通平面图,G 有 v 个结点,e 条边及 r 个面,则欧拉公式 $v-e+r=2$ 成立。

【证明】 G 是一个连通平面图,下面用归纳法证明:

(1) 若 $e=0$,则 $v=1$,$r=1$,故 $v-e+r=1-0+1=2$ 成立。

(2) 若 $e=1$,则 $v=2$,$r=1$,故 $v-e+r=2-1+1=2$ 成立。

(3) 设当 $e=k(k\geqslant 2)$时,$v_k-e_k+r_k=2$ 成立。则当 $e=k+1$ 时,即在 G 中加入一条边,将 G 扩展成一个新的平面图 G'。为使 G' 连通,在 G 中加入一条边时,有图 9.20(a)和图 9.20(b)所示的两种方法:

① 用一条边连接 G 上的两个结点,如图 9.20(a)所示,对于 G' 来说,$v'=v_k$,$e'=e_k+$

$1, r'=r_k+1$，故 $v'-e'+r'=v_k-(e_k+1)+(r_k+1)=v_k-e_k+r_k=2$。

② 引入一个新的结点，新结点与 G 中的一个结点连接而得到一条边。如图 9.20(b) 所示，对于 G' 来说，$v'=v_k+1, e'=e_k+1, r'=r_k$，故 $v'-e'+r'=(v_k+1)-(e_k+1)+r_k=v_k-e_k+r_k=2$。

综上，欧拉公式成立。

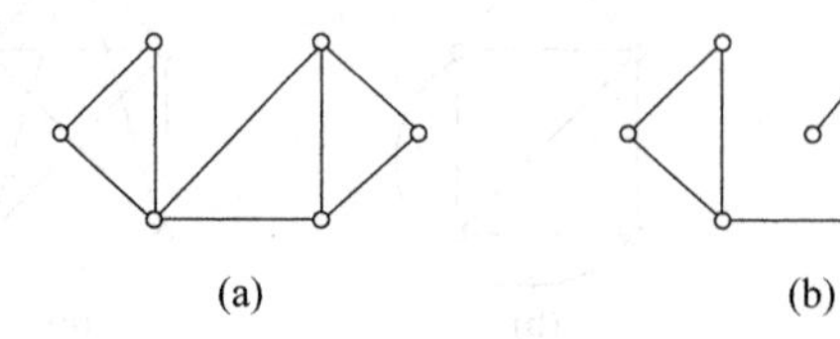

图 9.20 定理 9.8 的平面图示例

例题 9.8 若一个简单连通平面图有 10 个结点，每个结点的度数都为 3，这个平面图有多少个面。

【解】 已知 $v=10$，而每个结点的度数都是 3，则图所有结点的度数之和为 30，因此图的边数 e 为 15。设图有 r 个面，由欧拉公式 $v-e+r=2$，得 $r=7$。

定理 9.9 设 G 是一个有 v 个结点，e 条边的简单连通平面图，若 $v\geqslant 3$，则 $e\leqslant 3v-6$。

【证明】 设图 G 有 v 个结点，e 条边，r 个面。

当 $e=2$ 时，$v=3$，得 $e\leqslant 3v-6$ 成立。

当 $e\geqslant 3$ 时，每个面的次数不小于 3，即面的次数之和 $\geqslant 3r$。

由面的次数之和等于边数的两倍可得，$2e\geqslant 3r$，即 $r\leqslant 2e/3$。

由欧拉公式 $v-e+r=2$，得 $r=e-v+2$

即 $e\leqslant 3v-6$。

例题 9.9 证明图 9.21 所示的 K_5 不是平面图。

【证明】 在 K_5 中，$v=5, e=10, 3v-6=3\times 5-6=9<e$，不满足 $e\leqslant 3v-6$，故 K_5 不是平面图。

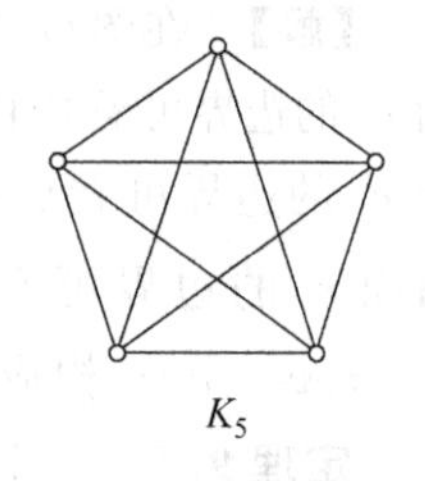

图 9.21 完全图 K_5

例题 9.10 证明图 9.17 所示的 $K_{3,3}$ 不是平面图。

【证明】 在 $K_{3,3}$ 中，$v=6, e=9$。由于图中没有长度为 3 的回路，故每个面的次数不小于 4。因此，$2e\geqslant 4r$，得 $r\leqslant e/2$，代入欧拉公式 $v-e+r=2$，得 $e\leqslant 2v-4$。当 $v=6$ 时，$e\leqslant 2v-4=8$，而 $e=9>8$，故 $K_{3,3}$ 不是平面图。

由上例证明可得到一个推论：当图 G 是有 v 个结点，e 条边的简单连通平面图时，若 $v\geqslant 3$ 且没有长度为 3 的回路，则 $e\leqslant 2v-4$。这个推论同样可以用来证明某个图是非平面图。虽然欧拉定理及其推论可以用来判定一个图是否为非平面图，但还是没有简便的方法可以确定某个图是平面图。

波兰的数学家卡兹米尔兹·库拉托夫斯基提出了利用图同胚的概念判定平面图的问题。在一个平面图中，若删除图 9.22(b)所示的图的一条边 (v_i, v_j)，同时插入一个新的结点 v_k 及与其关联的两条边 (v_i, v_k) 和 (v_k, v_j)，得到图 9.22(a)所示的新图依然是平面图。反过来，若删除图 9.22(a)所示的图中度数为 2 的结点 v_k，并用一条边 (v_i, v_j) 替代之前关

联 v_k 的两条边(v_i,v_k)和(v_k,v_j)，得到图 9.22(b)所示的新图也依然是平面图。显然，以上不影响图的平面性的插入和删除操作都是对度数为 2 的结点的所进行的操作。

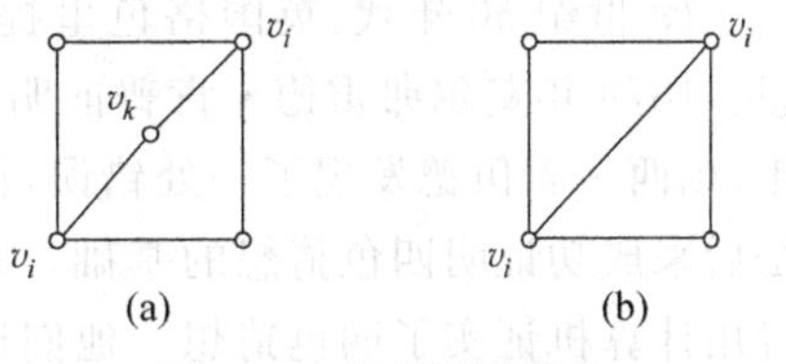

图 9.22 平面图的操作

定义 9.15 同胚 设有两图 G_1 和 G_2，若它们是同构的，或者反复地插入或去掉度数为 2 的结点后，使得 G_1 和 G_2 是同构的，称 G_1 和 G_2 是**在 2 度结点内同构的**，或者称 G_1 和 G_2 是**同胚的**。

定理 9.10 一个图是平面图的充要条件是它不包含同胚于 K_5 或 $K_{3,3}$ 的子图。

K_5 和 $K_{3,3}$ 都是非平面图，它们常被称为**库拉托夫斯基图**，若一个图包含这两个图中的一个作为子图，则它必不是一个平面图。可证明，一个图是非平面图的充要条件是包含同胚于 K_5 或 $K_{3,3}$ 的子图。

例题 9.11 判断图 9.23 所示的图 G_2 是否为平面图。

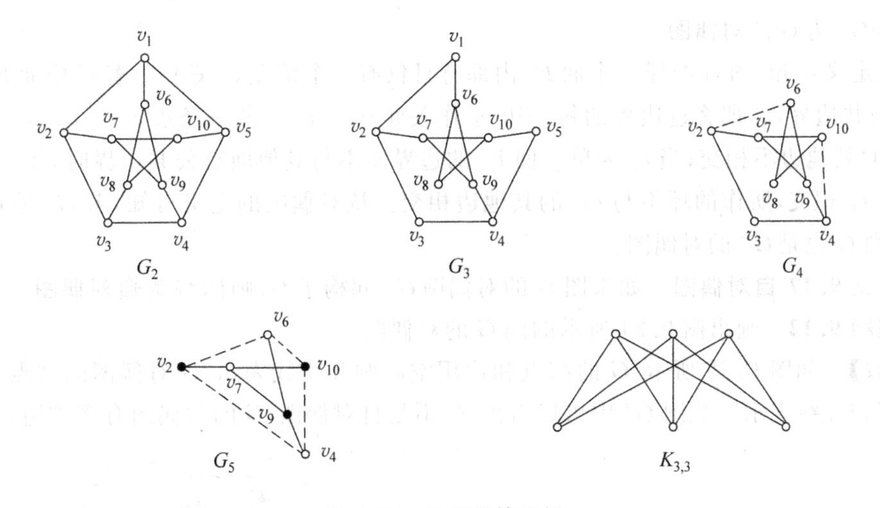

图 9.23 平面图的示例

【解】 图 G_2 被称为彼得森图。G_2 同胚于 $K_{3,3}$ 的过程如图 9.23 所示，先删除 G_2 的(v_1,v_5)和(v_3,v_8)两条边得到 G_2 的子图 G_3，然后删除度数为 2 的结点 v_1 和 v_5，并插入(v_2,v_6)和(v_4,v_{10})两条边，得 G_3 的同胚图 G_4；再删除度数为 2 的结点 v_3 和 v_8，并插入(v_2,v_4)和(v_6,v_{10})两条边，得同胚于 G_4 的 G_5，而 G_5 与 $K_{3,3}$ 同构，因此 G_2 不是平面图。

9.4 对 偶 图

在图论中，与平面图有关的一个应用是图的着色问题。图的着色应用广泛，如地图的着色。设地图中所有区域都是连通的，为地图着色时，为了便于区分不同的区域，有公共边的两个区域应着不同颜色。当然，若对每个区域都使用一种不同的颜色，则必可满足要求，但这样效率不高，而且还可能会因所需颜色多而使用相似颜色，使得区域的区分度不高，因此着色应当使用尽量少的颜色。那么，对一个地图中相邻国家着不同颜色时，如何确定最少需要的颜色。

19 世纪 50 年代，英国格色里提出了用四种颜色对地图进行着色的猜想，即四色猜想。1879 年艾尔弗雷德·肯普证明了四色猜想，这个证明也一直被认为是正确的。1890 年，珀西·希伍德发现了一处错误，证明肯普的论证是不完全的。不过，肯普的推理思路是后来成功证明四色猜想的基础。1976 年美国数学家肯尼斯·阿佩尔和沃尔夫冈·黑肯用计算机证实了四色猜想。他们证明，若四色猜想为假，则在大约 2000 种不同的类型中，一定存在一个反例，再证明这样的反例不存在。之后，四色猜想成为了"四色定理"。

定义 9.16 对偶图 设有连通平面图 $G=\langle V,E\rangle$，它有面 $F_1,F_2,\cdots,F_n$。若存在一个图 $G*=\langle V*,E*\rangle$满足下述条件：

(a) 在 G 的每一个面 F_i 的内部作一个 G^* 的顶点 v_i^*。

(b) 若 G 的面 F_i 和面 F_j 有公共边 e_k，则作 $e_k{}^*=(v^i,v_j^*)$，且 e_k^* 与 e_k 相交。

(c) 当且仅当 e_k 只是一个面 F_i 的边界时，v_i^* 存在一个环 e_k^* 与 e_k 相交。

则称图 G^* 为 G 的**对偶图**。

从定义可知，图 G 的任一个面 F_i 内部有且仅有一个结点 $v_i^*\in V^*$；若 G 中面 F_i 和面 F_j 有公共边界 e_k，那么过边界的每一边 e_k 作关联 v_i^* 与 v_j^* 的一条边 $e_k^*=(v_i^*,v_j^*)$，$e_k{}^*$ 与 G^* 的其他边不相交；当 e_k 为单一面 F_i 的边界而不与其他面有公共边界时，作 v_i^* 的一条环与 e_k 相交，所作的环不与 G^* 的其他边相交。从对偶图的定义可知，若 G^* 是 G 的对偶图，则 G 也是 G^* 的对偶图。

定义 9.17 自对偶图 如果图 G 的对偶图 G^* 同构于 G，则称 G 为**自对偶图**。

例题 9.12 画出图 9.24 所示的图 G 的对偶图。

【解】 如图 9.25 所示，G 的结点和边用空心圆和实线表示，G 对偶图的结点和边用实心圆和虚线表示。从图 G^* 中可以看出，G 不是自对偶图，G 的对偶图有多重边。

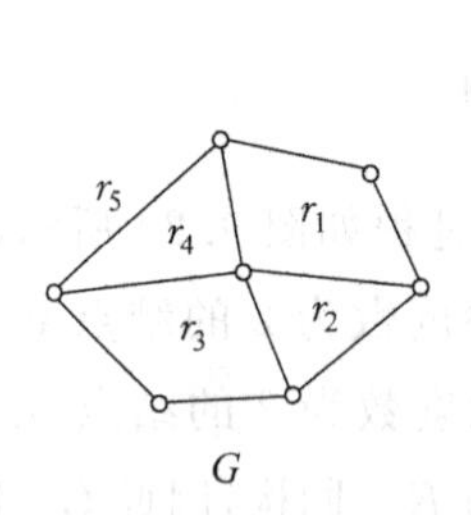

图 9.24 例题 9.12 的图示例

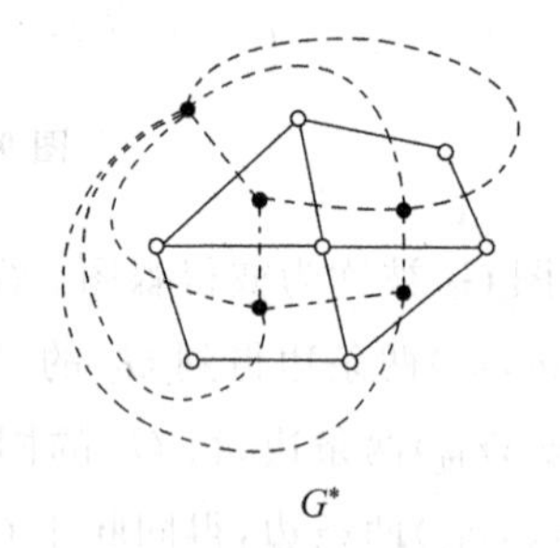

图 9.25 对偶图

按着色对象的不同，图的着色可分为三种类型：对图的结点着色，对图的边着色以及对图的面着色。结点的着色就是对图 G 的每个结点指定一种颜色，使得相邻结点的颜色不同；对边着色就是给每条边指定一种颜色使得相邻的边的颜色不同；给面着色就是给每个面指定一种颜色使得有公共边的两个面有不同的颜色。地图的着色问题，也可以归为地图对偶图的结点着色问题。下面讨论结点的着色问题。

定义 9.18 图着色 图 G 的正常着色(或简称着色)是指对它的每一个结点指定一种颜色，使得没有两个邻接的结点有同一种颜色。如果图在着色时用了 n 种颜色，称 G 为

n-色的。在对图 G 着色时，需要的最少颜色数称为 **G 的色数**，记作 $x(G)$。

若一个图是 n-色的，需要从两方面来证明，一是要证明用 n 种颜色可以完成对这个图的着色，此证明只要把着色构造出来即可；二是要证明用少于 n 种颜色不能着色这个图。

定理 9.11 任意简单连通平面图的着色数不超过 4。

对于一个平面图，用四种颜色可以实现对图中所有结点的着色，使得邻接的结点都有不同的颜色。因此，对于任何地图，也是可以四着色的。注意，四色定理只适用平面图，非平面图可以有任意大的着色数。

定理 9.12 对于具有 n 个结点的完全图 Kn，$x(Kn)=n$。

【证明】 在一个完全图中，图中每一个结点都与其他各个结点邻接，若图有 n 个结点，则着色数不能少于 n，而 n 个结点的着色数至多也为 n，故 $x(Kn)=n$。得证。

定理 9.13 若连通平面图 G 至少有三个结点，则 G 中必有一结点 v，使得 $\deg(v)\leqslant 5$。

【证明】 设 $G=\langle V,E\rangle$ 是一个连通平面图，共有 v 个结点，e 条边。若 G 中每个结点的度都大于等于 6，则 G 中 v 个结点的度数之和大于等于 $6v$，而 G 的所有结点的度数之和等于边数的两倍，故 $2e\geqslant 6v$，则 $e\geqslant 3v$，得 $e>3v-6$。G 是至少有 3 个结点的平面图，由定理 e 和 v 应满足 $e\leqslant 3v-6$，两者矛盾，因此假设不成立，即 G 中至少有一个结点 v，使得 $\deg(v)\leqslant 5$。得证。

对图的结点着色，可以使用韦尔奇·鲍威尔法，其算法实现步骤如下：

(1) 对每个结点按度数递减次序进行排列(若结点度数相同，则排列次序不唯一)。

(2) 用第一种颜色对第一个结点着色，并按排列次序，对与前面着色点不相邻的每一点着同样的颜色。

(3) 用第二种颜色对未着色的结点重复步骤(2)，用第三种颜色继续这种做法，直到全部点均着色为止。

例题 9.13 试对图 9.26 所示的地图 G 进行着色。

【解】 (1) 图 G 的对偶图 G^* 如图 9.27 所示。

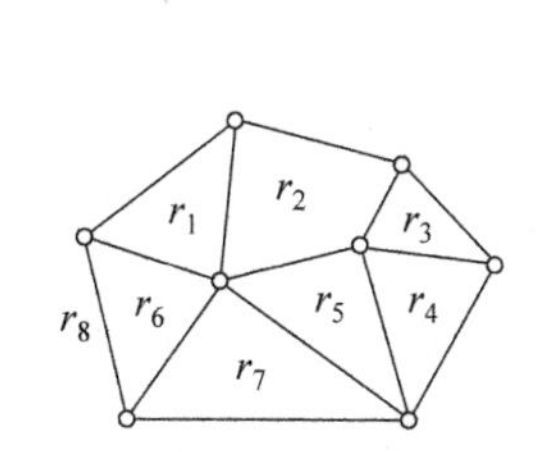

图 9.26 例题 9.13 的图示例

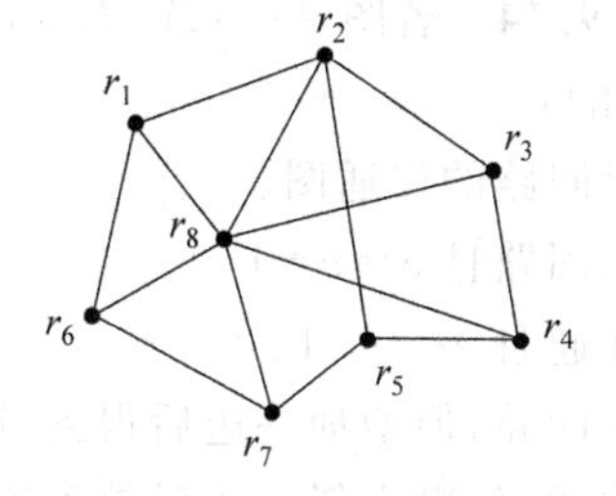

图 9.27 例题 9.13 的对偶图

(2) 用韦尔奇·鲍威尔法对图 G^* 进行着色：

① 在图 G^* 中将结点按度数从大到小排序，序列为：$r_8,r_2,r_1,r_3,r_4,r_5,r_6,r_7$。

② 用第一种颜色对 r_8 着色，与 r_8 不相邻的结点只有 r_5，则 r_8、r_5 着第一种颜色。

③ 用第二种颜色对 r_2 着色，在剩余结点中找不相邻的结点有 r_4 和 r_6，则 r_2、r_4 和 r_6 着第二种颜色。

④ 用第三种颜色对 r_1 着色，在剩余结点中找不相邻的结点有 r_3 和 r_7，则 r_1、r_3、r_7 着第三种颜色。

对偶图 G^* 是三色的，用三种颜色即可使图 G^* 中没有相邻结点为同一颜色。由对偶图的构造方式可知，对偶图 G^* 的结点着色即是对地图 G 的着色。

9.5 树与根树

9.5.1 树的概念

前面已讨论，很多问题可以用图建模，有一类特殊的图，这类图称为树，它在计算机学科中应用广泛。

定义 9.19 树 一个连通且无回路的无向图称为**树**。

定义 9.20 树叶 树中度数为 1 的结点称为**树叶或叶结点**。

定义 9.21 分支结点 树中度数大于 1 的结点称为**分支结点**，简称为**分支点**。

定义 9.22 森林 每个连通分支都是树的无向图称为**森林**。

由于树没有回路，因此树不含多重边或环，故任何树都必然是简单图。如图 9.28(a) 所示的简单无向图是一棵树，e、f、h 是树叶，a、b、c、d 是分支点。如图 9.28(b) 所示的图不是一棵树，因为存在一条结点序列为 $abfda$ 的回路。此外，平凡图也是树，称为**平凡树**。

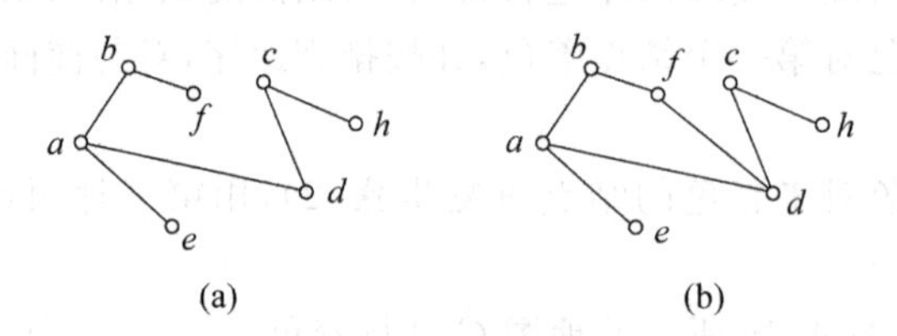

图 9.28 树和图

定理 9.14 若图 $T=<V,E>$，设 e 是图的边数，v 是图的结点数，以下关于树的定义是等价的：

① 无回路的连通图。

② 无回路且 $e=v-1$。

③ 连通且 $e=v-1$。

④ 无回路，但增加一边后得到且仅得一条回路。

⑤ 连通，但删去任一边后就不连通。

⑥ 每一对结点间有且仅有一条路。

【证明】

(1) 用归纳法证明②成立。设树为 T，当 $v=1$ 时，$e=0$，因此 $e=v-1$ 成立。

若 $v=k$ 时，$e=k-1$ 成立。则当 $v=k+1$ 时，由于树为连通且没有回路的图，所以树中至少有一个度数为 1 的结点。因为如果 T 中所有结点的度数都至少为 2，则必存在回路，这与树的定义矛盾。设树中度数为 1 的结点为 u，那么从 T 中删除 u 及与 u 关联的边，则得到有 k 个结点，$k-1$ 条边的树 T^*，由假设可知，$e=v-1$ 成立。在 T^* 中加入 u 及其关联的边，得到原图 T，此时 T 有 $k+1$ 个结点，有 k 条边，即 $e=v-1$ 成立。得证。

(2) 用反证法证明③成立。若 T 是不连通的，它有 v 个结点，e 条边。设 T 有 $k(k>1)$ 个连通分支 $T_1,T_2,\cdots,T_k$，每个分支 T_i 有 v_i 个结点，e_i 条边。则 $v=v_1+v_2+\cdots+v_k$，$e=e_1+e_2+\cdots+e_k$。由②可得，在每个连通分支 T_i 中，$e_i=v_i-1$，得 $e=v_1+v_2+\cdots+v_k-k=v-k<v-1$。这与 $e=v-1$ 矛盾，故原假设不成立，即 T 是连通的。得证。

(3) 用数学归纳法证明④成立。设 T 连通，有 v 个结点，e 条边且 $e=v-1$。当 $v=2$，$e=1$ 时，T 没有回路，如果两个结点之间增加一条边则得到一个唯一的回路。

设 $v=k$ 时，命题成立。当 $v=k+1$ 时，由于 T 是连通的且 $e=v-1$，则每个结点的度数至少为 1，且至少有一个结点的度数为 1，否则，若每个结点度数都大于 1，则 $2e\geqslant 2v$，得 $e\geqslant v$，这与 $e=v-1$ 矛盾。若 T 中度数为 1 的结点为 u，则删除 u 及关联的边得 T^*，由假设知，T^* 无回路。在 T^* 中加入结点 u 及关联的边得到 T，得 T 无回路。设 v 和 w 是 T 的任意两个结点，由于 T 连通且无回路，则从 v 到 w 必存在一条结点不重复的路，若加入一条从 w 到 v 的边 (w,v)，则 T 中将存在一条 v 到 v 的回路，且该回路是唯一的。因为若回路不唯一，则去掉加入的边后，T 中应还存在其他回路，而这与题设矛盾。综上，T 无回路，但增加一条边后得到且仅得到一条回路。得证。

(4) 用④证明⑤成立。若 T 不连通，则必存在结点 v 和 w，在 v 和 w 之间没有路，若在两个结点之间加一条边 (v,w) 则不会产生回路，与④矛盾，因此 T 是连通的。又由于 T 没有回路，所以删去任一条边，则得到的图必不连通。得证。

(5) 用⑤证明⑥成立。因 T 是连通的，任意两个结点之间必存在一条路。若有两个结点之间存在两条路，则 T 中必存在回路，而删去该回路上的任一条边，则得到的图还是连通的，与⑤矛盾。得证。

(6) 用⑥证明①成立。T 中任意两个结点之间有一条路，所以 T 是连通的。若 T 中有回路，则回路上任意两个结点有两条路，与⑥矛盾，因此 T 连通且无回路。得证。

定理 9.15 任一棵非平凡树中至少存在两个叶结点。

【证明】 设 T 有 v 个结点，e 条边，由树的定义，$e=v-1$。

(1) 设 T 所有结点的度数都大于 1，则 T 有 v 个结点的度数之和大于等于 $2v$，由 T 所有结点的度数之和等于边数的 2 倍，得 $2e\geqslant 2v$，即 $e\geqslant v$，与 $e=v-1$ 矛盾。因此，假设不成立。

(2) 设 T 中只有一个度数为 1 的结点，而其他结点的度数都大于 1，则 T 所有结点的度数之和大于等于 $2(v-1)+1$，得 $2e\geqslant 2v-1$，即 $e\geqslant v-1/2$，与 $e=v-1$ 矛盾。因此，假设不成立。

综合(1)、(2)可得，T 中度数为 1 的结点至少有 2 个，即 T 中至少有两个叶结点。得证。

例题 9.14 若树 T 共有 20 个结点，其中叶结点 8 个，其他结点的度数均小于等于 3，问度数为 2 的结点和度数为 3 的结点各有多少个。

【解】 设 T 有 n 个结点，e 条边，其中度数为 1 的结点有 n_1 个，度数为 2 的结点有 n_2 个，度数为 3 的结点有 n_3 个。由题意知，$n=20$，$n_1=8$，$e=n-1=19$。

由 $n=n_1+n_2+n_3$，得 $8+n_2+n_3=20$；

由 $2e=n_1\times1+n_2\times2+n_3\times3$，得 $8+2n_2+3n_3=38$；

由上述得，$n_2=6$，$n_3=6$。

所求树 T 中，度数为 2 的结点有 6 个，度数为 3 的结点也有 6 个。

9.5.2 生成树

有一些图，本身不是树，但它的子图却是树。一个图可能有很多子图是树，其中很重要的一类是生成树。

定义 9.23 生成树 若图 G 的生成子图是一棵树，则称这棵树称为 **G 的生成树**。

定义 9.24 树枝 若图 G 的一棵生成树为 T，则 T 中的边称为**树枝**。

定义 9.25 弦 若图 G 的一棵生成树为 T，在 G 中而不在 T 中的边称为**弦**。

定义 9.26 生成树的补 若 T 是图 G 的一棵生成树，则所有弦的集合称为**生成树 T 的补**。

例如，图 9.29(b)所示的生成子图是图 9.29(a)所示图的一棵生成树，而图 9.29(c)所示的图是该生成树的补。

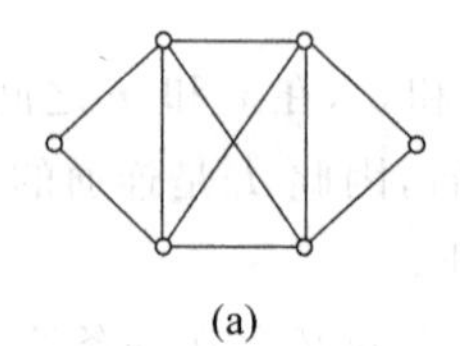
(a)

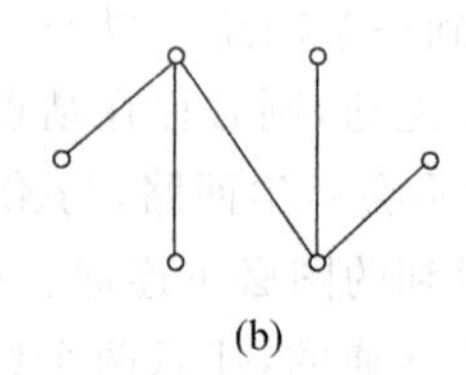
(b)

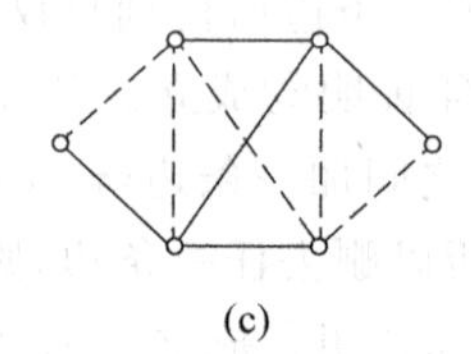
(c)

图 9.29 生成树及其补

定理 9.16 连通图至少有一棵生成树。

【证明】

(1) 若连通图 G 没有回路，则 G 就是一棵生成树。

(2) 若连通图 G 至少有一条回路，则删去 G 回路上的一条边，得到图 G_1，则 G_1 是连通的，且与 G 的结点集相同。若 G_1 中没有回路，则 G_1 就是一棵生成树。若 G_1 还有回路，则再删去它的一条边，重复此操作，直到得到一个连通并没有回路的生成树 G_i。由于 G_i 与 G 的结点集相同，因此 G_i 是 G 的生成子图。得证。

在一个连通图中，选择一条回路后，选择删除的边不同，则得到的生成树也不同，因此连通图可以有多棵生成树。若 G 是一个有 v 个结点，e 条边的连通图，则 G 的生成树应有 $v-1$ 条边，因此必须在 G 中删除 $e-(v-1)$ 条边才能得到 G 的一棵生成树。

定理 9.17 一条回路和任何一棵生成树的补至少有一条公共边。

【证明】 若有一条回路与一棵生成树的补没有一条公共边，则此回路的所有边都包含在生成树中，即生成树中有回路，这与生成树的定义不符，因此一条回路与任何一棵生成树的补至少有一条公共边。得证。

定理 9.18 一个边割集和任何生成树至少有一条公共边。

【证明】 若有一个边割集和一棵生成树没有公共边，则删去这个边割集后，所得子图必包含该生成树，而生成树是连通的，与边割集的定义不符，因此一个边割集与生成树至少有一条公共边。得证。

定义 9.27 边的权 若 $G=\langle V,E\rangle$ 是一连通图，若 G 的每一条边 e 上有一个正数 $C(e)$，称 $C(e)$ 为 e 的**权**。

定义 9.28 树权 若 G 是一连通图，G 的生成树 T 的权称为**树权**，记作 $w(T)$，$w(T)$ 是 T 的**各边的权之和**。

定义 9.29 最小生成树 在图 G 所有的生成树中，树权最小的那棵生成树称为 G 的**最小生成树**。

最小生成树的生成算法有克鲁斯卡尔算法和普里姆算法算法等，这里主要讨论最小生成树的概念及意义，具体生成过程在后续应用中介绍。一棵树的最小生成树可能有多棵，但只要它是最小生成树，则树权一定是最小值。

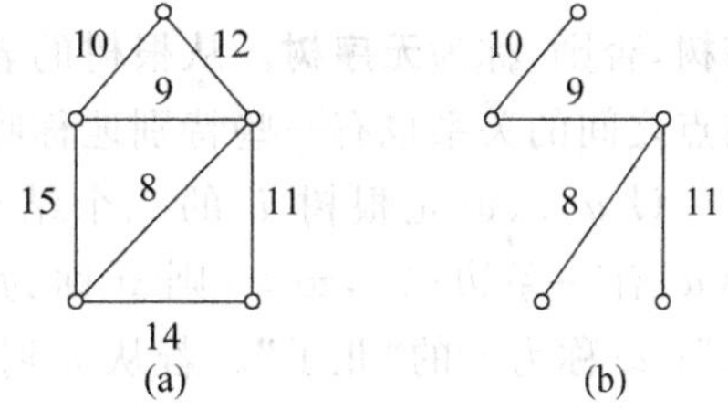

图 9.30 图和最小生成树

例如，设图 9.30(a)是边带权的连通无向图 G，图 9.30(b)是利用相关算法得到的图 G 的一棵最小生成树 T。显然，T 是 G 的一个生成子图，T 连通且没有回路，因此 T 是一棵生成树。T 有 5 个结点，4 条边，各边的权分别为 8、9、10 和 11，得树权 $w(T)=38$。可以验证，$w(T)$ 是 G 的所有生成树的树权中最小的，所以 T 是一棵最小生成树。若 G 中的结点代表城市，两个城市可以连通则用一条边连接，边的权表示连通两个城市所需付出的代价，则最小生成树 T 的意义在于：构建一个通信网，它不仅连通了所有城市并且所付出的总代价最小。

9.5.3 根树

前面讨论的树是无向树，即无向图中的树。有向图中的树称为根树，它也是一类特殊的图且应用广泛。

定义 9.30 有向树 如果一个有向图在不考虑边的方向时是一棵树，则这个有向图称为**有向树**。

定义 9.31 根树 一棵有向树，如果恰有一个结点的入度为 0，其余所有结点的入度都为 1，则称为**根树**。

定义 9.32 根 一棵根树中，入度为 0 的结点称为**根结点**，简称为**根**。

定义 9.33 树叶 一棵根树中，出度为 0 的结点称为**树叶**或**叶结点**，简称为**叶**。

定义 9.34 分支结点 出度不为 0 的结点称为**分支结点**，简称为**分支点**。

例如，图 9.31(a)所示的图是一棵有向树，但它不是根树，因为 b 和 c 两个结点的入度都为 2，均大于 1。图 9.31(b)所示的图是一棵根树，其中 c 是根结点；c、a 和 b 都是分支结点；e、f、d 和 h 都是叶结点。

根树包含一个或多个结点，这些结点中某一个称为根，其他所有结点被分成有限个子根树。根树有两种自然表示法，如图 9.32 所示，图 9.32(a)是自上而下的表示法，图 9.32(b)是自下而上的表示法。在根树中，若一层有多个结点，而结点出现的次序不同，则画出的树的形态不同，但它们是同构的。为此，若指明结点或边出现的次序，这种树称为**有**

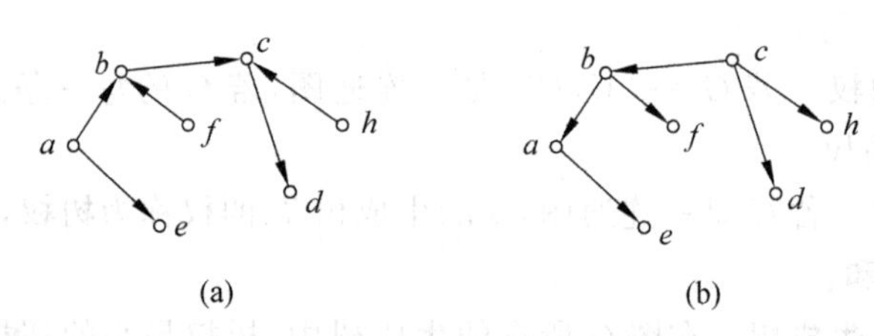

图 9.31　有向树和根树

序树，否则，称为**无序树**。从根树的表示法可以看出，它表示一种层次关系。此外，结点与结点之间的关系也有一些特别地称呼，如“儿子”“父亲”“兄弟”“祖先”和“后裔”等等。

设 u、v、w 是根树 T 的三个结点，若从 v 到 w 有一条边 $<v,w>$，则 v 称为 w 的“父亲”；w 称为 v 的“儿子”。若从 v 到 u 也有一条边 $<v,u>$，则 v 也是 u 的“父亲”，u 也是 v 的“儿子”，而 u 和 w 则称为“兄弟”。设 a 为 T 的分支结点，若从 a 到 v 有一条单向通路，则 a 为 v 的“祖先”，而 v 是 a 的“后裔”。

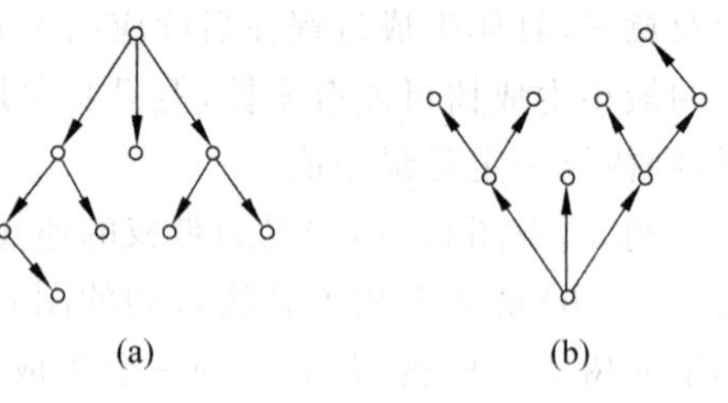

图 9.32　根树的表示

例如，在图 9.31(b)所示的根树中，b、d、h 都是 c 的儿子，c 是它们的父亲，而 b、d、h 三个结点是兄弟；a、f 都是 b 的儿子，而 b 是它们的父亲，a 和 f 是兄弟；a、b、c 都是 e 的祖先；a、e、f 都是 b 的后裔。在不同的应用中，这些关系的称呼可能会有所不同，可根据实际定义来区分。

定义 9.35 *m* 叉树　在根树中，若每一个结点的出度小于等于 m，则称这棵树为 ***m* 叉树**。

定义 9.36 完全 *m* 叉树　在 m 叉树中，如果每一个结点的出度恰好等于 m 或零，则称这棵树为**完全 *m* 叉树**。

定义 9.37 正则 *m* 叉树　在 m 叉树中，若所有树叶层次相同，则称这棵树为**正则 *m* 叉树**。

当采用向下生长或向上生长的方式表示有向树时，树中有向边的方向可省略。如图 9.33 所示，图 9.33(a)所示的树是一棵三叉树，图 9.33(b)所示的树是一棵二叉树，且是一棵完全二叉树，图 9.33(c)所示的树是一棵正则二叉树。

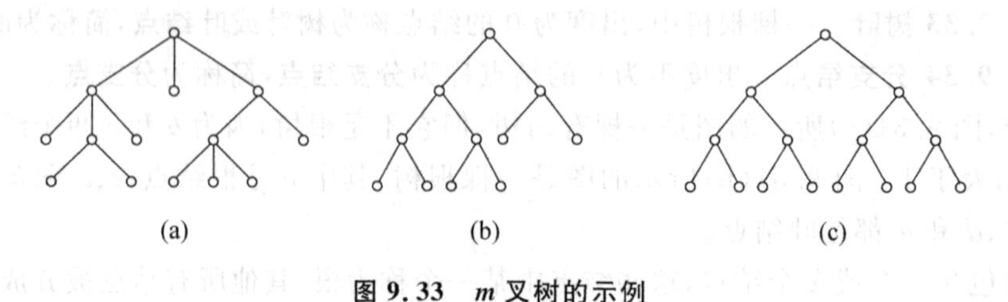

图 9.33　*m* 叉树的示例

定理 9.19　设有完全 m 叉树，结点数为 n，分支结点数为 i，则 $n=m\times i+1$。

【证明】　除根结点之外，每个结点都是分支结点的孩子，而每个分支结点有 m 个孩子，因此树中除了根结点外有 $m\times i$ 个结点，再加上根结点，得 $n=m\times i+1$。得证。

定理 9.20　设有完全 m 叉树，其叶结点数为 t，分支结点数为 i，则 $(m-1)\times i=t-1$。

【证明】 在一棵有 n 个结点的树中，设叶结点有 t 个，分支结点有 i 个。一个结点要么是叶结点，要么是分支结点，故 $n=t+i$。由前面定理知，$n=m\times i+1$，将 $n=t+i$ 代入 $n=m\times i+1$，消去 n 得 $(m-1)\times i=t-1$。得证。

例题 9.15　若完全二叉树 T 有 9 个结点，求树的分支结点个数。

【解】 设树 T 是一个具有 n 个结点的 m 叉树，由题意得，$m=2$，$n=9$。由定理知，$n=m\times i+1$，得 $i=4$，即 T 的分支结点有 4 个。

例题 9.16　某微处理器的指令系统中有一条 3 操作数加法指令，用以求 3 个数的和。若要利用这条指令计算 15 个数相加的和，问该指令至少需要执行多少次？

【解】 根据题意，所求问题可转化为：在完全 3 叉树中，若叶结点有 15 个，则分支结点有多少个？设分支结点数为 i，由定理得，$(3-1)\times i=15-1$，得 $i=7$，即需要执行 7 次。

9.6　树与根树的应用

9.6.1　最小生成树

设有一无向图 $G=\langle V,E\rangle$，$V=\{v_1,v_2,v_3,v_4,v_5,v_6\}$，如图 9.34 所示，图 G 中结点表示城市，两个城市之间若可以通信，则用一条无向边将两个城市连接起来，其中，每条边上标注的整数为建立两个城市之间通信所需付出的代价。如何构建一个通信网，使得图中六个城市能通信且所付出总代价最小？

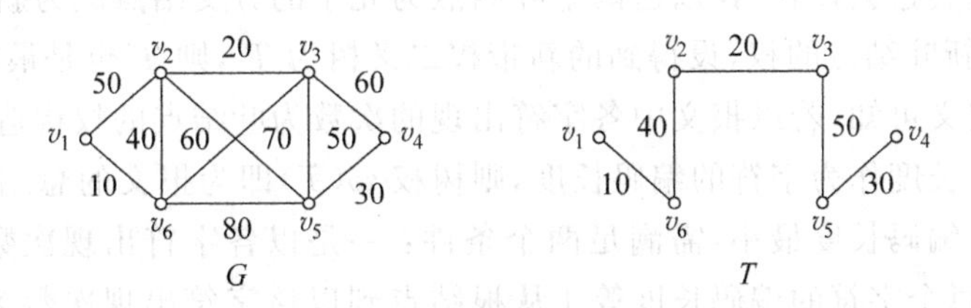

图 9.34　图和最小生成树

上述问题可转化为：如何使得图 G 连通，且 G 的每条边上的权总和最小？为使 G 连通且总代价最小，可以在保留 G 中所有结点的情况下，去掉一些边得到一个生成子图 G'。由于要求总代价最小，G 有 n 个结点，则生成子图 G' 只需要 $n-1$ 条边，即该问题转化为求 G 的一棵最小生成树的问题。此题中，G 的一棵最小生成树 T 如图 9.34 所示，利用克鲁斯卡尔算法求解的过程如下：

① 第一条边 (v_1,v_6)。由于 v_1 和 v_6 之间的边的权仅为 10，它是当前所有边的权里最小的，且 v_1 和 v_6 此前未连通不会产生回路，因此第一条边选择此边。

② 第二条边 (v_2,v_3)。在去掉边 (v_1,v_6) 后，v_2 和 v_3 之间的边的权 20 为当前最小值，且 v_2 和 v_3 此前未连通不会产生回路，因此第二条边选择此边。

③ 第三条边(v_4,v_5)。去掉第一、二条边后，在余下的边里，v_4 和 v_5 之间的边的权 30 是当前最小值，且 v_4 和 v_5 不在同一个连通分支，不会有回路，因此第三条边选择此边。

④ 第四条边(v_2,v_6)。去掉前面已选择的三条边后，在余下的边里，v_2 和 v_6 之间的边的权 40 是当前最小值，且 v_2 和 v_6 不在同一个连通分支，不会有回路，因此第四条边选择此边。

⑤ 第五条边(v_3,v_5)。去掉前面已选择的四条边后，在余下的边里，v_3 和 v_5 之间的边的权 50 是当前最小值，且 v_3 和 v_5 不在同一个连通分支，不会有回路，因此第五条边选择此边。

9.6.2 最优树

在某些通信场合，需将传送的文字转换成由二进制组成的字符串。设有一段报文为：*ABACCEBBACABACDADB*。为了保密传输，可用不等长的二进制序列对报文进行编码，并使得传输的总编码长度最小。所谓不等长编码，指各个字符的编码长度不等，不等长编码可以使传送电文的二进制字符串的总长度尽可能地短。当采用不等长二进制序列对报文的字符进行编码时，一个字符的编码不能是另一个字符编码的前缀。

给定一组权值 $w_1,w_2,\cdots,w_n$，设 $w_1\leqslant w_2,\cdots,\leqslant w_n$。在一棵二叉树中，若 n 个叶结点分别带权 $w_1,w_2,\cdots,w_n$，则此二叉树称为**带权二叉树**。在一个具有 n 个叶结点的带权二叉树中，设叶结点权为 $w_i(1\leqslant i\leqslant n)$，从根结点到权为 w_i 的叶结点的通路长度为 $L(w_i)$，令 $w(T)=\sum_{i=1}^{n} w_iL(w_i)$，则 $w(T)$ 称为**带权二叉树的权**。在所有带权 $w_1,w_2,\cdots,w_n$ 的二叉树中，$w(T)$最小的二叉树称为**最优树**。

最优树满足如下性质：在权为 $w_1\leqslant w_2,\cdots,\leqslant w_n$ 的最优树 T 中，若将 w_1 和 w_2 为权的两个叶结点及其边去掉，并让以这两个叶结点为儿子的分支结点成为新的叶结点，用权 w_1+w_2 作为该新叶结点的权，设得到的新带权二叉树为 T'，则 T' 也是最优树。

由最优树定义可知，若以报文中各字符出现的次数为叶结点的权构造一棵二叉树，并以叶结点的通路长度作为字符的编码长度，则树权 $w(T)$即为报文的总编码长度。因此，为了让报文的总编码长度最小，需满足两个条件：一是以各字符出现次数为权构造一棵最优树；二是让每个字符的编码长度等于从根结点到以该字符出现次数为权的叶结点的通路长度。

在一个序列集合中，若没有一个序列是另一个序列的前缀，则该序列集合称为**前缀码**。如{01,11,10,110}不是前缀码，因为 11 是 110 的前缀；又如，{00,01,10,110}是前缀码。在二叉树的每个分支结点所引出的边中，若左边一条边上标记 0，右边一条边上标记 1，则每个叶结点将对应一个二进制序列，此序列是从根结点到该叶结点的通路上标记的 0 和 1 组成的字符串，显然，没有一个叶结点的序列会是另一个叶结点序列的前缀。因此，此方法可以实现对叶结点的前缀编码。

在原报文中，字符集合为$\{A,B,C,D,E\}$，经统计，报文总长度为 18，各字符出现的次数为：$A(6)$，$B(5)$，$C(4)$，$D(2)$，$E(1)$。因此，所求问题可转化为：以{6,5,4,2,1}为权构造一棵最优树。按最优树定理构造一棵最优二叉树 T，在 T 中按左“0”右“1”对各边进行

标记，从根结点到叶结点的通路上标记的 0—1 序列即为该叶结点的二进制字符编码。

如图 9.35 所示，各字符的编码为：A 11 B 10 C 01 D 001 E 000，总编码长度为 $6\times2+5\times2+4\times2+2\times3+1\times3=39$。由于按左"0"右"1"方式获得的编码集是前缀码，且满足叶结点的通路长度等于该字符的编码长度，故所求总编码长度为该树的树权，而此时的二叉树是一棵最优树，即它的树权最小，因此所求总编码长度 39 为最小值。

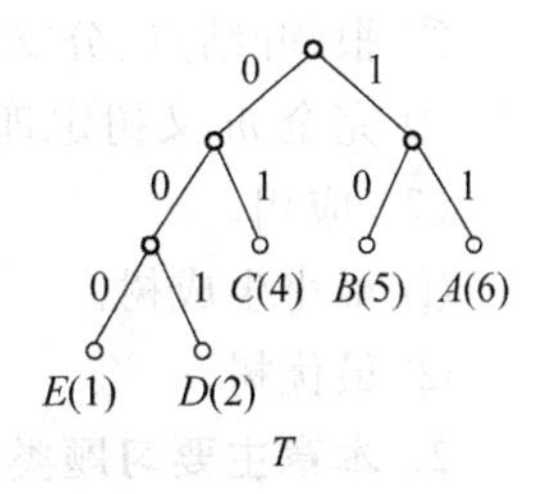

图 9.35 最优二叉树

9.7 本章总结

1. 本章主要知识点

本章主要知识点如下：

(1) 欧拉图。

① 无向图：欧拉路、欧拉回路、欧拉图。

② 有向图：单向欧拉路、单向欧拉回路。

③ 欧拉图定理。

(2) 哈密尔顿图。

① 哈密尔顿路、哈密尔顿回路、哈密尔顿图。

② 哈密尔顿图定理。

(3) 平面图。

① 图的平面表示。

② 面、边界、面的次数、无限面。

③ 欧拉公式及其推论。

④ 同胚。

⑤ 库拉托夫斯基定理。

(4) 对偶图。

① 对偶图作图法。

② 自对偶图。

③ 着色数、着色法。

④ 四色定理。

(5) 树。

① 树、树叶、分支结点、森林。

② 树等价定理。

③ 生成树、边权、树权。

(6) 根树。

① 有向树、有序树、无序树。

② m 叉树、完全 m 叉树、正则 m 叉树。

③ 根、叶结点、分支结点。

④ 完全 m 叉树定理。

(7) 应用。

① 最小生成树。

② 最优树。

2. 本章主要习题类型及解答方法

本章主要习题类型及解答方法如下:

(1) 基本概念问题。

特殊图中有关基本概念的问题主要由定义来判定,主要包括:

① 欧拉图。对于无向图,把一个图的所有边经过一次且仅一次的路为欧拉路,起点和终点都相同的欧拉路则为欧拉回路。具有一条欧拉回路的图则为欧拉图。

② 单向欧拉路和单向欧拉回路。对于有向图,经过图中每边一次且仅一次的一条单向路为单向欧拉路,起点和终点相同的单向欧拉路则为单向欧拉回路。

③ 哈密尔顿图。把一个图的所有结点经过一次且仅一次的路为哈密尔顿路,起点和终点是同一个结点的哈密尔顿路为哈密尔顿回路。具有一条哈密尔顿回路的图为哈密尔顿图。

④ 平面图。图形是图的一种表示方式,而一个图形有多种画法。若在一个平面画图 G 时,可以使得 G 的任意两条边除了公共结点外,没有其他的交叉点,则 G 是平面图。由于平面图中没有相互交叉的边,故可把由图中若干个结点形成的回路作为一个面,将平面图划分成若干个面。欧拉证明过一个图所有的平面表示都把平面分割成相同数目的面。

⑤ 树。树也称为无向树,它是连通且没有回路的图。由树是连通且没有回路这一性质,可以得到很多与此等价的定义。

⑥ 根树。在一棵边均为有向边的树中,若恰好有一个结点的入度为 0,其他结点的入度都为 1,则此树为根树;若在一棵根树中,若所有结点的出度都小于等于 m,则此树为 m 叉树。当 $m=2$ 时,称为二叉树。

(2) 计算问题。

计算问题有平面图、树、根树等特殊图的计算,主要包括:

① 平面图面数、面的次数的计算。面是图中边所包围的不含结点和边的区域,面的次数是面的所有边构成的回路长度。

② 平面图面数 r、边数 e 和结点个数 v 的计算。利用欧拉公式:若一个简单图是连通平面图,则 $v-e+r=2$ 成立。在计算 r、e 和 v 时,除了欧拉公式,通常还会用到两个关系式:图的面的次数之和等于边数的两倍;图所有结点的度数之和等于边数的两倍。

③ 树边数 e、结点数 v 及各结点度数的计算。常用公式:由于树连通且没有回路,因此树的边数等于结点数减 1,即 $e=v-1$;在图中,图的所有结点的度数之和等于边数的两倍,树也是图,所以此性质在树中也成立,即树中所有结点的度数之和也等于边数的 2 倍。

④ 完全 m 叉树中,叶结点数 t,分支结点数 i 的计算。常用公式:$(m-1)\times i=t-1$。

(3) 证明题。

证明题可利用相关特殊图的性质、定理及推论来证明。归纳如下:

① 欧拉图。

- 无向图。欧拉图判定的充要条件:图中没有度数为奇数的结点或者图有两个度数为奇数的结点。若图的所有结点的度都为偶数,则此图为欧拉图;若图有两个度数为奇数的结点,则图中存在一条欧拉路,且路的起点和终点是这两个度数为奇数的结点。
- 有向图。欧拉图判定的充要条件:图中每个结点的入度等于该结点的出度或者图中有一个结点的入度比出度多1,有一个结点的出度比入度多1,而其他结点入度与出度相等。

无论有向图还是无向图,欧拉图的充要条件可以对欧拉路(回路)或单向欧拉路(回路)进行判定。此外,欧拉定理还能得到一些推论,部分推论作为练习题在习题中给出。针对实际问题,要能灵活地运用这些定理及推论。

② 哈密尔顿图。与欧拉图不同,哈密尔顿图没有充要条件,所以没有可以直接判定是哈密尔顿图的方法,但可以通过一些充分条件或必要条件来辅助判定。

- 充分条件:若一个 n 阶简单图的任意两个结点的度数之和大于等于 n,则图中一定存在哈密尔顿回路。但注意,这个条件只是充分条件,不是必要条件,因此不满足这条件的图也可能是哈密尔顿图,比如圈图 C_6,它所有结点的度为 2,但 C_6 显然是个哈密尔顿图。
- 必要条件:设 V 是哈密尔顿图的结点集,对于 V 的每个非空子集 U 均有 $W(G-U)\leqslant|U|$。作为必要条件,此不等式可用来判定某图不是哈密尔顿图,但不能作为判定是哈密尔顿图的条件。设有图 G,若 $W(G-U)\leqslant|U|$ 不成立,则 G 一定不是哈密尔顿图;反之,$W(G-U)\leqslant|U|$ 成立,但 G 不一定是哈密尔顿图。

与欧拉图不同,没有可以直接判定哈密尔顿图的充要条件,因此要注意灵活使用与哈密尔顿图有关的定理。

③ 平面图。利用库拉图斯基定理。充要条件:图不包含同胚于 K_5 或 $K_{3,3}$ 的子图。

④ 非平面图。利用欧拉公式及推论。在有 v 个结点,e 条边的简单连通平面图中,$v-e+r=2$;若 $v\geqslant3$,则 $e\leqslant3v-6$。欧拉公式还有很多相关的推论,使用时要注意它们成立的前提条件。

⑤ 树与根树。重要定理及推论:在一棵具有 v 个结点,e 条边的树中,$e=v-1$;每一对结点之间有且仅有一条路;一棵非平凡树至少有两个叶结点;连通图至少有一棵生成树;若完全二叉树有 n 个分支点,且分支点的通路长度的总和为 I,叶结点的通路长度总和为 E,则 $E=I+2n$。

(4) 对偶图及着色问题。

① 作图法:把平面图 G 的每个面作为一个图 G^* 的结点,若 G 的两个面之间有公共边,则 G^* 对应的两个结点之间引一条边与公共边相交;若 G 中某边只在一个面中时,G^*

中对应此面的结点画一条环，G^* 是 G 的对偶图。

② 图的着色：按对图着色对象的不同，着色可以是对边的着色，可以是对结点的着色，也可以是对面的着色。其中，对面的着色可以转化为先求得原图的对偶图，在进行对偶图的结点着色。如地图的着色就是对地图的对偶图进行结点的着色。

③ 着色法：使用韦尔奇·鲍威尔法可以完成对结点的着色。如果当前要进行地图的着色，则在使用该算法时是对地图的对偶图进行的着色，因此要保证对偶图的各结点对应原地图的各区域。

(5) 应用问题。

① 最小生成树。当一个图的生成子图是一棵生成树，同时满足所有边的权和最小，这样的树为最小生成树，采用克鲁斯卡尔等算法可构造一棵最小生成树。

② 前缀码和最优树。若在二叉树中，按左"0"右"1"给每条边进行编码，则所获得的所有叶结点的编码集合为前缀码，前缀码可用来为字符进行不等长编码。在一棵带权的二叉树中，若它满足树权最小，则此树为最优树。最优树可用到哈夫曼编码中，实现对报文字符的不等长编码，同时满足总编码长度最小。

9.8 本章习题

1. 判断图 9.36 所示各图是否具有欧拉路或欧拉回路。

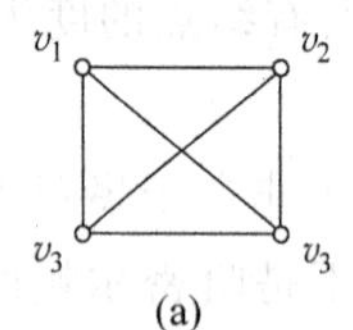

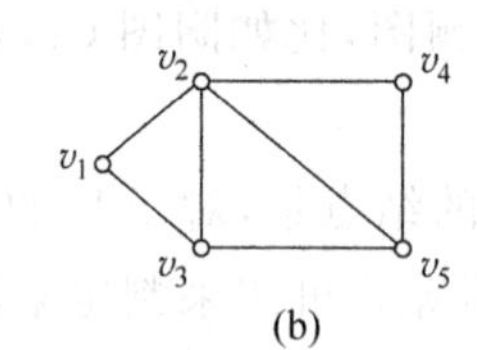

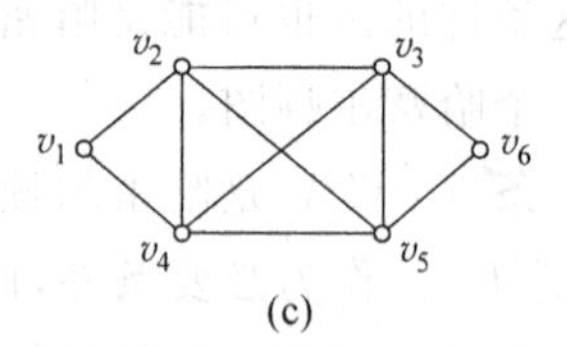

图 9.36 习题 1 的图示例

2. 判断图 9.37 所示的各图是否具有哈密尔顿路或哈密尔顿回路。

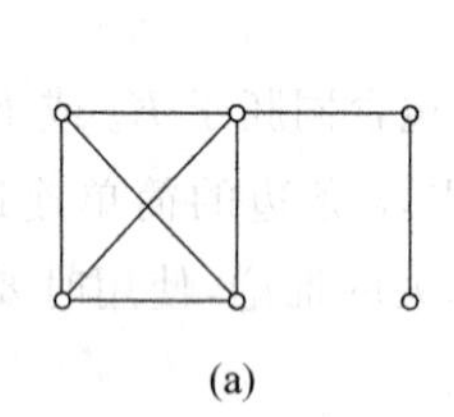

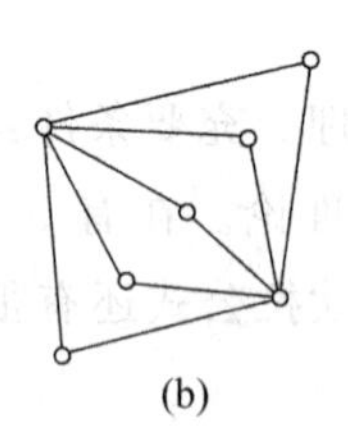

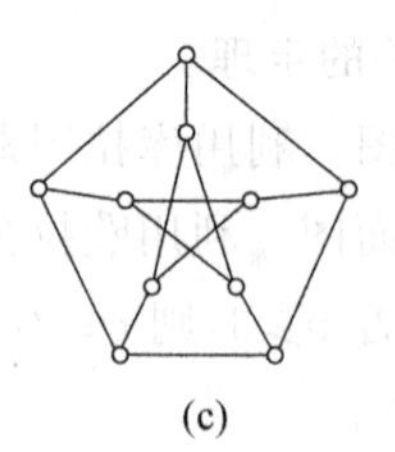

图 9.37 习题 2 的图示例

3. 证明带有奇数个结点的二分图 $K_{m,n}$ 没有哈密尔顿回路。

4. 设图 G 是一个由 e 条边和 v 个结点构成的连通平面图，并且 G 的每一个面至少由 $k(k\geqslant 3)$ 条边围成，证明 $e\leqslant k(v-2)/(k-2)$ 成立。

5. 证明小于 30 条边的平面简单图有一个结点度数小于等于 4。

6. 判断图 9.38 所示的各图是否为平面图。若是，求出平面图的面数及各个面的次数。

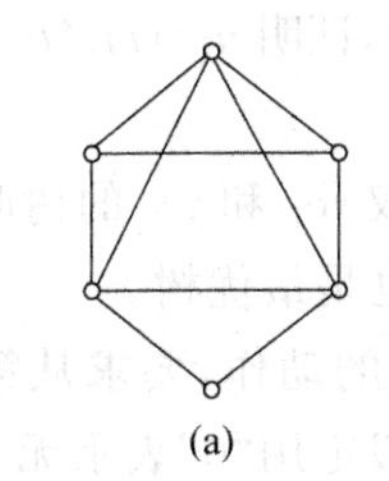
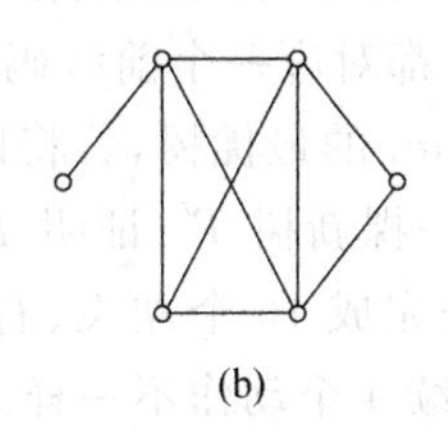
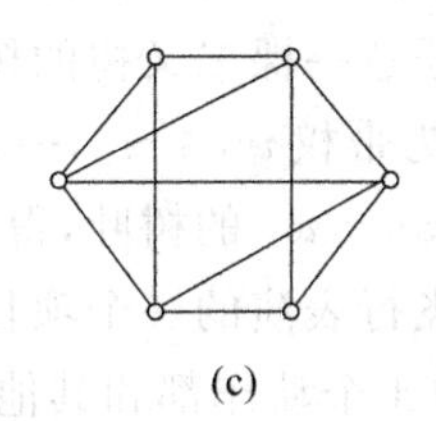

图 9.38 习题 6 的图示例

7. 画出习题 6 中平面图的对偶图，并利用韦尔奇 · 鲍威尔法进行着色。

8. 判断图 9.39 所示的图是不是平面图。

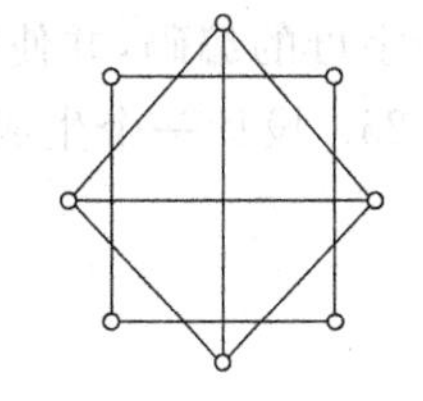

图 9.39 习题 9 的图示例

9. 若图 G 中具有哈密尔顿路，证明对于 V 的每个真子集 U 有 $W(G-U)\leqslant|U|+1$。

10. 若 G 是有 n 个结点的简单图，其中 $n\geqslant 3$，并且 G 中每个结点的度数都至少为 $n/2$，证明 G 有哈密尔顿回路。

11. 若完全二叉树有 n 个分支点，且分支点的通路长度的总和为 I，叶结点的通路长度总和为 E，证明 $E=I+2n$。

12. 证明在一个具有 e 条边和 v 个结点连通平面简单图 G 中，若 $v\geqslant 3$ 且 G 中没有长度为 3 的回路，则 $e\leqslant 2v-4$。

13. 若 G 是连通的平面简单图，证明 G 中有度数不超过 5 的结点。

14. 图 9.40 所示各图中哪些是树或根树?

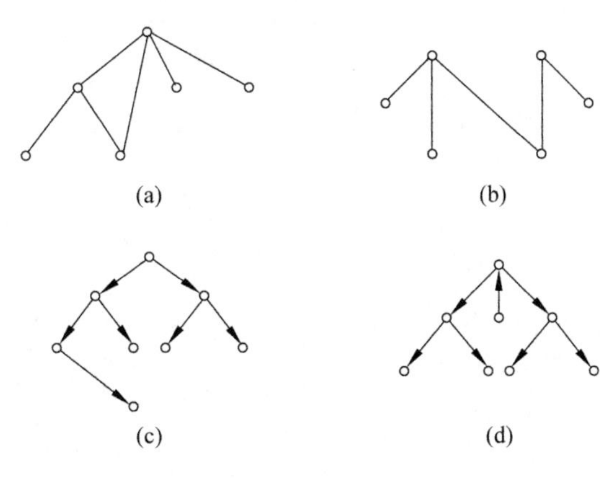

图 9.40 习题 14 的树示例

15. 举例说明树和根树的区别。

16. 画出 K_5、Q_3、C_6 和 W_5 的生成树。

17. 证明在一个具有 n 个结点的树中，树所有结点的度数之和为 $2n-2$。

18. 设有一棵无向树，树中度数为 4 的结点有 2 个，度数为 2 的结点有 6 个，叶子结点 7 个，其余结点度数为 3，求树中度数为 3 的结点个数。

19. 证明 T 是连通无向图 G 的生成树的充分必要条件是 T 是 G 的连通生成子图，且 T 的边数等于 G 的结点数减 1。

20. 在一棵有 n 个结点的完全 m 叉树中，若叶结点有 t 个，证明 $n=(m\times t-1)/(m-1)$。

21. 证明任意一棵二叉树的树叶都对应一个前缀码。

22. 设 T 为带权 $w_1\leqslant w_2,\cdots,\leqslant w_n$ 的最优树，若将以权 w_1 和 w_2 的树叶为孩子的分支点改为带权 w_1+w_2 的树叶，得到一棵新树 T'，证明 T' 也是最优树。

23. 人机飞行表演的一个项目是完成 16 个左飞、右飞的动作，要求从第一个动作开始，任意连续的 4 个动作都和其他连续 4 个动作不一样。假定用“0”表示无人机左飞、“1”表示右飞，且开始的 4 个动作规定为“0101”，如何设计一个符合要求的飞行动作序列。

24. 设用于通信的电文由字符集$\{a,b,c,d,e,f,g\}$中的字母构成，它们在电文中出现的频率分别为$\{0.31,0.16,0.10,0.08,0.11,0.20,0.04\}$。如何构造一棵最优树来实现对各个字母的编码，并使得电文的总编码长度最小。

25. 设计一个生成最优树的算法并使用某种程序设计语言将其实现。

参 考 文 献

[1] 左孝凌,李为鑑,刘永才. 离散数学[M]. 上海：上海科学技术文献出版社,1982.

[2] (美)肯尼思 H. 罗森 著. 离散数学及其应用[M]. 徐六通,杨娟,吴斌 译. 陈琼 改编. 北京：机械工业出版社,2017.

[3] 古天龙,常亮. 离散数学[M],北京：清华大学出版社,2012.

[4] 傅彦,顾小丰,王庆先. 离散数学及其应用[M]. 北京：高等教育出版社,2007.

[5] 傅彦,王丽杰,尚明生. 离散数学实验与习题解析[M]. 北京：高等教育出版社,2007.

[6] 谢美萍,陈媛. 离散数学[M]. 2 版. 北京：清华大学出版社,2014.

[7] 徐浩磐. 离散数学基础教程[M]. 北京：机械工业出版社,2009.

[8] 张清华,蒲兴成,尹邦勇. 离散数学[M]. 北京：机械工业出版社,2010.

[9] 冯伟森,栾新成,石兵. 离散数学[M]. 北京：机械工业出版社,2011.

[10] 徐凤生. 离散数学及其应用[M]. 北京：机械工业出版社,2009.

[11] 李晓培,陈小亘. 离散数学[M]. 上海：复旦大学出版社,2016.

[12] 王元元,张桂芸. 离散数学[M]. 2 版. 北京：机械工业出版社,2010.

[13] 李为,刘永才. 代数结构[M]. 北京：人民邮电出版社,1986.

[14] 王传玉. 离散数学与算法[M]. 合肥：安徽大学出版社,2001.

[15] 魏长华,王光明,魏媛媛. 离散数学及其应用[M]. 武汉：武汉大学出版社,2006.

[16] 吴杰,谷淑化,薛思清,等. 离散数学习题解析与实验指导[M]. 武汉：中国地质大学出版社,2015.